공작기계와 CAM

경북하이브리드부품연구원 편저

東 明 社

공작기계와 CAM

초판 발행 2010년 8월 5일
초판 3쇄 발행 2014년 8월 29일

지은이 경북하이브리드부품연구원
펴낸이 최국주
펴낸곳 동명사
출판등록 1950년 11월 1일(제1-76호)
주소 (우 413-756) 경기도 파주시 회동길 50(문발동)
전화 031-955-7200(대표)~2, 7203(편집부), 7204(물류)
팩스 031-955-7205
전자우편 webmaster@dmsbook.com
홈페이지 www.dmsbook.com

ISBN 978-89-411-0278-6 93550
값 25,000원

본 저서는 경북하이브리드사의 연구비 지원으로 편저되었습니다.
편집위원 : 고태조, 박정환

Preface ....

절삭이론 및 공작기계는 기계공학의 교과목 중에서 기계공작법의 핵심 공정이라고 할 수 있다. 이런 이유로 과거 오랫동안 우리는 다양한 종류의 저서를 통하여 이들 교과목을 학습하여 왔다. 그러나 현대적 가공법에서는 전통적 수작업이 컴퓨터를 활용한 자동화된 제조방법으로 전환이 되면서 NC공작기계 또는 CAD/CAM의 도입이 추진되었다. 따라서 기계공학을 공부하는 학생의 입장에서는 가공과 관련하여 4~5개의 방대한 교과목을 공부하게 되었으며, 이는 다양한 학문을 공부해야 하고 전공이수의 학점이 줄어든 상황과는 대치되는 모순을 안게 되었다.

상기와 같은 어려움을 인식하고 기계가공과 관련된 절삭이론, 공작기계, NC가공 및 CAM을 한 개의 교과목으로 묶어서 강의를 해야 할 필요성을 느껴서 이 책을 저술하게 되었다.

이 책은 근본적으로는 G. Boothroyd의 "Fundamentals of machining and machine tools"를 번역한 번역본 "절삭이론과 공작기계" 에 근간을 두고 있다. 그러나 많은 부분에서 절삭이론 보다는 공작기계를 보강하여 공작기계 또는 CNC 공작기계의 원리를 익히는데 중점을 두었다. 한편, CNC 공작기계를 운용하기 위한 CNC 가공과 이를 지원하기 위한 CAD의 기초이론, 그리고 CAM 가공의 원리가 상세하게 서술되어 컴퓨터를 활용한 가공을 공부하기 위한 기본 교재로 그 충실성을 다하고 있다. 더불어서 CAD/CAM 기술과 가장 연계되어 있는 최신 기술인 신속제작법을 설명함으로써 현장의 문제를 신속하게 전달하고자 했다. 마지막으로 오늘날 IT 또는 BT산업의 근간을 이루고 있는 미세가공을 달성하기 위한 각종 특수가공기와 가공원리가 비교적 상세하게 소개되어 있다.

따라서 본 교재는 기계공학을 공부하는 공학도뿐만 아니라 산업계 엔지니어들에게도 유용한 자료로 활용이 될 수 있을 것이다.

본 교재를 준비하는 동안 많은 자료를 제공해준 두산인프라코어(주)의 하재용 박사와 삽화를 준비한 대학원생(오용택, 김민엽, 조현욱군)에게 감사의 말을 전한다.

저자 씀

CONTENTS

CHAPTER 03 공작기계와 절삭가공

CHAPTER 05 절삭공구와 공구수명

CHAPTER 06 절삭온도, 절삭유와 표면거칠기

CHAPTER 07 특수가공

CHAPTER 08 수치제어 공작기계

CHAPTER 09 CAD

CHAPTER 11 신속 시작법

CHAPTER 12 금속절삭가공의 경제성

CHAPTER 01 공작기계의 개요

1.1 공작기계

인간이 영위하고 있는 일상적 생활환경 속에서 금속을 가공하여 만들어진 물건은 수없이 많이 있다. 아주 간단한 것에서부터 복잡한 물건까지, 시계, 카메라 등과 같이 정밀하고 작은 것에서부터, 선박, 항공기, 자동차와 같은 큰 것에 이르기까지 문명의 발전 속도에 따라 금속을 가공한 물건은 점점 복잡하고 다양해지고 있다. 이러한 물건은 금속 봉이나 판을 깎거나, 구멍을 뚫어 만들어지는 것이지만, 금속은 단단해서 원하는 형태로 만들기란 그리 쉽지 않다. 그래서 금속을 깎거나 구멍을 뚫고 연마하기 위한 기계가 특별히 연구되었는데 그것이 「공작기계」이다.

1.1.1 공작기계의 정의

일상생활에서 사용하고 있는 공업제품은 일반적으로 다수의 부품으로 구성되어 있으며, 각각의 부품은 필요한 형상, 치수, 성질을 갖도록 가공이 실현되고 있다. 이러한 가공법은 다양하겠지만 이들을 정리·분류하면 **표 1.1**과 같다. 이 가운데 변형가공(성형가공)과 제거가공을 행하는 기계를 일반적으로 광의의 의미에서 공작기계라고 한다. 따라서 성형가공을 하는 주조기계, 단조·프레스 등의 소성가공을 행하는 기계도 공작기계라고 하지만, 협의의 의미에서는 이들을 제외하고 아래와 같이 정의를 한다.[1)]

공작기계(Machine Tool)는 "기계를 만드는 기계(Mother Machine)"이다. 기계를 만든다는 것은 기계의 부품을 만드는 것이며, 다양한 제조방법 중에서 절삭가공과 소성가공에 이용되는 모든 기계를 의미한다. 절삭기계는 가공과정에서 칩(Chip)을 발생시키면서 불필요한 부분을 제거하여 소요의 형상으로 가공하는 기계이며, 성형기계는 가공과정에서 소성에 의하여 단지 형태만 변형시켜주는 기계이다. 국제규격(ISO)에서는 “한 운동원에 의해서 작동하고 물리적, 화학적 또는 기타의 방법으로 성형해서 공작물을 생산하는, 수작업을 하지 않는 기계”라고 정의하고 있고, 미국에서는 금속가공기계를 절삭기계(Cutting Machine)와 성형기계(Forming Machine)로 분류하며 이 둘을 합하여 공작기계라고 부른다. KS(한국산업규격)에서는 공작기계에 대해 「주로 금속 공작물을 절삭, 연삭 등에 의하여 불필요한 부분을 제거해 내어 필요한 형상을 만드는 기계」로 정의하고 있다. 우리나라의 기계관련 분야에서는, 공작기계는 일반적으로 이 KS의 정의에 따르고, 그 중에서도 특히 금속절삭기계를 가리키는 것이 일반적이다.

표 1.1 가공법의 분류

대분류	중분류	실 례
부가가공 (+)	접 합	용접, 압접, 납땜, 접착, 열박음, 압입, 체결(리벳, 나사) 등
	피 복	클레딩, 금속용사, 도금, 증착, 도장, 플라스틱 라이닝, 세라믹 코팅 등
변형가공(성형가공) (0)	고체가 아닌 것으로부터	주조, 소결, 사출성형 등
	고체로부터	단조, 압연, 인발, 압출, 굽힘, 전조 등
제거가공 (−)	기계적 제거	절삭, 연삭, 래핑, 분사가공 등
	열적제거	가스절단, 플라즈마가공, 방전가공, 전자빔가공, 레이저가공 등
	화학적·전기화학적 제거	화학밀링(부식가공), 사진식각, 전해가공, 전해연마 등

1.1.2 공작기계의 특징

공작기계는 모든 산업의 근간이 되는 기계라고 말하며, 일반 산업기계와는 달리 다음과 같은 특징을 갖는다.

(1) 기계를 만드는 기계(Mother machine)이다.

공작기계는 일반산업기계를 비롯하여 많은 기계를 만드는 것이 가능하기 때문에 "공작기계는 기계를 만드는 도구"라고 말할 수 있다. 이 도구는 인간이 손을 사용하는 도구가 아니라 기계화된 도구이다. 이런 의미에서 영어로는 "Machine tool"이라고 말하며, 또한 자기 자신과 동일한 공작기계를 만드는 것이 가능하기 때문에 "Mother machine"이라고 칭한다. 이러한 특성상 공작기계는 고정도이고, 그 정밀도의 재현성이 중요시된다. 결국 공작기계는 자기 자신의 정밀도가 부품의 가공에서 모자관계처럼 전사되기 때문에 정밀도의 재현성이 확보되도록 해야 한다. 다시 말하면, 공작기계는 자신의 정밀도보다 높은 정밀도의 부품가공은 어려우며, 원하는 제품의 정밀도보다 공작기계의 정밀도는 항상 높아야 한다.

(2) 모든 산업의 기초이다.

공작기계는 각종 산업에 있어서 물건을 만드는 생산기계나 공업제품을 만드는데 있어서 지대한 공헌을 한다. 산업적인 특성으로는 공작기계는 『기계를 만드는 기계(Mother Machine)』로서 자본재산업의 핵심 산업이며 산업구조의 고도화와 제조업 경쟁력강화를 실현하기 위한 핵심 산업으로 전·후방 산업관련효과가 매우 크다. 또한, 국가 전략산업으로 공급수준에 따라 산업의 기술력과 경쟁력의 척도로 활용되며 국가 기간산업 및 방위산업의 필수 자본재로서 일정수준의 자급도 유지가 필요하다. 경기변동에 민감하며 투자 자본에 대한 자본회전율이 낮고 소재부터 완제품 생산까지 장기간이 소요되어 자본회전이 느리며, 호경기에는 늦게 영향을 받고 불경기에는 빨리 영향을 받는 산업이기도 하다.

(3) 모든 산업기술의 결정이다.

일반적으로 공작기계는 모든 산업기술의 결정체라고 말한다. 결국 공작기계의 설계·제조에는 현존하는 산업분야의 최신기술들이 구사된다. 예를 들어서, 공작기계의 혁명이라고 하는 수치제어장치(NC)는 전자산업에서 개발된 반도체기술이 사용되고 있고, 이 덕분에 공작기계는 비약적으로 발전을 했다. 또한 이 발전으로 인하여 전자산업에 있어서 반도체제조기술의 발전에 크게 공헌하게 되어서 "양순환"이 작동했다. 공작기계의 발전은 정밀기계산업의 발전을 도모했으며 이를 바탕으로 고정밀도의 측정기 제작이 가능했다. 이러한 측정기를 이용하여 공작기계의 성능을 평가함과 동시에 공작기계로부터 만들어지는 제품을 평가하여 다시 공작기계의 설계·제조에 반영함으로써 고정밀의 공작기계가 개발되는 "양순환"이 적용되듯이 양자가 순차적으로 발전된다고 말한다.

이와 같이 공작기계 기술의 수준은 그 국가의 기술수준을 판단할 수 있다고 말할 수 있다.

(4) 생산기계이다.

공작기계는 전술한 바와 같이 각종 산업기계나 공업제품을 생산하는 기계이고, 이러한 의미에서 생산기계라고 말한다. 따라서 일반적인 생산기계와 마찬가지로 생산효율, 조작성, 신뢰성, 보수성 등이 중요시된다.

(5) 강성설계를 기본으로 한다.

공작기계의 변형, 진동은 직접적으로 만드는 부품의 정밀도를 저하시키게 된다. 따라서 변형이나 진동을 일으키기 어려운 구조가 되어야 하기 때문에 엔진 등과 같이 강도를 기준으로 하는 강도설계가 아니라 변위를 기준으로 하는 강성설계를 한다.

(6) 제조과정의 경험이 필요하다.

공작기계는, 특히 조립공정에 있어서, 현장의 기능과 경험에 의존하는 비율이 매우 높다. 따라서 설계도면을 모두 가지고 있다고 하여도 동일한 성능을 갖는 공작기계를 만드는 것은 불가능하다고 말한다.

1.2 공작기계의 역사

1.2.1 공작기계의 효시

인간이 동물과 다른 점은 도구의 사용이다. 도자기를 만들 때 물레를 사용하듯이, 공작기계의 대표적인 선반은 이 물레의 원리를 이용한 것이다. 즉, 공작물을 회전시키면서 공구를 공작물에 갖다 대어 원통형상으로 가공하는 것이다. 물레의 원리는 석기시대에 고안이 되었지만, 선반에 적용된 것은 이집트시대이다. 이때의 선반은 **그림 1.1**과 같이 "활선반"으로서 공작물을 줄로써 묶은 후 활의 탄성운동으로 정·역회전을 시켜서 가공하는 원리이다.

이것이 레오나드 다빈치(1452년~1519년) 시대에 탄력 있는 봉을 이용하고 발로써 회전력을 주어 "막대 선반"이 되도록 하였다.(**그림 1.2**) 그 이후 이 선반은 오랫동안 사용이 되지 못하였고, 산업혁명시대에 들어와서야 큰 발전을 이루게 되었다.

그림 1.1 활선반

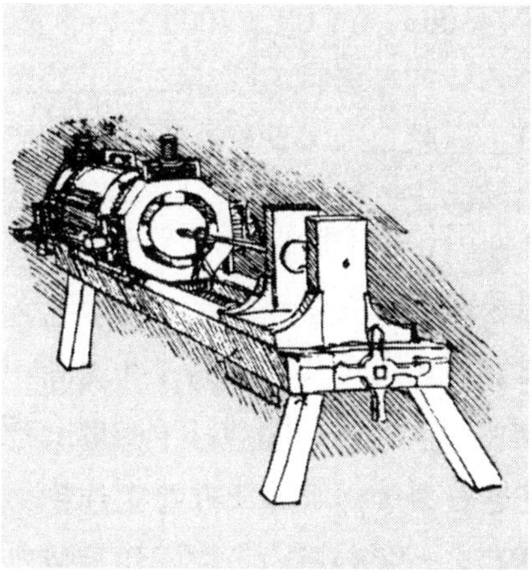

그림 1.2 레오나드 다빈치의 공작기계

1.2.2 근대 공작기계의 출현

제임스 와트가 증기기관을 발명한 것이 1769년이지만, 이 발명이 실현되기 위해서는 1775년 영국인인 존 윌킨슨이 보링머신을 발명했기 때문에 가능했다. 이 보링머신은 증기기관의 심장이라고 할 수 있는 실린더의 내면 가공을 위해서 고안이 되었다. 윌킨슨의 보링머신 이전의 실린더 가공방법은 전부 수작업에 의해 이루어졌기 때문에 실린더 내면의 진원도는 약 1cm에 달했다. 이 기계의 발명에 의해 진원도는 1.5mm 정도까지 정밀도를 높일 수 있었고, 이로인하여 증기기관의 성능이 급속도로 높아질 수 있었다.

또한 영국인 모즈레이는 1795년에 그때까지 많은 부분이 목재로 되어있던 선반을 전부 금속재로 바꾸고, 작업자가 손으로 잡고 가공하던 공구를 기계에 고정시켜서 금속가공능력을 현저하게 높였다.

증기기관으로 시작된 산업혁명도 이러한 윌킨슨이나 모즈레이 등이 발명한 공작기계가 없었다면 있을 수가 없었다. 그리고 산업혁명 때문에 공작기계도 큰 발전이 있었다. 오늘날 볼 수 있는 각종 공작기계의 모습은 이 시대에 기초를 구축했다고 할 수 있다.

1.2.3 현재의 공작기계

20세기에 들어서면 자동차산업으로 대표되는 대량생산이 행해지고, 이에 적합한 공작기계가 많이 생산되고 있다. 다수의 공작기계가 이송장치에 의해 연결되어서 공작물을 공급하고 완성품을 반출해내는 흐름생산이라고 하는 「트랜스퍼라인」도 이러한 요구에 의해 생겨났다.

또한 한 사람의 작업자가 다수의 공작기계를 운전할 수 있도록 하는 자동화된 기계가 생산되었다. 지금까지는 작업자가 공작기계의 핸들을 회전시켜서 공구를 움직이고, 이에 따라서 요구하는 형상과 정밀도로 공작물을 가공하기 때문에 작업자는 고도의 숙련이 필요하다. 그러나 자동화된 공작기계에서는 작업자가 운전시작 단추를 누르면 기계는 미리 정해진 순서에 따라서 가공을 하게 된다. 「자동선반」이나 「모방밀링머신」 등의 자동화기계에서는 작업자의 숙련을 필요로 하지 않고 기계의 정밀도가 그대로 공작기계에 전사되기 때문에 지금보다도 훨씬 고정밀도의 공작기계가 요구된다.(**그림 1.3**) 이러한 자동화기계에서는 공작물에 대한 공구의 운동은 캠이나 모형에 따라서 움직이기 때문에 캠이나 모형을 정밀하게 만들어야 한다.

1950년대에 들어서서는 미국 MIT공과대학이 헬리콥터의 블레이드(날개)를 검사하는 게이지를 가공하기 위하여 「수치제어(Numerical Control)밀링머신」을 만들어서 세계의 주목을 받았다. 여기에는 전자기술의 발달이 배경이 되었으며, 일본을 비롯하여 다수의 국가에서 각종 수치제어 공작기계를 연구하여 많은 공작기계들이 NC화 되었다.(**그림 1.4**)

NC는 공작기계가 움직이는 가공동작을 구멍이 뚫린 테이프(천공테이프 : 개발당시의 정보입력방법)를 매체로 수치정보를 입력하여 자동으로 움직이는 방법이다. 이러한 NC공작기계의 발전에 의해 새로운 발상의 NC복합가공기가 출현했다.

일반적으로 공작물을 가공하기 위해서는 평삭가공, 구멍가공, 보링가공, 원통절삭 등 다수의 가공법이 필요하고, 공작물은 순차적으로 공작기계를 이동하면서 여러 종류의 기계에서 가공을 하게 된다. 이 경우 공작기계에서 공작물이 다른 공작기계로 이동될 때 공작물 장착오차 등이 발생하여 가공정밀도에 영향을 미치게 된다. 따라서 한 번의 공작물 장착으로 모든 공정을 가공하게 되면 획기적으로 능률향상과 고정도화를 실현하는 것이 가능하다. 이러한 목적으로 만들어진 것이 「머시닝센터」(**그림 1.5**)와 「터닝센터」(**그림 1.6**)이다. 다수개의 공구를 미리 장착하고 가공종류에 따라서 순차적으로 공구를 교환하도록 하여 가공을 하면 1대의 기계에서 다수의 가공이 완료될 수 있다. 「머시닝센터」는 주로 사각형의 공작물을 가공하며, 「터닝센터」는 환형의 공작물을 가공하게 되는데 이 둘의 역할을 동시에 할 수 있도록 한 공작기계가 **그림 1.7**과 같은 「복합가공기」라고 할 수 있다.

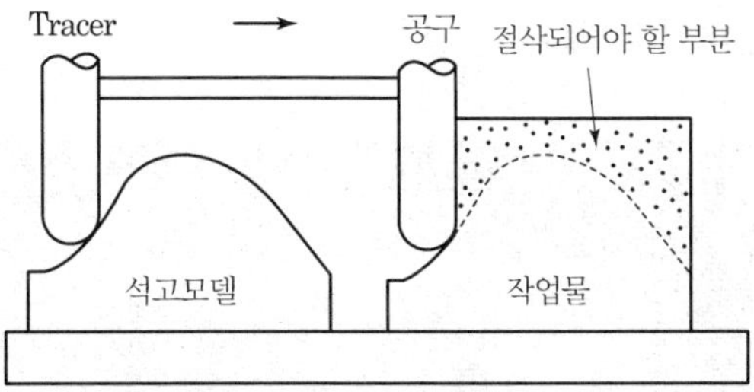

그림 1.3 모방밀링의 원리

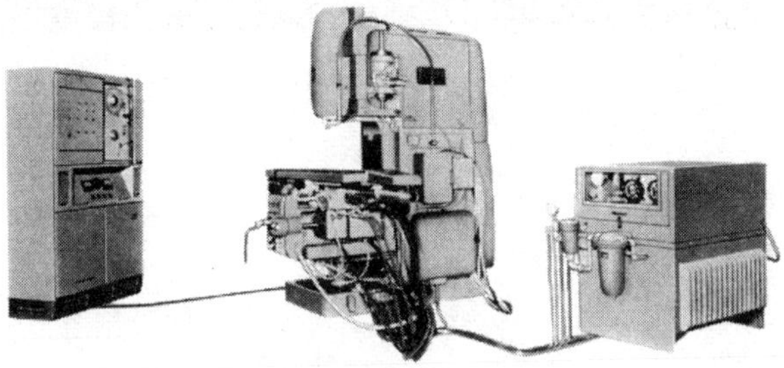

그림 1.4 초기의 NC밀링머신

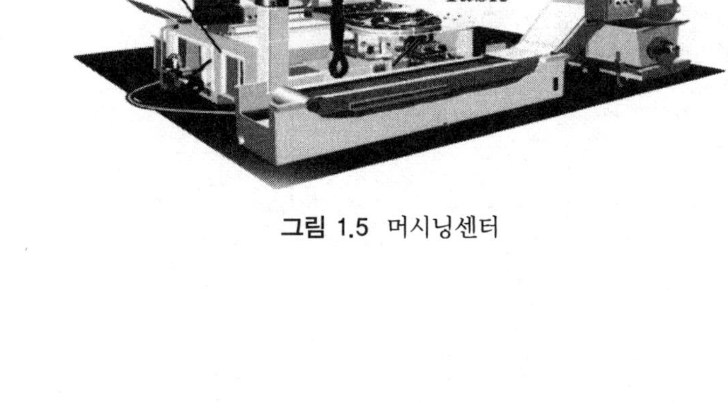

그림 1.5 머시닝센터

그림 1.6 터닝센터[2]

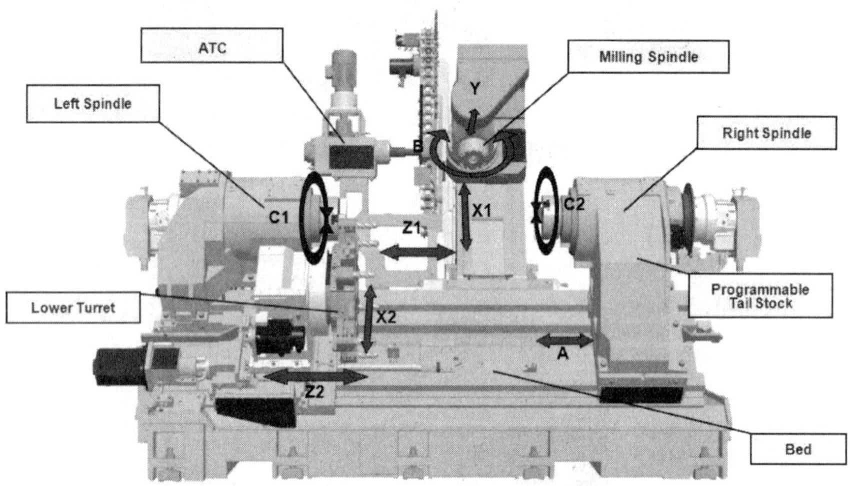

그림 1.7 복합가공기

1.3 공작기계에 의한 가공의 분류

공작물을 가공하는 방법은 여러 가지가 있지만, 공작기계에서의 가공을 「절삭가공」이라고 한다. 즉, 공작물을 깎아서 필요한 형태로 만드는 것인데 그 소재는 일반적으로 금속이지만 최근에는 플라스틱이나 세라믹 등 비금속도 가공이 되고 있다.

연삭입자를 이용하여 공작물을 가공하는 것도 넓은 의미로서는 절삭가공이지만, 이 가공은 별도로 「연삭가공」이라고 한다. 또한 전기나 화학에너지를 이용하는 「방전가공」, 「전해가공」 및 「레이저가공」, 특수한 음파를 이용하는 「초음파가공」 등도 절삭가공의 일종이다. 공작기계에 의해서 일반적으로 이루어지는 가공의 종류는 다음과 같다.

(1) 선삭가공

선삭가공은 공구(바이트)가 회전하는 원통 및 원판형태의 공작물 반경방향으로 절입하고 축방향으로 움직이면서 하는 가공이다.

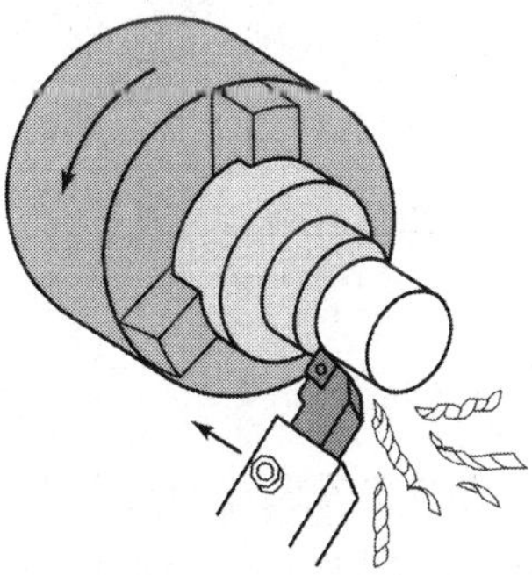

그림 1.8 선삭가공

(2) 드릴가공

드릴가공은 공구(드릴)로 공작물에 구멍을 내는 방법을 말한다. 일반적으로 공작물을 고정하고 드릴을 회전시켜서 동시에 축방향으로 이송시켜 가공한다.

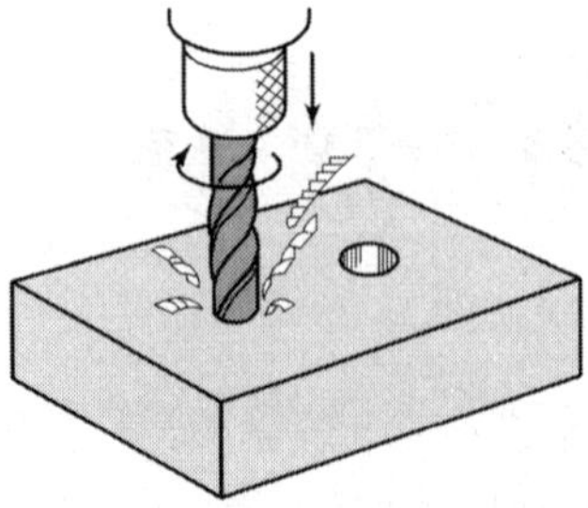

그림 1.9 드릴가공

(3) 보링가공

보링가공은 이미 가공된 구멍을 목적에 맞게 확장함과 동시에 고정밀도의 구멍가공을 하는 방법으로서, 보링 바이트 또는 보링 바라고 불리는 공구를 회전시켜 가면서 축방향으로 이송하여 절삭가공을 한다.

그림 1.10 보링가공

(4) 밀링가공

밀링가공은 원통형의 단면 또는 원주면에 다수개의 날을 갖는 공구를 회전시키고, 공작물을 이송시켜서 공작물에 표면, 홈, 혹은 복잡한 형상을 가공하는 것이다.

그림 1.11 밀링가공

(5) 평삭가공

평삭가공은 대형의 공작물에 대해 직선가공을 하기 때문에 공작물이 직선왕복운동을 하게 되고, 공구는 공작물의 매 왕복운동마다 그 운동의 직각방향으로 주어진 량만큼 이송하여 가공하게 된다.

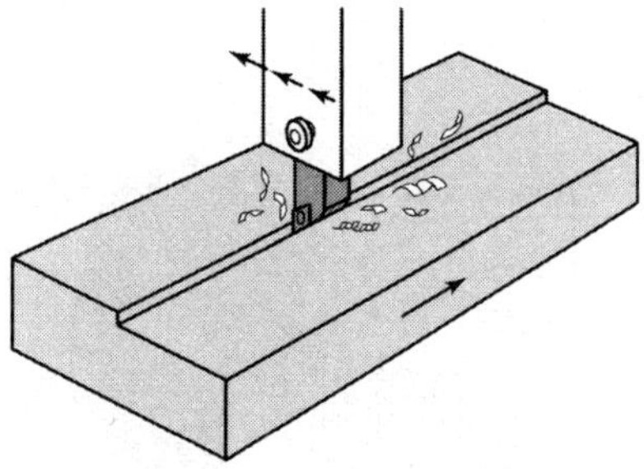

그림 1.12 평삭가공

(6) 브로치가공

브로치라고 불리는 특수한 공구를 사용하게 된다. 예를 들어 구멍 등의 내면을 가공하는 경우, 브로치는 원통모양의 공구의 주변에 다수개의 절삭날을 축방향으로 연속적으로 배열하여 공작물의 내경에 넣어서 축방향으로 잡이당길 수 있노록 된 공구이다. 이러한 경우 공구의 형상과 반대되는 모양이 공작물에 가공되어진다. 이 가공법은 공작물을 축방향으로 여러 개 배열함에 따라서 한 번의 움직임으로 여러 개의 공작물을 가공할 수 있기 때문에 대량생산이 가능하다.

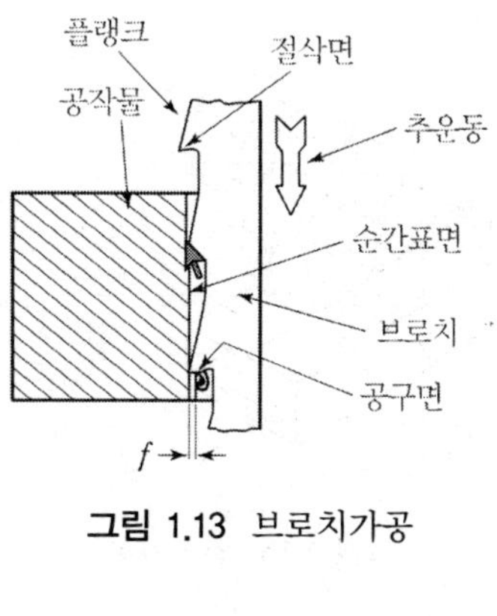

그림 1.13 브로치가공

(7) 기어가공

기어가공은 호브, 랙커터 또는 피니온커터라고 불리우는 공구를 이용하여 기어를 가공하는 것이다. 호브를 사용하는 호빙머신에서는 호브라는 공구를 회전시키면서 공작물의 원주 위에서 축방향으로 이송하고, 공작물은 천천히 회전시키면서 기어이빨을 가공한다. 랙커터 또는 피니온커터는 기어세이핑머신을 이용하는데 공작물의 원주 위에서 축방향으로 왕복운동함에 의해 기어가공을 하는 것이다.

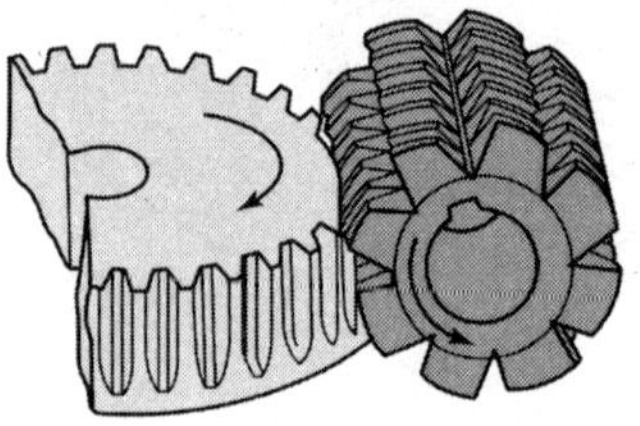

그림 1.14 호브에 의한 기어가공

(8) 연삭가공

절삭가공에서는 공구로서 바이트, 드릴, 엔드밀 등이 사용되지만, 연삭가공에서는 연삭숫돌을 사용하기 때문에 절삭가공과는 다소 다르다.

연삭숫돌은 다수개의 연삭입자를 결합제로써 고정시킨 것으로 개개의 입자가 절삭가공의 공구에 해당되며, 공작물을 한 개의 입자가 가공하는 것으로 본다면 절삭가공과 동일하다. 연삭숫돌은 일반적으로 원판의 형태이며, 고속으로 회전하면서 평면, 원통외면 또는 원통내면의 가공을 한다. 연삭숫돌의 마모가 심하면 드레싱을 하여 새로운 연삭입자가 숫돌의 표면으로 나오게 한다. 드레싱을 하는 공구를 드레서라고 한다.

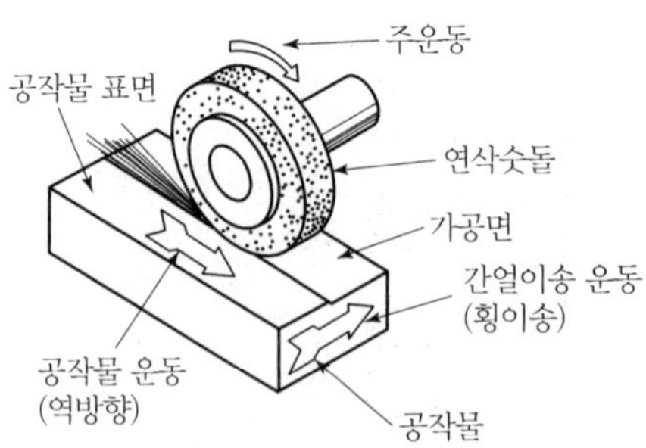

그림 1.15 연삭가공

(9) 호닝가공

호닝가공은 연삭가공의 일종으로서, 혼이라고 불리는 연삭숫돌봉을 다수개 원주방향으로 설치한 헤드를 가공하고자 하는 구멍에 삽입한 후 회전과 왕복운동을 주어서 구멍을 정밀하게 가공하는 것이다.

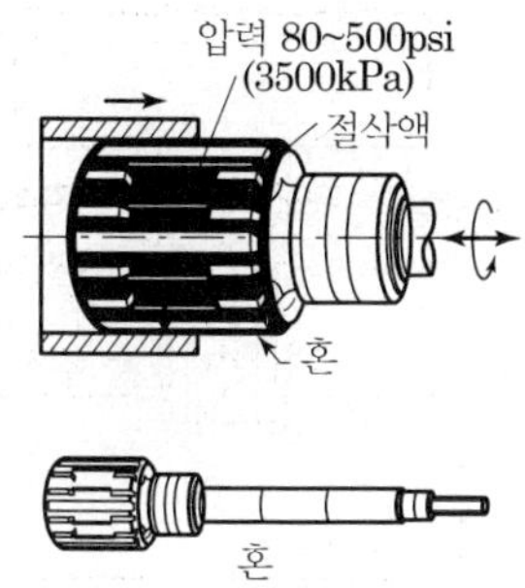

그림 1.16 호닝가공

(10) 방전가공

방전가공은 전극과 공작물사이에 스파크방전을 시켜서 공작물을 가공하는 방법으로서, 일반적으로는 가공하고자하는 반대형상의 전극을 공구로서 사용하고, 이 전극을 공작물에 대해 이송하면서 전극과 대칭형상의 공작물을 가공해내는 기공이다.

또한, 전극으로서 구리선으로 된 와이어를 이용하게 되면 와이어와 공작물사이에 스파크방전이 일어나고 이것을 이용하여 복잡한 윤곽의 가공을 할 수 있는데 이것을 와이어방전가공이라고 하며, 주로 CNC에 의해 제어된다.

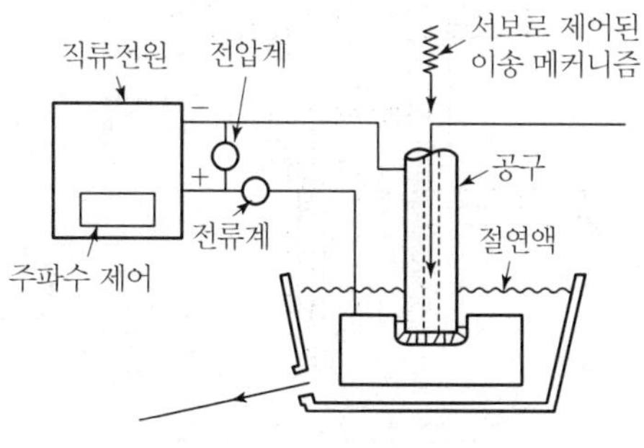

그림 1.17 방전가공

(11) 전해가공

전해가공은 방전가공과 똑같이 전극을 공구로 사용하지만, 전극과 공작물사이의 전기분해에 의해 전극의 형상과 동일한 형상으로 공작물을 가공하는 것이다.

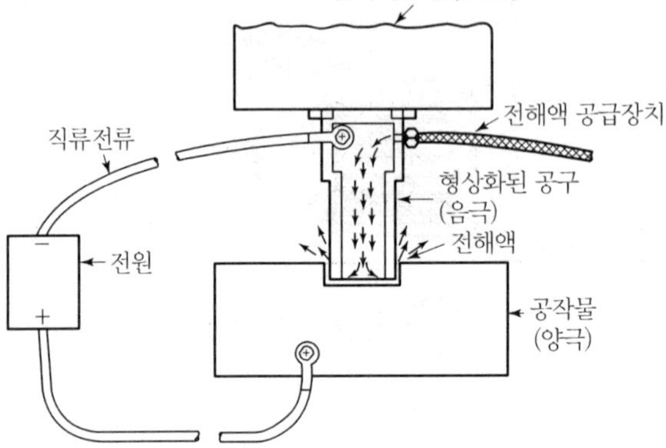

그림 1.18 전해가공

(12) 레이저가공

레이저가공은 레이저 빛에 의해 공작물을 소요의 형상으로 절단가공하는 방법으로 가스레이저로서는 CO_2레이저, 고체레이저로서는 $Nd:YAG$레이저가 일반적으로 이용된다. 레이저는 가공 외에도 용접 등으로 이용된다.

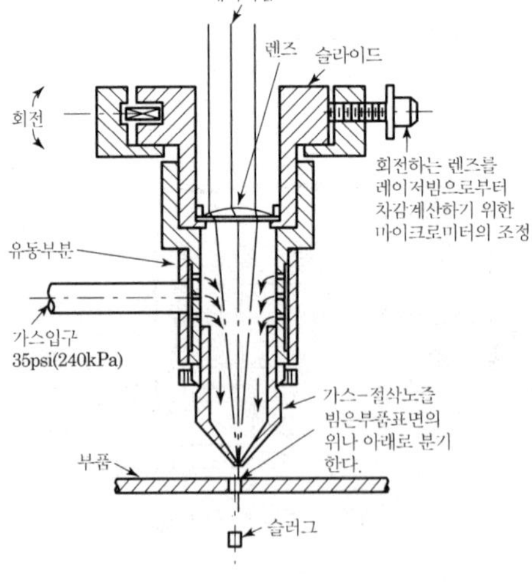

그림 1.19 레이저가공

(13) 워터젯가공

워터젯가공은 고압의 물을 노즐을 통해 공작물에 분사함으로써 절단가공하는 것이다. 이 가공은 공작물의 종류에 관계없이 가공을 할 수 있다. 또한 물에 연마입자를 혼합함으로써 가공능률을 높이는 것이 가능한데 이를 입자워터젯가공이라고 한다.

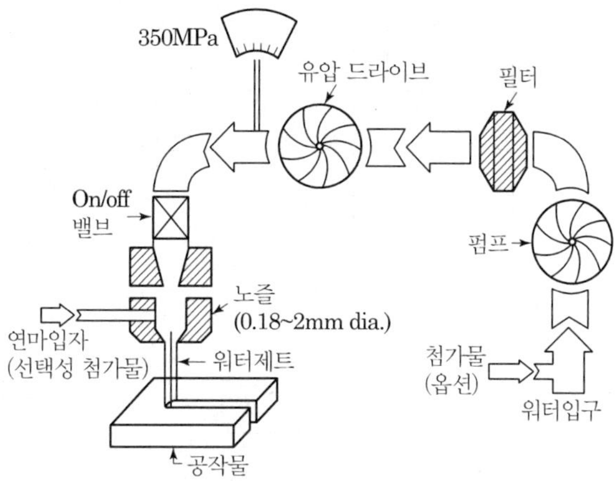

그림 1.20 워터젯가공

1.4 공작기계의 분류

공작기계는 **그림 1.21**과 같이 금속절삭기계와 금속성형기계로 대별되며, 그 중에서 금속절삭기계는 범용공작기계, 전용공작기계, CNC공작기계로 나눌 수가 있다. 범용공작기계는 절삭공구사용기계와 연삭공구사용기계로 나누며, 절삭공구 사용기계는 사용하는 공구의 종류에 따라서 단인절삭공구를 사용하는 경우와 다인절삭공구를 사용하는 경우로 나눌 수도 있으며, 그림처럼 고정공구사용기계와 회전공구사용기계로 나눌 수도 있다. **그림 1.22**는 통상적으로 상용되고 있는 공작기계의 종류를 대별한 그림이다.

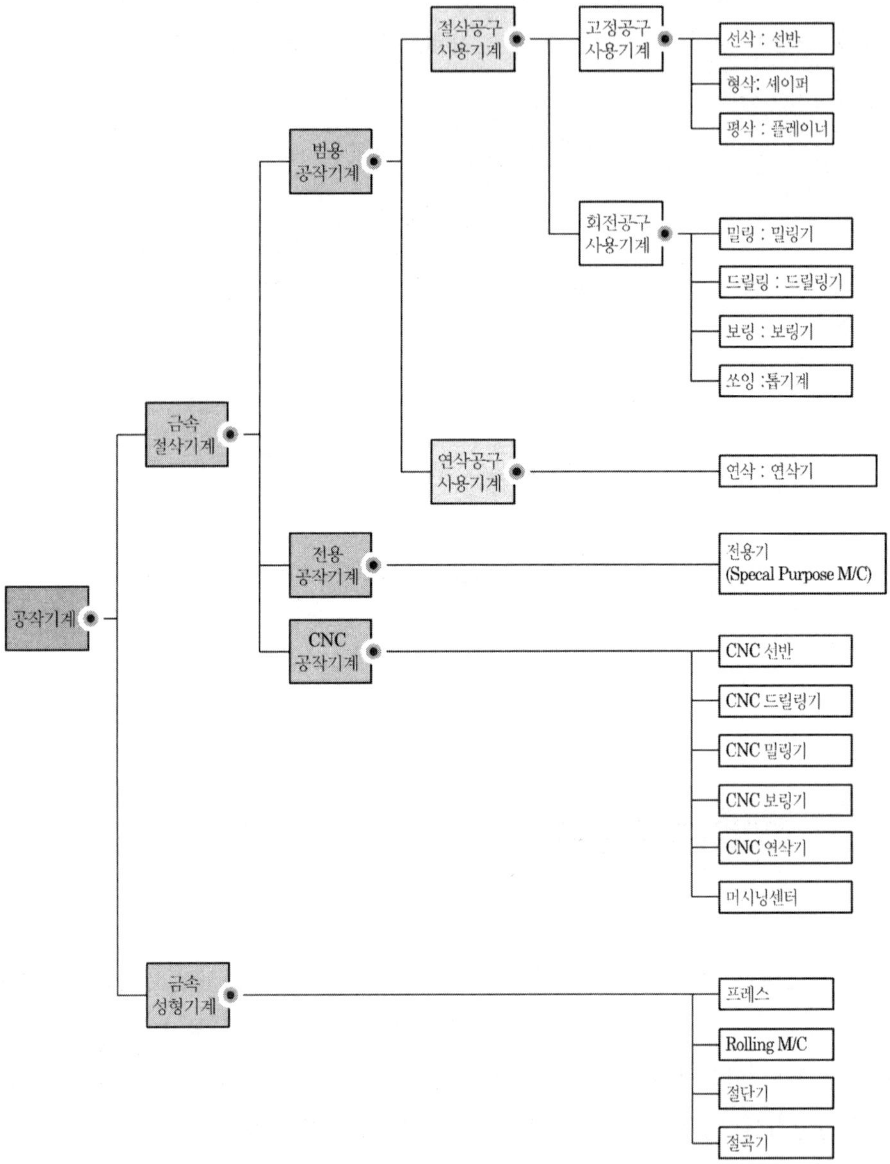

그림 1.21 공작기계의 분류[1]

구분	중분류	세분류	
금속절삭기계	선　　반	수치제어 선반(수평형, 수직형), 보통선반, 자동선반, 수직선반, 터릿선반, 탁상선반, 나사절삭선반, 공구선반	 [수제제어 수평선반]  [보통선반]
	밀 링 기	수치제어 밀링머신(수평형, 수직형, 모방형, 플래노밀러, 탁상 밀링머신	 [베드형 밀링머신]  [플래노밀러]
	머시닝센터	(수평형, 수직형, 문형)머시닝 센터	 [수직형머시닝센터]  [수평형머시닝센터]
	드 릴 링 기	수치제어 드릴링머신, 직립 드릴링머신, 래디얼 드릴링머신, 다축 드릴링머신, 탁상 드릴링머신, 심공 드릴링머신	 [래디얼 드릴링머신] 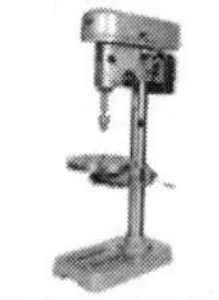 [탁상 드릴링머신]
	보 링 기	수치제어식 보링머신(수평형, 수직형), 수평형 보링머신(테이블형, 플로어형), 수직형 보링머신, 지그보링머신, 파인보링머신	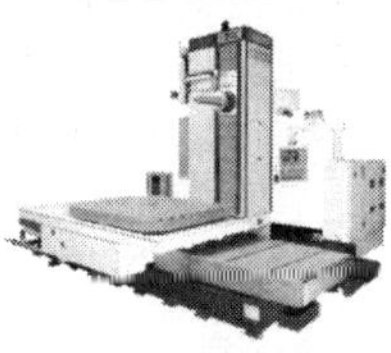 [수치제어 수평보링머신]  [지그 보링머신]
	연 삭 기	수치제어 연삭기(원통, 평면, 내경, 무심, 나사), 평면연삭기(수평형, 수직형, 로터리형), 원통연삭기, 내면연삭기, 무심연삭기, 공구연삭기, 기어연삭기, 나사연삭기, 탁상연삭기	 [수치제어 원통연삭기]  [평면연삭기]
	기어가공기	수치제어 기어호빙머신, 수치제어 베벨기어 가공기, 기어 호빙머신, 베벨기어 가공기, 기어 세이핑 머신, 기어 세이빙 머신, 기어 챔퍼링 머신	 [수치제어기어호빙머신]  [베벨기어가공기]
	특수가공기	수치제어 방전기(형조, 와이어 컷), 와이어 컷 방전기, 레이저 가공기, 초음파 가공기, 전해가공기	 [수치제어 와이어컷 방전기]  [레이저 가공기]

구분	중분류	세분류	
금속절삭기계	기타 절삭기계	플레이너, 세이핑 머신, 슬로팅 머신, 브로칭 머신, 호닝 머신, 띠톱기계(수평형, 수직형), 키홈 가공기, 래핑머신, 버핑머신, 슈퍼피니싱 머신, 폴리싱 머신, 전용기	 [슬로팅 머신]  [브로칭 머신]
금속성형기계	기계식 프레스	파워 프레스(C형, H형), 크랭크 프레스, 크랭크레스 프레스, 너클 프레스, 링크모션 프레스, 펀칭 프레스, 트랜스퍼 프레스, 고속프레스, 수치제어 터릿펀치 프레스	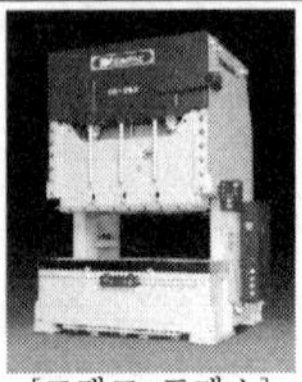 [크랭크 프레스]  [고속 프레스]
	유압식 프레스	딥 드로잉 프레스, 압출프레스, 파인블랭킹 프레스, 하이드로포밍 프레스	 [딥 드로잉 프레스]  [하이드로포밍 프레스]
	절단·절곡기	수치제어 절단기, 기계식 절단기, 유압식 절단기, 수치제어 절곡기, 기계식 절곡기, 유압식 절곡기, 파이프밴딩 머신	 [수치제어 절단기] 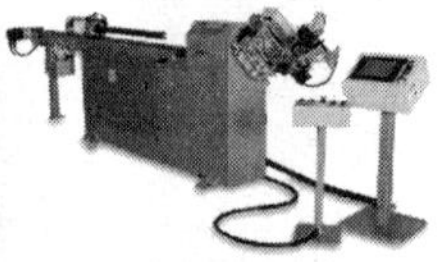 [파이프 밴딩머신]
	단조기	에어 햄머, 냉간단조 프레스, 열간단조 프레스, 볼트/너트 포밍머신	 [단조 프레스]  [볼트/너트 포밍머신]
	인발기	와이어 드로잉 머신, 드로우 벤치	 [와이어 드로잉머신]  [드로우 벤치]
	기타 성형기계	스프링포밍 머신, 밴딩 롤러, 롤 포밍 머신, 스피닝 머신	 [스프링포밍 머신] 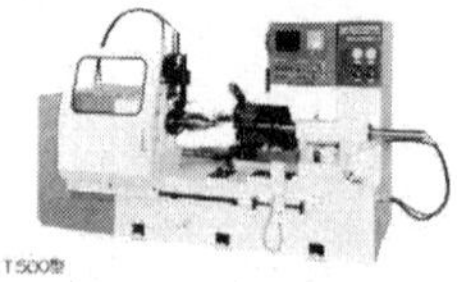 [스피닝 머신]

그림 1.22 공작기계의 종류(1)

1.5 공작기계의 기본 구성요소

최근의 공작기계는 기본적으로 기계본체와 NC장치, 그리고 주변장치로 구성된다. 기계본체는 공작기계의 구성요소를 수용하는 구조물을 포함해서 안내요소와 구동요소를 갖추어서 정확한 절삭운동이 일어날 수 있도록 한다. 구동요소는 직선운동을 필요로 하는 이송기구와 회전운동을 필요로 하는 주축기구로 이루어져 있다. NC장치는 이송기구와 주축기구를 구동하는 제어기능을 갖추고 있으며, 자동공구교환장치나 공작물교환장치는 주변장치로 분류할 수 있다. 이 이외에도 절삭작업을 위해서는 툴링기술, 절삭공구·가공기술, 센싱기술 등 지원기술이 필요하다. **그림 1.23**은 NC공작기계의 기본구성요소를 나타낸다.

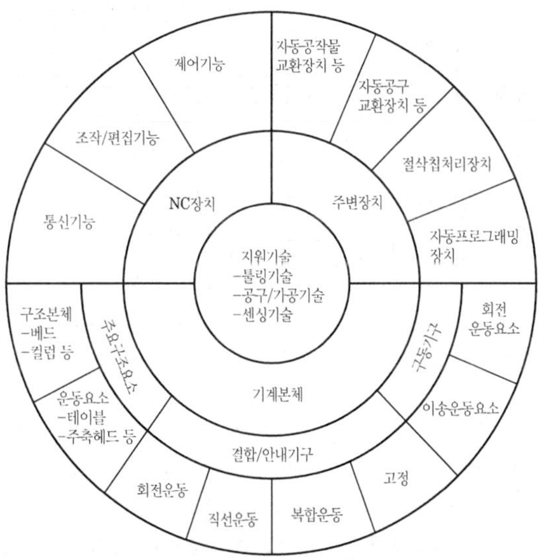

그림 1.23 NC공작기계의 기본구성요소

1.5.1 기계본체

기계본체는 기본적으로 **그림 1.23**에 나타낸 것처럼 각종 주요 구조요소와 각각을 결합하는 결합/안내기구, 그리고 주요 운동요소를 구동하는 구동기구 등 3개의 기본요소로 구성된다. 그 전형적인 예로서 보링머신을 들자면 **그림 1.24**와 같고, 각각은 다음과 같다.

(1) 주요 구조요소

주요 구조요소는 구조본체와 주요운동요소로 되어 있다. 구조본체는 기계의 프레임으로서, 각종 주요 운동요소를 단단히 지지함과 동시에 각종 운동의 기준이 된다. 결국 공작기계의 모성의 원리를 실현하는데 있어서 중요한 역할을 하게 된다. 구조본체는 베드와 컬럼이 있으며, 주요 운동요소로서는 테이블, 새들, 주축헤드 등이 있을 수 있다. 이들 운동요소의 조합으로 공작물의 형상생성이 이루어진다. 공작기계는 전술한 바와 같이 가공정도가 가장 중요하기 때문에 일반적으로 변위기준의 설계가 이루어지며, 이러한 주요 구조요소에 있어서 정강성, 동강성, 그리고 열강성이 특히 요구된다.

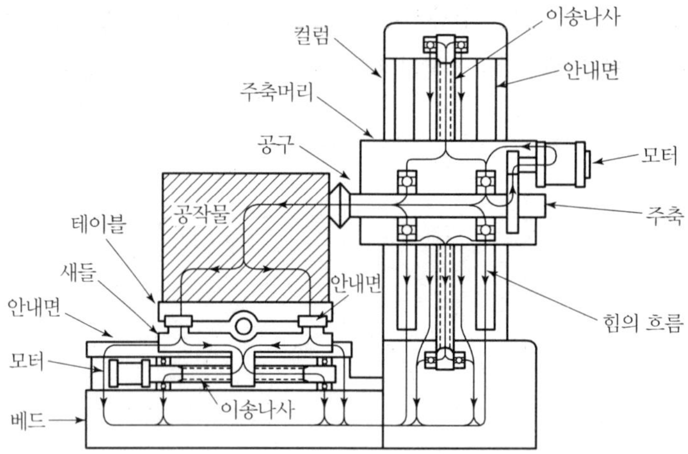

그림 1. 24 기계본체구조를 따라 흐르는 힘의 흐름

(2) 결합·안내기구

결합·안내기구는, 예를 들면 주요운동요소에 회전운동, 또는 직선운동을 부여하기 위하여 구조본체들끼리 고정되거나 주요운동요소를 안내할 수 있도록 구속하는 역할을 한다. 이 경우에는 회전안내/직선안내/고정기능이 복합화된 다종의 결합·안내방식이 존재할 수 있다.

예를 들면, **그림 1.24**의 경우처럼 주축은 주축헤드와 회전안내결합이 되어 있고, 주축구동계와 더불어 공구에 고정밀도의 회전운동을 부여하고 있다. 또한 테이블은 베드에 미끄럼안내 결합이 되어 있으며, 이송계와 더불어서 공작물에 고정밀도의 직선운동을 부여하고 있다. 또한 컬럼은 베드에 고정결합되어 있다.

(3) 구동기구

① 회전운동요소 구동기구

회전운동요소로서 대표적인 것은 주축으로서, 이 구동기구는 절삭이 가능하도록 동력(토크)을 전달함과 동시에 필요로 하는 회전속도를 낼 수 있어야 한다. 또한 회전운동과 관련한 정밀도가 확보되어야 하고, 안정한 운전이 되는 것이 필수적이며, 필요한 경우에는 각도분할 등 회전위치결정이 정확하여야 한다. 이 경우 시정수가 짧아서 가감속 속도가 매우 빨라야 하며, 구동 중에 진동 및 소음도 낮아야 한다.

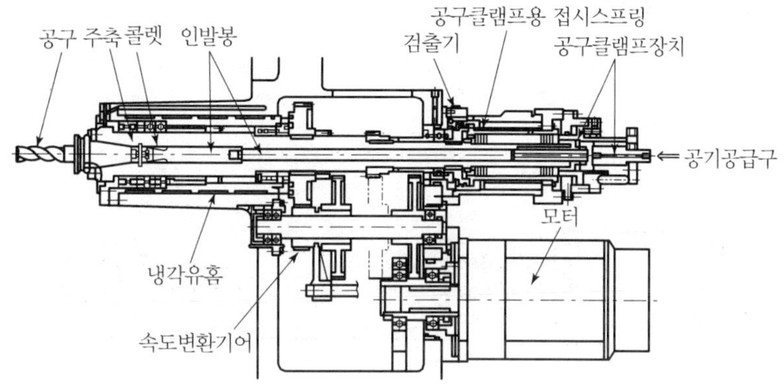

그림 1.25 머시닝센터용 주축구동계의 예

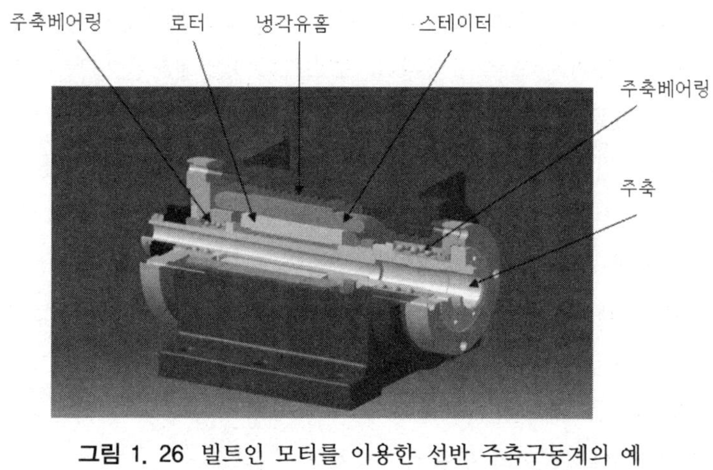

그림 1. 26 빌트인 모터를 이용한 선반 주축구동계의 예

주축구동계는 **그림 1.25**와 같이 주축, 베어링, 변속기구, 모터, 검출기 등으로 구성이 된다. 변속은 주축모터에 의해 무단변속이 가능하며, 기어변속을 통하여 필요한 회전토크를 확보하기도 한다. 주축이 고속화되면서 회전진동이나 정밀도가 문제가 될 수 있기 때문에 빌트인 모터를 채택한 주축이 사용되기도 한다.(**그림 1.26**)

② 이송운동요소 구동기구

이송운동요소 구동기구의 역할은 공작물이나 공구를 장착한 이송요소를 절삭저항에 견디면서 주어진 속도로 원하는 위치에 이송시키는 역할을 한다. 주축의 기동과 마찬가지로 가감속 특성이 매우 높아야 함과 동시에 진동이나 소음, 특히 이송계의 발열이 작은 상태로 운전되어져야 한다.

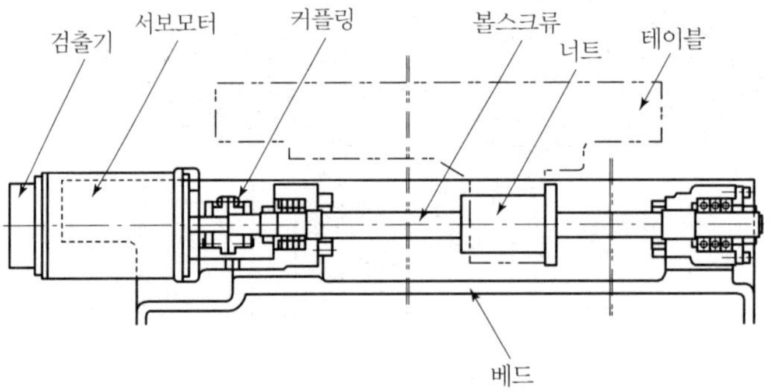

그림 1. 27 이송운동요소 구동계의 예

이송운동요소 구동계는 **그림 1.27**과 같이 기본적으로 테이블이나 컬럼 등의 운동체, 볼 스크류, 모터, 검출기 등으로 구성된다. 볼스크류의 정밀도는 공작기계의 정밀도에 직접 영향을 미치기 때문에 피치오차나 누적오차 등은 매우 중요하며, 또한 필요시에는 NC장치를 이용하여 보정을 하여야 한다. 물론 NC공작기계가 아닌 일반 공작기계에서는 볼스크류 이송요소 대신에 리드스크류를 이용한다. 볼스크류가 리드스크류에 비해 마찰손실 등이 훨씬 작지만 고속에서는 발열이 발생하여 오차가 발생하기 때문에 설계 시에 사전인장을 부여하는 방법 등을 이용하여 대책을 마련하고 있다. 또한 볼스크류의 지지방법에 따라서 오차의 영향을 최소화할 수 있기 때문에 설계 시에 베어링의 조합과 더불어 세심한 주의가 필요하다. 변속은 서보모터에 의해 직렬로 구성되는 것이 일반적이지만, 범용공작기계의 경우에는 별도의 변속기어장치를 이용한다.

이송운동을 위해서는 AC 또는 DC모터를 사용할 수 있으나, 최근에는 직선운동용 모터를 채용함에 의해서 볼스크류 없이 구동이 가능한 공작기계들이 다수 상용화되어 있다. 이송운동이 고정도로 이루어지기 위해서는 회전형 또는 직선형 센서들이 공작기계의 구성에 따라서 설계되어 이송운동요소 구동계에 부착되고, 센서의 읽음은 NC제어기로 되먹임된다.

1.5.2 NC(수치제어장치)

NC(수치제어)장치는 공작물에 대한 공구경로, 가공작업방법 등을 수치정보로 지령하는 장치이다. 최근의 NC장치는 컴퓨터에 의해 대부분의 기본적인 작업이 수행되기 때문에 CNC (Computerized Numerical Controller) 장치라고 부른다. 기본적으로는 **그림 1.23**과 같이 제어기능, 조작/편집기능, 그리고 외부와의 통신기능 등을 갖는다. 최근에는 마이크로프로세서의 발달과 더불어서 고속·고정도 제어기능 외에 대화형기능, 가공시뮬레이션기능, 3차원 그래픽기능 등을 갖추고 있다. 간단한 통신기능 외에도 인터넷망과 연결이 가능하여 네트워크를 형성할 수 있으며, 임베디드에서 탈피하여 오픈화가 진전되고 있기 때문에 사용자가 보다 쉽게 고유의 기능을 추가하거나 확장 또는 수정이 가능하다.

수치제어장치와 관련해서는 제8장에서 보다 상세하게 설명하고자 한다.

1.5.3 주변장치

공작기계의 본체와 NC장치만 있다고 가공이 되는 것은 아니며, **그림 1.23**과 같이 가공을 위해서는 기계의 기능을 지원하기 위한 주변장치가 필요하다. 예를 들면, **그림 1.28**에서와 같이, 머시닝센터에는 자동공구교환장치(ATC), 자동팰릿교환장치(APC), 칩 처리장치 등이 필수적이다. 그 외에도 냉각을 위한 절삭유공급장치, 프로그래밍을 위한 자동프로그래밍장치 또는 CAD/CAM시스템이 필요하다.

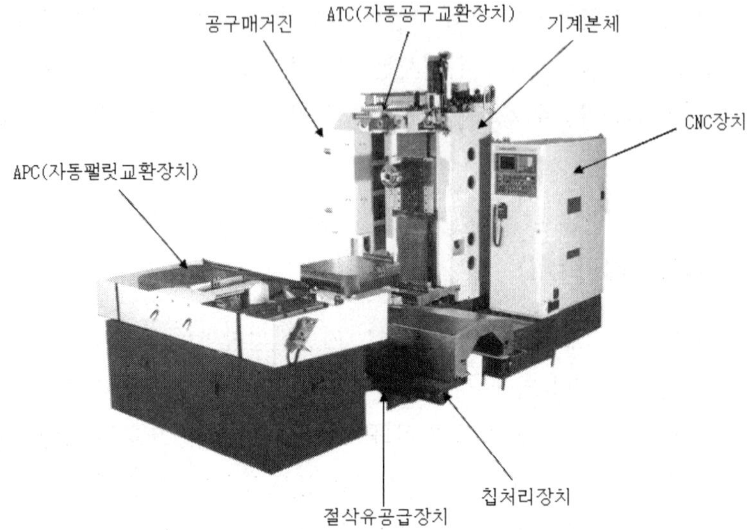

그림 1. 28 머시닝센터의 주변장치 예(두산인프라코어)

1.5.4 공작기계를 위한 중요한 기술

공작기계를 효율적으로 운용하기 위해서는 위에서 말한 장치 이외에도 툴링기술, 가공기술, 무인화·자동화를 위한 기술이 필요하다.

(1) 툴링 기술

툴링은 공작물을 가공하기 위해 필요한 표준공구나 특수공구이고, 공작물을 지지하기 위한 고정구, 지그, 게이지나 가공용공구 등을 포함하게 된다. 따라서 툴링은 단위 절삭공구에 한하지 않고, 공작물을 가공할 때 공작기계의 기능을 보조하거나 혹은 새로운 기능을 부여하기 위해 공구를 개발함과 동시에 각종 가공에 대응 가능하도록 시스템화하는 기술이다.

이상과 같은 이유로 많은 툴링시스템이 개발되어져 있고, 절삭공구관계를 중심으로 그 역할을 도식화해보면 **그림 1.29**처럼 나타낼 수 있다. 그 주요한 역할은 공작기계본체의 고성능화, 주축기능의 향상, 공구의 기능향상, 인터페이스 기능을 크게 하는 4가지이다. 이와 같이 툴링의 기능은 매우 크며, 공작기계운용에 큰 영향을 미침을 이해할 수 있다.

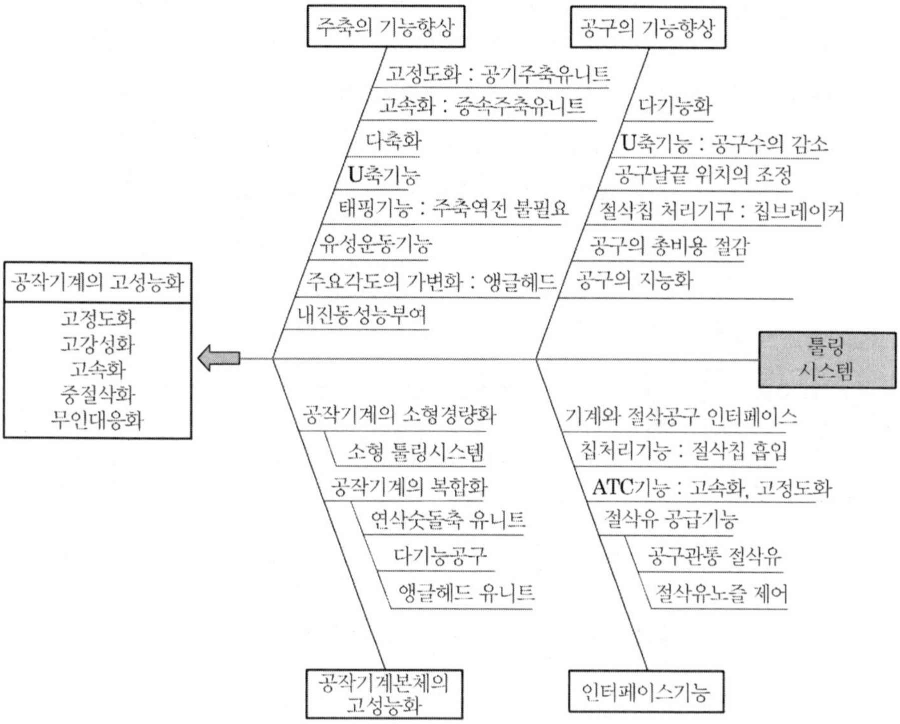

그림 1. 29 툴링시스템의 역할

(2) 공구·가공기술

공작기계를 이용하여 가공을 할 때는 가공법에 따라서 공구가 필요하다. 공작기계의 성능을 최대로 하기 위해서는 여기에 부합하는 공구와 가공기술이 따라야 한다. 고속가공에 대응하기 위하여 공구는 끊임없이 개발되어 왔다. 공구강에서 출발하여 고속도공구강, 초경재료, 세라믹 등은 고속으로 공구를 사용하도록 했으며, 이에 맞추어서 공작기계의 주축 및 이송계도 고속화되었다. 또한 이들 요소들을 효과적으로 활용하기 위하여 각종 절삭조건 및 가공경로, 작업방법 등의 진보도 계속되고 있다.

(3) 센싱기술

현대의 공작기계는 센싱기술이 불가피하다는 것은 **그림 1.30**을 보면 이해가 된다. 먼저, 공작기계는 가공명령에 따라 제어되기 위하여, 위치 및 속도를 검출해야 한다. 그리고 최근에는 공구 및 공작물의 상대변위에 영향을 미치는 공작기계의 변형이나 진동을 검출하고, 가공

공정의 상태(예를 들면, 절삭력, 진동, 칩의 상태 등)을 검출하여 이들 정보를 바탕으로 공구의 교환이나 절삭조건을 변경한다. 따라서 공작기계의 보호나 가공정밀도의 향상을 도모할 수 있다. 또한 가공정도(치수, 형상, 표면조도, 잔류응력)도 인프로세스나 포스트프로세스로 센싱한 후, 각종 피드백을 통하여 가공의 효율을 올리는 무인화와 자동화가 진행되고 있다. 이러한 가공의 고정도 및 고능률화를 위해서는 센싱기술은 보다 중요하게 된다.

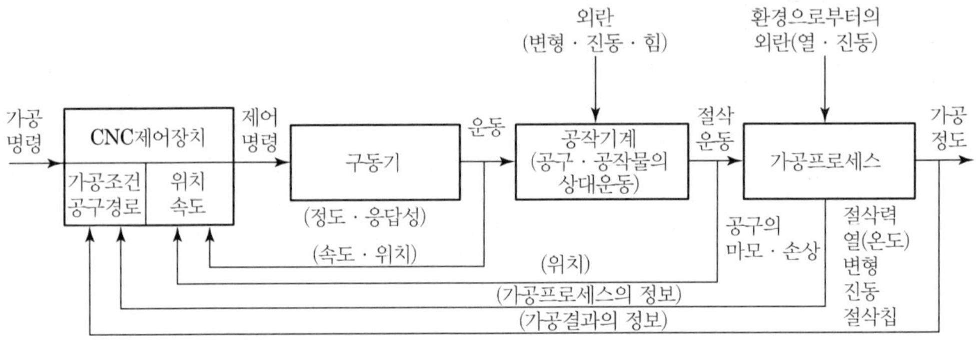

그림 1. 30 공작기계 시스템에서의 센싱 역할

1.6 공작기계에 요구되는 성능과 결정인자

전술한 바와 같이 공작기계에 있어서 요구되는 성능은 기본적으로 고정도, 고능률이다. 이것들은 공작기계에 있어서 영원한 과제가 될 것이다. 또한 FA, CIM 등과 같은 새로운 개념이 도입됨에 의해서 생산시스템을 고도화하는데 핵심적인 역할을 하는 공작기계는 고도의 시스템화, 무인화기능이 요구되고 있다. 이들의 성능을 결정하는 기본적인 요소를 도식화해보면 **그림 1.31**과 같이 나타낼 수 있다. 이러한 요구 성능을 실현하기 위해서는 많은 연구개발이 필요함을 알 수 있다.

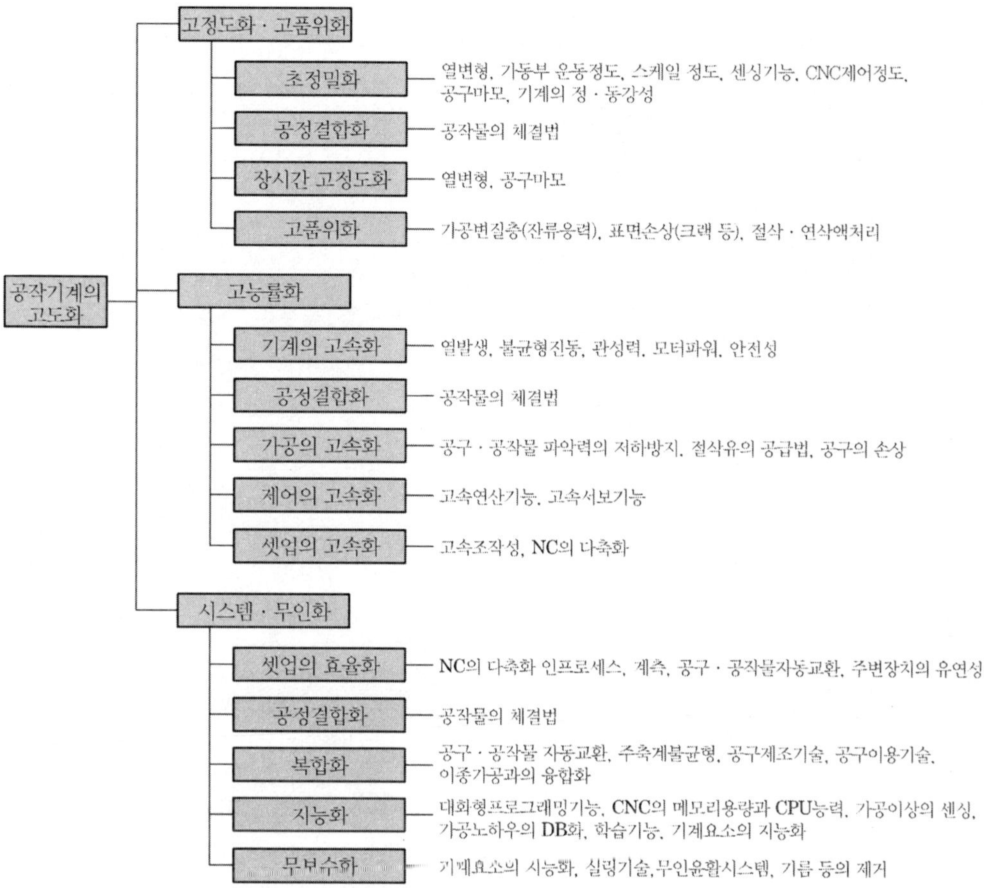

그림 1. 31 공작기계에 요구되는 성능과 그 결정인자

참고문헌

1. http://www.komma.org(한국공작기계협회 홈페이지)
2. http://www.doosaninfracore.co.kr(두산인프라코어 홈페이지)

CHAPTER 02 공작기계의 구조

2.1 본체 구조

2.1.1 본체의 구조조건

본체구조물은 공작기계를 구성하는 각종 유닛의 하중과 절삭과정에서 발생하는 절삭력을 지탱하는 역할을 한다. 이러한 하중을 지지하고 각종 움직임을 안내하기 위해서는 구조물의 크기나 형상, 위치 등이 공작기계의 기능에 따라서 결정되어져야 한다. 이들의 형상은 기본적으로는 움직이는 축의 위치와 길이에 의해 결정되며, 또한 각종 유닛(예를 들면, 작업용 주축, 이동테이블, 구동계 및 모터, 제어장지 등)의 배열에 영향을 받는다. 작업과정에서의 절삭력이나 작업자의 접근성 등도 구조물의 설계시 고려대상이다.

따라서 공작기계 본체는 정강성(정적처짐), 동강성(진동), 열강성(열변형)과 같은 충분한 강성이 유지되어야 하며, 안내면을 구성하고 있어야 한다. 볼스크류나 서보모터, 기어박스, 주축모터와 같이 각종 구동계를 내장하며, 각종 자동화 유닛의 부착용이성, 칩처리의 효율성, 작업자의 접근성 외에 공작기계의 설치에 대한 고려도 필요하다.

기계 구조물은 생산문제 등으로 인하여 여러 조각으로 나누어져서 만들어지며, 이들은 다시 볼트 등을 이용하여 **그림 2.1**과 같이 조립되어 사용된다. **그림 2.2**는 공작기계 구조물의 전형적인 모습을 나타낸다.

공작기계 구동부의 무게나 절삭력으로부터 발생하는 힘에 의한 구조물의 변형은 최소화되어야 하는 것은 당연한 것이며, 경우에 따라서는 절삭 칩의 배출을 용이하게 하기 위해 **그림 2.3**과 같이 경사진 베드 구조물을 사용하는 경우도 있다. 공작기계의 구조형태는 기본적으로는 다음의 3항목으로 특징지울 수가 있다.

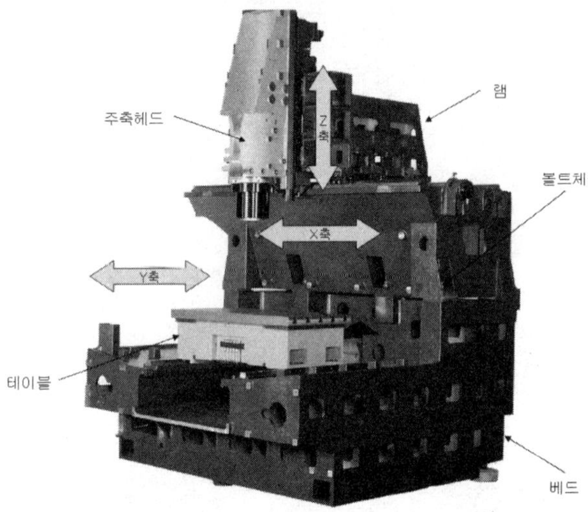

그림 2.1 수직형 머시닝센터 구조물의 예

개방형 C 구조		폐쇄형 O 구조	
단일프레임 구조	트윈 프레임 구조	이중컬럼구조	기둥구조
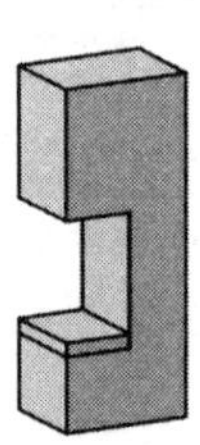	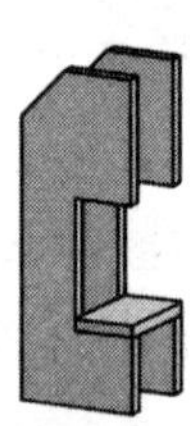	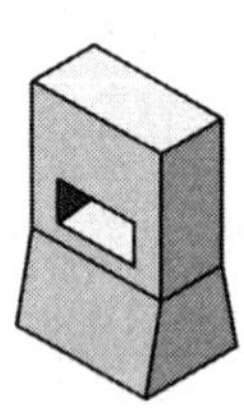	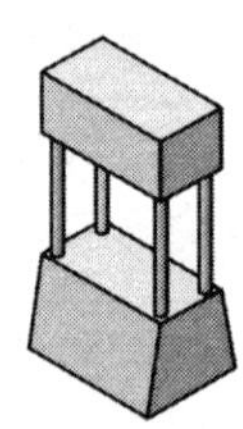

그림 2.2 전형적인 구조물 예

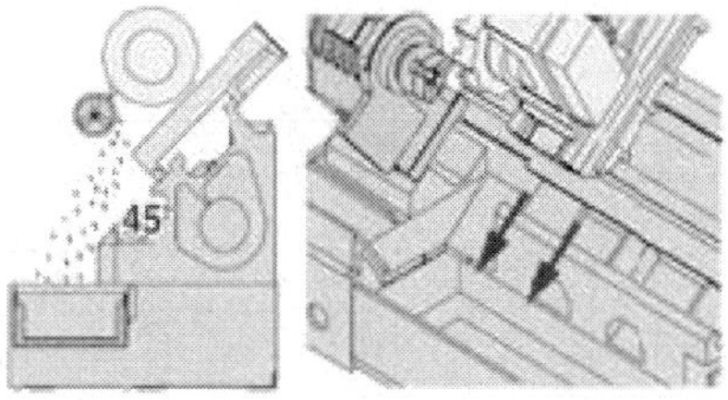

그림 2.3 경사진 베드 구조물의 예

(1) 기본구성요소의 기능과 구조

일반적으로 전체의 성질이 부분의 성질의 영향을 받는 것처럼, 공작기계 전체의 구조형태나 기본기능은 본체구조를 구성하는 각종 기본구성요소의 기능이나 구조에 의해 결정된다. 즉, 주요한 구성요소의 형상이나 기능이 다르면 구조물의 형태도 차이가 난다는 의미이다. 예를들어, 머시닝센터로 대표되는 공구회전형 공작기계와 터닝센터로 대표되는 공작물회전형공작기계에서는 주축계의 구조도 다르고, 이들을 지지하는 구조물인 프레임도 가공공간의 형태, 하중의 부담비율, 구동기구의 차이 등에 의해서 형태가 달라지기 때문에 결국 구조형태가 달라지게 된다.

(2) 구성요소와 구성요소의 접속관계

공작기계의 구조형태는 조립되는 1조의 구성요소와 구성요소가 공간 내에 배치되는 위상관계에 의해 결정되어 진다. 예를 들면, 주축헤드의 부착면이나 부착자세의 차이에 의해 머시닝센터는 수평형 및 수직형머시닝센터로 구별이 되지만, 가공공간에 있어서 운동축의 이동거리의 배분이나 절삭저항의 부담형태가 달라지기 때문에 양자의 구조형태에는 큰 차이가 발생하고, 본체구조의 설계방법도 달라진다.

(3) 구성요소의 공간적 배열상태

공작기계의 구조형태는 전체구조를 구성하는 구성요소군의 공간 내에서 조합된 형태에 의해 특징지워진다. 예를 들면, 거의 동일한 형상생성운동을 실현하는 공작기계일지라도, 단일컬럼공작기계와 문형컬럼공작기계는 외관상 크게 차이가 나고, **그림 2.4**와 같이 힘의 흐름도 전자가 단순한 폐회로를 갖는 반면에 후자는 그림에서 보는 것과 같이 복잡한 힘의 흐름을 가지면서 강성도 강해진다. 또한 동일한 기능, 형상의 공작기계일지라도 공구계 지지측과 공작물 지지측에서 부담해야 하는 운동의 자유도 배분율에 의해 구조형태는 크게 변화된다.

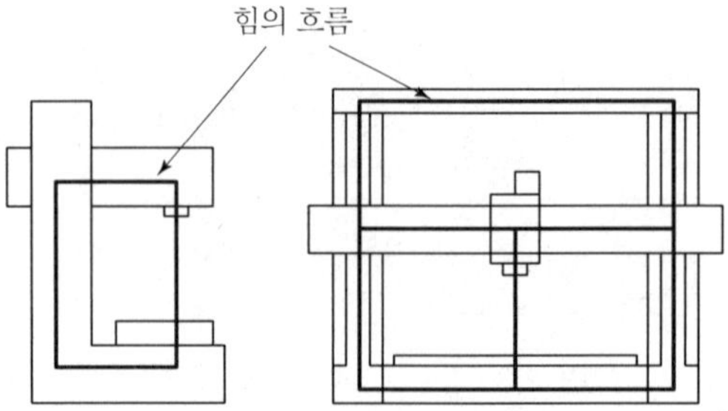

그림 2.4 단일컬럼과 문형컬럼구조에서의 힘의 흐름

플라노밀러나 플레이너 등 대형공작기계에서 볼 수 있듯이 사람이나 공작물의 접근성을 희생해서라도 개방형보다는 문형 구조물을 사용하는 이유는 고강성구조, 동적안정성구조, 열대칭구조 등을 실현하기 위함이다. 또한 종래의 단일 컬럼구조의 공작기계보다는 머시닝센터 등에서 채택하는 더블컬럼구조의 공작기계구조도 동일한 목적으로 사용할 수 있다(**그림 2.5**).

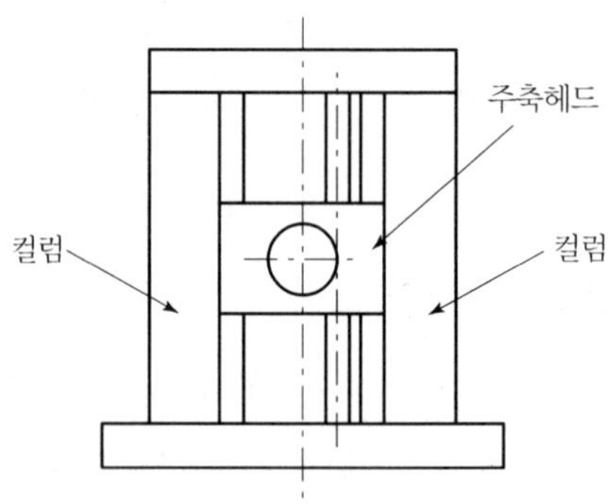

그림 2.5 더블컬럼 공작기계 구조 예

한편 최근에는 강성증대의 목적으로 직렬구조의 공작기계뿐만 아니라 **그림 2.6**과 같이 병렬구조의 공작기계도 출현하고 있다.

그림 2.6 병렬구조의 공작기계

2.1.2 본체의 구성재료

공작기계 구조물 재료의 선택은 재료의 기계적 성질 뿐만 아니라 재료의 가격 및 구입용이성, 생산의 경제성, 가공의 용이성, 주조나 용접성 등 기계적 성질 이외의 것도 고려가 되어야 한다. **표 2.1**은 공작기계에서 고려해야 하는 재료의 기계적 성질을 나타낸다.

표 2.1 재료의 기계적 성질

기계적 성질	관련 성능
강도(탄성 및 피로한계)	소성변형이나 파단의 방지
비중	질량분포, 정적 및 동적성능
탄성계수, 비틀림강성	정적 및 동적성능
댐핑성질	동적성능
마찰계수, 경도값	운동부품의 마찰 및 마멸
잔류응력, 크립, 이완성능	구조물의 시효변형
열팽창계수, 비열, 열전도계수	열탄성 특성

공작기계의 구조물로 사용되는 재료는 주철을 비롯하여 각종 재료가 이용되고 있다. **표 2.2**는 각각의 재료에 대한 특성을 나타내며, 일반적으로는 주철에 의한 주조구조와 강재에 의한 용접구조물이 일반적으로 사용이 되며, 열변형을 고려하여 에폭시 콘크리트나 그라나이트 등을 사용하기도 하지만 일반적이지는 않다.

표 2.2 구조본체 재료의 특성

본체재료	감쇠	정강성	크립	열변형	선팽창	평가
강	작음	큼	동등	동등	동등	정강성이 높고, 크립 변형량도 작음
고급주물	–	–	–	–	–	비교적 좋은 재료
저열팽창주물	동일	약간 작음	약간 큼	작음	작음	열팽창 이외에는 주철보다 크립변형 등이 큼
고강도 콘크리트	큼	작음	큼	큼	큼	감쇠효과 외는 주철보다 나쁨
세라믹스	작음	큼	동일	약간 큼	작음	선팽창, 강성 등이 크나, 가공싱, 가격, 충격 등이 문제
그라나이트	큼	작음	동등	큼	작음	주철보다 우수한 특성을 가지나 소재공급에 어려움

[주] 고급주물에 대하여 상대적 비교를 한 것임.

일반적으로 강판용접구조물은 강성이 높고, 종탄성계수가 주철의 2배로 중량을 1/2로 줄일 수 있다. 비틀림 강성이 크고 내진성이 양호한 특성이 있으며, 생산량이 적은 전용기계나 대형공작기계 구조물로 적당하다. 용접구조물은 용접한 후 어닐링 열처리를 하여 사용한다. 한편, 주철재료는 일반적으로 회주철보다는 고급주철(미하나이트주철)을 사용하고, 그로 인하여 댐핑 성질이 우수하여 진동흡수 능력이 뛰어 나다(**그림 2.7**). 한 개의 모형으로 복잡한 구조물을 계속하여 제작이 가능하며, 안내면 등에 대해 표면경화 열처리를 할 수 있다. 이 구조물은 주조한 후 주조응력을 제거하는 열처리를 하게 되며, 시즈닝을 통하여 충분히 응력을 제거한 후 사용하면 좋다.

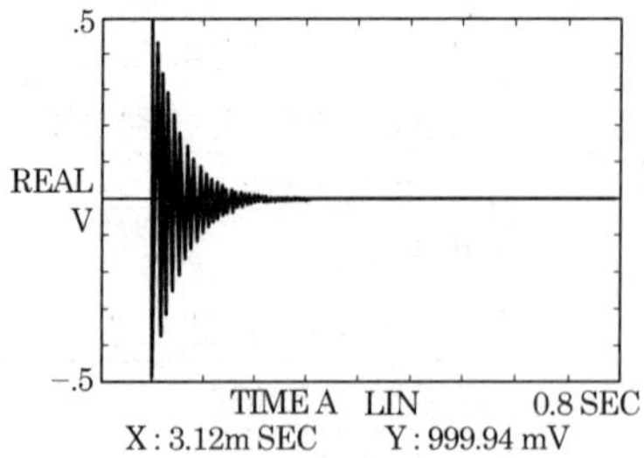

(a) 고감쇠주물재료

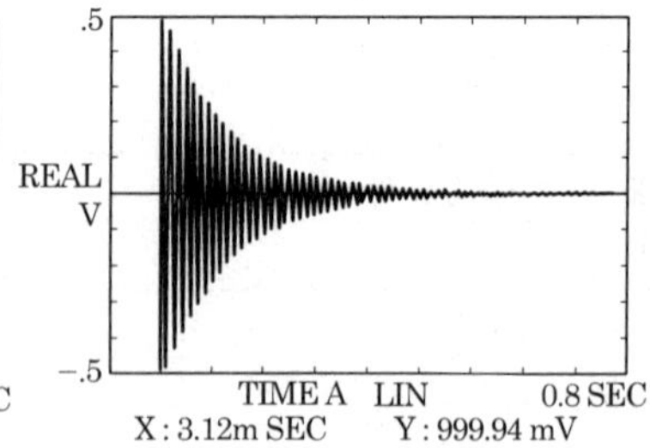

(b) GC250 주물재료

그림 2.7 구조물 재료의 진동소멸 특성

2.1.3 본체의 설계 및 제작

공작기계를 구성하는 구조물은 공작기계 전체의 기초가 되는 베드, 주축 구조물을 메달기 위한 컬럼, 그리고 베드 위를 움직이는 새들이나 테이블 등으로 대별될 수 있다. 구조물의 설계에 있어서는 각각 구조물의 상호 결합관계, 정강성, 동강성, 열강성을 고려한 강성설계, 그리고 베드의 경우에는 공장바닥에 설치할 때의 문제 등을 사전에 고려하여야 한다. 또한 주물 구조물의 경우는 코어(중자)의 처리관계, 구조물을 이동시킬 때 필요한 각종 부착물도 고려의 대상이 될 수 있다. 그리고 테이블 등과 상호 운동 시에 운동을 구속하기 위한 안내면의 설계도 중요한 설계 대상이다.

그림 2.8은 사각형태의 컬럼 구조물을 나타낸다. 그림의 단면에서 나타나 보이듯이 구조물은 내부에 다양한 형태의 격자로 이루어지며, 이를 리브라고 한다. 리브는 통상 공작기계에 있어서 정강성을 높이기 위해서는 반드시 필요한 요소이다. 즉, 공작기계에서는 공작기계 그 자체의 중량 뿐만 아니라 공작물의 중량, 그리고 절삭저항이 작용하게 되고, 그에 따라서 변형이 발생하게 된다. 이들 변형을 최소화하기 위한 목적이 리브(힘살)이다.

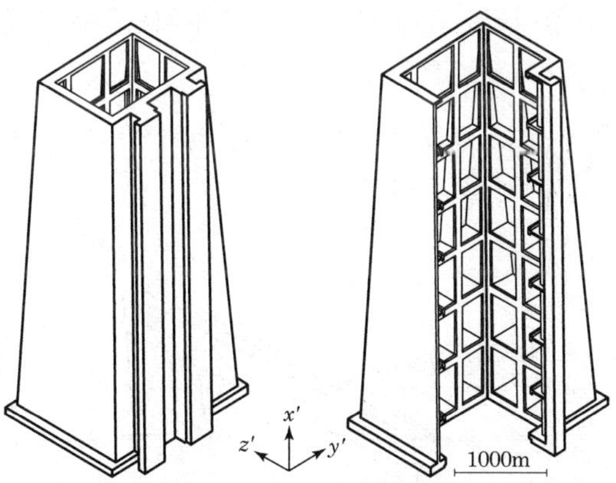

그림 2.8 사각 컬럼

그림 2.9는 컬럼의 단면 예이다. 다양한 모양의 단면으로 설계가 가능하며, 또한 안내면을 기준으로 대칭으로 설계하는 경우와 각종 열변형을 고려하여 비대칭으로 설계된 모양을 알 수가 있다. 결국 단면의 형상 및 리브 구조물에 따라서 관성 모멘트 값이 달라지고 이에 따라서 굽힘 강성과 비틀림 강성이 달라짐으로 설계 시에 해석도구를 이용하여 충분한 검토를 거치게 된다.

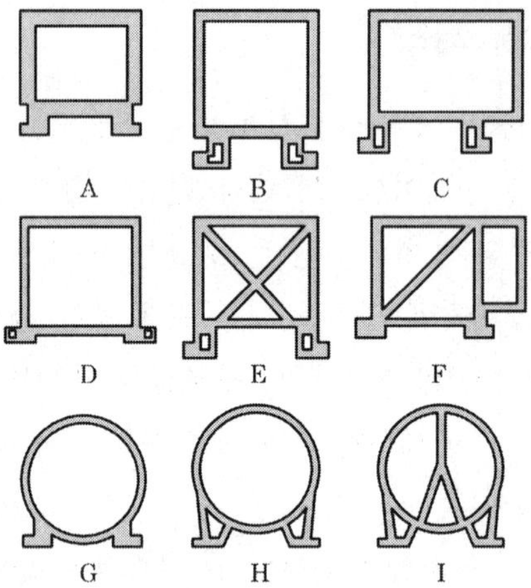

그림 2.9 컬럼의 단면 예

동강성은 정강성과 함께 고려되어야 할 중요한 요소 중의 하나이다. 동강성은 공작기계의 채터진동과도 관계가 있으며, 채터진동은 절삭공정 중에서 발생하는 절삭력의 변동으로부터 발생한다고 볼 수 있다. 이러한 동강성은 기본적으로 설계 시 배치하는 질량 및 질량분포, 강성, 그리고 댐핑에 의해 결정되어지며 특히 구조물의 접합부에서 발생하는 조건에 의해 상당히 지배받는다.

그림 **2.10**은 더블 컬럼을 갖는 갠트리 밀링머신에 있어서 고유진동수를 나타낸 것으로 28 Hz의 주파수로 진동을 하게 됨을 의미한다.

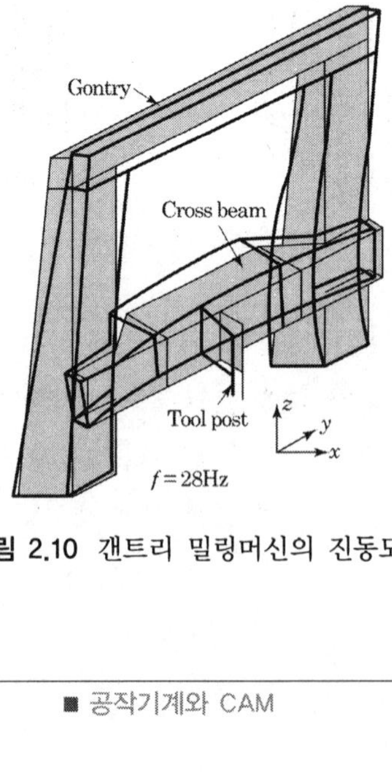

그림 2.10 갠트리 밀링머신의 진동모드

공작기계에서 발생하는 진동은 앞서 말한 채터진동으로 야기되기도 하지만, 외부가진에 의해서도 발생된다. 외부가진의 경우 조화가진으로서는 회전체의 불균일 질량, 베어링의 불규칙성이 있다. 과도가진의 경우는 프레스 등에서 전달되는 충격력, 밀링가공에서의 초기 접촉력, 기어구동에서의 기어체결단계, 기타 공장바닥으로부터 전달되게 된다. 이러한 진동으로부터 안정한 공작기계의 구현을 위해서는 정강성과 함께 동강성의 해석은 설계단계에서 필수요소이다.

공작기계 본체 구조물은 정적 및 동적으로 힘을 받음과 동시에 열의 영향을 받게 된다. 공작기계 구조물에 작용하는 열원은 **표 2.3**과 같다. 이러한 열원에 의해서 본체 구조물은 변형을 하게 된다. 물론 공급되는 열 에너지는 자연대류 또는 강제대류방법으로 배출하는 것이 가능하지만 본질적으로는 공작기계에 영향을 미쳐서 공작기계의 열변형을 일으키게 한다. 그러나 **그림 2.11**과 같이 구조물을 열대칭 되도록 설계한다면 비록 열변형이 일어나도 좌우로 열팽창되는 량이 동일하게 됨으로 공작물과 접촉하는 공구의 위치는 동일해진다. 이러한 열대칭설계는 공작기계의 구조상 사실 실현하기가 매우 어려운 것이고, 따라서 가능하면 대류현상이 잘 일어날 수 있도록 설계시에 세심한 주의를 기울여야 한다. **표 2.4**는 공작기계 열변형에 대한 대책을 나타낸 것이다.

표 2.3 공작기계의 열원

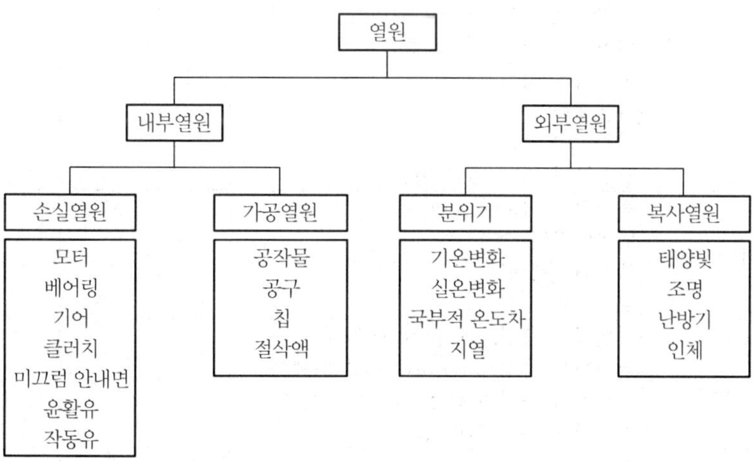

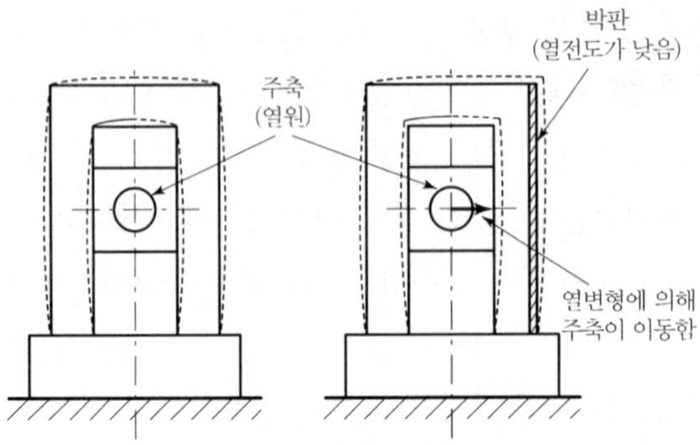

그림 2.11 열대칭설계와 열비대칭설계의 주축 열변형

표 2.4 열변형 대책

대 책		예	차단효과			
			열량	온도분포	변형	정도저하
설계	효율의 향상	미끄럼면 재질의 선택	○			
		윤활의 선택(점도 및 량)	○			
		굴림마찰, 유체마찰의 이용	○			
		가변토출형 펌프의 이용	○			
		발열이 적은 기기의 선택	○			
	구조의 개량	열원을 기계본체와 분리		○		
		미끄럼면을 경사시켜 칩의 퇴적방지		○		
		열대칭 설계			○	○
		변형의 방향을 정도에 영향 없도록 배치				○
		변형의 예상위치를 교정함				○
		예장력을 가함			○	
		단열재를 이용		○		
		지지점의 주의				○
		열팽창이 적은 재료 이용			○	
열의 제거와 가열		적극적 냉각(Oil shower)		○		
		방열면적의 증가		○		
		액체의 순환량 조정		○		
		보조열원		○		
변형의 보정		열변형을 측정, in-process보정				○
		열변형을 측정, off-process수치제어				○
		온도에서 열변위를 추정하여 위치보정				○
		강제력에 의한 열변형의 보정			○	
환경의 보정		항온실에 설치		○		
		공기흐름의 조절		○		
		복사열의 차단	○			
작업조건의 개선		길들이기 운전		○		
		주축회전수의 저하	○			○
		적절한 운전조건의 선택	○			
		열응력을 제거			○	

2.2 안내면

2.2.1 안내면의 구비조건

안내면은 상대운동하는 부품에 있어서 불필요한 운동을 구속하여 기하학적으로 정확한 운동을 주기 위하여 설계된 부분이다. 즉, 강성이 충분한 상태에서 운동의 정밀도를 전달해야 하기 때문에 공작기계의 설계에 있어서는 매우 중요한 부분이다. 안내면은 공작기계의 구조물에 설치되어 있으며, 이 안내면 위를 매끄럽게 움직이기 위해서는 한 조를 구성하는 상대운동체(예 : 테이블, 주축, 새들 등)의 미끄럼면 설계 또한 세심한 주의를 요하게 된다.

그림 2.12는 공작기계 운동요소의 자유도를 나타낸다. 강체가 공간상에서 운동 시에는 6자유도를 가진다. 직교 좌표계를 중심으로 x, y, z 방향의 선형운동과 그 방향으로 발생하는 회전운동요소이다. 이들 자유도를 구속함에 따라서 원하는 운동을 얻을 수가 있는데, 밀링기계의 이송면에 대해서는 y방향 운동을 제외하고 모두 구속을 하면 직선운동을 얻을 수 있고, 드릴링머신의 주축에 대해서는 4자유도를 구속시키면 회전을 하면서 앞으로 나아가는 주축을 만들 수가 있다. 또한, 선반의 주축인 경우는 선형운동을 모두 구속하고 회전운동 한 개에 대해 비구속을 하게 되면 회전운동을 얻게 된다.

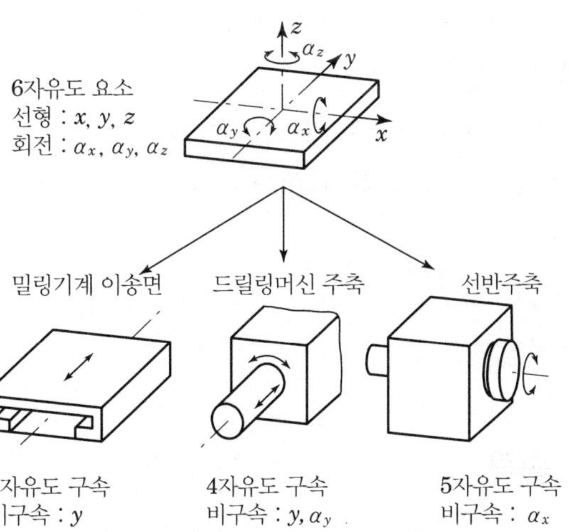

그림 2.12 공작기계 운동요소의 자유도

물론 직선운동의 경우에 5자유도를 구속하여 운동을 시켜도 결국 **그림 2.13**과 같이 운동체에는 원하지 않는 오차가 나타난다. 즉, **그림 2.12**와 같이 밀링기계의 이송면에 있어서 운동방향을 제외하고 모두 구속을 하여도 **그림 2.13**과 같이 선형오차와 관련된 수평 및 수직방향으로의 진직운동, 회전과 관련된 롤링, 요잉, 피칭운동이 일어나게 된다. 따라서 정밀도가 핵심인 이송계에 있어서 정도를 확보하기 위해서는 안내면은 다음과 같은 조건을 만족하여야 한다.

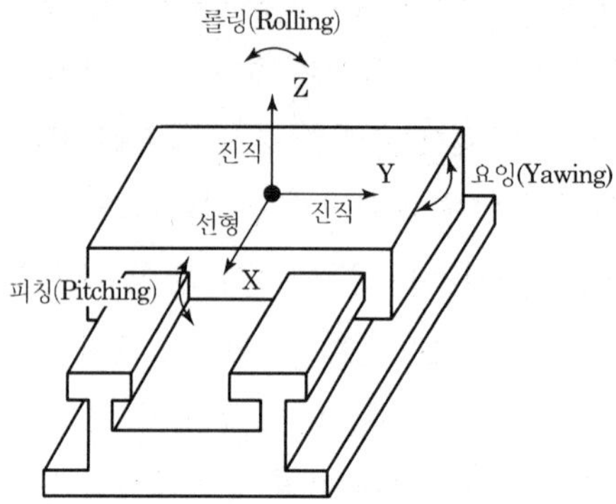

그림 2.13 안내면의 거동과 명칭

• 강성이 크고, 하중에 대해 변형되지 않아야 함
• 윤활방향 및 그 방향에 직각인 방향에 대해 감쇠능력이 커야 함
• 형상이 정확하고, 운동도 정확해야 함
• 낮은 마찰계수를 가지며, 윤활성도 좋아야 함
• 유격이 작고, 조정이 가능한 구조이어야 함
• 절삭 칩 또는 절삭유에 대해 보호가 잘 되어야 함
• 외력에 대해 위치결정 기능의 변화가 없어야 함
• 조립이 용이해야 함
• 칩이 정확하게 제거되어야 함
• 마모 시 조정이 쉬워야 함

2.2.2 안내면의 종류

안내면은 상대운동을 하는 운동의 종류, 모양, 윤활방식에 따라서 분류할 수 있다. 운동에 따라서 분류를 한다면 **그림 2.14**와 같이 운동안내면과 고정안내면이 있을 수 있고, 이들의 운동형태는 직선형 및 회전형으로 분류가 가능하다. 또한 어떤 안내면은 경우에 따라서 운동

을 하는 경우도 있고, 고정되어지는 경우가 있다. 그리고 직선운동과 회전운동을 동시에 안내해야 하는 복잡한 경우도 보링머신이나 드릴링머신의 주축에서 볼 수 있다.

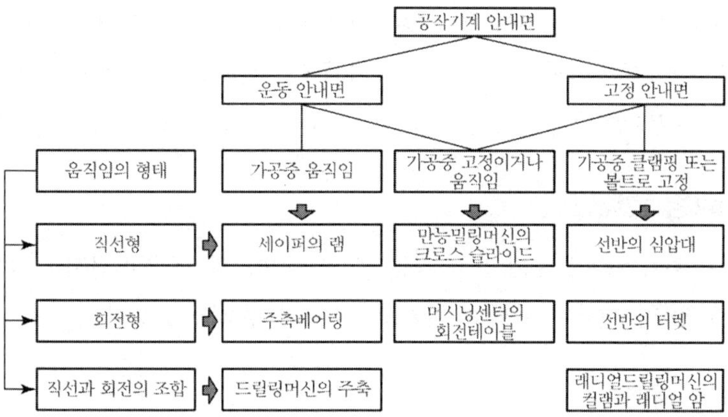

그림 2.14 움직임의 형태에 따른 안내면의 종류

안내면은 설계의도에 따라서 형상을 달리하게 된다. 이들 형상을 결정하는 많은 경우는 안내면과 운동체 사이의 윤활과 관련되는 경우가 있다. 기본적인 공작기계의 윤활은 강제급유에 의한 동압윤활로 이루어지는데, 이것과 별도로 정압윤활을 하거나 직선운동 베어링을 사용하는 경우에는 통상의 안내면과 다른 구조를 갖는다. **그림 2.15**는 기본적인 공작기계 안내면의 형상을 나타낸다.

(a) (b) (c) (d)

그림 2.15 안내면의 기본형

(1) V형 안내면

꼭지점이 위 또는 아래 어느 방향으로 배치해도 가능하지만, 절삭작업시 칩 등을 고려하면 윗방향을 갖는 구조를 택한다. 삼각형은 등변 또는 부등변이 가능하며, 이러한 구조는 안내면이 마모하여도 유격이 발생하지 않는 장점이 있다. 통상 선반, 플레이너, 연삭기 등에 사용을

한다.

(2) 평면형 안내면

일반적으로 중하중을 지지하여야 하는 경우에 사용한다. 수평방향 및 수직방향으로 구속이 없기 때문에 조정이 가능한 장점이 있다. 공작기계에서는 최소한 한 개 이상의 평면형 안내면을 갖는 경우가 대부분이다.

(3) Dovetail형 안내면

소형의 공작기계나 계측기 등에 자주 사용되는 안내면이다. 소형이면서도 정밀하고 충분한 강성을 얻을 수 있다. 제작비는 다소 비싸고, 조립시 주의를 요한다.

(4) 원통형 안내면

무구속형 안내면을 얻을 수가 있다. 높은 강성을 얻을 수 있기 때문에 프레스나 래디얼 드릴링머신의 컬럼 안내면으로서 많이 사용된다. 복수의 원통형 안내면을 사용하는 경우에는 조립이 어려운 단점이 있다.

2.2.3 안내면의 설계

가장 일반적으로 사용하는 안내면의 조합은 평면형 안내면이다. 이 경우에는 열발생에 의한 열팽창을 최소화하고, 구동력에 의한 우력의 발생으로 생기는 안내면의 마모를 최소화하기 위하여 "좁은 안내면(Narrow guideway)"의 설계개념을 갖는다. **그림 2. 16**은 좁은 안내면의 개념으로 안내면 상에서 구속되는 길이가 길어지면 그만큼 열변형시에 유격이 많이 발생하는 것을 보여주고 있다. 또한 **그림 2. 17**과 같이 설계 시에 구동계가 안내면 내에 있지 못하는 경우, 즉 힘 F가 작용할 때 안내면 상의 운동부에 힘 P를 발생하여 운동이 된다면, 안내면의 저항과 절삭저항의 합력이 힘 P'으로서 두 힘은 동일한 힘으로 회전을 일으키는 짝힘을 만든다. 따라서 힘 P와 P'의 팔길이를 최소화해야 하며, 이를 위해서는 좁은 안내면의 개념이 도입된다.

한편, **그림 2.18**은 V형과 평면형 등 안내면의 조합의 예를 보이고 있다. 이러한 안내면의 설계에서는 조합이 일어날 때 발생하는 유격을 조정하기 위하여 쐐기(gib)를 사용한다. 이러한 쐐기는 미끄럼운동부에서 힘이 적게 드는 부분에 설치하게 된다.

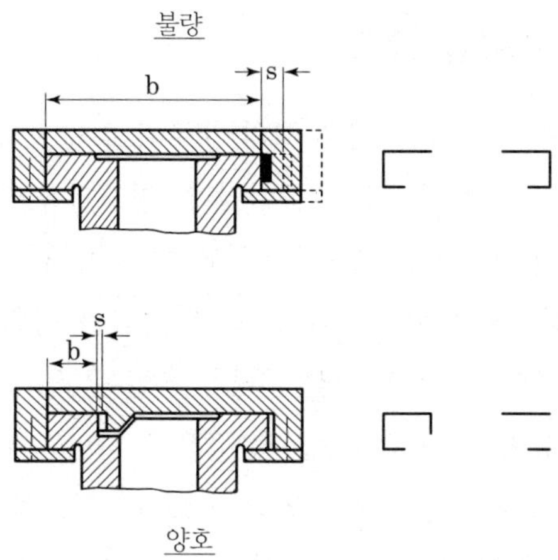

그림 2.16 좁은 안내면의 효과(s는 열변형시 발생하는 유격)

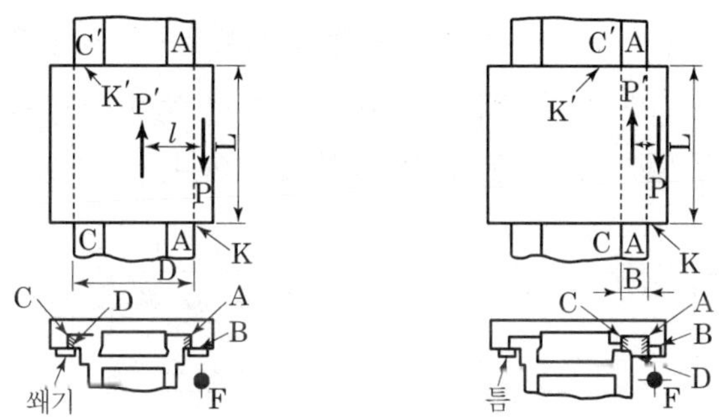

(a) 넓은 안내면 (b) 좁은 안내면

그림 2.17 안내면상의 힘의 작용

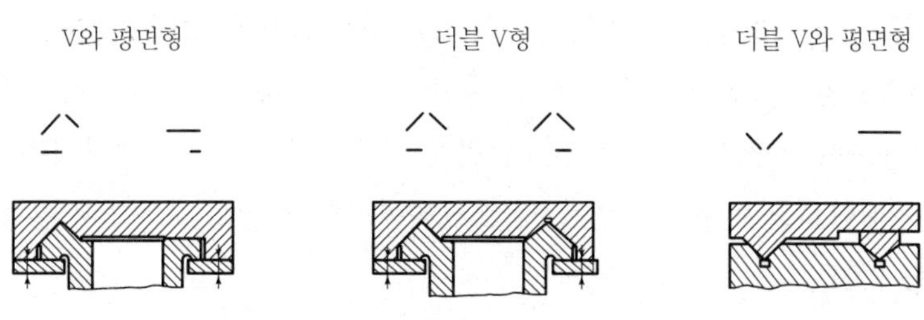

그림 2.18 안내면의 조합

2.2.4 안내면의 마무리와 윤활

안내면은 본체와 연결되어 있기 때문에 본체의 재료와 일반적으로는 동일하다. 따라서 미하나이트 주철이나 고급 펄라이트 주철로 만들어지며, 밀링가공 후 열처리를 하여 경도를 높여 사용한다. 열처리 된 면에 대해서는 스크레이핑을 하거나 대형 연삭기를 이용하여 표면조도 및 진직도 등의 가공 정밀도를 확보하게 된다. 열처리는 화염경화, 고주파열처리, 또는 경화판을 부착하는 방법이 사용될 수 있으며, 본체가 용접 구조물로 된 경우는 연강판이 열처리가 안 되기 때문에 경화능이 있는 탄소강을 용접으로 하여 안내면을 구성한다. 최근에는 안내면을 탄소강으로 하면서 본체를 주철로 만드는 하이브리드형 본체를 만들기도 한다. 이 경우는 안내면의 경도를 높게 할 수 있는 장점이 있다. 통상, 안내면의 경도는 $H_s 60$ 이상의 경도를 요구하게 된다.

습동되는 면과 안내면은 접촉률이 매우 높아야 한다. 따라서 안내면과 접촉되는 상대면은 광명단을 발라서 문지르게 되면 접촉률을 파악할 수 있다. 이를 바탕으로 스크레이퍼를 이용하여 스크레이핑을 하는데, 이는 평면을 완성하는 목적과 함께 윤활 홈을 형성하려는 목적이 있다. **그림 2.19**는 습동면에 형성하는 윤활 홈의 모양이다.

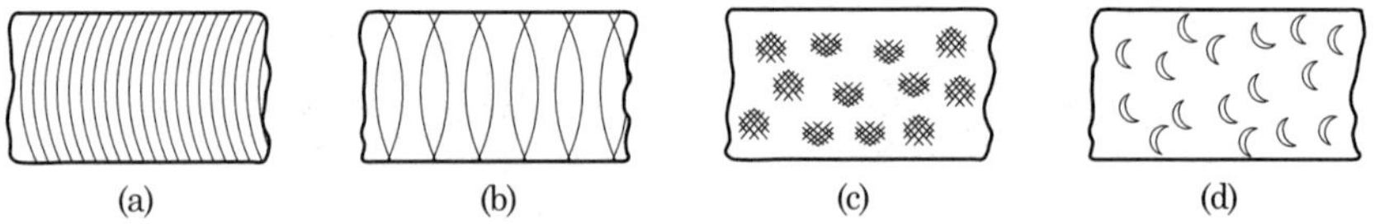

그림 2.19 습동면의 마무리 모양

안내면에서는 습동되는 면과의 윤활이 매우 중요하다. 안내면의 윤활이 올바르지 못하면 습동되는 운동체는 가다가 섰다가 반복되는 "stick-slip"현상이 **그림 2.20**처럼 발생한다. 습동면에는 유정압윤활, 유동압윤활, 그리스윤활 등이 사용가능하며, 최근에는 복합수지(Turcite)를 활용하여 마찰저항을 낮춘 윤활법을 사용한다. 또한 안내면에는 구름베어링을 이용한 직선운동베어링을 이용하여 연삭 및 스크레이핑의 부담을 줄이면서 운동의 효율을 높이고 있다(**그림 2.21**).

습동면에 급유를 하는 방법은 수동 또는 자동급유법이 있으나, 대부분의 경우는 자동으로 간헐적으로 일정량씩 급유되도록 한다. **그림 2.22**는 습동면에 윤활유를 공급하기 위하여 가공해두는 기름 홈의 모습을 나타낸다.

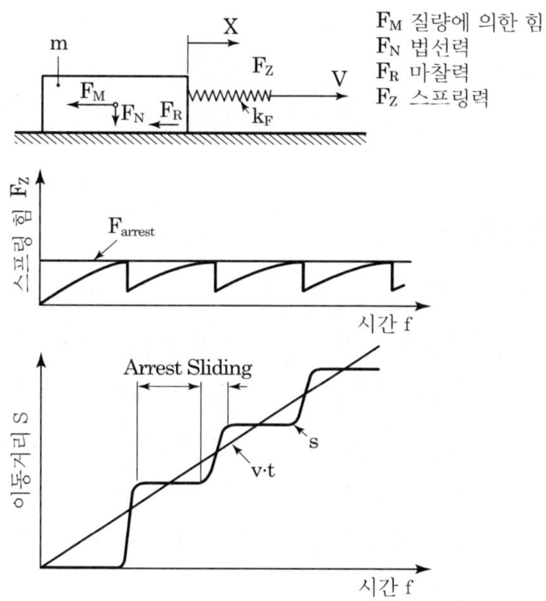

그림 2.20 스틱-슬립현상

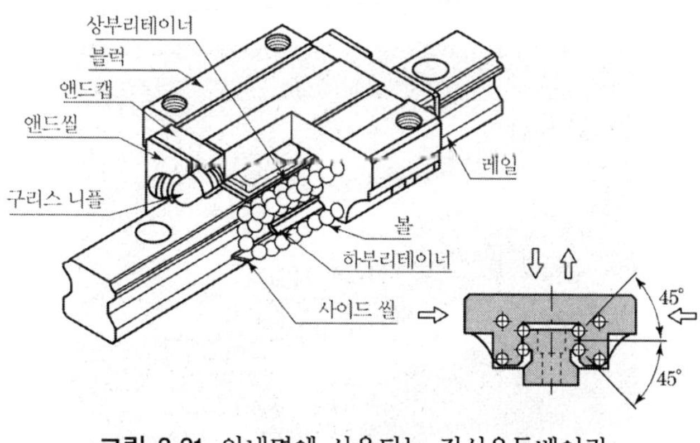

그림 2.21 안내면에 사용되는 직선운동베어링

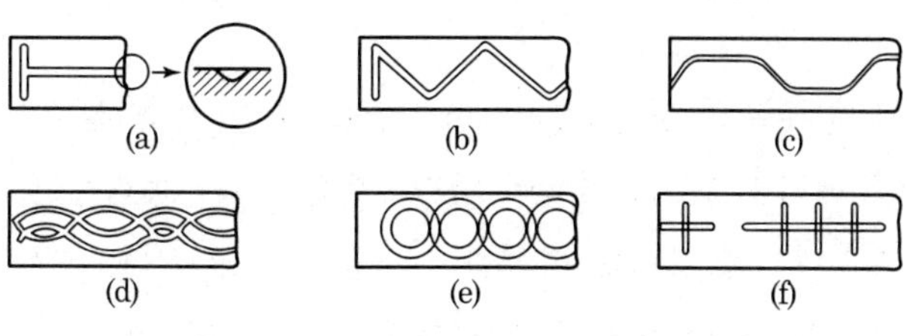

그림 2.22 습동면의 급유를 위한 기름홈

2.3 주축

2.3.1 주축의 구비조건

주축은 공작기계에 있어서 가공물이나 공구를 장착시켜 절삭운동이 가능하도록 회전운동을 주는 요소이다. 물론 회전운동을 하지 않고 절삭이 되는 공작기계도 많지만 그 경우는 공구를 물리는 부분을 램이라고 하고 주축이라고 부르지는 않는다. 주축이 절삭운동을 하기 때문에 공작기계에 있어서는 이송계와 더불어서 가장 중요한 부분이라고 볼 수 있다. 주축은 고속으로 회전하면서 직접 절삭하중을 받기 때문에 정강성 및 동강성, 그리고 열적 안정성이 매우 중요시된다. 또한, 가공시 공작물의 진원도 내지 원통도에 직접적인 영향을 미치기 때문에 회전정밀도가 매우 높아야 한다.

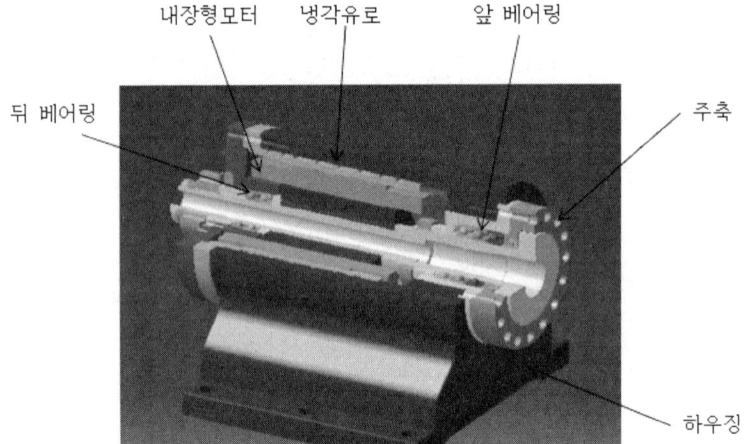

그림 2.23 모터 내장형으로 설계된 주축단면도의 예

그림 2.23은 전형적인 주축의 단면도를 나타낸다. 주축은 주축 하우징 내에 장착이 되며, 주축 하우징과는 구름 베어링으로 연결되어 있다. 주축의 회전동력은 외부로부터 모터가 직결되어 회전하거나 주축내부에 모터를 설치하여 구동을 하게 된다. 외부로부터 동력을 받는 경우는 회전수에 따라서 낮아지는 모터의 토크를 일정하게 유지하기 위하여 기어동력전달장치를 이용한다. 주축이 이동하는 경우는 기어동력전달장치는 하우징의 내부에 설치하고, 선

반과 같이 주축이 고정된 경우는 기어동력전달장치는 외부에 있으면서 벨트구동장치로 동력이 전달되는 구조를 갖는다. **그림 2.24**는 내부에 슬라이딩 기어를 갖추고서 변속을 할 수 있는 구동장치의 모습을 나타낸다.

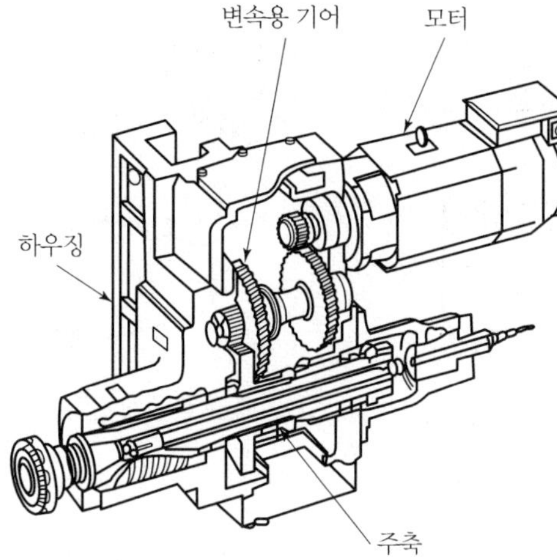

그림 2.24 내부 슬라이딩 기어를 갖는 유단변속 주축 단면도

주축재료는 강도와 강성유지를 목적으로 탄소강, 침탄강, 니켈크롬몰리브덴강 등 고급재료를 사용하며, 일반적으로 열처리한 후 내경과 외경을 정밀하게 연삭가공한 후 사용하게 된다 이는 회전체가 구동될 때 발생하는 불균형질량을 최소화하기 위한 것으로 주축이 고속화될수록 영향이 더 크게 나타난다.

주축의 끝단부는 각종 공구, 치구(척, 센터, 아바) 등이 장착될 수 있도록 준비가 되어져야 한다. 특히 공작기계에 따라서 사용하는 공구의 형상이나 공구를 잡는 방법이 틀리기 때문에 **그림 2.25**와 같이 주축 끝단부의 형상은 다르게 설계된다.

주축의 앞과 뒤쪽은 구름베어링이 설치되고, 이들 베어링에 윤활유를 공급하기 위한 유로가 설계되어야 한다. **그림 2.26**은 베어링에 윤활유를 공급하기 위한 오일에어 윤활을 위한 유로설계의 예를 나타낸다. 주축의 중앙부 내지 후단부에는 동력을 전달받기 위하여 기어, 풀리 또는 커플링이 **그림 2.24**와 같이 장착되어진다. 주축의 내부는 중공으로 되어 있어서 공구를 클램핑하기 위한 부품이 장착되거나 또는 선반의 경우 환봉의 소재가 공급되는 공급로 역할을 하게 된다. **그림 2.27**은 공구의 끝단(pull stud)을 잡아당기기 위하여 체결봉이 디스크 스프링과 함께 조립된 모습을 보여준다.

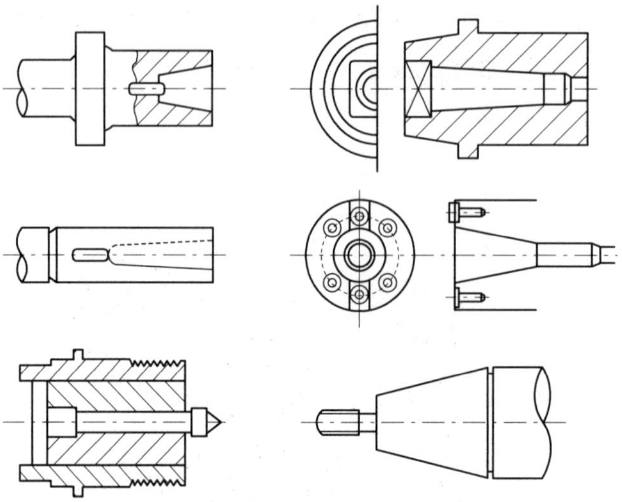

그림 2.25 각종 공작기계의 끝단부의 예

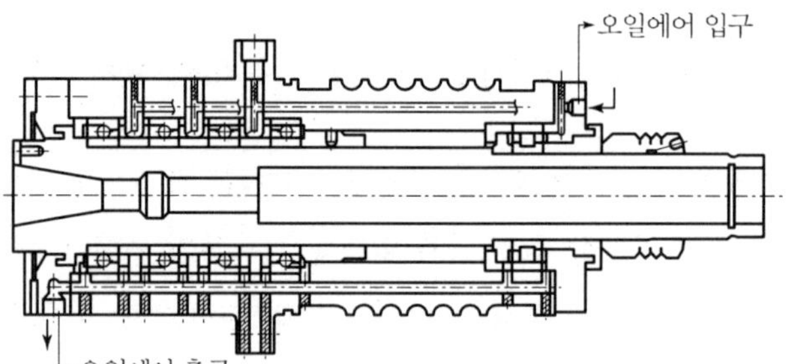

그림 2.26 오일에어 윤활을 위한 유로

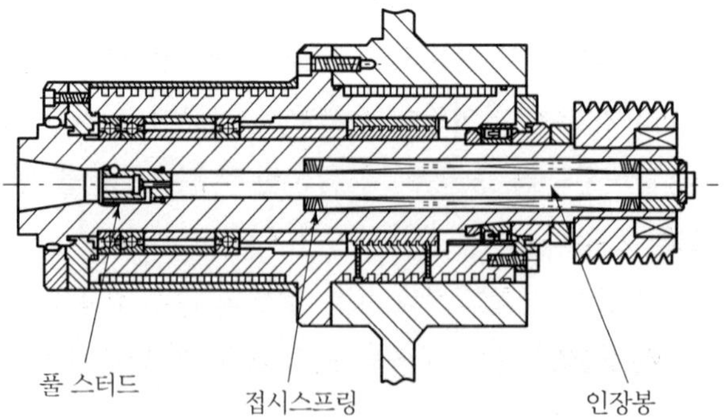

그림 2.27 인장봉이 내장된 주축의 단면

2.3.2 주축의 윤활과 구동

회전체인 주축이 구동을 하기 위해서는 주축 하우징 사이에 베어링을 설계하여 구름마찰을 최소화하여야 한다. 전형적으로는 볼베어링, 볼베어링과 원통베어링의 조합, 유정압 또는 유동압베어링, 공기정압베어링, 그리고 특수한 목적으로 자기베어링을 채택한다.

이러한 베어링 요소는 회전정밀도가 높아야 하고, 굽힘이나 동적 진동에 대한 강성이 높아야 한다. 진동에 대한 댐핑효과 뿐만 아니고, 회전체 내에서의 마찰저항이 적어야 한다. 특히 베어링은 윤활시스템과 결합하여 가격이 높아지기 때문에 가격에 대한 고려도 필요하다. **그림 2.28**은 주축에 적용 가능한 베어링에 대한 각각의 특성을 정리한 것이다.

	원통 베어링	유동압 베어링	유정압 베어링	공기정압 베어링	자기 베어링
고속화(D_mN)	○[1)]	△	△	◎	◎
수명	○	○	◎[2)]	◎[2)]	◎[2)]
회전정밀도	○	○	◎	◎	◎
감쇠	▲	○	○	△	○
강성	○	○	◎	△	○
윤활효과	◎[3)]	△	▲	△	▲[4)]
마찰저항	△	▲	▲	◎	◎
가격	◎[3)]	△	△	△	▲

1) 윤활과 베어링조건에 따라 다름 ◎ : 매우 좋음 ○ ; 좋음 △ : 중간 ▲ : 나쁨
2) 이상적인 환경에서는 무제한
3) 오일 윤활에서는 중간정도
4) 자력을 위한 제어 부담이 큼

그림 2.28 주축에 적용 가능한 베어링

가장 일반적으로 사용되는 베어링은 구름베어링으로서 공작기계에서는 앵귤러접촉 볼베어링, 원통롤러베어링 그리고 테이퍼 롤러베어링이 사용된다. 이들 베어링은 각각의 장단점이 **그림 2.29**에 나와 있다.

	장점	단점
앵귤러접촉 볼베어링 	• 저마찰력 • 조립용이 • 윤활을 통해 고속화가능	• 강성이 낮음
테이퍼 롤러베어링 	• 높은 강성	• 높은 동력손실 • 조립이 어려움 • 고속은 오일스프레이 윤활
원통 롤러베어링 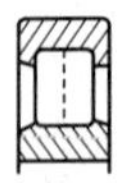	• 반경방향 강성이 높음 • 비고정 베어링	• 높은 동력손실 • 축방향 베어링이 필요

그림 2.29 주축용으로 사용하는 베어링의 장단점

주축용으로 가장 많이 사용되는 베어링은 앵귤러접촉 볼베어링이다. 이것은 마찰이 적을 뿐 아니라 고속화가 가능하기 때문에 사용이 되는데, 다만 축방향 강성이 낮은 단점이 있다. 이를 극복하기 위하여 이 베어링은 2개 내지 3개를 조합하여 사용하는데 조합하는 방식에 따라서 **그림 2. 30**과 같이 정면, 배면, 병렬조합으로 나눌 수가 있다. 배면조합은 굽힘모멘트에 강하여 가장 많이 사용하는 조합형태이다(**그림 2.26**). 반면에 정면조합의 경우에는 예압 등 미세한 조정이 가능함으로 고속 내경 연삭기의 주축 등에 사용이 된다. 병렬조합의 경우에는 축방향 하중이 커서 1조의 베어링으로 하중을 지지할 수 없는 경우에 사용한다.

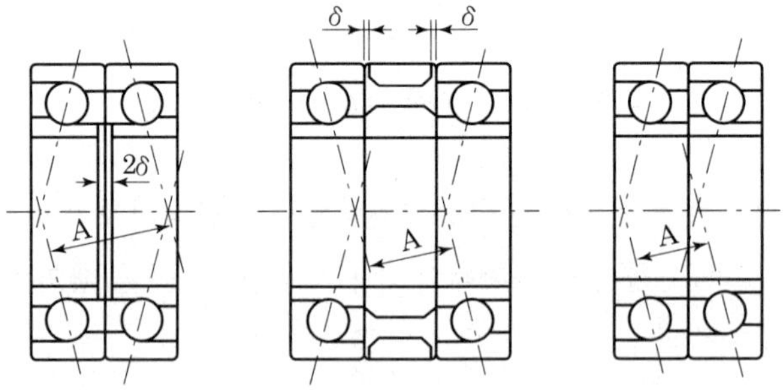

(a) 배면조합 (b) 정면조합 (c) 병렬조합

그림 2.30 앵귤러 접촉베어링의 조합의 예

이와 같이 조합베어링을 사용하게 되면 축방향으로 예압을 줄 수가 있기 때문에 조립시에 축방향으로 주는 예압량에 따라서 축방향 강성값이 달라진다. 축방향 예압은 조립시 주어진 량이 일정한 정위치예압과 속도의 변동에 따른 예압의 변화를 일정하게 해주는 정압예압구조가 있다. 정위치예압의 경우에는 주축이 고속으로 회전함에 따라 발생하는 원심력과 자이로 모멘트의 변화, 발열로부터 예압의 량이 증가하게 되어 강성이 변화하게 된다. **그림 2.31**은 병렬조합으로 구성하고 정압예압이 걸리도록 설계된 내면연삭기용 주축단면을 나타낸다.

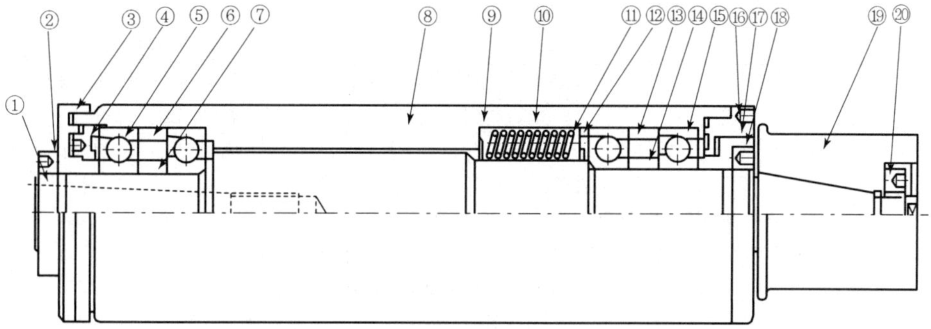

① 축 ② 너트 ③ 앞 커버 ④ stopper ⑤ 앞 베어링 ⑥ 외륜spacer ⑦ 내륜spacer ⑧ 하우징 ⑨ 스프링자리 ⑩ 스프링안내 ⑪ 스프링 ⑫ 스프링자리 ⑬ 외륜spacer ⑭ 내륜spacer ⑮ 뒷 베어링 ⑯ 뒷 판 ⑰ 라비린스 spacer ⑱ 너트 ⑲ 풀리 ⑳ 너트

그림 2.31 정압예압 주축의 예

주축에서 가장 중요한 것은 베어링의 선정과 함께 윤활 방법이다. 가장 일반적인 윤활은 그리스윤활이지만, 고속화를 위해서는 오일미스트윤활, 오일에어윤활, 제트윤활 등을 사용한다. 또한 통상의 오일에어윤활에 있어서 구조를 변경한 언더레이스윤활을 사용하기도 한다. **표 2.5**는 각 윤활방법의 특징을 비교한 것이다. 윤활은 특히 베어링의 온도상승과 직결되며, 온도상승은 다시 베어링의 소착이나 또는 주축의 발열로 인한 열변형을 일으킴으로 적절한 냉각장치와 함께 사용한다. **그림 2.32**는 베어링의 발열을 외부로 제거하기 위하여 강제 냉각된 냉각유를 순환시키는 자켓이 설계된 주축의 단면모습을 보여주고 있다.

표 2.5 각종 윤활법의 장단점

윤활법	윤활방식	장점	단점
그리스윤활	베어링 내에 그리스를 주입. 조립 후는 추가 그리스주입은 없음	• 가격이 저렴함 • 쉽게 온도상승을 낮출 수 있음 • 유지보수가 쉬움	• 그리스의 열화로 베어링소착 가능성이 있음 • 불순물의 침입에 약함
오일미스트윤활	윤활유를 미스크화하여 공기와 함께 베어링에 공급	• 윤활유의 수명에 대한 고려가 불필요함 • 불순물이 들어가지 않음 • 하우징 내 배관경로 설계가 쉬움	• 미스트공해에 의한 분위기 오염 • 배관경로가 중간에 분지됨으로 각 베어링에 들어가는 유량이 다름 • 윤활유공급 확인이 어려움
오일에어윤활	피스톤으로 정유량의 윤활유를 공급하고, 공기의 흐름으로 혼합하여 베어링에 공급. 윤활유는 유체상태로 배관을 따라 공급됨.	• 각 베어링에 최적유량을 공급하여 발열이 적음 • 온도상승이 낮음 • 윤활유의 수명에 대한 고려가 불필요함 • 불순물이 들어가지 않음 • 미스트공해에 의한 분위기 오염이 적음	• 하우징 내의 배관경로가 복잡해지고, 가격이 높음. • 베어링에 윤활유가 공급되는지 최종확인이 어려움
제트윤활	급유펌프를 통해 대용량의 윤활유를 공급함. 공작기계의 경우 배출펌프를 설치.	• 유량이 많아 불순물 침입이 적음 • 베어링소착이 잘 안됨	• 마찰손실이 큼 • 기름의 누수로 인해 수직형 주축에 사용은 어려움 • 급·배유 장치로 인해 가격이 상승함

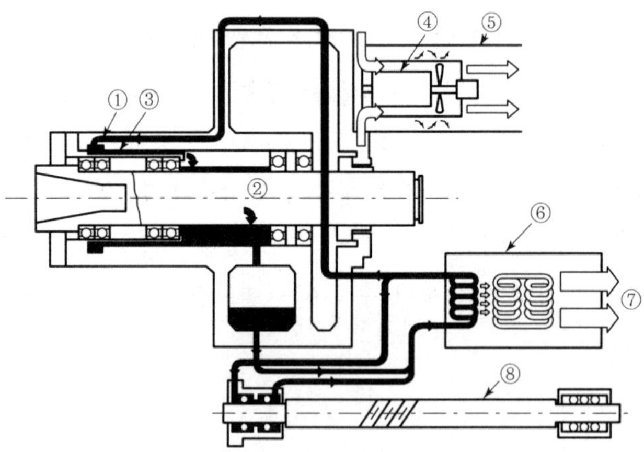

① 냉각유 ② 주축 ③ 자켓냉각기구 ④ 주축모터 ⑤ 스테인리스강 방열판
⑥ 냉각유닛 ⑦ 열방출 ⑧ 볼 스크류

그림 2.32 주축 베어링 냉각구조

2.3.3 주축의 강도 및 강성

주축은 직접적으로 공작물과 만나면서 가공이 이루어지는 부분이기 때문에 공작기계에 있어서는 가공정밀도에 가장 민감하다고 볼 수 있다. 주축에 대해서는 정강성, 동강성 그리고 열강성 설계가 이루어져야 한다.

정적변형은 주축 자체의 변형(y_{sp})과 베어링의 변형(y_L), 그리고 하우징의 변형(y_k)이 **그림 2.33**과 같이 각각 중첩되어진다. 통상, 주축이나 베어링의 변형은 설계과정에서의 치수를 바탕으로 계산이 가능하지만 주축 하우징의 경우는 계산이 불가능하기 때문에 수치 해석적으로 계산을 해 낼 수 있다. 한편, 반경방향의 강성 외에도 축 방향의 변형을 결정하는 축방향 강성을 고려해야 한다. 통상 주축의 축방향 강성은 베어링보다는 매우 높기 때문에 축방향의 강성은 주로 베어링의 설계에 의해서 이루어지며, 테이퍼 롤러 베어링이나 각 테이퍼 베어링에 예압을 걸어서 유지한다.

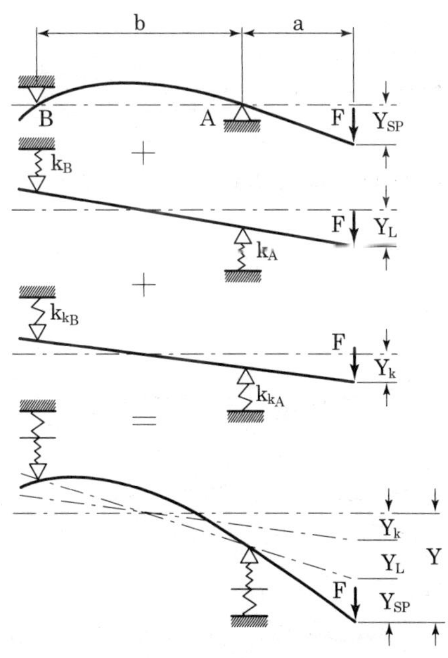

그림 2.33 주축의 변형[1]

정적 휨과는 별도로 주축계의 동특성인 진동은 가공되는 공작물의 표면거칠기나 기하학적 정밀도에 많은 영향을 미친다. 동적거동에 영향을 미치는 요소는 공진주파수 및 진폭, 모드형태 및 댐핑시스템이다. 댐핑시스템은 베어링이 조립되는 자리를 무시한다면 베어링의 댐핑과 주축 재료의 댐핑에 의해 결정된다. 베어링 댐핑은 주로 속도에 비례하는 점성댐핑에 지배받는다. **그림 2.34**는 주축 중간에 댐핑을 가한 경우와 가하지 아니한 경우의 진폭변화를 관찰한 것이다. 이 그림을 보면 주축에 있어서 댐핑의 역할이 매우 큼을 알 수 있다. **그림 2.35**는 주축의 회전수에 따른 진동모드의 변화를 실험으로 측정한 것(LDV)과 시뮬레이션한 것을 나타낸 그래프이다.

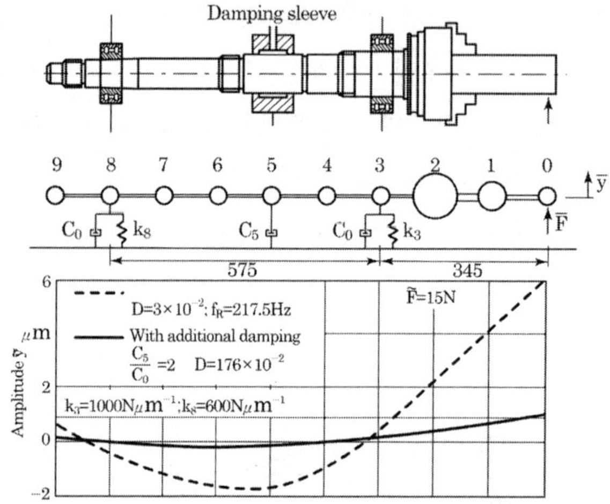

그림 2.34 댐핑이 있는 경우와 없는 경우의 주축의 진폭변화[1]

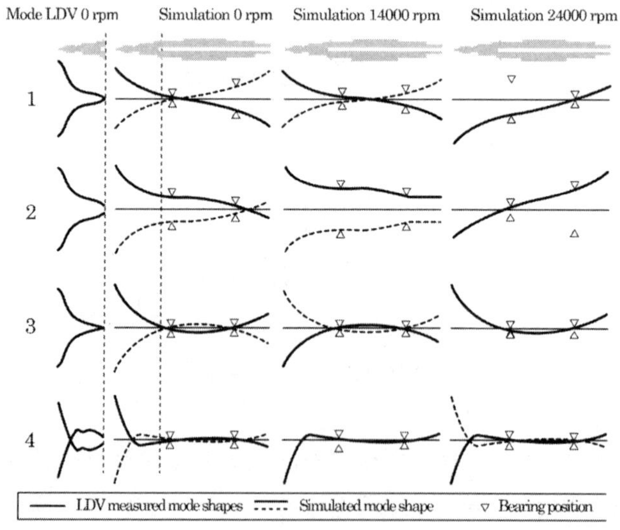

그림 2.35 주축의 진동모드변화[2]

정적 및 동적특성과 함께, 열적거동도 동시에 고려해야 한다. 베어링에서 발생하는 발열(경우에 따라서 빌트인 모터주축의 경우 모터에서)은 주축하우징을 변형시키거나 또는 주축의 변형을 가져오기 때문에 매우 중요하다. 이러한 반경 및 주축방향의 변형은 가공물의 정밀도에 많은 영향을 미친다. 이러한 관점에서 절삭점의 방향으로 발생하는 열탄성변형은 가급적 작아야 한다. 축방향의 열팽창은 트러스트 베어링이 주축 선단쪽으로 가까이 한 경우에는 무시할 수 있지만 오늘날의 금형가공 등에서는 여전히 중요한 변형이다. 반경방향 열변형은 공작물의 정밀도에 직접적인 영향을 미치기 때문에 가능하면 설계단계에서 이를 억제하기 위한 설계변수의 선택이나 **그림 2.32**와 같은 냉각자켓의 설계, 또는 가공시 열변형을 보상하기 위한 기술 등을 사용할 수 있다.

2.4 구동계

절삭운동을 위해서 주축을 회전시키거나 또는 공작물에 이송운동을 주기 위해서는 이들 요소들을 구동시키는 구동동력이 필요하다. 구동계는 주축을 움직이는 구동계와 이송기구를 움직이는 구동계로 나눌 수가 있다.

2.4.1 주축구동계

주축 구동계는 많은 경우 일정 토크 유지를 위하여 변속을 필요로 하는 경우가 많다. **표 2.6**은 속도변환이 이루어지는 주축에서 사용되는 대표적인 변속방법을 정리한 것이다. 오늘날의 공작기계는 NC장치로 된 자동화된 공작기계가 많고, 이런 경우는 슬라이딩 기어를 이용하는 기계식 계단변속으로 토크를 유지하면서 속도를 주축모터로 제어하는 무단변속이 복합된 형태의 구동계를 많이 사용한다(**그림 2.24**). 또한, 최근에는 모터의 성능이 향상됨에 따라서 토크가 많이 향상되었음으로 **그림 2.23**과 같은 모터 내장형 구동계를 이용한 무단변속 기구를 사용하게 된다.

표 2.6 변속방법의 종류

- 변속방법
  - 계단변속
    - 기계식
      - 단차식
      - 변환기어식
      - 슬라이딩 기어식 – 수동 및 기계식, 유압 및 전자식
      - 클러치식 – 기계식, 유압식, 전자식
    - 전기식
      - 극수변환전동기식
      - 복전동기식
  - 무단변속
    - 기계식
      - 체인식
      - 벨트식
      - Link식
      - 마찰차식
    - 전기식
      - 직류모터식
      - 분권모터식
      - Ward Leonard식
    - 유압식
      - 유압모터식

2.4.2 이송구동계

이송 구동계는 기본적으로 공작물 또는 공구를 장착한 테이블에 대해 이송운동을 부여함으로써 가공이 이루어지도록 하게 됨으로 가공된 공작물의 정밀도에 많은 영향을 미친다. 이송 구동계는 통상 안내면 및 안내면 위를 움직이는 운동체 사이의 윤활법 등과 함께 설계되어져야 한다. 결국 이송운동은 회전 또는 직선운동이 일어나는 구동원을 이용하여 이송운동이 되도록 변환하는 장치를 포함하여야 한다.

대표적인 이송기구는 볼트와 너트방법에 의한 리드스크류를 예로 들 수 있다(**그림 2.36**). 모터나 수동으로 볼트를 회전시키면 회전운동에 대해 구속된 너트가 전후로 움직이는 구조이다. 이러한 구조는 나사산과 나사산 사이에 큰 마찰력이 존재하기 때문에 이를 줄이기 위하여 사용된 구조가 **그림 2.37**과 같은 볼 스크류이다. 이것은 순환하는 볼에 의해서 나사산과의 마찰을 구름마찰로 만들기 때문에 마찰력을 줄일 수 있으며, 너트를 두 개 사용함에 의해 예압을 걸 수 있기 때문에 볼트-너트 이송기구에서 발생하는 백래시 오차를 줄일 수 있는 장점을 가진다. **그림 2.38**은 볼 스크류를 장착했을 때의 모습이다. 볼 스크류는 조립 시에 앵귤러 접촉 베어링을 사용하기 때문에 사전에 일정량으로 예압을 걸면(pre-tension) 이송체의 운

동시에 발생하는 볼스크류의 발열에 의한 열팽창을 어느 정도 흡수할 수 있는 장점이 있다. 이 때문에 볼 스크크류를 이용하는 공작기계의 경우 대분분 예압을 걸게 된다.

대형의 공작기계에서는 나사제작의 한계 때문에 종종 랙과 피니언을 이용하는 이송기구(**그림 2.39**)나 **그림 2.40**과 같은 웜-랙기구를 사용하게 된다. 최근에는 운동의 변환을 필요로 하지 않는 직선운동 모터를 채택함에 따라서 간결하게 이송계를 구성할 수 있는 장점이 있어서 고속을 요구하는 공작기계에 많이 채택되고 있다(**그림 2.41**).

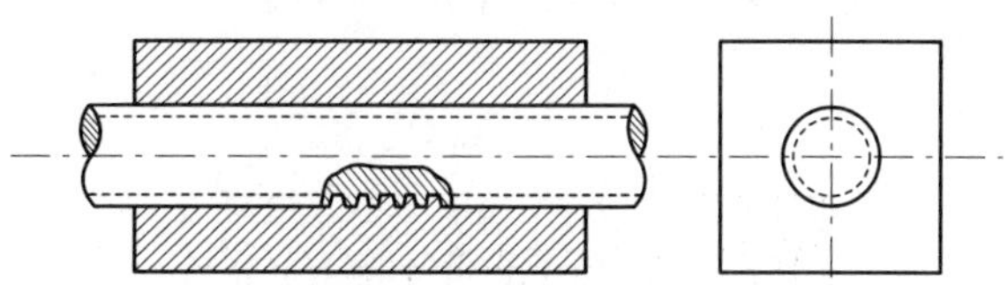

그림 2.36 볼트-너트 이송기구

그림 2.37 볼 스크류

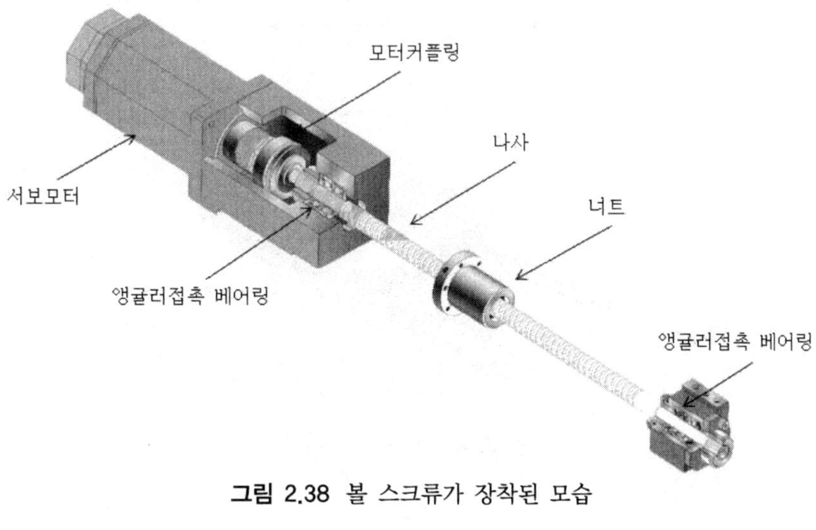

그림 2.38 볼 스크류가 장착된 모습

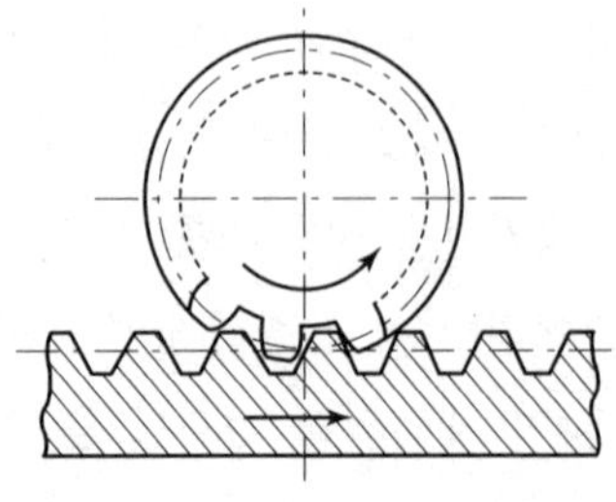

그림 2.39 랙-피니언 이송기구

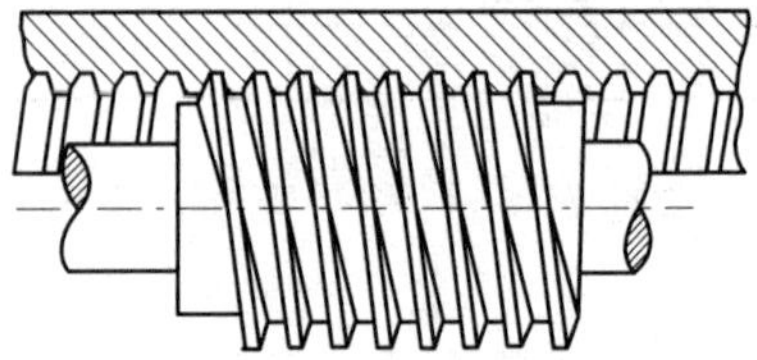

그림 2.40 워엄-랙 이송기구

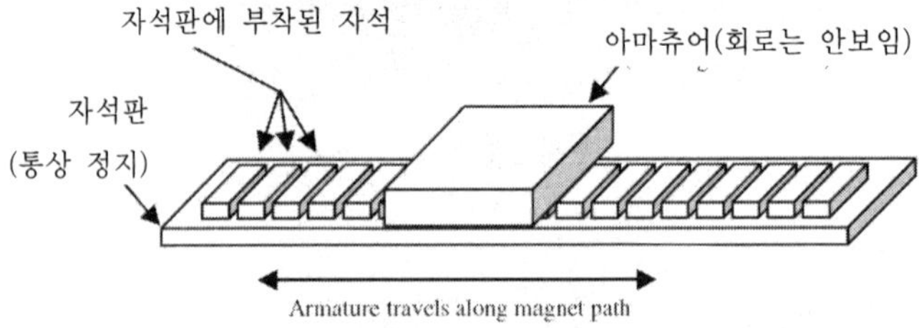

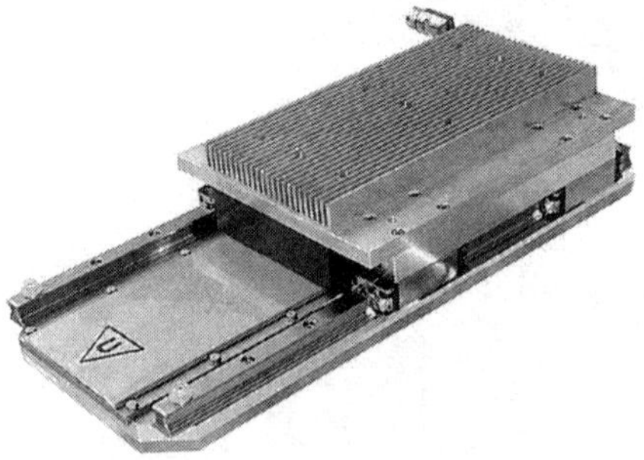

그림 2. 41 직선운동 모터[3]

참고문헌

1. Manfred Weck, Handbook of Machine Tools, John Wiley & Sons, Vol. 2.
2. Matti Rantataloa, Jan-Olov Aidanp b, Bo Granssonc and Peter Normand, "Milling machine spindle analysis using FEM and non-contact spindle excitation and response measurement," Volume 47, Issues 7-8, June 2007, Pages 1034-1045.
3. http://www.etel.ch/linear_motors/direct_drive

CHAPTER 03 공작기계와 절삭가공

3.1 서 론

금속절삭의 역사는 18세기 후반부터 시작되었다. 그 이전에는 공작기계가 존재하지 않았고, 그 당시에 직면해야 했던 제조문제들에 대한 몇 가지 생각을 영국의 기술자 리처드 레이놀즈(Richard Reynolds)가 1760년 10월에 쓴 일지 중 다음의 발췌를 통해 알 수 있다. 리처드 레이놀즈는 탄갱에서 소방펌프로 물을 길어 올리기 위한 펌프의 실린더를 만들고자 했다. 이 실린더는 황동 주조품으로 안지름이 28인치, 길이가 9피트였다. 그는 다음과 같이 기록했다.

"목재를 쪼개서 실린더 모양이 되도록 가공한 주형을 땅에 견고하게 박은 후, 양 면에는 널빤지와 퍼티로 막았다. 배관공들이 약 300 무게의 납덩이를 실린더 내부에 주조하여 원주가 되도록 곡선을 만들고 이렇게 함으로써 연마작업이 가능한 공구가 만들어졌다. 그리고 나서 2개의 쇠막대를 납에 감싸도록 실린더로 만들었다. 로프를 묶은 뒤 각각의 로프를 몸에 동여맨 건장하고 날쌘 여섯 남자가 납덩어리를 앞뒤로 밀었다 당겼다 했다. 납덩어리가 통과하는 실린더 표면(쇠막대)에 금강사(연마제의 일종)와 고래기름을 바르고 작업함으로써 납이 놓여진 부분의 실린더 표면은 매우 매끈해졌다. 그런 후, 실린더를 약간 돌려놓고 매끈하게 하는 작업을 반복하였다. 이러한 많은 고통과 노력으로 전체 외관이 정교하게 다듬어 졌는데, 그 진원도가 실린더 원의 장축과 단축의 차이가 나의 새끼손가락의 두께보다 작은 정도였다. 이것은 나에게 있어서 매우 큰 즐거움이었다. 왜냐하면 우리가 알기로 지금까지 만들어온 것들 중에 최고의 정밀도를 가졌으므로"

1776년에 제임스 와트(James Watt)는 최초로 증기기관을 성공적으로 개발하였고, 이 기계를 개발하는 데 있어서의 가장 어려웠던 점의 하나는 바로 실린더 주조물의 보링작업이었다. 그는 실린더를 처음에는 금속박판으로 제조하였으나, 이것은 증기가 새는 단점이 있었다. 이를 막기 위해 피스톤과 실린더 사이의 간격을 천조각, 가죽, 수지를 이용하여 막아 보았으나 헛수고였다. 이 문제는 마침내 존 윌킨슨이 수평보링 기계를 고안하면서 풀리게 되었다. 이 기계는 실린더 바깥쪽에서 베어링으로 지지되는 보링바에 장착된 절삭공구로 구성되었다. 보링바는 회전할 수 있었고 실린더를 통과하여 이송될 수 있었는데, 이렇게 하여 거친 주조물 표면을 공구날에 의해 원통면으로 가공할 수 있었다(**그림 3.1**). 이 보링기계는 최초의 효과적인 공작기계이면서 제임스 와트가 성공적으로 증기기관을 만들어내는데 기여했다.

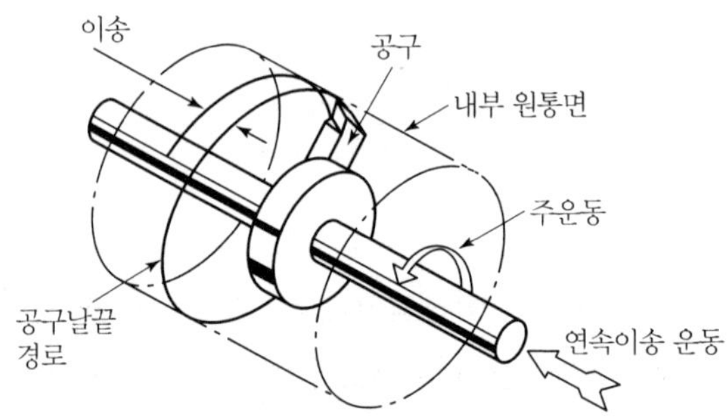

그림 3.1 수평보링에서 원통면의 생성

이제 우리가 아는 바와 같이 금속절삭은 이러한 최초의 공작기계의 도입과 더불어 시작되었다. 오늘날 공작기계는 우리 산업의 근간을 이루고 직·간접적으로 현대 문명화에 기여한 모든 제품의 생산에 사용되고 있다.

3.2 공작기계의 운동생성

모든 공작기계에서 사용되는 원칙은 절삭공구와 공작물 간에 적절한 상대운동을 제공함으로써 요구되는 표면을 생성하는 것이다. 절삭공구 위에 만들어진 절삭날로 공작물의 층을 제거하게 되는데, 이 때 제거된 부분을 칩이라고 한다. 절삭가공에서 생성하기 가장 쉬운 면은 평면과 내부 또는 외부의 원통면이다. 예를 들면, 공구를 직선으로 앞뒤로 왕복 운동시키고 공작물을 점진적으로 공구의 운동에 수직인 방향으로 횡이송하면, 공작물 위에 평면을 생성하게 될 것이다. 비슷한 방법으로 공작물을 회전시키면서 공구를 공작물 회전축과 평행한 방향으로 이송함으로써 원통면을 생성할 수 있다. 따라서 일반적으로 이 두 종류의 상대운동은 금속절삭 공작기계로부터 제공되어야 한다. 이 운동들은 주운동과 이송운동으로 불리는데, 그 정의는 다음과 같다.

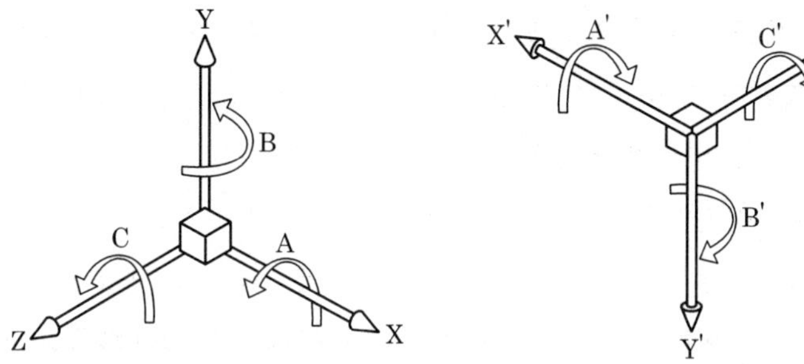

(a) 공구의 운동 (b) 공작물의 운동

그림 3.2 공작기계 운동 좌표계

주운동은 공작기계에 의해 또는 수동으로 공구와 공작물에 상대운동을 일으키는 주요운동이며, 그 결과 공구면은 공작물에 접근한다. 통상적으로 주운동은 기계가공을 수행하기 위해 필요한 총동력의 대부분을 사용한다.

이송운동은 주운동에 추가적으로 반복적이거나, 연속적인 칩제거를 위해 또는 원하는 형상 특성을 가지는 가공면 생성을 위하여 공구 또는 공작물에 제공되는 운동이다. 이 운동은 단계적이거나 연속적으로 진행될 수 있다. 어느 경우에도 통상적으로 기계가공을 수행하기 위해 필요한 총동력의 일부분을 사용한다.

공작기계 운동의 표현을 용이하게 하기 위해서는 국제표준기구가 권고하는 공작기계좌표축 시스템[1]을 사용하는 것이 유용하다. 이 시스템은 수치제어 공작기계를 프로그램하기 위한 목적으로 고안되었지만, 모든 공작기계를 위한 일반적인 시스템으로 채택될 수 있다. 이 시스템은 **그림 3.2** (a)와 같이 오른손 좌표계를 기준으로 하고, 공작기계에서 공구의 가능한 운동을 나타낸다. 세 개의 좌표축 X, Y, Z는 공구의 가능한 직선운동을 나타내고 운동 A, B, C는 이러한 좌표축에 대한 공구의 가능한 회전운동을 나타낸다. 이 시스템에 사용된 오른손 나사 표시협약을 이해하기 위하여, 각 축과 중심점을 맞춘 오른손 나사를 상상해 보는 것이 도움이 된다. 어느 축 상에 장착된 너트가 회전을 해서 원점과 멀어지는 플러스(+) 방향으로 그 축을 따라서 움직이면 그 회전운동은 플러스(+)이다.

특정 공작기계는 **그림 3.2** (a)에서 나타내는 가능한 방향들 중 단지 몇 개의 방향으로만 공구를 움직일 수 있다. 그러나 특정 공작기계의 실제 운동방향이 붙여지기 전에, 그 공작기계에 대하여 좌표계를 맞출 필요가 있다. 좌표계는 다음과 같이 맞춘다.

Z 축의 운동은 주운동을 제공하는 기계의 주축에 평행하게 정렬된다. 주축이 없는 기계라면, Z 축은 공작물 지지면에 수직으로 정렬된다. 양의 Z 운동은 공작물과 공구홀더 사이의 거리를 증가시킨다.

가능하면 X 축은 공작물 지지면에 수평하고 평행하다. 주축이 없는 기계에서 X축은 주절삭방향에 평행하고 그 방향이 양의 방향이다(주운동). 공작물이 회전하는 기계에서 X 운동은 횡이송대에 평행하고 반지름 방향이다(양의 X 운동은 공구가 공작물의 회전축으로부터 멀어졌을 때의 공구운동으로 정의된다). 공구가 회전하는 공작기계에서는

① Z 축이 수평이라면, 양의 X 운동은 주축에서 공작물 쪽으로 보았을 때 오른쪽이다.

② Z 축이 수직이라면, 양의 X 운동은 주축에서 기계칼럼 쪽으로 보았을 때 오른쪽이다.

양의 Y 운동은 **그림 3.2** (a)에 나타낸 바와 같이 좌표계를 완성하기 위해 선택된다. 공작기계에서 공작물의 운동에 대해서도 유사한 좌표축 시스템이 채택되지만(**그림 3.2** (b)), 해당 문자에 프라임 부호를 붙이고, 기호는 반대로 한다. 프라임 부호와 반대부호를 쓰는 이유는, 예를 들면 공구가 양의 X 운동에 의하여 공작물에 접근하게 할 수 있다면, 같은 효과를 양의 X′ 방향으로 공작물을 움직임으로써 얻을 수 있기 때문이다.

다음의 절에서는 일반적으로 낮은 생산성의 공작기계를 서술하고 그들의 운동생성에 대하여 설명하기로 한다. 이러한 공작기계는 3그룹으로 나누어질 수 있다.

① 단인공구를 사용하는 공작기계.

② 다인공구를 사용하는 공작기계.

③ 연삭숫돌을 사용하는 공작기계.

단인공구를 사용하는 기계인 선반부터 먼저 설명하겠다. 선반과 이에 의해 수행될 수 있는 몇 가지 작업에 대한 기술은 모든 종류의 기계가공에 적용 가능한 다수의 용어와 정의를 소개하는 데 사용될 것이다. 따라서 이러한 표현은 필연적으로 상당히 길겠지만, 사용되는 용어가 새로운 국제 전문용어이기 때문에 가공에 익숙한 사람들에게도 상당히 중요하다.

본 교재에서는 기계가공이라는 용어는 재료가 공작물로부터 점차적으로 제거되는 일련의 과정, 즉 단인공구, 다인공구를 이용한 금속절삭가공과 연삭숫돌을 이용한 연삭가공을 포함

한 과정으로 의미짓도록 하겠다.

각 기계가공에 대하여, 가공을 수행하는 데 걸리는 시간과 필요한 동력을 평가할 수 있는 수식들이 소개된다. 이 장의 마지막에는 서술된 기계의 전형적인 특징(속도범위, 이송범위, 동력, 효율, 크기 및 정밀도 포함)과 여러 가지 공작물 재료의 특징과 함께 요약 정리 된 방정식이 제시된다.

3.3 단인공구를 이용한 공작기계

3.3.1 보통선반(센터선반)

선반은 **그림 3.3** (a)에 개략적으로 보인 바와 같이 주축대(headstock), 심압대(tail- stock), 왕복대(carriage)와 이를 지지하고 있는 수평베드(bed)로 구성되어 있다. 모든 공작기계들은 공작물을 지지하거나 고정하는 방법을 가져야 한다. **그림 3.3**에서 공작물은 기계의 주축 끝에 장착된 척에 의해 한 쪽 끝이 고정되어 지고, 다른 쪽 끝은 심압대에 부착된 센터에 의해 지지되게 된다. 심압대는 공작물의 다양한 길이에 맞출 수 있도록 안내면을 따라 움직이면서 고정될 수 있다. 짧은 공작물은 척만으로도 지지할 수 있다.

공작물을 회전시키는 주운동(C'운동)은 주축을 구동하는 기어열의 움직임에 의해서 발생되고, 이 기어들은 공작기계의 위쪽에 부착된 전동모터에 의해서 구동된다. 주축과 기어들은 모두 주축대에 부착되어 있다. 주축대 앞에 부착된 레버는 다양한 회전속도를 선택할 수 있도록 해준다.

횡이송대(cross slide)는 왕복대에 부착되어 있고 공구대를 지지하며, 이 공구대에 단인 절삭공구가 장착되어 있다. 왕복대는 베드를 따라 움직이는데(Z 운동) 리드 스크류(나사절삭 시)에 의해, 또는 랙(rack), 피니언(pinion) 기어 그리고 이송봉(선삭가공 시)에 의해 안내되며, 리드 스크류와 이송봉은 모두 기어열을 따라서 주축에 연결되어 있다. 또 왕복대를 베드 위에 정지시킨 상태에서 횡이송대의 리드 스크류와 기어열을 이용하여 공구대를 베드를 가로지르는 방향으로(X운동) 구동하는 데 쓸 수 있다.

그림 3.3 (b)는 공작물의 회전(−C'운동)과 선반베드를 따라 왕복대를 움직임으로써(−Z 운

동) 원통면을 가공하는 모양을 보여 주고 있는데, 이 작업을 원통선삭이라고 한다. 선반에서 설정된 이송운동은 공작물이 일회전마다 생기는 공구가 움직인 거리로서 나타낸다. 한번 선택되면, 매번 이송설정은 주축속도에 상관없이 일정하게 유지되는데, 그 이유는 주축과 이송봉 사이의 기어 전동장치 때문이다. 모든 공작기계에 대한 이송 f는 공작물 또는 공구의 회전 또는 행정에 대한 이송운동 방향으로 주어지는 공작물에 대한 공구의 이동거리로 정의된다. 그러므로 길이 l_w인 원형면을 선삭하기 위해서 공작물의 회전수는 l_w/f이고, 가공시간 t_m은 다음과 같다.

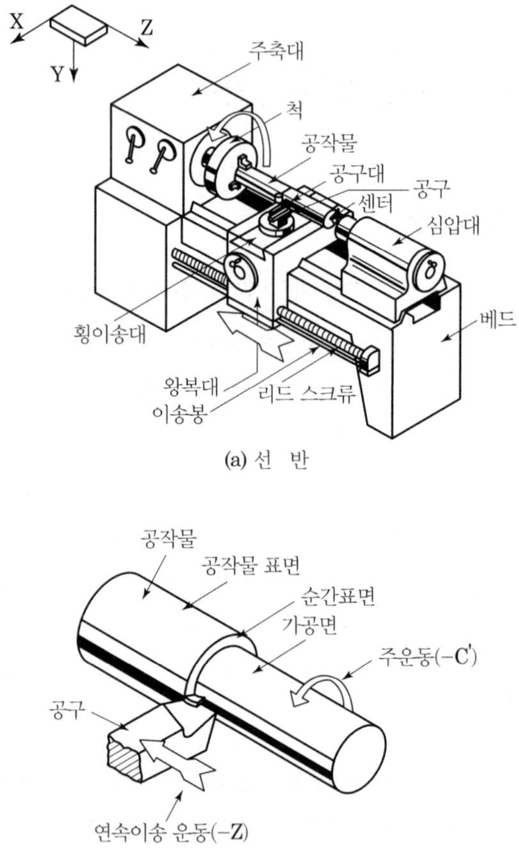

(a) 선 반

(b) 선반에서의 원통선삭

그림 3.3 선반

$$t_m = \frac{l_w}{f n_w} \qquad (3 \cdot 1)$$

단, n_w는 공작물의 회전 속도이다.

t_m은 공작물을 따라 공구가 한번 통과하는 데 걸리는 시간이다. 이 단일통과는 절삭가공이 완료되었다는 것을 반드시 의미하는 것은 아니다. 만약 첫 절삭 시 빠른 이송으로 한꺼번에 많은 양의 재료를 절삭(황삭)하게 되면 그때 발생된 절삭력에 의해 공작기계 구조에 큰 변형이 일어나게 될 것이다. 따라서 정밀도가 떨어지기 때문에 공작물의 규정된 한계 내에 지름을 맞추고 매끄러운 가공면을 얻기 위해서 저속이송(다듬질 절삭)에서 추가가공이 필요하게 될 것이다. 이러한 이유 때문에 황삭 시에는 정삭여유를 고려하여 공작물을 약간 크게 가공하는 것이 일반적이다.

선반가공에 대해 좀 더 설명하기 전에 선반에 쓰이는 단인공구에 대한 몇 가지 특징에 대한 설명과 절삭공구의 몇 가지 다른 타입들에 대한 설명이 도움이 될 것이다.

3.3.2 단인공구

단인공구는 절삭부(또는 칩생성 요소)와 생크(shank)로 이루어진 절삭공구를 말한다. 이 단인공구는 보통 선반, 터릿선반(turret lathes), 플레이너, 셰이퍼(shaper), 보링밀 그리고 이와 비슷한 공작기계에 사용된다. 전형적인 단인공구는 **그림 3.4**에 나타낸 것과 같다. 단인공구의 중요한 특징은 이를 이루고 있는 절삭날들과 공구면들이다. 이 그림에 대한 설명은 다음과 같다.

① 공구면은 칩이 그 위로 흘러가는 공구의 면이다.

② 공구 여유면은 공작물 상에 생성된 표면이 지나가는 공구의 면이다.

③ 절삭날은 절삭을 수행하는 날이다. 주절삭날은 절삭날의 대부분을 이루며 절삭표면을 생성시키는 부분을 말한다. 부절삭날은 절삭날의 나머지 부분이다.

④ 날끝(corner)은 절삭날에서 상대적으로 작은 부분으로서 주절삭날과 부절삭날의 교차점이며, 커브 또는 직선형태로서 실제의 절삭날 교점으로 나타낸다.

일반적으로 절삭공구를 공작물에 적용시킬 때 공작물에 상대적인 공구의 움직임은 다음의 두 가지 요소로 이루어져 있다.

① 공구의 주운동이라 할 수 있는 공작기계의 주운동으로부터 야기되는 운동.

② 공작기계의 이송운동으로 야기되는 운동(**그림 3.5**).

이 두 가지 공구운동의 합은 합절삭 운동이라 부르고, 동시에 일어나는 주운동과 이송운동으로부터 야기되는 운동으로 정의된다.

공구가 절삭작용을 하지 않는 동안 이송이 이루어지는 공작기계에서는(셰이핑 또는 플레이닝), 합절삭 운동은 주운동과 같다고 정의할 수 있다. 이송운동이 연속하여 적용될 때 주운동의 방향과 합절삭 방향 사이의 각도는 합절삭 속도각 η라 한다. 이 각은 일반적으로 매우 작고 대부분 실제의 목적을 위해서는 0으로 가정할 수 있다. 또한 절삭속도 v, 즉 공작물에 대해 절삭날 위의 임의의 점에서의 주운동의 순간속도는 주절삭 날의 위치에 따라서 바뀔 수 있다. 공작물에 대해 절삭날 위의 임의의 점에서 이송운동의 순간속도, 즉 이송속도 v_f는 일정하다.

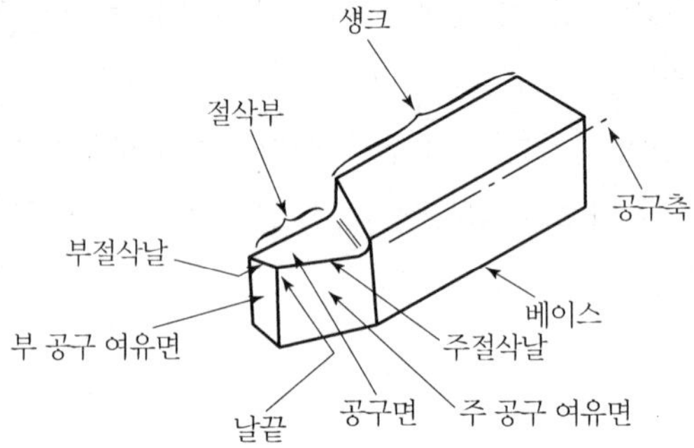

그림 3.4 전형적인 단인공구

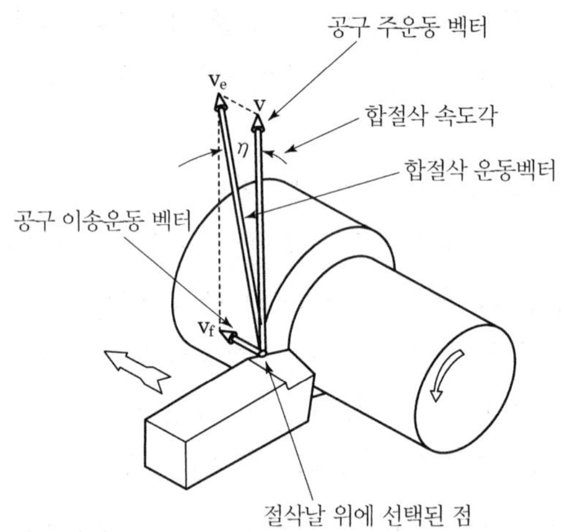

그림 3.5 원통선삭에서의 합절삭 운동

결론적으로 공작물에 대해 절삭날 위에서 선택된 점의 합절삭 운동의 순간속도, 즉 합절삭 속도 v_e는 다음과 같이 주어진다.

$$v_e = \frac{v}{\cos\eta} \tag{3·2}$$

그러나 지금까지의 대부분의 실제현장에서는 η는 매우 작아서 다음과 같이 가정한다.

$$v_e = v \qquad (3 \cdot 3)$$

특정 가공작업의 기하학적인 면을 고려할 때 주요 공구각 중의 하나는 **그림 3.6**에 보이는 바와 같이 주절삭날각 κ_r 이다. 미변형 칩두께 a_c 로 알려진 절삭날 위의 한 점에서 제거될 재료의 두께는 작업하는 데 필요한 동력에 지대한 영향을 미친다. 정확히 이 두께는 절삭날에 수직하게, 그리고 합절삭 방향에 수직하게 측정되어야 한다. 그러나 실질적인 문제에서 η는 위에서 기술한 바와 같이 매우 작은 값이고, a_c 는 주운동에 수직한 방향으로 측정될 수 있다. **그림 3.6**과 다음의 그림들에서 나타나듯이 a_c 는 이러한 방법으로 측정된다. **그림 3.6**에서 a_c 는 $a_f \sin\kappa_r$로 주어지는데, 이때 a_f 는 이송물림(feed engagement)으로 이송운동에서 공작물에 대한 공구의 순간 맞물림량이다. 단인절삭 작업에서 a_f는 이송 f와 같다. 그러므로 다음과 같이 나타낼 수 있다.

$$a_c = f \sin\kappa_r \qquad (3 \cdot 4)$$

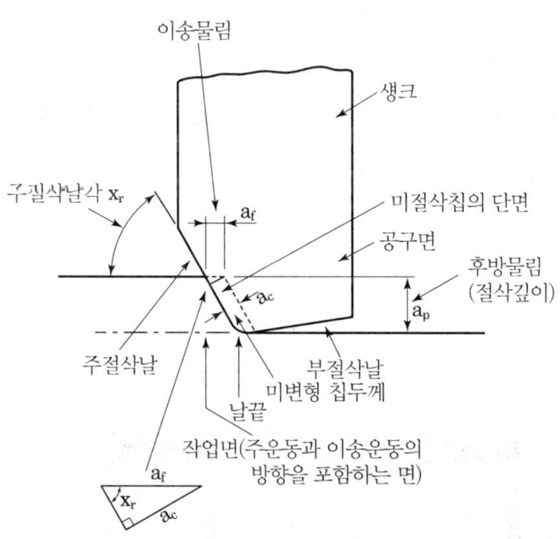

그림 3.6 단인공구 작업($a_c = a_f \sin\kappa_r$)

합절삭 방향에 수직으로 측정된 한 개의 절삭날에 의해 제거될 재료의 단면적(미절삭 칩 단면적)인 A_c는 대략 다음과 같이 주어진다.

$$A_c = f a_p \qquad (3 \cdot 5)$$

단, a_p는 후방물림으로, 즉 절삭깊이이다. 후방물림은 공작물에 대한 공구의 순간절입으로서, 주운동과 이송운동방향을 포함하는 평면에 수직으로 측정된다. 일반적으로 후방물림(절삭깊이)은 단인절삭 작용에서 제거되는 재료의 깊이를 결정한다.

3.3.3 전형적인 선반작업

그림 3.7은 원통선삭, 단면절삭, 보링, 나사절삭, 절단 등의 5종류의 선반작업을 보여 준다. 각각의 경우에 대한 용어와 치수들과 함께 주운동과 이송운동이 표시되어 있다. 어느 경우의 절삭가공에서나 공작물은 3개의 주요표면을 갖는다.

① 공작물 표면, 가공시 제거되는 공작물 위의 면

② 가공면, 절삭공구의 운동에 의해 생성되는 표면

③ 순간표면, 절삭날에 의해 공작물 위에 일시적으로 형성되고, 뒤이은 절삭행정 동안, 공구나 공작물의 뒤이은 회전 동안, 또는 공구의 뒤이은 통과시[예를 들어 나사선삭 가공, **그림 3.7** (d)] 제거되는 표면 원통선삭의 모양을 보여 주는 **그림 3.7** (a)에서 공구날끝에서의 절삭속도는 $\pi d_m n_w$ 으로 주어지며, 이 때 n_w 는 공작물의 회전 속도이며 d_m은 가공면의 지름이다. 절삭속도의 최댓값은 $\pi d_w n_w$로 주어지며, 이때 d_w는 공작물 표면의 지름이다. 그러므로 평균 절삭속도 v_{av}는 다음과 같이 주어진다.

$$v_{av} = \frac{\pi n_w (d_w + d_m)}{2} \tag{3·6}$$

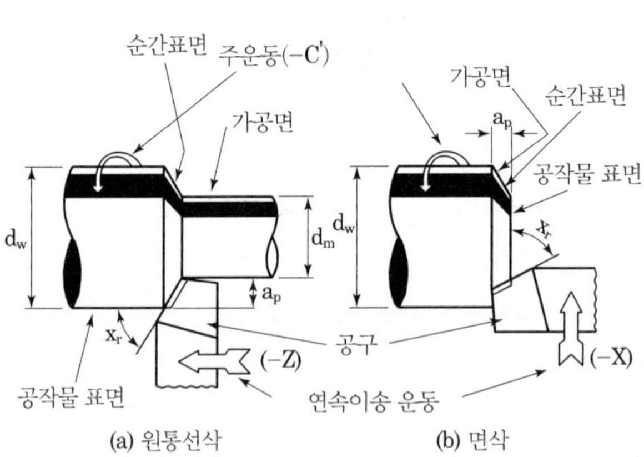

(a) 원통선삭 (b) 면삭

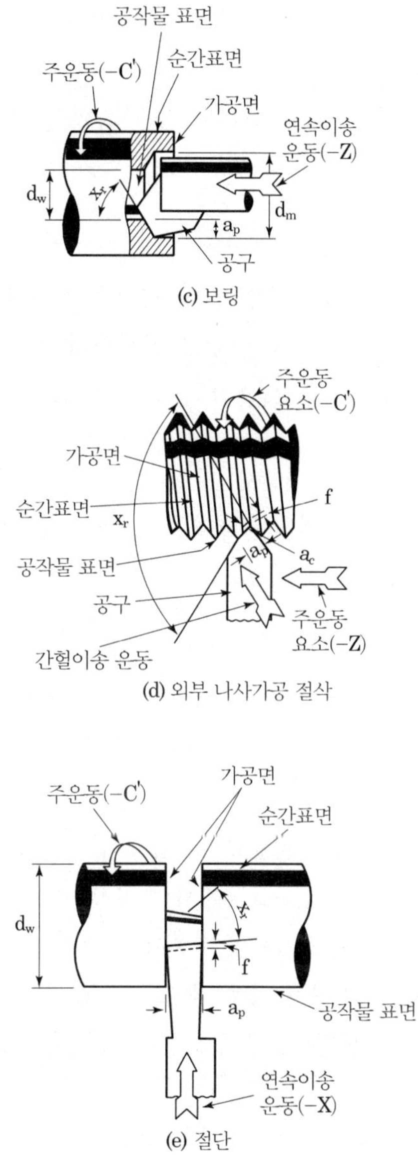

그림 3.7 선반작업

금속 제거율 Z_w는 평균 절삭속도와 미절삭칩 단면적의 곱이다. 따라서 다음과 같이 나타낸다.

$$\begin{aligned} Z_w &= A_c v_{av} \\ &= \frac{\pi a_f a_p n_w (d_w + d_m)}{2} \qquad (3\cdot7) \\ &= \pi f a_p n_w (d_m + a_p) \end{aligned}$$

이 식은 제거된 재료의 총 체적을 가공시간 t_m 으로 나눔으로써 같은 결과 값을 얻을 수 있다.

후방물림 a_p가 가공면의 지름 d_m과 비교하여 작은 작업인 경우는 금속 제거율은 다음과 같이 근사화할 수 있다.

$$Z_w \cong \pi f\, a_p n_w d_m \tag{3·8}$$

주어진 조건하에서 가공된 어떤 공작물에 대해, 공작물의 단위체적을 제거하는 데 필요한 에너지 p_s를 측정할 수 있다. 이러한 요소는 주로 공작물에 의존하며, 그 값을 알고 있으면, 어떠한 절삭가공에 필요한 동력 P_m은 다음과 같이 구할 수 있다.

$$P_m = p_s Z_w \tag{3·9}$$

따라서 공작기계 모터와 구동 시스템의 총효율을 η_m이라 놓으면, 공작기계에 의해 소모된 전력 P_e는 다음과 같이 주어진다.

$$P_e = \frac{P_m}{\eta_m} \tag{3·10}$$

다양한 공작물과 미변형 칩두께에 대한 p_s의 개략값은 이 장의 끝에 수록하였다.

선반에서 단면(flat surface)을 생성하는 작업은 **그림 3.7** (b)에서 보는 것과 같고, 이것은 공작물의 회전축에 대해 직각방향(-X 운동)으로 공구를 이송함으로써 행할 수 있다. 면삭(facing)이라고 알려진 이 작업에서 공구날끝에서의 절삭속도는 공구가 공작물의 중앙에 위치할 때 0에서부터 시작하여 가장 바깥지름에서 최대로 될 때까지 연속적으로 변한다. 이 작업은 공작물이 심압대에 의해 지지되지 않을 때만 수행될 수 있다.

원통선삭에서와 마찬가지로 미변형 칩 두께 a_c, 미절삭 칩 단면적 A_c는 각각 식 (3·4)와 (3·5)에서와 같이 구해진다.

가공시간 t_m은 다음 식과 같다.

$$t_m = \frac{d_m}{2 f n_w} \tag{3·11}$$

최대 절삭속도 v_{max}와 최대 금속 제거율 $Z_{w\,max}$는 각각 다음과 같이 주어진다.

$$v_{max} = \pi n_w d_m \tag{3·12}$$

$$Z_{w\,max} = \pi f\, a_p n_w d_m \tag{3·13}$$

그림 3.7 (c)는 선반에서 내부의 원통면 생성을 보여 주고 있다. 이 작업을 보링(boring)이라 하고 공작물에 이미 가공되어 있는 구멍을 넓히는 데 이용된다. 만약 공작물 표면의 지름을 d_w, 가공면의 지름을 d_m이라 하면 식 (3·6)에서 평균 절삭속도를 구할 수 있고, 금속 제거율은 다음과 같이 구해진다.

$$Z_w = \pi f \, a_p n_w (d_m - a_p) \tag{3·14}$$

마지막으로 보링되어야 할 공작물 구멍의 길이를 l_w라고 하면, 가공시간은 식 (3·1)과 같다.

그림 3.7 (d)에서 설명하는 선반작업은 나사절삭 작업이다. 이 작업에서 공구의 주운동은 −C'과 −Z 운동의 결합으로 주어진다. 이 운동은 공작물에 나선을 형성하고 가공된 나사에 필요한 피치를 얻기 위해 리드 스크류를 구동하는 기어의 조합으로 얻어질 수 있다. 나사절삭 가공은 공작물을 따라 공구를 여러 번 통과시켜야 하며, 매 통과 시 한 쪽 나사면에 대해 얇게 금속층을 제거시킨다. 이송은 매 공구통과 시마다 가공면에 평행한 방향으로 점진적으로 증가된다. 가공시간 계산 시 절삭의 초기위치로 공구를 복귀시키는 데 걸리는 시간과 이송을 증가시키는 데 걸리는 시간, 리드 스크류와 함께 선반 왕복대에 물리는 데 걸리는 시간을 포함하여야 한다.

그림 중 마지막 선반작업 **그림 3.7** (e)는 척에 물린 공작물 재료로부터 마무리된 공작물을 분리해 내는 것이다. 이것은 분리 또는 절단작업으로 알려져 있고, 동시에 두 개의 가공면을 생성한다. 면삭작업에서와 같이 절삭속도와 금속 제거율은 영에서부터 최대까지 연속적으로 변한다. 가공시간은 식 (3·11)과 같고 최대 금속 제거율은 식 (3·13)과 같다.

3.3.4 선반에서 공작물과 공구의 고정

가장 일반적인 공작물 고정방법은 3개 또는 4개의 죠(jaw)를 가진 척을 사용하는 것이고 이 척은 주축 끝에 장착된다(**그림 3.8**). 3개의 죠를 가진 척은 원통공작물과 같이 공작물 표면에 동심인 가공면을 가공하는 작업을 할 때 원통 공작물을 잡는데 이용된다. 죠는 일련의 치(teeth)의 조합으로 되어 있으며, 이 치는 척 내부 원형판 위에 있는 나선홈과 맞물려 있다. 이 판은 정사각형의 소켓에 삽입된 키(key)에 의해서 회전될 수 있고, 따라서 동시에 죠가 반지름 방향으로 움직인다. 죠들은 척의 축으로부터 같은 거리를 유지하기 때문에 원형의 공작물이 고정될 때 자동적으로 중심에 위치하게 된다.

4개의 죠를 가진 척에서 각각의 죠는 반지름 방향으로 장착된 나사산을 가진 스크류의 회전에 의해 독립적으로 맞추어질 수 있다. 비록 공작물을 정확히 장착하는 데는 매우 많은 시간을 필요로 하는 단점이 있지만, 비원형 공작물을 고정시키는 데는 4개의 죠를 가진 척이 자주 이용된다.

매우 복잡한 형상의 작업물을 고정시킬 때는 원형면판이 이용된다. 면판은 공작물을 고정시키는 수단으로 이용되는 여러 개의 방사형 홈들로 이루어져 있다.

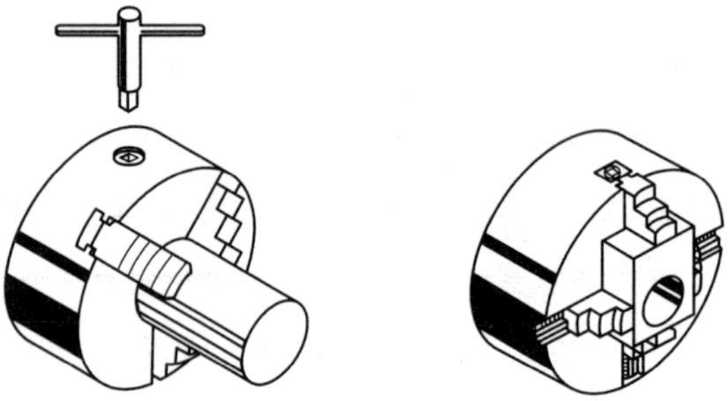

(a) 3개의 죠 (b) 독립적인 4개의 죠

그림 3.8 척을 이용한 선반고정 작업

광범위한 환봉 모양의 재료를 가공하는 데 많이 사용되는 작은 선반에서는 콜릿(collet)이 자주 이용된다. 이러한 콜릿은 공작물에 꼭 맞게 효과적으로 분할된 슬리브(sleeve)이고 바깥면에는 경사를 가지고 있다. 축 끝에 있는 대응 경사구멍으로 콜릿을 잡아당기면 콜릿을 압착하게 되고, 공작물이 고정되게 된다.

정확한 선삭작업을 할 경우 또는 공작물 표면이 정확한 원형이 아닐 경우는 공작물을 센터 사이에서 선삭할 수가 있다. 이런 형태의 공작물 고정은 **그림 3.9**와 같다. 먼저 공작물에는 선반의 센터가 자리할 위치를 만들기 위해 양끝단에 드릴작업으로 원뿔형의 센터구멍을 뚫는다. 센터 사이에 공작물을 지지하기 전에 돌리개를 주축 끝에 장착한다. 공작물이 주축과 함께 회전하도록 돌리개는 주축에 장착된 구동판에 있는 홈에 돌리개의 팁을 삽입한다.

가장 간단한 공구대는 **그림 3.10**과 같고, 이것은 한 개의 단인공구를 고정하는 데 알맞다. 공구 바로 아래는 오목한 구면 위에 있는 곡선 블록으로 되어 있다. 이렇게 하면 절삭가공 시에 정확하게 공구날 끝의 높이를 맞추기 위해 공구를 쉽게 경사지게 할 수 있다. 그림에서 공구대는 복합 지지대 위에 장착되어 있는 것을 볼 수 있다. 지지대(rest)는 작은 미끄럼면(slideway)으로서 수평면에 대해 어느 각도로도 회전시켜서 고정되며, 선반의 횡이송대 위에 장착되어 있다. 복합 지지대는 선반베드에 대해 공구를 비스듬한 각도로 수동이송시킬 수 있게 하여야 하는데, 예를 들어 나사절삭 작업에서나 짧은 테이퍼(taper)나 챔퍼의 가공 등에 필요하다.

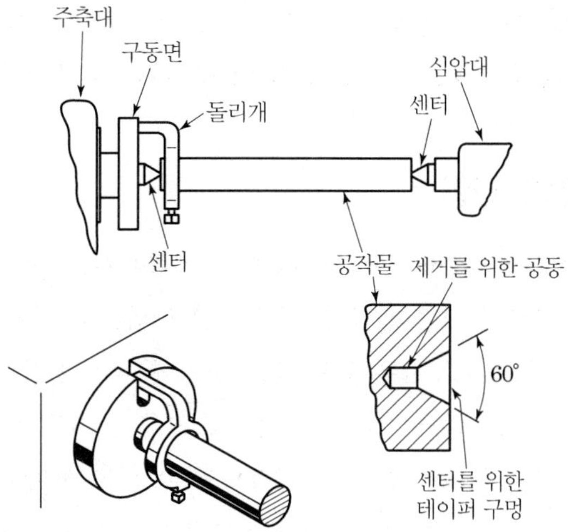

그림 3.9 센터 사이의 선삭시 공작물 고정

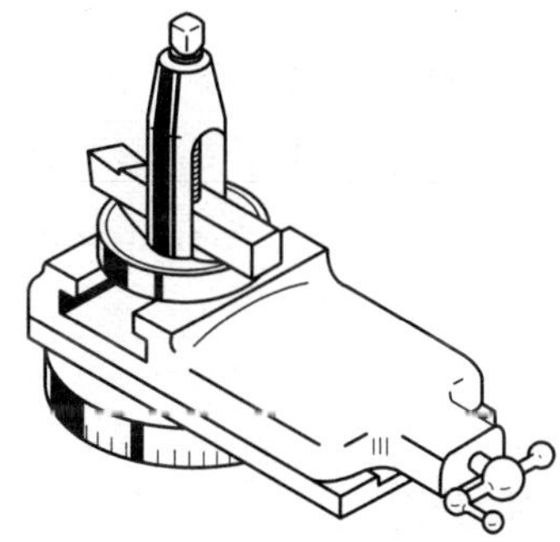

그림 3.10 전형적인 선반 공구대와 복합 지지대

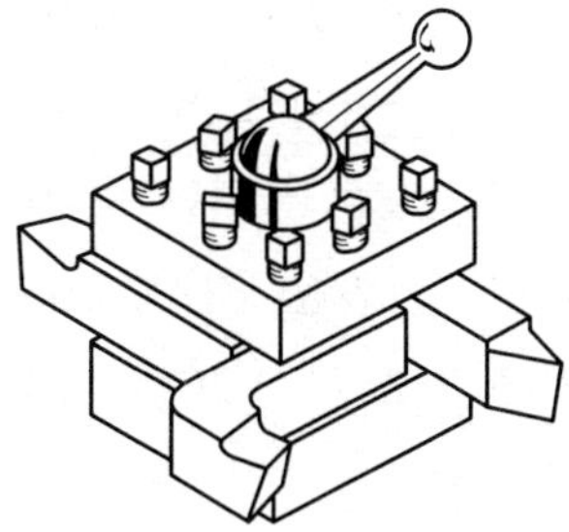

그림 3.11 사방형 공구대

그림 3.11에는 다른 종류의 일반적인 공구대를 보여 주고 있다. 이것 역시 복합 지지대위에 장착된다. 이것은 사방형(four-way) 공구대로서 이름이 암시하는 바와 같이 최대 4개의 절삭

공구들을 장착할 수 있다. 어떠한 절삭공구라도 부착된 레버로 공구대를 풀고, 공구대를 회전시킨 다음 마지막으로 다시 레버로 잠금으로써 어느 위치로든지 빠르게 위치시킬 수 있다.

3.3.5 다른 종류의 선반

선반은 소량생산 작업(low production work)에서 사용되는 가장 일반적인 공작기계이다. 이외에 여러 가지 다른 종류의 선반이 있다. 중량생산 작업(medium production work)에는 터릿선반(turret lathe)이 널리 사용된다. 터릿선반에서는 심압대를 회전 분할(rotary indexing) 6각형 터릿으로 교체하며, 이것은 리드 스크류에 의해서 베드를 따라 구동될 수 있게 되어있다. 다양한 공구가 터릿의 각 면에 장착될 수 있고(어떤 터릿선반에서는 두 가지 이상의 공구를 한 면에 장착할 수 있다), 수동으로 터릿을 분할(인덱싱)하고 이송 구동기구를 동작시킴으로써 절삭작업을 하게 된다.

단축과 다축 자동선반은 작은 부품의 대량생산에 적합하다. 이런 선반에서 가공을 위해 이루어지는 여러 운동은 특별하게 가공된 캠으로 작동되고, 중공 주축을 통해서 공작물을 콜릿까지 점진적으로 이송시키는 것을 포함하여 완전 자동화되어 있다. 오직 새로운 봉재 공작물 재료가 필요할 때만 작업자가 관여하면 된다. 작은 나사와 같이 대량생산에 이런 종류의 선반이 사용된다.

3.3.6 수직보링머신(수직선반)

수평축 선반은 무겁고 큰 지름을 가진 가공물 절삭에는 적합하지 않다. 이러한 공작기계에서는 주축이 높아야 함으로 작업자가 쉽게 공구나 공작물 고정구에 접근하기 어렵다. 또한. 공작물을 수직면판에 장착하거나 센터 사이에서 지지하기가 어려다. 이런 이유에서 선반과 같은 원리로 움직이지만, 수직보링 머신으로 불리는 수직축을 가지는 기계가 사용된다(**그림 3.12**). 이 공작기계는 선반처럼 공작물을 회전(운동 C')시키고 공구가 연속적으로 직선 이송된다. 이 운동은 공작물 회전축에 직각(X 운동) 또는 그것에 평행(Z 운동)할 수도 있다.

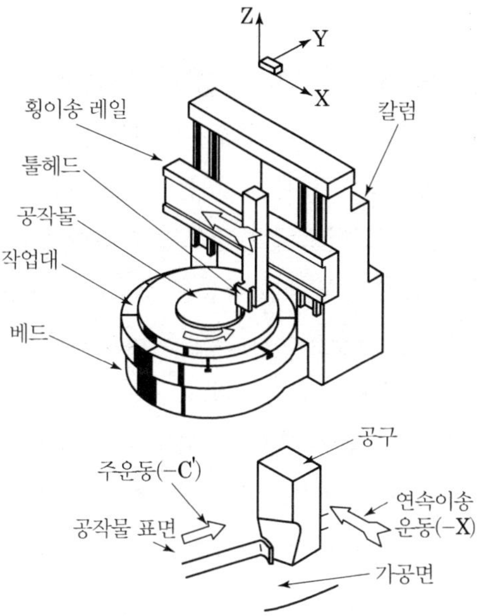

그림 3.12 수직보링 머신에서의 단면선삭

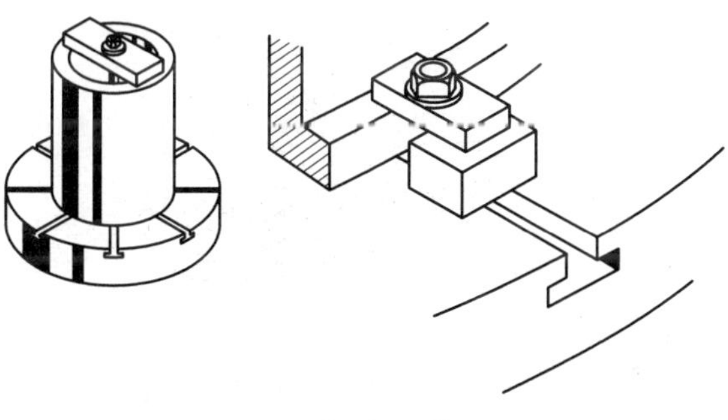

그림 3.13 수직보링 머신에서의 고정

수직보링에서는 단인공구를 사용하고, **그림 3.11**과 비슷한 사방형 공구대에 장착을 하게 되며, 빠른 분할은 없다. 작업내용은 일반적으로 원통선삭(−Z 운동), 면삭(−X 운동) 그리고 보링(−Z 운동)과 같은 작업에 한정된다. 이러한 작업들은 **그림 3.7** (a)에서 (c)와 마찬가지로 설명이 가능하며, 기하학적 명칭과 적용되는 방정식은 동일하다.

공작물의 고정을 위해서는 대형 공작물을 정확한 위치로 고정하기 쉽도록 방사형의 T 홈이 있는 회전 테이블로 되어 있다. 두 가지 전형적인 공작물 고정방법이 **그림 3.13**에 나타나 있다.

3.3.7 수평보링머신

여기서 마지막으로 설명하는 선반 종류는 **그림 3.14**와 같이 단인공구를 사용하면서 회전 주운동을 가진 수평보링 머신이다. 이 공작기계는 비원통형의 대형 공작물 내부에 원통면을 가공하고자 할 때 이용된다. 일반적으로 '수평' 또는 '수직'이란 단어는 주운동을 제공하는 공작기계 주축의 방향을 의미한다. 그러므로 수평보링 머신에서는 주축이 수평이다.

이 기계의 주요한 특징은 가공하는 동안 공작물은 고정되고 모든 필요한 운동은 공구에 적용된다는 점이다. 가장 일반적인 가공공정은 **그림 3.14**와 같은 보링이다. 보링은 주축(C 운동)에 연결된 보링바에 장착된 공구를 회전시키고, 주축, 보링바, 공구를 회전축(Z 운동)을 따라 이송시킴으로써 이루어진다. 공작물을 움직이기 위한 공작기계-공구의 상대운동은 공작물을 고정시키고 위치를 잡을 때만 이루어지고 가공작업 동안에는 일반적으로 일어나지 않는다. 면삭작업은 공구가 회전함에 따라서 공구의 반지름 방향으로 이송하는 **그림 3.15**과 같은 특별한 공구홀더를 이용하여 작업한다.

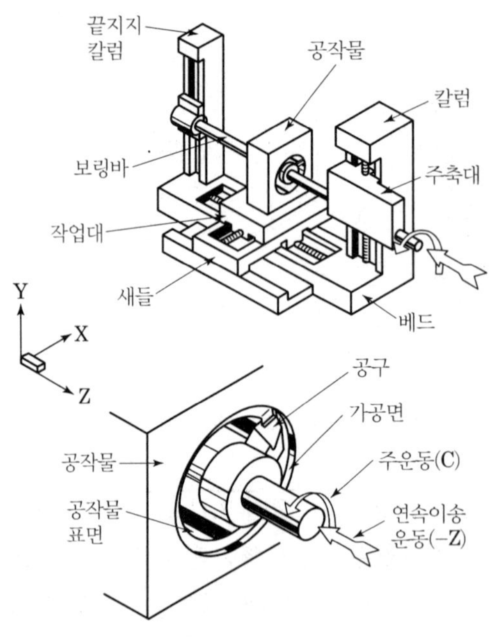

그림 3.14 수평보링 머신에서의 보링작업

공작물 테이블은 공작물을 쉽게 고정하기 위해서 T 홈을 가지고 있다. **그림 3.16**은 이러한 T 홈을 이용하여 공작물을 고정한 일반적인 예이다.

보링작업 역시, 보링과 면삭 시의 미변형 칩 두께, 가공시간, 금속 제거율에 대해서는 앞서 전개한 방정식들을 적용할 수 있다.

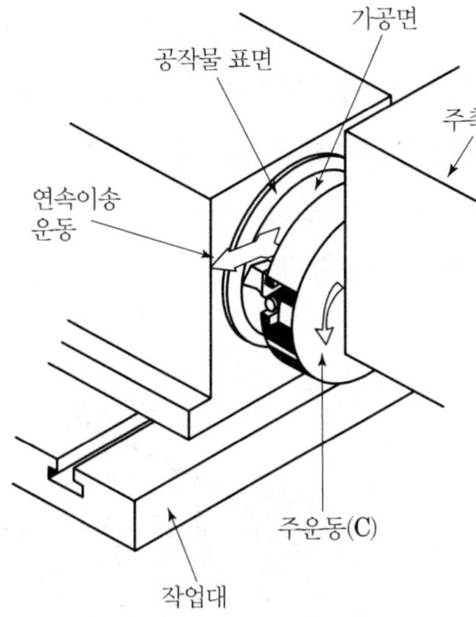

그림 3.15 수평보링 머신에서의 면삭작업

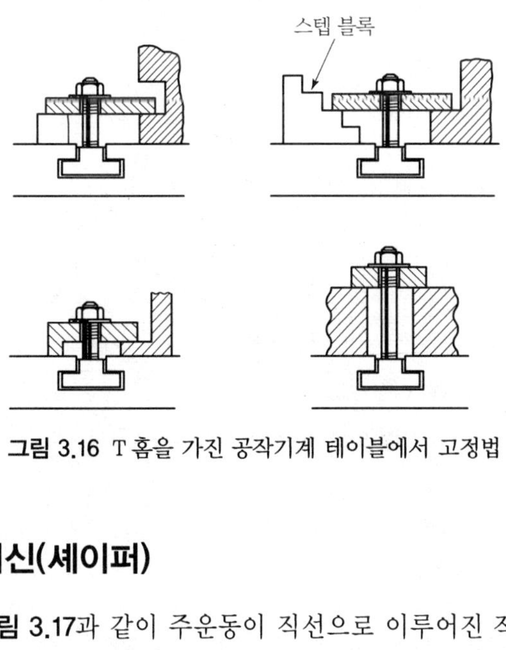

그림 3.16 T 홈을 가진 공작기계 테이블에서 고정법

3.3.8 셰이핑 머신(셰이퍼)

셰이퍼(shaper)는 **그림 3.17**과 같이 주운동이 직선으로 이루어진 작은 기계이다. 단인공구는 램(ram)의 끝에 장착된 툴헤드(toolhead)에 고정된다. 램은 기계식 구동 시스템 또는 유압 피스톤과 실린더에 의해 전후(X 운동)로 움직이게 만들어졌다. 절삭행정은 전방행정 때 이

루어지며, 기계식이건 유압식이건 간에 절삭이 이루어지는 전방 램속도보다 복귀행정 속도를 빠르게 함으로써 생산시간을 줄인다. 이러한 장치를 급속귀환기구라고 하며, **그림 3.18**과 같이 셰이퍼에 자주 사용된다. 셰이퍼에서 행정의 길이는 가공될 공작물에 맞게 조정할 수 있다. 이송은 횡이송 레일의 리드 스크류를 구동하는 래치트와 폴기구(ratchet-and -pawl)에 의해 램의 복귀행정 끝에서 공작물에 점차적으로 증가되면서 이루어진다. 셰이퍼는 작은 부품 위에 평면을 가공하는 데 일반적으로 사용하고 적은 배치의 생산량에 적당하다. 수평면을 가공하기 위해서는 **그림 3.17**과 같이 공작물은 수평(Y'운동)하게 이송되고, 수직한 평면을 위해서는 공작물을 수직(Z'운동)하게 이송한다.

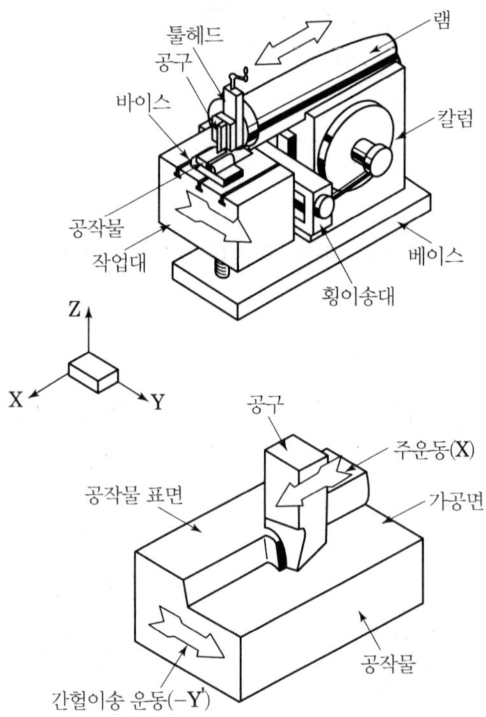

그림 3.17 셰이퍼에서의 평면작업

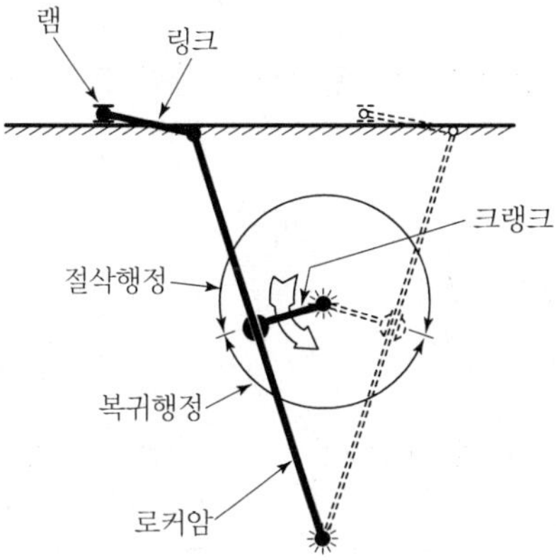

그림 3.18 셰이퍼의 급속복귀 메커니즘

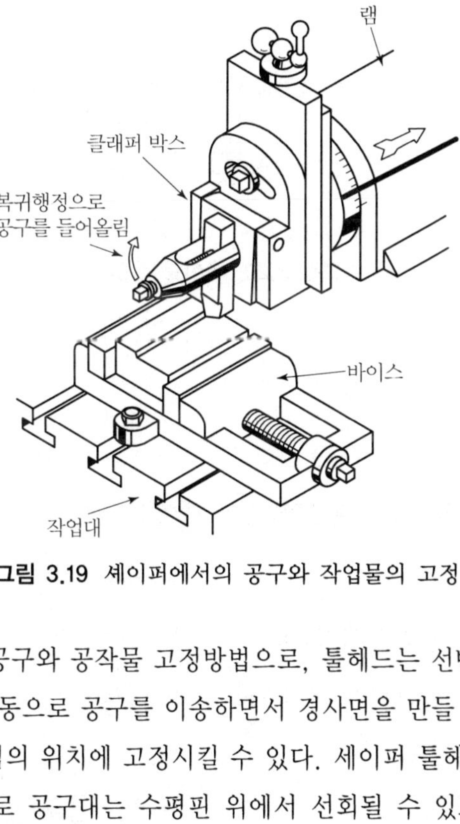

그림 3.19 셰이퍼에서의 공구와 작업물의 고정

그림 3.19는 전형적인 공구와 공작물 고정방법으로, 툴헤드는 선반에 사용된 공구대 및 복합 지지대와 비슷하다. 수동으로 공구를 이송하면서 경사면을 만들 수 있도록 툴헤드는 회전할 수 있고 수직면 내의 임의 위치에 고정시킬 수 있다. 세이퍼 툴헤드의 특징은 클래퍼 상자(clapper box)이다. 실제로 공구대는 수평핀 위에서 선회될 수 있도록 되어 있어서 공구는 전방으로 회전이 가능하기 때문에 램의 복귀행정 동안 공구 모서리를 들어올린다. 이러한 운동은 공구가 공작물 상면에서 뒤쪽으로 끌려짐에 따라 공구에 가해지는 힘에 의해 강제적으로 생긴다. 공작물은 일반적으로 T 홈을 가진 테이블에 볼트로 고정된 바이스에 의해 편리하

게 물릴 수 있다.

그림 3.20은 수평, 수직 및 경사면 셰이핑시의 모양이다. 가공된 면의 폭 b_w에 대해 가공시간 t_m은 다음과 같이 주어진다.

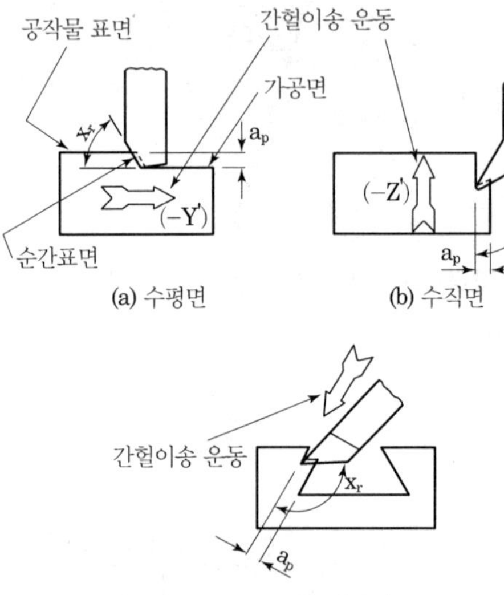

그림 3.20 셰이핑 작업

$$t_m = \frac{b_w}{fn_r} \qquad (3 \cdot 15)$$

단, n_r는 왕복운동 속도이고 f는 이송이다.

절삭 동안에 금속 제거율 Z_w는 다음과 같이 주어진다.

$$Z_w = A_c v = f\, a_p v \qquad (3 \cdot 16)$$

단, v는 절삭속도이고 a_p는 후방물림이다.

미변형 칩두께 a_c는 다음과 같이 주어진다.

$$a_c = f \sin\kappa_r \qquad (3 \cdot 17)$$

3.3.9 플레이닝 머신(플레이너)

행정과 램 돌출의 제한으로 인해 셰이퍼는 매우 큰 부품에 평면을 형성하는 데는 맞지 않다. 이러한 문제는 **그림 3.21**과 같이 공작물(X'운동)에 직선 주운동을 적용하고 공구를 이 운동(Y 또는 Z 운동)에 직각으로 이송시킨 플레이너로 해결된다. 주운동은 보통 다양한 모터속도를 내는 랙과 피니언(rack-and-pinion) 구동에 의해서 생성된다. 셰이퍼와 마찬가지로 공구대는 복귀행정 동안 공구와 공작물상의 간섭을 막기 위해 클래퍼 상자(clapper box)에 장착되고, 이송운동은 주운동이 끝난 후 간헐적으로 일어난다. 공작물은 T 홈이 만들어져 있는 테이블 위에 고정된다. 가공시간, 금속 제거율, 미변형 칩두께는 셰이퍼에 적용한 식과 동일한 식을 적용할 수 있다.

플레이너는, 여기서 설명하는 단인절삭 공구를 채택한 공작기계의 마지막 부분이다. 다음 부분에서는 공작물에 다인절삭 공구를 적용한 공작기계에 대해서 설명한다.

3.4 다인공구를 이용한 공작기계

3.4.1 다인공구

공구 본체에 고정된 두 개 이상의 절삭부분(칩을 생성하는 요소)을 포함한 공구를 다인공구로 분류한다. 대부분의 다인공구(밀링 또는 드릴링 등)는 회전하도록 되어 있고, 공구를 주축에 삽입하여 고정할 목적으로 테이퍼(원추형) 또는 평행한(원통형) 생크(shank)를 갖거나, 주축 또는 아버가 삽입될 수 있도록 구멍을 가지고 있다. 경사면, 여유면, 절삭날과 같은 용어는 단인공구에서의 정의와 동일하며, 절삭날 상의 한 점에서의 절삭작용도 단인절삭에서의 현상과 동일하게 적용하면 된다.

일반적인 다인공구-드릴, 리머, 밀링커터, 브로치-들은 공작기계를 설명하면서 함께 소개될 것이다.

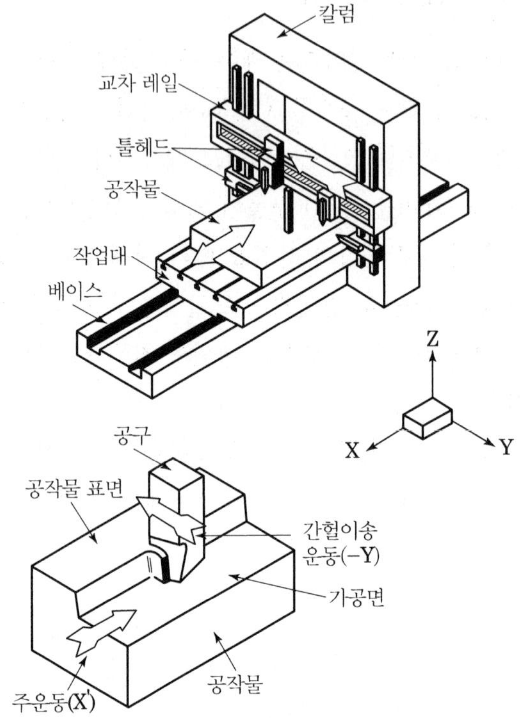

그림 3.21 플레이너에서의 평면가공 작업

3.4.2 드릴링 머신(드릴 프레스)

그림 3.22와 같이 드릴 프레스는 공구가 회전하는 작업이며, 이송은 회전축과 평행하게 주어진다. 대부분의 드릴 프레스에서 공구는 헤드의 오른쪽에 있는 레버를 손으로 돌림으로써 움직이게 된다. 작업대와 헤드는 높이가 다른 공작물을 가공할 수 있도록 올리고 내릴 수 있다.

이 기계에서 수행되는 가장 일반적인 작업은 내부 원통면(구멍가공)을 생성하기 위한 트위스트 드릴에 의한 드릴링이다. **그림 3.23**은 테이퍼 생크를 가진 트위스트 드릴과 작업방법이다. 이 공구는 두 개의 절삭날로 구성되며, 각각의 날이 공작물을 분담하여 절삭하게 된다. 따라서 날(tooth)당 이송(각각의 날에 의해 제거되고, 이송운동의 방향과 같게 측정된 재료의 깊이)은 이송물림 a_f이고, 이송 f의 절반과 같다. 따라서 기하학적으로

$$a_c = \frac{f}{2} sin\kappa_r \qquad (3 \cdot 18)$$

여기서 κ_r는 주절삭날각이다.

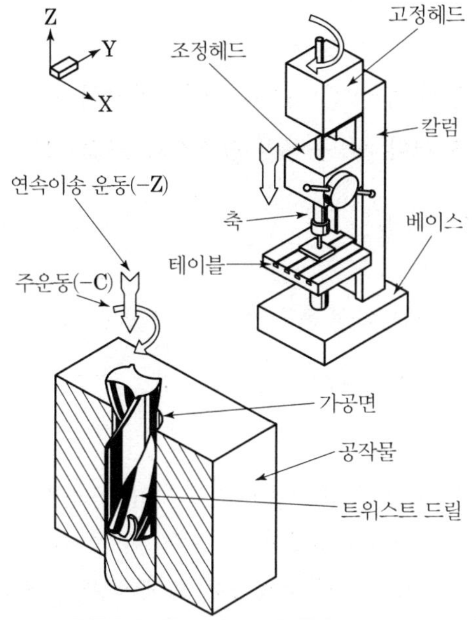

그림 3.22 드릴 프레스에서의 드릴링 작업

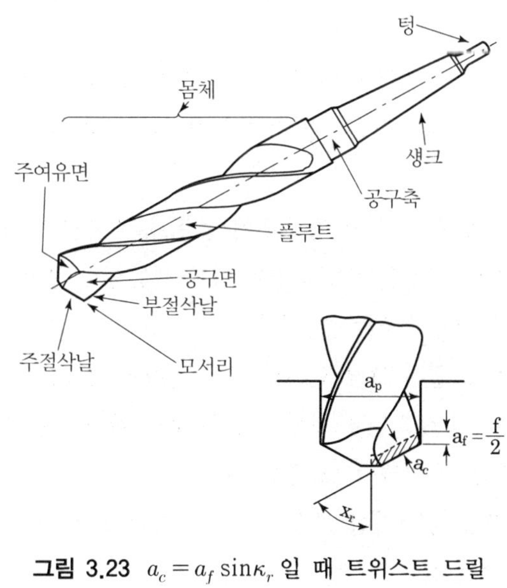

그림 3.23 $a_c = a_f \sin\kappa_r$ **일 때 트위스트 드릴**

가공시간 t_m은 다음과 같이 주어진다.

$$t_m = \frac{l_w}{f n_t} \qquad (3 \cdot 19)$$

여기서 l_w는 가공되어야 할 구멍의 길이이고, n_t는 공구의 회전 속도이다.

금속 제거율 Z_w는 가공되어야 할 구멍의 단면적과 이송속도 v_f를 곱해서 얻어진다.

$$Z_w = \frac{\pi}{4} d_m^2 v_f = \frac{\pi f d_m^2 n_t}{4} \qquad (3 \cdot 20)$$

여기서 d_m은 가공면의 지름이다. 이미 뚫려져 있는 구멍 d_w를 확공하는 경우는 다음과 같다.

$$Z_w = \frac{\pi f (d_m^2 - d_w^2) n_t}{4} \qquad (3 \cdot 21)$$

분명히 절삭속도는 절삭날 날끝(주절삭날의 바깥쪽 반지름)에서 최대가 될 것이고, 절삭날 중심부에 형성된 치즐에지(chisel edge)부에서는 0이 될 것이다. 새로운 구멍을 드릴링할 때 이 치즐에지가 공작물을 밀고 들어가서 절삭날에 의해 소재를 바깥쪽으로 밀면서 제거된다. 이 부분에서 야기되는 열등한 절삭조건은 구멍의 품질에 거의 영향을 주지 않고, 부절삭날에 의해서 품질이 결정되어진다. 절삭날에 의해 제거되는 칩들은 나선형이고, 드릴 홈(flute)을 따라 배출된다.

일반적으로 트위스트 드릴은 지름의 다섯 배보다 짧은 길이의 구멍을 만드는 데 적당하다. 이것보다 더 깊은 구멍을 가공할 때에는 건드릴링 머신과 같이 특수드릴 머신과 드릴이 필요하다.

공작물은 일반적으로 드릴링 머신의 작업대에 볼트로 조여진 바이스로 고정한다. 그러나 원통형의 공작물에서 동심의 구멍을 드릴링하는 것은 심압대나 왕복대에 장착된 특수드릴 홀더에 설치된 드릴로 선반에서 가공할 수 있다.

일반적으로 큰 트위스트 드릴은 **그림 3.23**과 같이 테이퍼 생크를 가지며, 작은 드릴의 경우는 평행 생크로 되어 있다. 이 생크는 드릴링 머신의 주축 끝에 있는 테이퍼 구멍에 삽입된다. 생크 끝의 돌출부는 주축 안 구멍의 끝에 있는 홈에 삽입되어서 가공 중에 주축과 드릴의 상대적인 회전을 막는다. **그림 3.24**처럼 드릴은 기계주축의 홈 안으로 쐐기(wedge)를 넣어서 가볍게 두드림으로써 제거된다.

작은 트위스트 드릴은 평행의 생크를 가지며, 핸드 드릴에서 사용되는 형태의 3개의 죠를 가진 척에 의해 고정된다. 이러한 척들은 드릴 프레스의 주축이나 선반의 심압대에 고정시키기 위해 테이퍼 생크를 갖고 있다.

여러 가지의 가공작업이 드릴 프레스에서 행해질 수 있으나, 일반적인 작업을 **그림 3.25**에 나타 내었다.

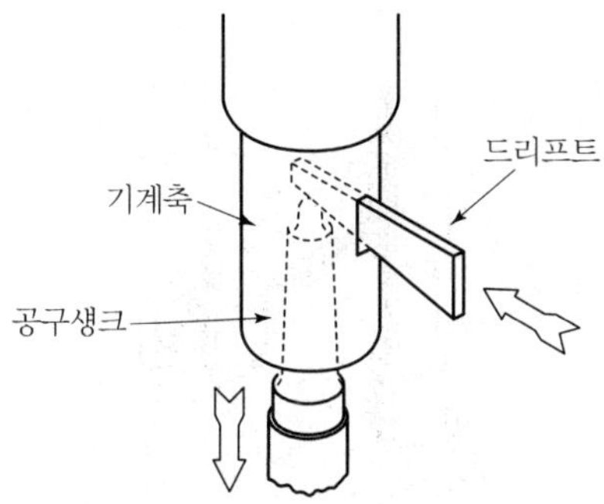

그림 3.24 테이퍼 생크 공구풀기

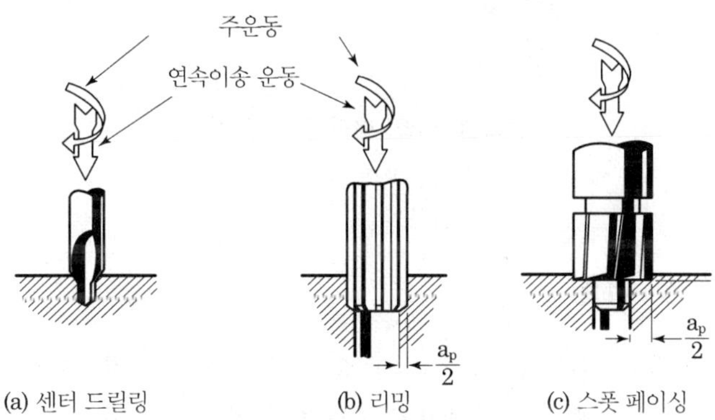

그림 3.25 드릴 프레스 작업

먼저 센터 드릴링 작업은 바닥에 여유를 가지는 깊이가 얕은 원뿔형의 구멍을 만든다. 이 센터의 구멍은 공작물이 센터들 사이에서 지탱될 때 선반의 중심위치를 잡아주거나, 구멍이 만들어지기 시작할 때 드릴 포인트가 탈선하는 것을 막기 위한 드릴작업에의 가이드 역할을 한다. 리밍작업은 미리 구멍가공된 구멍을 마무리가공 하도록 되어 있다. 리머는 드릴과 비슷하지만, 절삭날이 여러 개이며 직선홈을 갖는다. 공작물을 정삭작업 함으로 구멍의 정확성과 표면품질이 상당히 개선되어서 핀 구멍 등으로 사용된다. 스폿 페이싱 작업은 구멍의 끝 주위에 축과는 수직으로 와셔 또는 볼트 머리가 적절하게 자리할 수 있도록 평평한 평면이 되도록 가공하는 것이다.

큰 공작물에서는 **그림 3.26**과 같은 래디얼 암 드릴링 기계가 사용된다. 이 기계에서는 드릴링 헤드와 모터가 칼럼을 중심으로 수평면으로 자유롭게 회전하는 암을 따라서 움직인다. 래디얼 암 드릴링 기계는 대형 공작물에 구멍을 드릴링하기 적당하다.

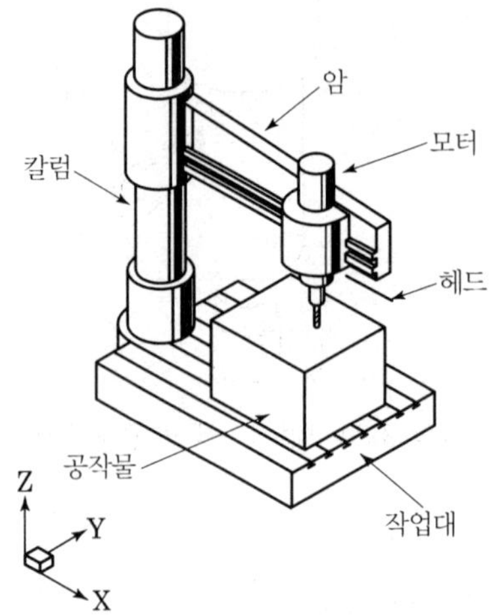

그림 3.26 래디얼 암 드릴

3.4.3 수평밀링 머신

밀링머신에는 수평과 수직의 두 개 유형이 있다. 이것은 주축의 방향에 의해 나누어진다. **그림 3.27**의 수평밀링 머신에서는 밀링커터가 주축에 의해 회전되는 수평의 축(arbor)에 설치된다. 따라서 공구가 회전되고(C 운동) 공작물은 연속적으로 이송된다(X' 또는 Y'운동).

평면밀링은 가장 간단한 작업으로 **그림 3.27**과 같이 공작물에 수평면을 만드는 데 이용된다. 이 작업은 일반적으로 하는 상향 평면밀링 작업이다. 만약 공작물이 반대방향으로 이송되면 공구가 공작물 표면으로 올라가는 형상을 이루며 이러한 유형을 하향 밀링이라고 한다. 하향 밀링작업이 상향 밀링작업보다 힘과 동력이 더 적게 소비된다고 알려져 있다. 그러나 공작기계와 공작물 및 공구지지 기구의 강성이 높아야 한다. **표 3.1**은 상향밀링과 하향밀링의 장단점이다.

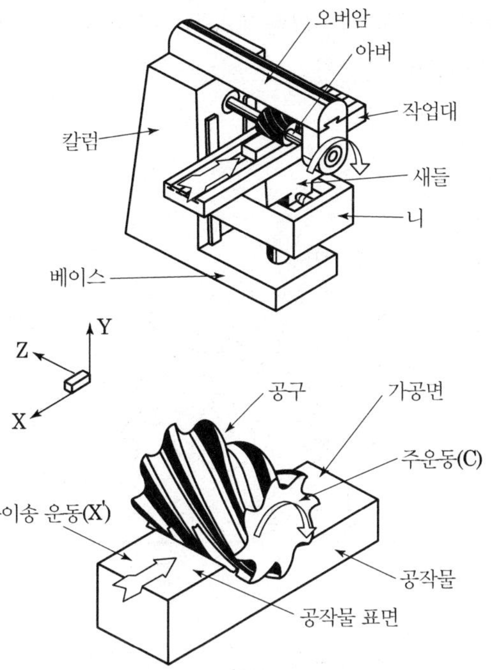

그림 3.27 니(knee)형 수평밀링 머신에서의 평면밀링

표 3.1 상향과 하향밀링의 특징

	상향절삭	하향절삭
장점	• 칩이 절삭날의 진행을 방해하지 않는다. • 공구와 테이블의 진행 방향이 상반되므로 백래시가 없다. • 진동이 없는 상태에서 공구형상과 이송에 의해서만 결정되는 이론적 조도가 작다.	• 가공물을 누르면서 절삭하므로 가공물의 고정 방법이 간단하고, 고정이 어려운 얇은 가공물의 가공, 절단 및 깊고 폭이 좁은 홈파기의 가공에 유리하다. • 상향절삭에서와 같은 미끄럼이 없어 공구날부의 마모가 적다.
단점	• 공구가 공작물을 들어올리려 하므로 가공물을 견고하게 고정하여야 한다. • 절삭날이 무디거나 절삭 초기에 이송이 적으면 날부가 미끄러져 쉽게 마멸되고, 아바의 스프링 작용으로 떨림(chattering)이 발생할 수 있다.	• 테이블 이송기구의 백래시에 의하여 가공물이 공구에 끌려 들어가 떨림 또는 가공물과 공구에 손상을 가져올 수 있으므로 백래시 장치가 있어야 한다. • 주철과 같이 표면의 경도가 큰 가공물을 절삭할 때 절삭날이 충격을 받아 절삭날이 손상되기 쉽다.

전형적인 평면밀링에서의 기하학은 **그림 3.28**과 같다. 공구가 1회전하는 동안 공작물 이동 거리인 이송 f 는 다음과 같이 주어진다.

$$f = \frac{v_f}{n_t} \tag{3·22}$$

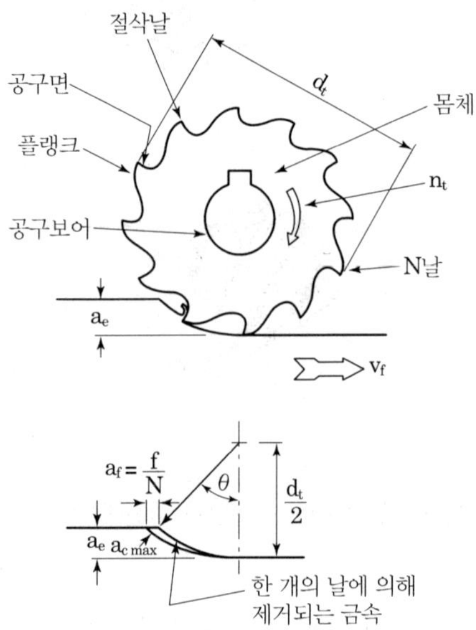

그림 3.28 평면밀링 작업의 기하학적 구조($a_{c\max} = (2v_f / Nn_t)\sqrt{a_e / d_t}$)

여기서 v_f는 공작물의 이송속도이고, n_t는 절삭공구의 회전 속도이다. 이송물림 a_f는 하나의 날에 의해서 제거되는 칩 두께와 같고 이송방향에 평행하게 측정되며, f/N로 주어진다. 여기서 N은 절삭공구의 날수이다. 최대 미변형 칩 두께 $a_{c\max}$ (주운동의 방향에 직각으로 측정되는)는 다음과 같이 주어진다.

$$a_{c\max} = \frac{v_f \sin\theta}{Nn_t} \tag{3·23}$$

여기서 θ 는 **그림 3.28**에서 주어진다.

$$\cos\theta = 1 - \frac{2a_e}{d_t} \tag{3·24}$$

여기서 d_t는 절삭공구의 지름이고, a_e 는 공작물에 대한 공구의 순간 맞물기로서, 가공면 내와 이송운동 방향에 수직인 면에서 측정되는 가공물림(깊이)이며 보통 절삭깊이라 한다.

여기서

$$\sin\theta = \sqrt{1-\cos^2\theta} = 2\sqrt{\frac{a_e}{d_t} - \left(\frac{a_e}{d_t}\right)^2} \tag{3·25}$$

그리고 식 (3·25)를 (3·23)에 대입하면

$$a_{c\max} = \frac{2v_f}{Nn_t}\sqrt{\frac{a_e}{d_t}\left(1-\frac{a_e}{d_t}\right)} \tag{3·26}$$

마지막으로 a_e/d_t가 아주 작다면,

$$a_{c\max} = \frac{2v_f}{Nn_t}\sqrt{\frac{a_e}{d_t}} \tag{3·27}$$

밀링작업에서 가공시간 t_m을 산정할 때 절삭공구의 이동거리는 공작물의 길이보다 길어야 한다. 이 연장된 거리는 절삭공구에 의해 이동된 거리가 $l_w + \sqrt{a_e(d_t - a_e)}$ 로 **그림 3.29**에서 보여지는 바와 같다. 여기에서 l_w는 공작물의 길이이다. 따라서 가공시간은 다음과 같이 주어진다.

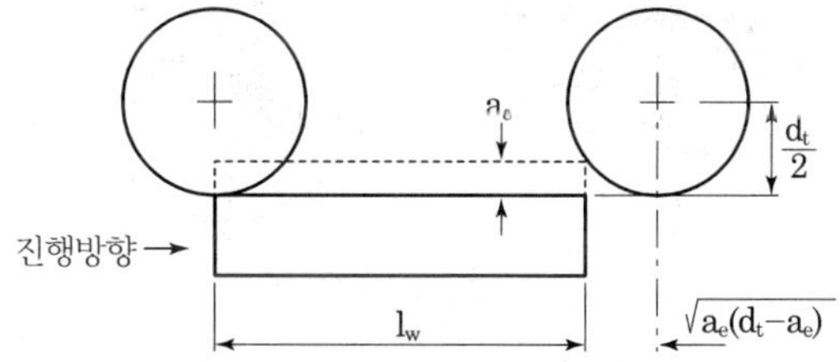

그림 3.29 평면밀링 커터와 공작물의 상대운동

$$t_m = \frac{l_w + \sqrt{a_e(d_t - a_e)}}{v_f} \tag{3·28}$$

금속 제거율 Z_w는 이송운동 방향으로 측정되는 이송속도와 제거되는 금속의 단면적과의 곱과 같을 것이다. 따라서 후방물림 a_p는 공작물의 폭과 같기 때문에

$$Z_w = a_e a_p v_f \tag{3·29}$$

그림 3.30은 여러 가지 수평밀링 작업이다. 총형절삭에서 특수커터는 공작물에 필요한 단면을 형성하기 위해 모양을 가진 절삭날로 되어 있다. 이러한 절삭공구들은 일반적으로 제작단

가가 높기 때문에 총형밀링은 생산량이 충분히 많을 때만 사용된다. 슬로팅 절삭시 주절삭날 각각의 끝에 부절삭날을 가지고 있는 표준절삭 공구는 공작물에 직사각형의 홈을 만들 때 사용된다. 비슷하게 각형 밀링에서 표준절삭 공구는 삼각형의 홈을 가공한다. 그림에서처럼 스트래들 밀링작업은 아버축(arbor)에 하나 이상의 절삭공구를 설치함으로써 수행할 수 있는 여러 종류의 작업 중의 한 예이다. 이 방식으로 절삭공구들을 결합하면 다양한 종류의 단면을 가공할 수 있다. 절삭공구들이 결합되어 사용될 때 그 작업을 갱밀링이라 부른다.

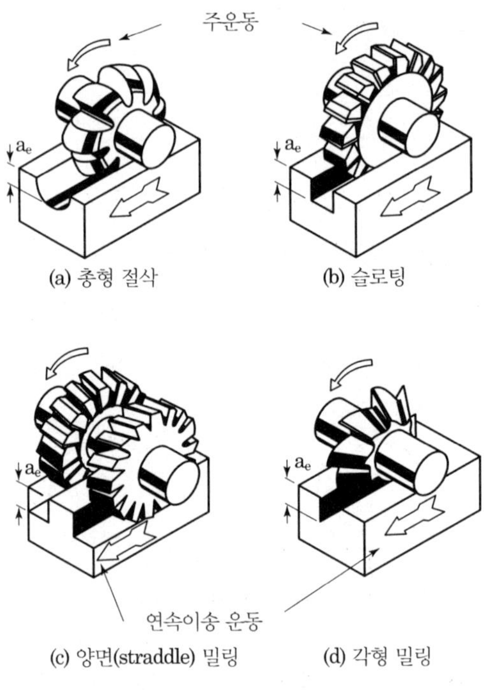

그림 3.30 수평밀링 작업

수평밀링에서 공구는 **그림 3.31**과 같이 주축이나 아버에 설치되고 키에 의해 구속된다. 아버는 주축의 끝의 테이퍼진 구멍이나 소켓에 맞도록 한 쪽 끝에 테이퍼진 면을 갖고 있다. 이때 인발봉은 주축의 끝단부에서 속이 빈 주축을 통과하하여 아버의 끝단에 만들어진 나사에 체결되며, 따라서 아버가 주축의 소켓에 견고하게 고정되도록 잡아당겨진다. 슬리브는 아버에서 필요한 축의 위치에 공구를 위치시키기 위한 스페이서로 사용된다. 아버의 자유단은 **그림 3.27**에서 설명한 것과 같이 오버암의 끝에 설치된 베어링에 의해 지탱된다.

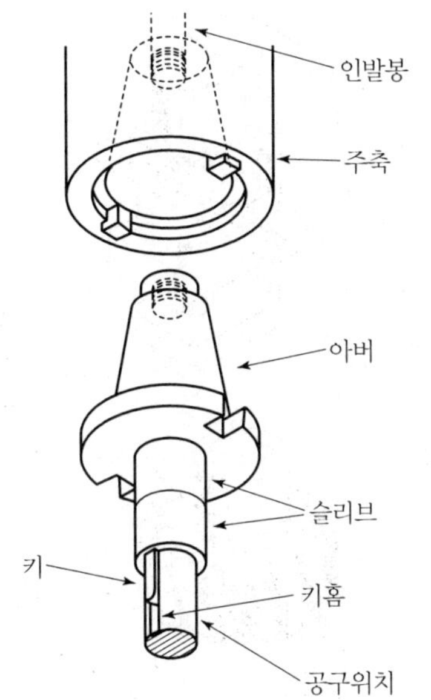

그림 3.31 수평밀링에서의 공구지지

공작물은 작업대에 고정된 기계 바이스를 사용하거나 T 홈을 이용하여 작업대에 직접 공작물을 고정시킨다.

3.4.4 수직밀링 머신(수직밀러)

수직밀링 머신에서는 수평, 수직, 경사진 면과 같은 다양한 종류의 작업을 할 수 있다. 기계의 이름이 의미하는 것처럼 주축의 방향이 수직이다. **그림 3.32**와 같은 니(knee)형의 밀링 머신에서는 공작물은 각각 다음과 같이 이송된다.

① Z' 운동은 수직축에 따라 니를 올리거나 내림.

② Y' 운동은 니상에 위치한 새들을 수평축을 따라 이송.

③ X' 운동은 새들상에서 작업대를 수평축을 따라 이송.

큰 수직밀링 머신에서는 니 없이 새들은 베드에 직접 장착되고, 수직축을 따라서 공구와 공작물사이의 상대운동은 칼럼을 올리고 내림으로써 이루어진다. 이러한 기계를 베드형 수직 밀링 머신이라고 한다.

그림 3.32는 수평 평면이 가공되는 전형적인 정면 밀링작업이다. **그림 3.33**에서는 정면 밀링절삭 공구로 알려진 절삭공구의 작업과 작동의 기하관계를 나타낸다.

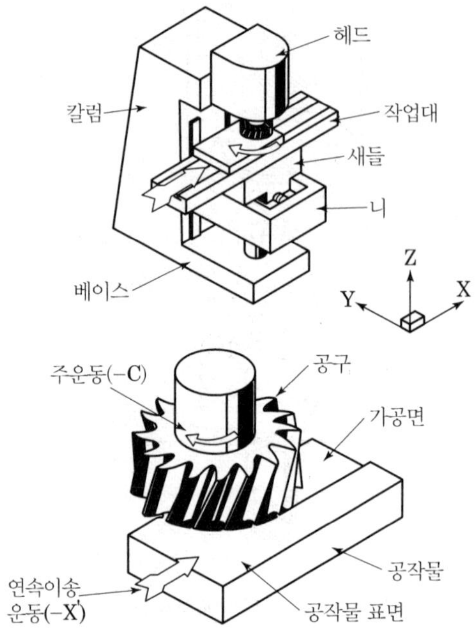

그림 3.32 니(knee)형 밀링머신에서의 정면밀링

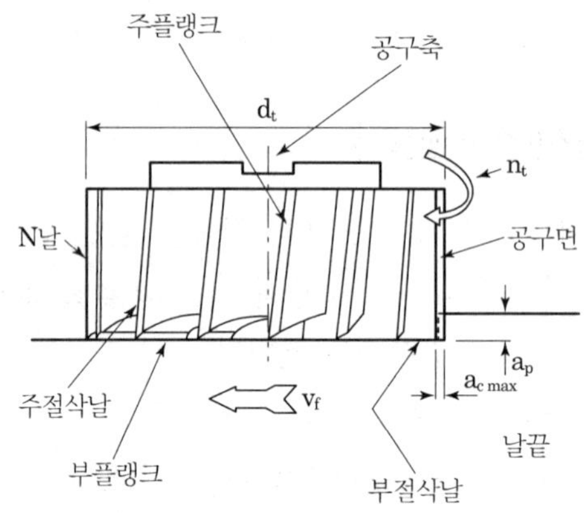

그림 3.33 정면밀링의 기하학적 구조($a_{c\max} = v_f / Nn_t$)

이송 f는 1회전 동안 공작물을 가로지르는 절삭공구의 이동거리이다. 따라서

$$f = \frac{v_f}{n_t} \tag{3·30}$$

여기서 v_f 는 이송속도이고, n_t 는 절삭공구의 회전속도이다.

공구축이 공작물을 통과한다면 각각의 절삭날이 공작물에 물리는 시간 동안 미변형 칩 두께는 최댓값으로 늘어났다 줄어든다. 미변형 칩 두께의 최댓값 $a_{c\max}$ 는 N이 절삭공구의 날수일 때 f/N인 이송물림과 같다. 따라서

$$a_{c\max} = \frac{v_f}{Nn_t} \quad (3 \cdot 31)$$

가공시간 t_m 을 산정할 때 허용오차는 절삭공구와 공작물 사이에 상대적인 운동을 더해서 계산되어야 한다. **그림 3.34**에서 보는 바와 같이 공구축의 경로가 공작물을 통과할 때 총운동은 $(l_w + d_t)$로 주어지고, 따라서 가공시간은 다음과 같다.

$$t_m = \frac{(l_w + d_t)}{v_f} \quad (3 \cdot 32)$$

여기서 l_w는 공작물의 길이이고, d_t는 절삭공구의 지름이다.

공구축의 경로가 공작물 전체를 통과하지 못할 때는 다음과 같다.

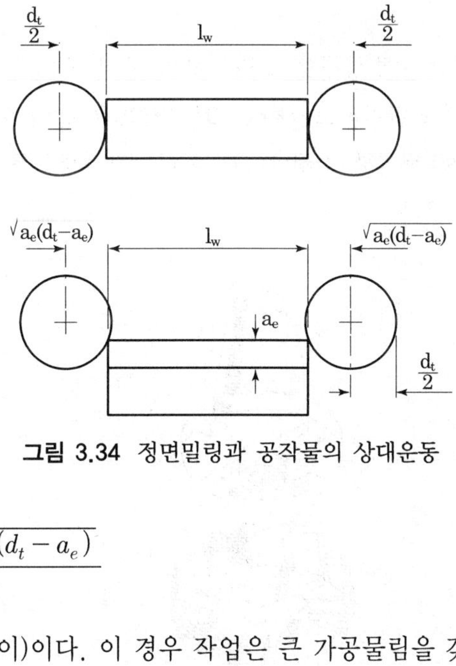

그림 3.34 정면밀링과 공작물의 상대운동

$$t_m = \frac{l_w + 2\sqrt{a_e(d_t - a_e)}}{v_f} \quad (3 \cdot 33)$$

여기서 a_e 는 가공물림(깊이)이다. 이 경우 작업은 큰 가공물림을 갖는 평면밀링과 비슷하며, 미변형 칩 두께의 최댓값은 식 (3·26)으로 된다. 두 경우 모두 금속 제거율 Z_w 는 식 (3·29)로 나타낼 수 있다.

그림 3.35는 다양한 종류의 수직 밀링작업을 나타내고 있다. 공구가 한번 통과함에 따라서 몇 개의 면이 동시에 가공될 수 있음을 알 수 있다.

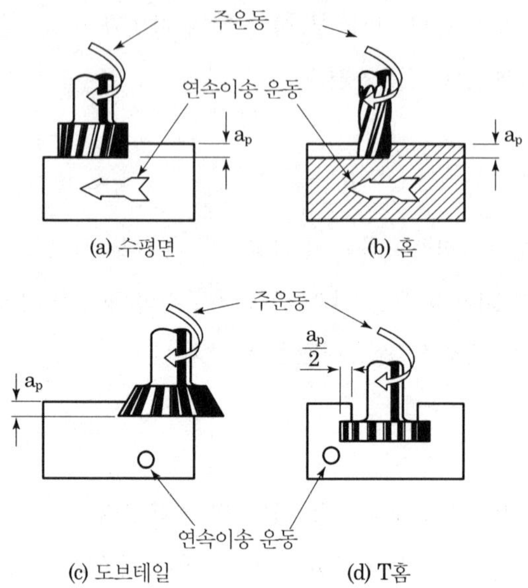

그림 3.35 수직밀링 작업

수직 밀링머신에 사용하는 밀링공구는 일반적으로 구멍 또는 직선생크를 갖고 있다. 구멍을 갖고 있는 공구를 셸 엔드밀이라고 하고, **그림 3.36**과 같이 아버(arbor)에 고정되는데, 이 아버는 인발봉에 의해 주축내부 소켓에 고정된다. 직선생크를 갖는 공구는 아버에 달린 콜렛척으로 고정하여 사용한다.

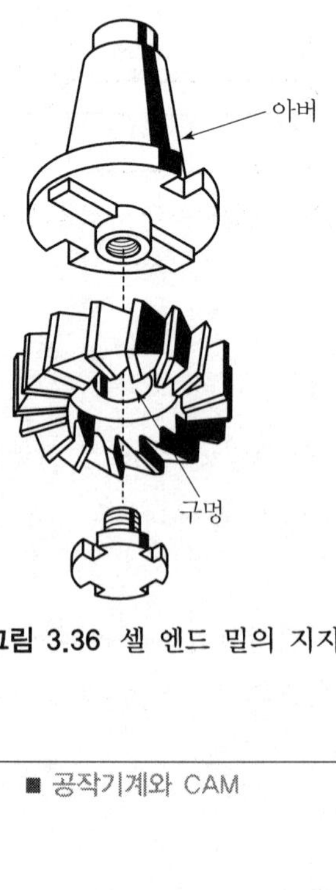

그림 3.36 셸 엔드 밀의 지지

공작물 고정은 작업대에 고정된 기계 바이스를 사용하거나 T 홈을 이용하여 작업대에 직접 공작물을 고정시킨다.

3.4.5 브로칭 머신

이 책에서 설명하는 다인공구를 사용하는 마지막 기계는 브로칭 머신이다. 공작물에 임의의 형상을 갖는 홈을 가공할 때 적합한 수직 브로칭 머신은 **그림 3.37**과 같다. 브로칭 할 때 공구와 공작물 사이의 주운동은 기계에서 제공하고, 이송은 날(tooth)들 사이에 나있는 작은 크기의 높이차에 의해 만들어진다. 브로칭머신에서 사용하는 공구를 브로치라고 하며, 브로치 내에는 다수개의 날들이 직선으로 나와 있으며, 높이는 길이방향으로 갈수록 점점 높아져서 이송운동이 만들어진다. 즉, 각 날들은 소재의 층을 얇게 조금씩 제거하게 된다. 일반적으로 가공면은 공구가 한 번 통과하는 동안 생성되고, 가공시간 t_m 은 다음과 같다.

$$t_m = \frac{l_t}{v} \tag{3·34}$$

단, l_t 는 브로치의 길이이고 v 는 절삭속도이다.

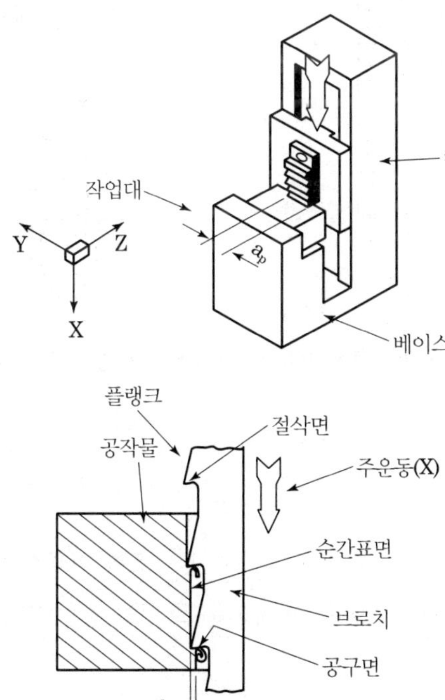

그림 3.37 수직 보로칭 머신에서의 브로칭($a_c = f$)

브로칭에서 이송 f는 각각의 날의 높이 차이와 같을 것이다. 즉 각각의 날이 공작물을 지나갈 때마다 가공물림량이 증가하기 때문이다. 따라서 절삭날에서 선택된 한 점에서의 미변형 칩두께 a_c는 이송이나 이송물림과 같다. 따라서

$$a_c = a_f = f \tag{3·35}$$

평균 금속 제거율 Z_w는 제거된 금속의 총체적을 가공시간으로 나눔으로 평가할 수 있다. 브로칭은 비원형의 구멍을 만드는 데 널리 사용된다. 이러한 경우에 브로치는 필요한 모양으로 구멍을 넓히거나, **그림 3.38**과 같이 키홈을 가공하기 위해 원형의 구멍을 통하여 밀거나 당길 수 있다. 브로치는 특수한 작업을 위해 개별적으로 설계되어야 하고 만드는 단가는 비싸다. 매우 큰 배치의 부품(100,000에서 200,000개)을 가공할 때에만 브로칭은 의미가 있다는 것은 당연하다.

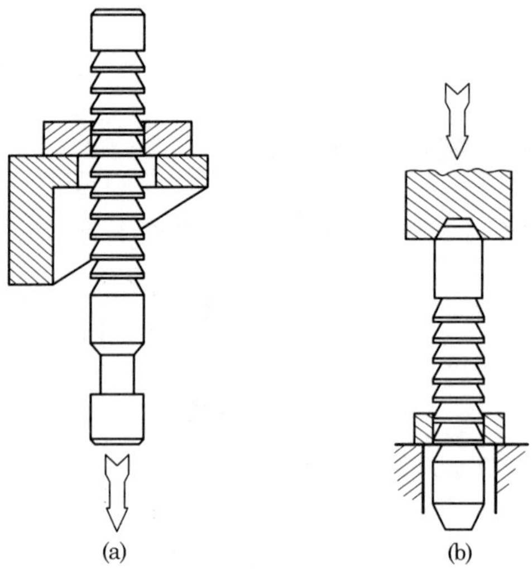

그림 3.38 수직 브로칭 머신의 브로칭 작업방식

3.4.6 탭과 다이

내부와 외부의 나사산 형성은 탭과 다이를 사용함으로써 이루어질 수 있다. 이러한 다인공구는 나선형의 브로치로 생각할 수 있고, 제거되는 소재의 양이 미소하기 때문에 손으로 작업할 수도 있다.

그림 3.39와 같이 탭은 미리 가공된 구멍에 삽입하여 저속으로 회전하면서 이송이 된다.

그러므로 절삭날 상의 한 점과 공작물 사이의 상대운동은 나선형이다. 이 운동이 바로 주운동이다. 모든 가공은 탭의 아랫부분에 의해 이루어지며, 여기서 각 절삭날이 나사산 모양을 만들기 위해 금속을 얇게 조금씩 절삭하게 된다. 탭 윗부분의 완전한 모양의 나사산은 발생하는 칩 조각들을 제거하는 역할을 한다. 다이는 탭과 같은 절삭작용을 하지만, 외부의 나사산을 형성하도록 설계되어 있다.

탭을 사용해서 내부의 나사산을 만드는 작업은 터릿선반이나 드릴 프레스에서 수행될 수 있다. 이 경우 탭은 플로팅 탭홀더에 장착되어져 칩의 끼임이나 또는 회전과 이송의 비동기운동으로 발생하는 탭의 부러짐을 방지한다. NC공작기계의 경우에는 회전과 이송을 동기화할 수 있기 때문에 플로팅 탭홀더 없이 고속으로 나사 홈을 가공할 수 있다. 다이를 사용해서 외부의 나사를 내는 작업은 터릿선반과 특수나사 절삭기계에 의해 이루어질 수 있다.

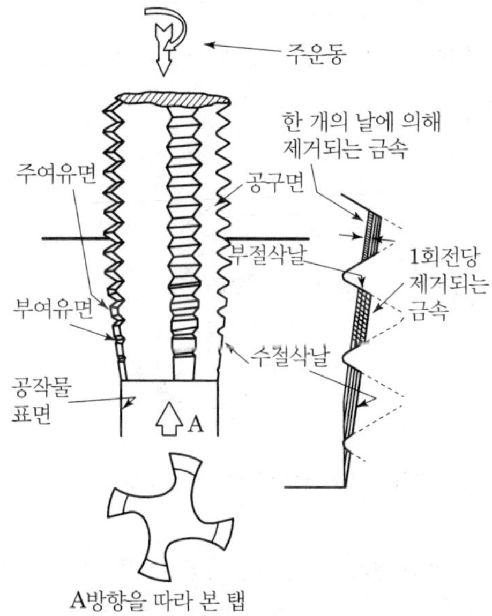

그림 3.39 태핑

3.5 연삭숫돌을 이용한 공작기계

3.5.1 연삭숫돌

연삭숫돌은 일반적으로 **그림 3.40**과 같이 원통형, 디스크형 또는 컵형이다. 이를 이용한 공작기계를 연삭기 또는 그라인더(grinder)라 한다. 이들 공작기계는 모두 고속으로 회전할 수 있는 주축을 가지고 있고 연삭숫돌이 장착되어 있다. 주축은 베어링으로 지지되고 하우징 안에 장착되어 있다. 이 조립품을 숫돌헤드(wheel head)라 한다. 벨트 드라이브에 의해 전동 모터로부터 주축에 동력을 공급한다. 연삭숫돌은 필요한 형태로 결합된 아주 단단한 재료(보통 실리콘 카바이드 또는 산화알루미늄)입자로 구성되어 있다. 연삭숫돌은 때때로 재료제거가 중요 목적인 거친 그라인딩에 이용되지만, 보다 더 일반적으로는 최종 표면 마무리가 중요한 마무리 작업에 사용된다.

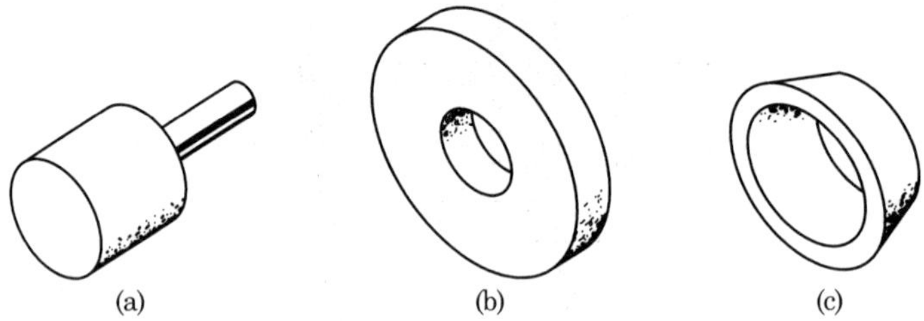

그림 3.40 일반적인 연삭숫돌 외형

앞에서 설명한 금속절삭 가공기계에서 표면생성은 보통 주운동을 공구나 공작물에 적용하고 공구와 공작물에 이송운동을 적용함으로써 이룰 수 있었다. 한편, 연삭기계에서 주운동은 항상 연삭숫돌을 회전시켜 얻어지지만, 원하는 표면형상을 위해 공작물에 두 가지 또는 그 이상의 이송이 적용된다.

숫돌에 있는 각각의 연삭입자는 매우 불규칙하기 때문에 연삭에서 미변형 칩 두께를 평가하는 것은 어렵다. 만약 연삭입자들이 촘촘하게 되어 있고, 작은 입자, 높은 절삭속도, 낮은 이송 또는 이송률 그리고 작은 절삭깊이를 고려하여 작은 양의 미변형 칩 두께를 생각하면 대략적으로 0.00025에서 0.025 mm(0.00001에서 0.001 in)의 값으로 생각할 수 있다. 더 나아가 연삭에서는 상대적으로 비능률적인 절삭조건 때문에 금속절삭 공정에서보다 비절삭 에너지 p_s는 매우 높아지는 경향이 있다.

3.5.2 수평 평면연삭기

수평식 평면연삭기는 **그림 3.41**과 같이 숫돌(C 운동)에 회전으로 주운동을 제공하는 수평축을 가진다. 주이송 운동은 공작물이 장착된 작업 테이블의 왕복운동이다(X'운동). 이 운동을 횡이송(traverse)이라 하고 유압으로 작동된다. 그 외의 이송운동으로는 칼럼 아래로 숫돌헤드를 이송하는데 적용시키거나(-Y 운동 ; 인피드 이송), 또는 주축에 평행하게 테이블을 움직이게 하기 위해 테이블에 적용시킨다(Z'운동 ; 종이송). **그림 3.41**에서는 종이송을 함으로써 공작물에 수평면을 생성하게 된다(-Z'운동). 간헐적인 이 이송은 보통 유압식이고 각 행정 또는 테이블의 통과 후에 적용된다. 그러므로 종이송량 f는 각 절삭행정 사이에 공작물을 가로질러 공구가 이동한 거리로 정의된다. 이러한 작업을 횡연삭(traverse grinding)이라고 한다.

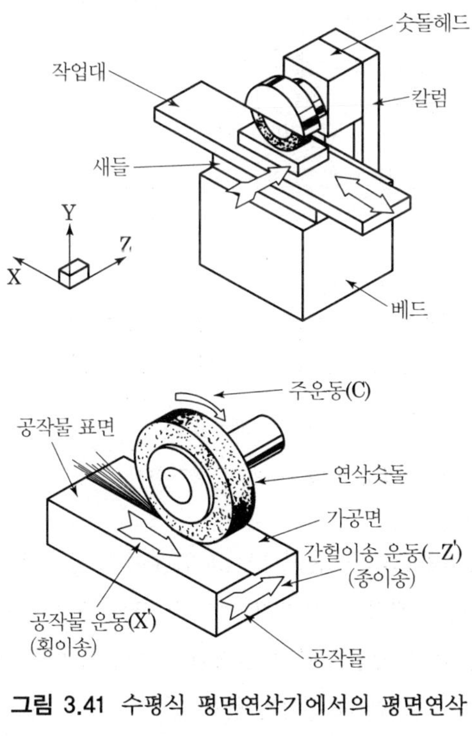

그림 3.41 수평식 평면연삭기에서의 평면연삭

그림 3.42 수평식 평면연삭기에서의 횡연삭과 플랜지(plunge) 연삭의 형상을 보여 주고 있다. **그림 3.42**(a)의 횡연삭에서 금속 제거율은 다음과 같다.

$$Z_w = f\, a_p v_{trav} \tag{3·36}$$

단, f = 절삭행정마다의 종방향 이송, a_p = 후방물림(깊이), v_{trav} = 횡이송 속도이다.

가공시간 t_m은 다음과 같이 주어진다.

$$t_m = \frac{b_w}{2fn_r} \tag{3·37}$$

이 때 n_r는 왕복운동 속도이고 b_w는 가공면의 폭이다. 왕복운동 주파수는 횡이송속도와 행정에 의해 좌우된다. 이러한 변수들의 일반적인 관계는 나중에 설명될 것이다.

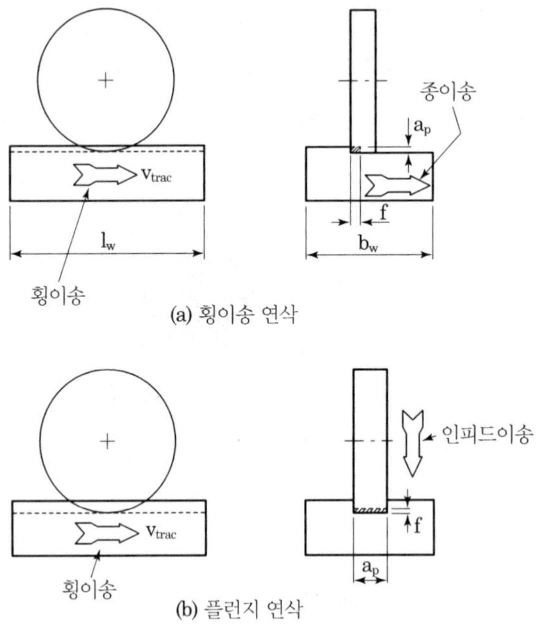

그림 3.42 수평식 평면연삭 작업

비슷한 방법으로 **그림 3.42**(b)의 플랜지 연삭작업에서의 금속 제거율은 식 (3·36)과 같다.

플랜지 연삭작업에서 가공시간을 산정하기 전에 "스파킹 아웃(sparking-out)"이라는 현상을 설명할 필요가 있다. 숫돌이 작업표면에 수직한 방향으로 이송(in feed)되는 어떠한 연삭작업에서도 한 번의 절삭행정 동안 제거되는 금속층의 깊이인 이송 f는 처음에 기계에 설정된 공칭이송보다 약간 작을 것이다. 이러한 이송의 차이는 작업 동안에 생성되는 힘으로 인해 공작기계 요소와 공작물이 탄성 변형되기 때문이다. 그러므로 이론적으로 필요한 절삭 행정수를 완료한 후에 공작물의 일부는 추가가공 되어야 원하는 치수가 된다. 스파킹 아웃이라 불리는 이러한 재료의 제거작업은 금속제거가 더 이상 없게 될 때까지 이송의 변화 없이 원래의 연삭작업을 계속함으로써 이루어진다(최종적으로 가공이 일어나지 않게 되면 더 이상의 스파크는 일어나지 않는다). 만약 스파크 아웃 시간을 t_s 로 표기하면, 플랜지 연삭에서의 가공시간은 다음과 같이 주어진다.

$$t_m = \frac{a_t}{2fn_r} + t_s \tag{3·38}$$

단, a_t 는 가공에서 제거될 재료의 총깊이를 나타낸다.

그림 3.43은 평면연삭기에서 전형적으로 연삭숫돌과 공작물 고정하는 방법이다. 숫돌의 고정은 일반적으로 두 개의 플랜지를 사이에 두고 있는 주축의 끝에 숫돌을 장착함으로써 이루어진다. 공작물의 고정은 온(on), 오프(off) 위치로 움직일 수 있는 레버에 의해서 조정되는 마그네틱 바이스(magnetic vise)를 자주 이용한다. 오프시에는 자기장은 단락된다. 레버를 온위치로 움직이면 자기장이 공작물을 관통하는 위치로 자석을 미끄러져 들어가게 한다. 이런 종류의 바이스는 강자성 금속의 공작물과 연삭 동안에 힘이 작게 걸리는 마무리 공정에서만 적합하다. 다른 조건에서는 기계식 바이스 또는 다른 직접 고정방법이 사용된다.

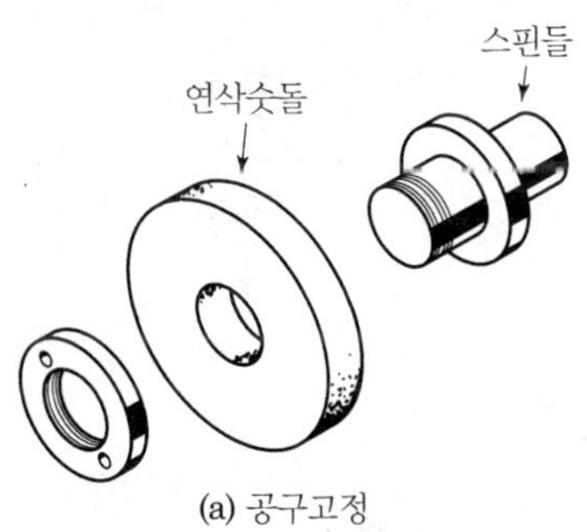

(a) 공구고정

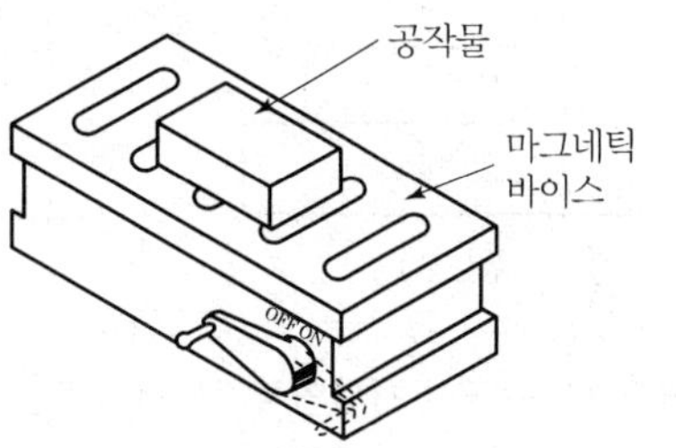

(b) 고정작업

그림 3.43 평면연삭 시 고정작업

3.5.3 수직 평면연삭기

수직식 평면연삭기는 **그림 3.44**와 같이 컵형 연삭숫돌을 사용하고 정면밀링과 같은 방식의 작업을 한다. 작업 테이블은 왕복운동(X'운동)하고 공구이송은 간헐적으로 아래로(−Z 운동) 향한다. 이러한 운동은 각각 횡이송과 인피드 이송이라 한다. 공작물상에 수평면이 생성되고, 기계구조의 변형으로 인해서 이송 f는 처음에는 공작기계상에 설정된 이송보다 작을 것이다. 이것은 수평식 평면연삭기상에서의 플랜지 연삭에서처럼 스파킹 아웃이 필수적이라는 것을 의미한다.

금속 제거율은 다음과 같다.

$$Z_w = f\,a_p v_{trav} \tag{3·39}$$

단, a_p는 후방물림이고 이는 공작물의 폭과 같다. 그리고 v_{trav}는 횡이송 속도이다. 수평식 평면연삭기상에서의 플랜지 연삭에서처럼 가공시간은 식 (3·38)과 같다.

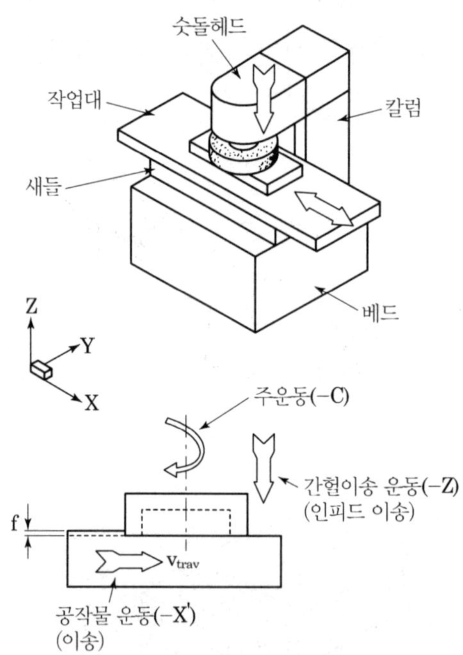

그림 3.44 수직식 평면연삭기에서의 평면연삭

여러 개의 공작물을 동시에 장착하여 가공할 수 있는 수평 회전작업 테이블을 가진 수직식 평면연삭 기에서의 가공시간은 다음과 같이 주어진다.

$$t_m = \frac{a_t}{fn_w} + t_s \qquad (3\cdot40)$$

단, n_w는 작업 테이블의 회전 속도이다.

3.5.4 원통연삭기

원통연삭기는 **그림 3.45**에서처럼 공작물을 센터 사이에 지지시키고 회전한다. 주축대는 공작물에 저속회전 구동(C'운동)을 제공하고, 유압 구동장치를 이용하여 수평적으로 왕복운동(Z' 운동)하는 작업 테이블 위에 심압대와 함께 설치된다.

연삭숫돌 주축은 공작물 회전축에 평행하며, 숫돌헤드에 수평유압 이송이 공작물 회전축에 수직한 방향(−X 운동)으로 이루어진다. 이 운동을 인피드(infeed) 이송이라 한다.

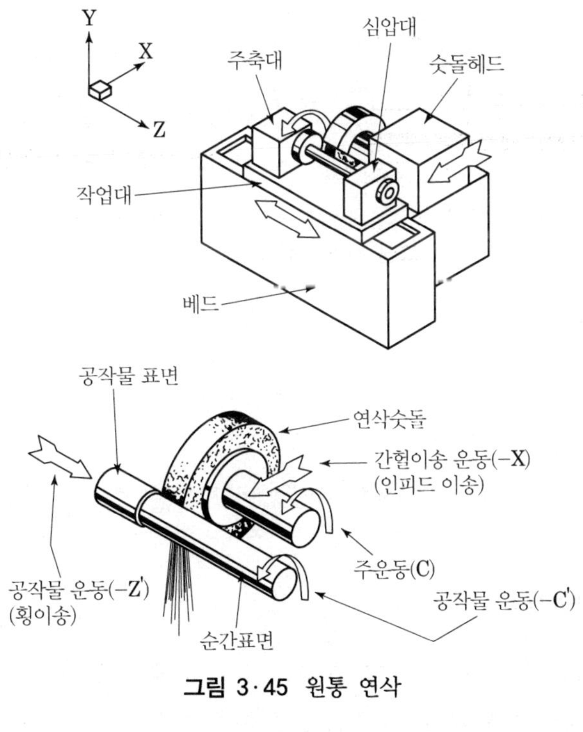

그림 3·45 원통 연삭

그림 3.45는 횡이송을 이용하여 생성된 원통면을 보여 준다. 이 작업은 단인절삭 공구 대신 연삭숫돌을 이용한 원통선삭과 비슷하다. 이러한 작업은 연삭부속장치를 이용하면 선반에서도 가능하다. 원통연삭에서의 횡이송과 플랜지 연삭의 형상은 **그림 3.46**과 같다. 횡이송 연삭에서 최대 금속 제거율은 근사적으로 다음과 같이 주어진다.

$$Z_{w\max} = \pi f\, d_w v_{trav} \tag{3·41}$$

단, d_w =가공면의 지름, v_{trav} =횡이송 속도, f =가공 테이블의 행정마다의 이송(통상적으로 d_w에 비하면 극히 작은 값이다)

가공시간은 식 (3·38)과 같다. **그림 3.46** (b)와 같은 플랜지 연삭작업에서 홈을 만들기 위해서는 횡이송의 적용없이 공작물 쪽으로 숫돌을 인피드 이송시킨다. 만약 v_f를 연삭숫돌의 이송속도, d_w를 공작물표면의 지름, 그리고 a_p를 후방물림(연삭숫돌의 폭)이라 하면 최대 금속 제거율은 다음과 같이 주어진다.

$$Z_{w\max} \cong \pi\, a_p d_w v_f \tag{3·42}$$

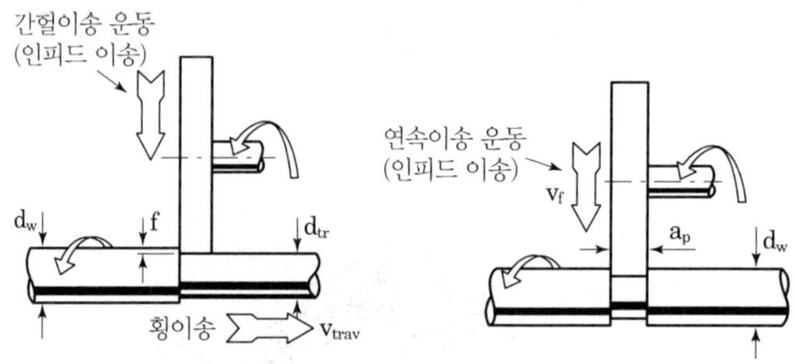

그림 3·46 원통 연삭작업

그리고 가공시간은

$$t_m = \frac{a_t}{v_f} + t_s \tag{3·43}$$

로 주어진다. 이 때 a_t 는 제거될 재료의 총깊이이고 t_s는 스파크 아웃 시간이다.

3.5.5 내면연삭기

마지막으로 소개하는 공작기계는 **그림 3.47**과 같이 내부 원통면을 생성하게 설계된 내면연삭기이다. 숫돌헤드는 수평주축을 지지하고 주축의 축에 평행한 방향(Z 운동)으로 왕복(횡이송)운동할 수 있다. 작은 원통형 연삭숫돌이 사용되고 이것은 아주 고속으로 회전한다. 공작물은 척이나 자기 면판에 장착되어 회전(C' 운동)한다. 수평이송은 숫돌헤드에 수직인 방향(X 운동)으로 적용되고 이 운동은 인피드 이송이다. 다시 말해서 **그림 3.48**에 나타나 있는 것처럼 횡이송 연삭과 플랜지 연삭이 가능하다.

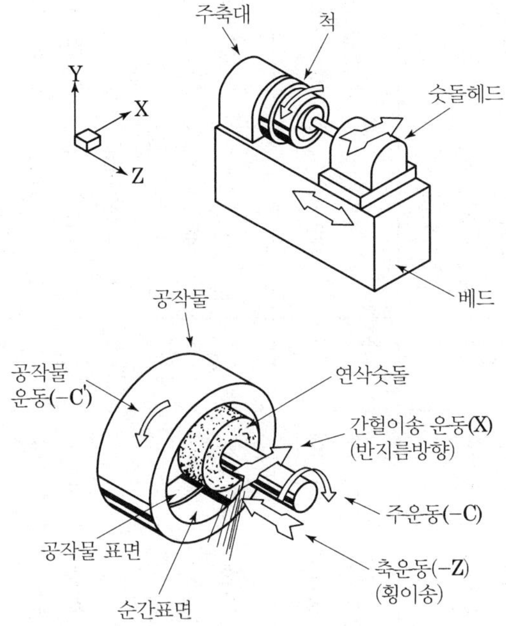

그림 3.47 내면연삭

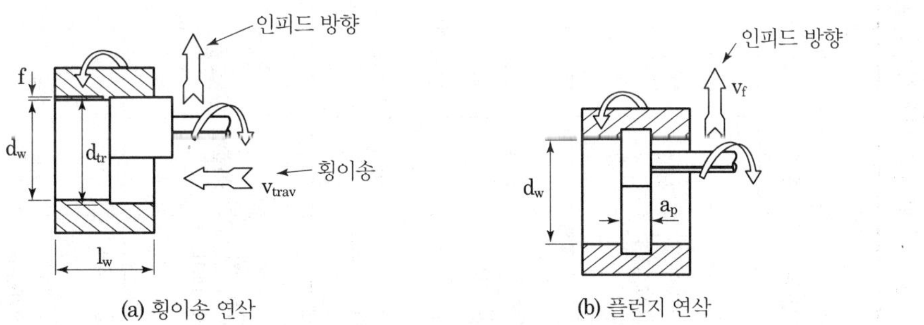

그림 3.48 내면연삭 작업

횡이송 연삭은 **그림 3.48**(a)에 나타나 있고, 최대 금속 제거율은 다음과 같이 주어진다.

$$Z_{w\max} = \pi f\, d_m v_{trav} \tag{3·44}$$

단, f=이송, v_{trav}=횡이송 속도, d_m=가공면의 지름

가공시간은 식 (3·38)과 같다.

마지막으로 **그림 3.48**(b)의 플랜지 연삭에서 최대 금속 제거율은 다음과 같이 주어진다.

$$Z_{w\max} = \pi a_p d_m v_f \tag{3·45}$$

그리고 가공시간은 식 (3·43)과 같다.

표 3·2 단인공구를 사용하는 기계의 전형적인 특성

기 계	주 운 동				이 송 운 동			동력 P_e	총효율 ηm	공작물의 최대크기	가공 정밀도
	유형	축	적용	속도범위	유형	적용	속도범위				
선 반	회전	수평	공작물	0.3~27 s^{-1} (20~1600 rpm)	연속	공구	0.05~2.5 mm (0.002~0.1 in)	4 kW (5 hp)	70	l_w < 760 mm (30 in) d_w < 360 mm (14 in)	0.013 mm (0.0005 in)
수 직 보링머신	회전	수직	공작물	0.07~3.3 s^{-1} (4~200 rpm)	연속	공구	0.05~2.5 mm (0.002~0.1 in)	15 kW (20 hp)	70	d_w < 1.2 m (48 in)	0.0255 mm (0.001 in)
수 평 보링머신	회전	수평	공구	0.3~27 s^{-1} (20~1600 rpm)	연속	공구	0.05~0/75 mm (0.002~0.03 in)	7.5 W (10 hp)	70	l_w < 1.2 m (48 in)	0.025 mm (0.001 in)
셰 이 퍼	직선	수평	공구	To 0.75 m/s (150 ft/min)	간헐	공작물	0.05~0.75 mm (0.002~0.03 in)	4 kW (5 hp)	70	l_w < 410 mm (16 in) b_w < 410 mm (16 in)	0.075 mm (0.003 in)
플 래 너	직선	수평	공작물	To 1.5 m/s (300 ft/min)	간헐	공구	0.05~2.5 mm (0.002~0.1 in)	30 kW (40 hp)	80	l_w < 7.6 m (25 ft) b_w < 1.2 m (48 in)	0.064 mm (0.0025 in)

키 : b_w=공작물의 폭, d_w=공작물의 지름, l_w=공작물의 길이

표 3.3 다인공구를 사용하는 기계의 전형적인 특성

기 계	주 운 동				이 송 운 동			동력 P_e	총효율 ηm	공작물의 최대크기	공구의 최대크기	가공 정밀도
	유형	축	적용	속도범위	유형	적용	이송범위					
업 라이트 드릴 프레스	회전	수직	공구	$1 \sim 10\ s^{-1}$ (60~600 rpm)	연속	공구	0.15~0.64 mm (0.0060.025 in)	3.7 kW (5 hp)	70	600×600 mm (24×24 in)	25 mm dia. (1 in) drill	0.013 mm (0.005 in)
래디얼 암 드릴	회전	수직	공구	$1 \sim 10\ s^{-1}$ (60~600 rpm)	연속	공구	0.15~0.64 mm (0.006~0.025 in)	3.7 kW (5 hp)	70	1.2×1.2 m (48×48 in)	25 mm dia. (1 in) drill	0.013 mm (0.005 in)
벤치 드릴 프레스	회전	수직	공구	$12 \sim 83\ s^{-1}$ (700~5000 rpm)	수동	공구	…	250 W (0.03 hp)	85	250×250 mm (10×10 in)	8 mm dia. (8 in) drill	0.05 mm (0.002 in)
수 평 밀링머신	회전	수평	공구	$0.3 \sim 8.3\ s^{-1}$ (20~500 rpm)	연속	공작물	0.2~8.5 mm/s (0.5~20 in/min)	3.7 kW (5 hp)	50	$l_w <$ 915 mm (36 in) $b_w <$ 250 mm (10 in)	200 mm dia. (8 in)	0.076 mm (0.003 in)
수직니형 밀링머신	회전	수직	공구	$0.3 \sim 8.3\ s^{-1}$ (20~500 rpm)	연속	공작물	0.2~8.5 mm/s (0.5~20 in/min)	3.7 kW (5 hp)	50	$l_w <$ 915 mm (36 in) $b_w <$ 250 mm (10 in)	15 mm dia. (6 in)	0.076 mm (0.003 in)
수직베드 밀링머신	회전	수직	공구	$0.3 \sim 8.3\ s^{-1}$ (20~500 rpm)	연속	공작물	0.2~8.5 mm/s (0.5~20 in/min)	15 kW (20 hp)	50	760×760 mm (30×30 in)	250 mm dia. (10 in)	0.076 mm (0.003 in)
브로칭 머신	직선	수직 또는 수평	공구	0.5 m/s (100 ft/min)	절삭 날에 따라	공구	0.013~0.13 mm (0.0005~ 0.005 in)	19 kW (25 hp)	80	$l_w <$ 460 mm (18 in)	915 mm dia. long(36 in)	0.013 mm (0.0005 in)

키 : b_w=공작물의 폭, l_w=공작물의 길이

표 3.4 연마 숫돌을 사용하는 기계의 전형적인 특성

기계	연마숫돌 회전 주운동		횡이송			공작물의 회전운동		간헐 이송		동력 P_e	총효율 ηm	공작물의 최대크기	가공 정밀도
	축	속도	축	적용	최대이송	축	속도	적용	최대이송 f				
수평식 평면 연삭기	수평	33 s^{-1} (2000 rpm)	수평	공작물	0.75 m/s (150 ft/min)	…	…	공작물	6.4 mm (0.25 in)	1 kW (1.5 hp)	85	l_w < 600 mm (24 in) b_w < 200 mm (8 in)	0.0025 mm (0.0001 in)
수직식 평면 연삭기	수직	33 s^{-1} (2000 rpm)	수평	공작물	0.75 m/s (150 ft/min)	…	…	휠	1.5 mm (0.06 in)	3.7 kW (5 hp)	85	l_w < 760 mm (30 in) b_w < 250 mm (10 in)	0.025 mm (0.001 in)
회전 테이블을 가진 수직식 평면 연삭기	수직	33 s^{-1} (2000 rpm)	…	…	…	수직	1.7 s^{-1} (100 rpm)	휠	0.25 mm (0.01 in)	1 kW (1.5 hp)	85	400 mm dia. (16 in) table	0.0025 mm (0.0001 in)
연삭기	수평	33 s^{-1} (2000 rpm)	수평	공작물	0.5 m/s (100 ft/min)	수평	1.7 s^{-1} (100 rpm)	휠	0.4 mm (0.015 in)	1 kW (1.5 hp)	85	l_w < 600 mm (24 in) b_w < 250 mm (10 in)	0.0025 mm (0.000 in)
내면 연삭기	수평	1700 s^{-1} (100000 rpm)	수평	휠	0.75 m/s (150 ft/min)	수평	33 s^{-1} (200 rpm)	휠	0.025 mm (0.001 in)	1 kW (1.5 hp)	85	l_w < 200 mm (8 in) b_w < 150 mm (6 in)	0.00025 mm (0.00001 in)

키 : b_w=공작물의 폭, d_w : 공작물의 지름, l_w : 공작물의 길이

3.5.6 공작기계의 특성과 가공식의 요약

이 절에서는 각 가공작업에서의 대략적인 가공시간과 소비동력을 추정할 수 있는 식들과 경험적인 지식을 요약하여 제시하였다.

먼저, **표 3.2**에서 **표 3.4**는 전형적인 공작기계의 특성과 기능을 제시하고 있다. **표 3.2**는 단인공구를 사용하는 보통의 기계로서 주운동의 특성과 전형적인 속도범위, 이송운동의 특성과 이송범위 f, 사용 전력 P_e, 기계구동 시스템의 총효율 η_m, 수용할 수 있는 최대 공작물 크기로 본 기계크기, 그리고 끝으로, 특별한 기술없이도 얻을 수 있는 일반적인 가공 정밀도 추정치를 나열하였다.

표 3.3과 **표 3.4**는 각각 다인공구를 사용하는 기계와 연삭기계에 대한 유사한 정보이다. 각각의 기계 유형에서 일반적으로 다양한 크기가 사용되는 것을 알아야 한다. 그러나 각 표들은 주어진 범위 안에서 하나의 전형적인 기계에 대하여 상세하게 설명한다.

표 3.5 절삭작업 방정식의 요약

작업	그림	가공시간 t_m	금속 제거율 Z_w 또는 $Z_{w\max}$	미변형 칩 두께 a_{cav}
선삭	1.7 (a)	$\frac{l_w}{fn_w}$	$\pi f a_p n_w (d_m + a_p)$	$f \sin\kappa_r$
보링	1.7 (c)		$\pi f a_p n_w (d_m - a_p)$	
면삭	1.7 (b)	$\frac{d_m}{2fn_w}$	$\pi f a_p n_w d_m$	
절단	1.7 (e)			
셰이핑과 플레이닝	1.20	$\frac{b_w}{fn_r}$	$f a_p v$	
드릴링	1.23	$\frac{l_w}{fn_t}$	$\frac{\pi f d_m^2 n_t}{-4}$	$\frac{f}{2} sin\kappa_r$
평면밀링	1.28 1.29	$\frac{l_w + \sqrt{a_e(d_t - a_e)}}{v_f}$	$a_e a_p v_f$	$\frac{v_f}{Nn_t}\sqrt{\frac{a_e}{d_t}}$
정면밀링	1.33 1.34	$\frac{l_w + d_t}{v_f}$		$\frac{v_f}{Nn_t}$
측면과 정면 밀링	1.33 1.34	$\frac{l_w + 2\sqrt{a_e(d_t - a_e)}}{v_f}$		$\frac{v_f}{Nn_t}\sqrt{\frac{a_e}{d_t}\left(1-\frac{a_e}{d_t}\right)}$
브로칭	1.37	$\frac{l_t}{v}$	물림 절삭날당 $f a_p v$	f

[주] a_e =가공물림(깊이), a_p =후방물림, b_w =가공면의 폭, d_m =가공면의 지름, d_t =공구의 지름, f =이송, l_t =공구길이, l_w =가공되어야 할 공작물 또는 구멍의 길이, n_r =왕복운동 속도, n_t =공구의 회전속도, n_w =공작물의 회전 속도, N=절삭공구의 날수, v=절삭속도, v_f =이송속도, κ_r =주절삭날각

표 3.5는 이미 제시된 각 가공공정의 가공시간 t_m 과 금속 제거율 Z_w와 금속절삭작업에서 평균 미변형 칩두께 a_{cav}에 대한 식들의 요약이다. **표 3.6**은 연삭작업에서 가공시간과 금속 제거율 식들의 요약이다.

표 3.6 연삭가공 방정식의 요약

기 계		작 업	그 림	가공시간 t_m	금속 제거율, Z_w 또는 $Z_{w\max}$
수평식 평면연삭기		횡이송	1.42 (a)	$\frac{b_w}{2fn_r}$	$f\,a_p v_{trav}$
		플랜지	1.42 (b)	$\frac{a_t}{2fn_r}t_s$	
수직식 표면 연삭기	왕복작업대	횡이송	1.44		
	회전식작업대	횡이송	1.46 (a)	$\frac{a_t}{fn_w}+t_s$	
원통연삭기		횡이송	1.46 (a)	$\frac{a_t}{2fn_r}+t_s$	$\pi f\, d_w v_{trav}$
		플랜지	1.46 (b)	$\frac{a_t}{v_f}+t_s$	$\pi\, a_p d_w v_f$
내면연삭기		횡이송	1.48 (a)	$\frac{a_t}{2fn_r}+t_s$	$\pi f\, d_m v_{trav}$
		플랜지	1.48 (b)	$\frac{a_t}{v_f}+t_s$	$\pi\, a_p d_m v_f$

[주] a_p =후방물림, a_t =제거할 재료의 총 깊이, b_w =공작물의 폭, d_m =가공면의 지름, d_w =공작물의 지름, f =이송, n_r =왕복운동 속도, n_w =공작물의 회전속도, t_s =스파크 아웃 시간, v_f =이송속도, v_{trav} =횡이송 속도

가공시간은 경제성과 작업의 생산율을 고려할 때 중요한 요소지만, 작업자에 의해서 공작물의 적재 및 이재, 공구교체, 이송물림하기 전에 공구와 공작물의 위치를 정하는 데 사용되는 시간은 포함되지 않는다는 것을 알아두어야 한다. 왕복운동을 하는 기계의 가공시간을 측정하기 위해서는 왕복운동 속도 n_r 와 절삭속도 v (또는 연삭에서 횡이동 속도 v_{trav})와 공작물의 길이 l_w 사이의 관계를 알 필요가 있다. **그림 3.49**에서 제시된 전형적인 관계는 **표 3.5**와 **표 3.6**의 식들을 사용하여 왕복운동 속도 n_r 를 대강 측정 할 수 있게 한다.

공작에서 소비된 전력의 비용이 일반적으로 중요한 경제적 요소는 아니라 하더라도 특수한 공작기계를 작동하기 위해 사용할 한정된 전력 때문에 필요한 전력의 양을 측정할 필요가 있다. 황삭 기계가공에서는 일반적으로 가능한 한 가장 높은 비율로 금속을 제거하는 것이 바람직하기 때문에 동력 필요량을 추정하는 것은 중요하다. 이것은 이미 식 (3·9)에서 제시되었

고, 여기에서 가공에 필요한 동력 P_m은 다음과 같이 구해진다.

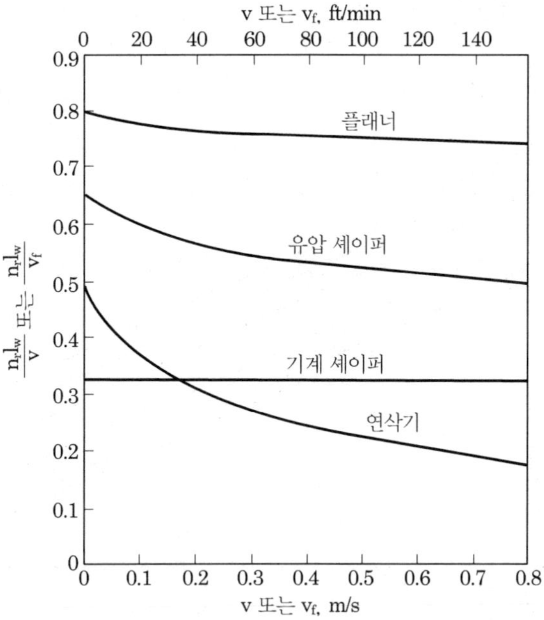

그림 3.49 왕복운동하는 공작기계의 전형적인 특성(n_r=왕복운동 속도, l_w=공작물의 길이, v=절삭속도, v_{trav}=횡이송 속도(연삭기))

$$P_m = p_s Z_w \tag{3·46}$$

실제로 비절삭 에너지 p_s는 주로 공작물의 경도와 미변형 칩두께 a_{cav}의 평균값에 의한다. 각종 공작물에서 p_s와 a_{cav} 사이의 관계에 대한 지침은 **그림 3.50**에 나와 있고, P_m을 측정하기 위하여 **표 3.5**와 **표 3.6**의 식들을 사용할 수 있다. 평면밀링과 정면밀링에서 평균 a_c는 대략 $a_{c\max}/2$ ($a_{c\max}$는 a_c의 최댓값)로 산정되었다. 단, 공작물의 폭이 공구의 지름보다 작은 정면밀링은 제외된다. 다른 모든 경우에는 a_{cav}는 a_c와 같다.

특정기계에서 가공에 필요한 동력은 다음과 같이 측정된다.

$$P_m = P_e \eta_m \tag{3·47}$$

여기서 P_e는 사용 가능한 동력이고, η_m은 구동 시스템의 총효율이다.

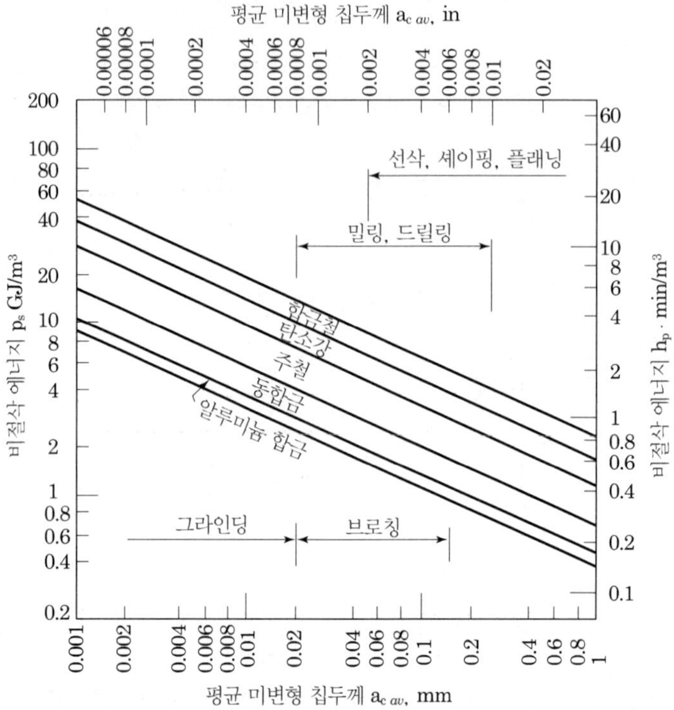

그림 3.50 다양한 재료의 작업에 대한 비절삭 에너지 p_s 의 근삿값

연·습·문·제

1. 지름 80 mm, 길이 300 mm인 2000개의 환봉이 지름 65 mm, 길이 150 mm로 선삭되어야 한다. 황삭은 최대동력을 사용한다. 정삭은 이송 0.13 mm/rev, 절삭속도 1.5 m/s, 최대동력을 사용한다. 선반이 2 kW용 모터를 사용하고 효율은 50%라면 1배치의 총생산 시간(ks)을 계산하여라. 단, 이 공작물의 비절삭 에너지는 2.73 GJ/m^3, 공구를 다음 절삭 위치까지 걸리는 시간은 15초, 공작물을 적재 및 이재하는 데 걸리는 시간은 120초로 가정한다.

2. 길이 50 mm, 지름 100 mm의 환봉이 지름 70 mm로 선삭되었다. 황삭은 최대의 동력과 12 mm의 절삭깊이를 이용하여 황삭이 행해지고, 0.1 mm/rev의 이송과 1.5 m/s의 절삭속도를 이용하여 정삭이 행해졌다. 공작물의 적재 및 이재에 20초, 절삭조건을 세팅하고, 절삭 시작위치에 공구세팅, 그리고 이송물림에 30초가 걸린다. 공작물 재료의 비절삭 에너지는 2.3 GJ/m^3, 선반은 3 kW의 모터와 70%의 효율을 가진다. 다음을 구하여라.

(a) 황삭하는 가공시간　　　(b) 정삭하는 가공시간

(c) 각 공작물의 총생산시간

3. 지름 50 mm, 길이 250 mm의 환봉을 선반에서 나사가공한다. 이 때 나사산의 각도는 60°이고, 피치는 2.5 mm이고, 나사부의 바깥지름은 50 mm이다.

(a) 미절삭 칩 두께가 0.13 mm일 때, 이 작업을 완전히 수행하기 위한 총가공 횟수는?

(b) 공작물이 초당 0.8 회전하고 나사를 한 번 깎고 난 후에 공구를 다음 절삭의 위치까지 옮기는 데 20초가 걸린다. 그러면 나사가공을 완성하는 데 걸리는 시간은 얼마인가?

4. 중심에 지름 600 mm 구멍이 있는 지름 1.5 m의 디스크를 외부에서부터 수직보링 기계에서 면삭하려고 한다. 테이블의 회전속도는 초당 0.5 회전이고, 이송은 0.25 mm/rev이고, 후방물림(절삭깊이)은 6 mm이다. 공작물과 특정 절삭조건에 대한 비절삭 에너지는 3.5 GJ/m^3이다. 다음을 계산하여라.

(a) 가공시간(ks)

(b) 작업을 시작할 때 소비되는 동력(kW)

(c) 작업을 끝내기 바로 직전에 소비되는 동력

5. 선반에서 수행될 파이프 플랜지 면삭작업에서 절삭깊이는 12 mm, 플랜지의 안지름이 250 mm이고 바깥지름이 500 mm이다. 공작물의 비절삭 에너지는 2.6 GJ/m3이고, 선반축의 최대 회전 속도는 초당 6 회전이고, 최대이송은 0.25 mm/rev이다. 공구의 주절삭각은 60°이다.

(a) 기계가 최대용량으로 작동할 때 가공에 필요한 최대의 동력을 구하여라.

(b) 절삭력을 구하여라.

(c) 가공시간을 구하여라.

6. 중심에 지름 80 mm 구멍이 있는 지름 1 m의 디스크가 50개가 있다. 이 디스크들은 수직보링 기계상에서 이송 0.25 mm/rev, 후방물림(절삭깊이) 5 mm로 면삭하고자 한다. 절삭공구에 3 kW의 최대동

력을 사용할 수 있도록 공작기계의 속도가 자동 조절된다. 그러나 축의 초당 회전속도는 최대 0.7 회전으로 제한된다. 공작물의 비절삭 에너지는 2.27 GJ/m^3, 가공된 디스크를 이재시키고, 가공되지 않은 디스크를 적재시키고, 절삭 초기영역으로 공구를 되돌리는데 걸리는 시간은 600초라면, 1 회분의 총생산 시간은? ks(kilosecond)로 답하여라.

7. 선반에서 면삭작업을 할 때, 지름 300 mm의 탄소강 원통 공작물의 끝을 표면이 주절삭날각이 60°인 고속도강 공구로 면삭하고자 한다. 절삭깊이(후방물림)는 10 mm이고, 이송은 0.1 mm이다.
   (a) 가공시에 사용 가능한 동력이 4 kW라면 선반의 최대 회전 속도는 얼마인가? 단, 이 공작물의 비절삭 에너지는 그림 3·50〉을 참조한다.
   (b) 가공시간은?

8. 기계식 셰이퍼에서, 로커암의 길이 1.4 m, 로커암 피벗은 램에서 1.4 m에 있으며, 크랭크의 반지름 150 mm, 크랭크 피벗은 로커암 피벗에서 700 mm 위에 있다. 크랭크가 초당 0.3 회전한다면, 다음을 계산하여라.
   (a) 램의 전방행정 시간
   (b) 램의 복귀행정 시간
   (c) 전방행정 동안 최대 절삭속도(m/s)

9. 셰이퍼에서 횡이송은 0.2 산이고 리드나사의 끝에 있는 래치트와 폴은 매 복귀행정마다 한 날(tooth)씩 회전한다. 셰이퍼가 초당 일행정으로 운동하고, 횡이송 리드나사에 래치트의 날수가 20 개일 때 다음을 계산하여라.
   (a) 이송(mm)
   (b) 폭 100 mm, 길이 130 mm의 직사각형의 공작물의 표면을 가공하는 데 걸리는 최소의 시간

10. 셰이퍼는 초당 두 번의 절삭행정으로 작동되며, 길이 150 mm인 공작물을 절삭속도 0.5 m/s, 이송 0.4 mm 그리고 후방물림(절삭깊이) 6 mm로 가공한다. 이 때 다음을 계산하여라.
   (a) 폭 100 mm인 공작물을 800개 가공하는 데 걸리는 총가공 시간
   (b) 공구가 공작물과 접촉하지 않은 시간의 백분율(%)
   (c) 실제 가공 동안의 금속 제거율

11. 길이 200 mm, 폭 150 mm인 직사각형의 저탄소강 공작물을 셰이핑하고자 한다. 셰이퍼는 왕복운동 빈도 1.5 s−1로 작동되고 절삭깊이는 4 mm이다. 공구의 주절삭날각은 30°이고 시간의 72% 동안 공작물과 접촉한다. 이 때 이송은 0.25 mm이라고 할 때 다음을 계산하여라.
   (a) 미변형 칩두께
   (b) 적재 및 이재를 제외한 작업을 완료하기 위한 총시간
   (c) 가공 동안의 금속 제거율
   (d) 가공 동안에 필요한 동력(비절삭 에너지를 얻기 위해 그림 1.50 참조)

12. 트위스트 드릴을 이용한 드릴작업에서 드릴의 회전 속도 5 s−1, 이송 0.25 mm, 주절삭날각 60° 그리고 드릴의 지름 12 mm이다. 공작물 재료에 대한 비절삭 에너지가 2 GJ/m^{3}이라고 할 때 다음

을 계산하여라.

(a) 최대 금속 제거율 (b) 미변형 칩두께

(c) 드릴토크(N·m)

13. 평면밀링 작업에서 중탄소강 공작물의 폭이 75 mm이고 길이가 200 mm, 그리고 한 번의 경로마다 5 mm씩 제거한다고 한다.

(a) 절삭에 사용 가능한 동력이 3 kW이고 공작물 재료의 비절삭 에너지가 3.6 GJ/m^{3}일 때 사용될 수 있는 이송속도(mm/s)는?

(b) 커터의 지름이 100 mm이고 이상적인 표면조도가 1.5μm일 때 커터의 회전 속도는?

(c) 절삭속도

(d) 가공시간

14. 평면밀링 작업에서, 커터의 날수 20개, 지름 100 mm, 커터의 회전주기 5 s-1, 공작물 이송속도 1.3 mm/s, 가공물림(절삭깊이) 60 mm, 후방물림(공작물 폭)은 50 mm이다. 공작물에 대한 최대 미변형 칩 두께 $a_{c\max}$와 비절삭 에너지 p_s, (GJ/m^3)의 관계는 $p_s = 1.4[1 + (25 \times 10^{-6})/a_{c\max}]$이다. 다음을 계산하여라.

(a) 최대 금속 제거율

(b) 커터에 필요한 최대동력(kW)

15. 평면밀링 작업을 한다. 작업물의 길이 150 mm, 폭 50 mm의 공작물을 절삭깊이 10 mm이다. 커터의 지름 40 mm, 날수 10개이고, 중탄소강 공작물로서, 이송속도 2 mm/s, 커터속도 2.5 rev/s로 탄소강을 가공할 때 다음을 계산하여라. 단, 비절삭 에너지는 그림 3.50을 참조한다.

(a) 필요한 동력(kW)

(b) 가공시간

16. 정면밀링 작업에서 후방물림(절삭깊이) 5 mm, 작업이송 속도 0.65 mm/s, 가공물림 50 mm, 커터의 지름이 100 mm, 날수 20개이고, 절삭속도 1 m/s일 때,

(a) 커터의 회전 속도

(b) 최대 금속 제거율

(c) 공작물을 적재 및 이재하고 커터를 절삭의 초기영역으로 오게 하는데 걸리는 시간이 180 s일 때 길이가 150 mm인 공작물 1000개를 가공하는 데 걸리는 시간

17. 길이 100 mm, 폭 50 mm의 공작물을 수평축 표면연삭 기계에서 다듬질 표면연삭 작업을 한다. 작업대의 매 행정 때마다 횡이송이 0.25 mm로 적용되고, 후방물림(절삭깊이)이 0.1 mm, 최대 종속도가 250 mm/s이다. 작업대의 왕복주기는 1 s-1일 때 다음을 계산하여라.

(a) 가공시간

(b) 최대 금속 제거율

(c) 공작물 재료의 비절삭 에너지가 25 GJ/m^{3}일 때 최대동력 소모

(d) 연삭숫돌의 지름이 150 mm, 회전주기가 60 s-1일 때 연삭숫돌에서의 최대 접선력

참고문헌

1. Axis and Motion Nomenclature for Numerically Controlled Machine Tools : ISO Recommendation R841, 1st ed., October 1968.

CHAPTER 04 절삭역학

4.1 서 론

절삭에 관한 연구는 처음 공작기계가 출현한 이후 약 70년이 지난 후에야 시작되었다. 여기서는 절삭연구에 관한 역사를 상세하게 설명하기보다는 현재까지 발전해 온 몇 가지의 중요한 단계를 소개한다.

"A historical review of work in metal cutting"[1]의 저자 Finnie에 의하면, 절삭에 관한 연구는 1851년에 Cocquihat[2]이 시작하였으며 주로 드릴링할 때 소재의 주어진 체적을 제거하기 위해 요구되는 일의 측정에 관하여 연구하였다. 1873년에 Hartig[3]는 절삭 시 요구되는 일에 관한 표를 만들어 이 분야에 있어 수년 동안 권위 있는 책을 출판하였다.

절삭을 하는 동안 제거되는 부스러기를 칩이라고 부르며 칩이 어떻게 형성되는가를 설명하기 위한 첫 번째 시도는 1870년 Time[4]과 1873년 프랑스의 유명한 과학자 Tresca [5]에 의해 이루어졌다. 몇 년 후 1881년에 Mallock[6]은 절삭과정은 칩을 형성하기 위해 근본적으로 공작물 재료를 절단하는 것이라고 하였고, **그림 4.1** (a)와 같이 칩이 제거됨에 따라 절삭 공구면에 발생하는 마찰효과에 대한 중요성을 강조했다. 그는 연마하고 에칭된 칩 시편을 이용하여 칩생성 과정을 설명하였고, 절삭유의 영향, 공구의 날카로움이 절삭과정에 미치는 영향, 바람직하지 못한 진동, 즉 채터를 일으키는 절삭과정의 불안정성에 대하여 연구하였다. 이런 연구의 대부분은 놀랍게도 인정된 현대이론과 유사하고 100년 이후에도 아직도 반복되어 사용되고 있다.

Reuleaux[7]가 균열은 공구 앞에서 일어나고 그 과정은 나무를 쪼개는 것과 비유될 수 있다고 제안했던 1900년에 절삭과정의 이해에 있어서 퇴보가 일어났다고 Finnie[1]는 보고하였다. 이 제안된 이론은 **그림 4.1**(b)와 유사한데 이 모델은 수년 동안 많은 지지를 받았던 잘못된 생각이다.

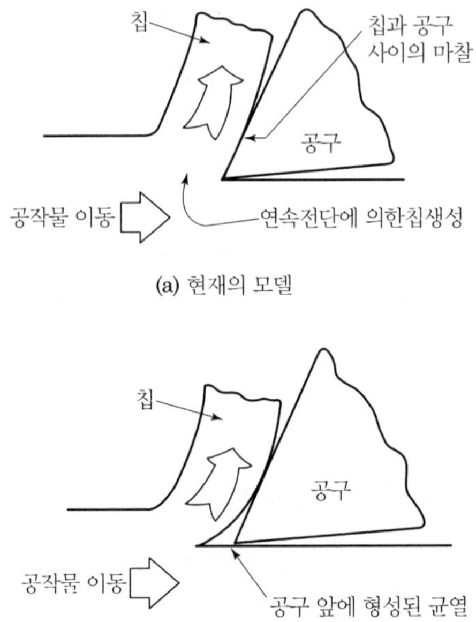

(a) 현재의 모델

(b) 과거의 잘못된 모델

그림 4.1 절삭모델

이 당시에 Taylor[8]에 의하여 26년 동안의 연구조사와 경험의 결과인 유명한 논문이 나오게 되었다. Taylor는 기계공장에 근무하면서 일을 한 분량만큼 지급 받는 시스템의 적용에 관심을 가지고 있었다. 이 시스템에서는 특정작업에 대하여 시간수당은 정해져 있고 보너스는 작업자가 할당된 시간 내에 그 일을 실행할 때 주어진다. Taylor는 이와 같은 시스템을 적용하기 위하여 황삭 절삭작업을 하는 동안 공구재질과 절삭조건이 공구수명에 미치는 영향에 대하여 조사하였다. 주요목적은 최적 절삭조건을 확립할 수 있는 실험법칙을 결정하는 것이었다. 고속도강 절삭공구를 생산하기 위한 열처리 공정(Taylor-White 열처리 공정으로 알려짐)의 개발과 공장운영의 개선을 위한 실험적 연구결과로 인하여, Taylor는 Bethlehem Steel Company 공장의 생산성을 500% 정도 증가시킬 수 있었다고 연구논문의 서문에 기록하였다. Taylor에 의해 제안된 절삭속도와 공구수명 사이의 관계를 지배하는 실험법칙은 오늘날에도 여전히 사용되고 있고 경제적 가공에 관한 최근의 많은 연구의 기초로 쓰이고 있다. Taylor가 발견한 기본법칙은 공구 절삭날 온도가 공구 마모율에 많은 영향을 미친다는 것이다.

Taylor의 논문이 발표된 1906년 이후부터 절삭에 관한 실험과 기본적인 연구가 점차 증가하게 되었다. 대부분의 기본적인 연구는 1941년에 절삭과정의 역학을 다룬 Ernst와 Merchant[9]의 잘 알려진 논문이 발표된 이후이다.

4.2 용어 및 정의

모든 절삭은 **그림 4.2**와 같은 과정으로 나타낼 수 있다. 그림에서 보듯이 공구는 쐐기 모양이고 직선의 절삭날을 가지고 있고, 또한 금속층이 칩형태로 제거되도록 공작물에 대하여 제한된 상대운동을 하도록 되어 있다. **그림 4.2**(b)는 3차원 절삭의 가장 간단한 형태인 경사절삭(oblique cutting)의 경우를 나타내고 있다. 공구 절삭날이 공작물과 공구의 상대운동에 수직하게 위치하는 특별한 경우를 직교절삭(orthogonal cutting)이라 하며, 통상적으로 2차원 절삭이라고도 부른다. 직교절삭, 즉 2차원 절삭은 글자 그대로 2차원 문제이기 때문에 가능한 한 많은 독립변수를 제거하는 것이 바람직한 연구에 이용될 수 있다. 따라서 기하학적으로 단순한 직교절삭 모델이 이론적이나 실험적 연구에 널리 이용되고 있다

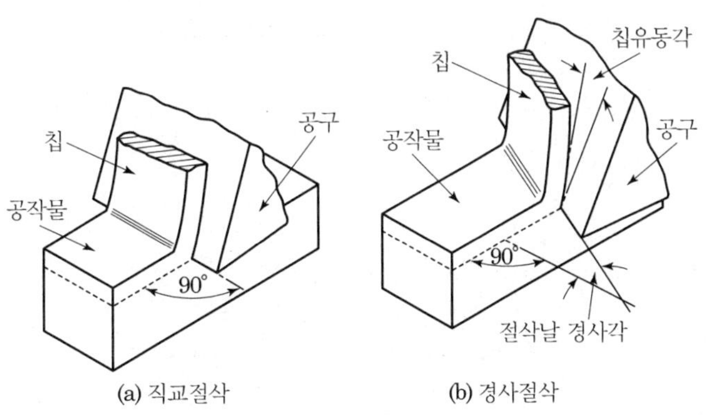

(a) 직교절삭 (b) 경사절삭

그림 4.2 직교절삭 및 경사절삭

쐐기모양의 절삭공구는 **그림 4.3**과 같이 기본적으로 절삭날을 형성하기 위하여 교차하는 두 개의 면으로 구성되어 있다. 칩이 유동하는 면을 경사면(rake face), 절삭날로부터 멀어질수록 새롭게 가공된 면과 틈새를 갖는 면을 여유면(flank)이라고 한다. 그러므로 절삭 중에 여유면과 새로운 가공면 사이에 쐐기모양의 여유틈새가 생긴다.

그림 4.3에서 나타내었듯이, 공구의 작용으로 제거되는 층상모양의 재료의 깊이를 미변형 칩두께(undeformed chip thickness)라고 하는데, 실제 절삭작업에서는 이 크기가 절삭진행 과정에 따라 자주 변하지만, 연구의 단순함을 위하여 보통 일정하다고 간주한다.

절삭에서 가장 중요한 변수 중의 하나가 공구면의 기울기인데, 이 기울기 또는 각도는 직교절삭의 경우에 공구면과 새로운 가공면에 수직인 선 사이의 각을 말한다. 이 각도를 경사각(rake angle) 또는 ISO 용어법에 따라 작용수직 경사각(working normal rake)이라고 하며, **그림 4.3**에 각의 부호에 대한 정의를 나타내었다.

공구 여유면은 칩제거 과정에 아무런 영향이 없지만, 여유면과 새로운 가공면 사이의 각은 절삭공구의 마모율에 크게 영향을 미치는데, 이 각을 여유각(clearance angle), 더 정확히 작용수직 여유각(working normal clearance)이라고 한다.

그림 4.3을 보면 경사각, 여유각, 경사면과 여유면 사이의 각인 쐐기각(wedge angle)을 모두 합하면 90°가 되는 것을 알 수 있다.

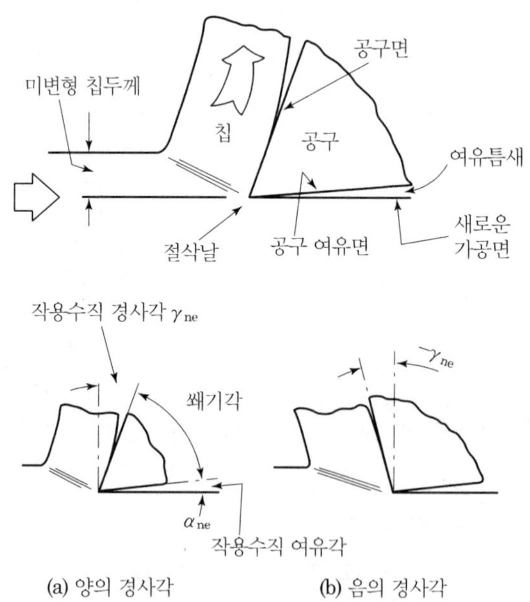

그림 4.3 절삭에 사용되는 용어

4.3 칩 생성

절삭과정에서 얻어지는 칩의 형태는 절삭되는 소재와 절삭조건에 의존한다. 칩 생성에 관한 연구를 위하여 가장 유용한 방법 중의 하나가 급속정지 장치(quick-stopping device)를 사용하는 것이다. 이 장치는 절삭작업을 순간적으로 멈추게 하여 칩 제거 과정의 미시적 관찰을 가능하게 한다. 형삭(shaping)작업에 사용되기 위하여 고안된 전형적인 급속정지 장치가 **그림 4.4**에 나타나 있다.

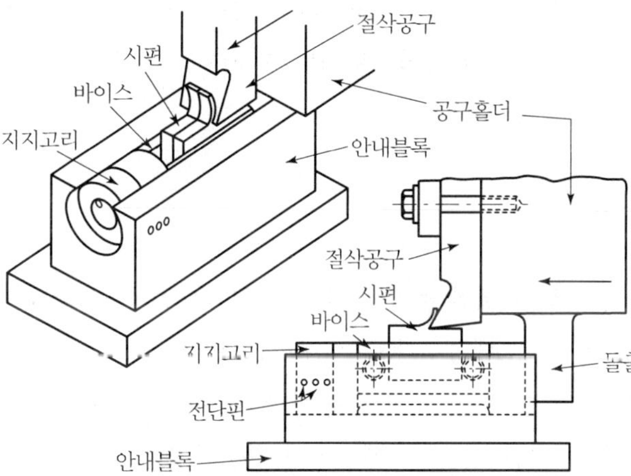

그림 4.4 급속정지 장치

이 장치에서 공작물은 안내블록 내에서 자유롭게 이동할 수 있도록 되어 있는 바이스에 고정되어 있다. 절삭이 일어나는 동안 바이스는 안내블록과 지지고리를 모두 관통하는 전단핀(shear pin)으로 고정된 지지고리에 의하여 구속되어 있다. 전단핀은 칩을 제거하는 힘에 견디도록 설계되어 있다. 절삭이 일부 완료될 때, 공구홀더에 붙어 있는 돌출부가 바이스에 접촉하게 되면, 핀을 절단시키고, 바이스와 지지고리를 앞으로 밀게 된다. 이러한 돌출부의 작동은 공작물의 속도를 절삭공구의 속도까지 빠르게 가속함으로써 절삭작업을 중지시킨다. 잘 설계된 장치의 경우에 유효 정지시간은 매우 짧다. 예를 들면, 위에서 언급한 장치에 대하여 절삭속도가 0.8 m/s일 때 정지시간은 0.00017초로 측정된다[10]. 몇 개의 다른 급속정지 장치는 총과 같은 폭발력을 이용하여 매우 빠른 속도로 절삭상태로부터 공구가 분리되도록 설계된 것도 있다[11, 12].

급속정지 장치를 사용하여 칩이 붙어 있는 공작물을 얻어서 시편으로 만든 다음 연마하고 에칭하여 적당한 배율로 자세히 확대하면 절삭의 내부적인 상황을 밝혀 낼 수 있다. 때로는 가공면의 미세한 격자 사진이 절삭과정에서 변형영역의 범위와 소재의 변형을 결정하는 데 도움이 된다[12]. 급속정지 장치의 각 시편은 한 순간의 절삭상황만을 알려 줄 수 있기 때문에 여러 범위의 절삭조건에 대한 정보를 알기 위해서는 여러 개의 시편이 필요하다

그림 4.4에 나타낸 급속정지 장치로 실험한 여러 시편들을 **그림 4.5**부터 **그림 4.7**까지 예시하였다. **그림 4.5**부터 **그림 4.7**까지 나타낸 시편은 실제로 일어나는 세 가지 기본적인 칩의 형태를 보여 준다. 즉, 연속칩, 구성인선을 가진 연속칩, 불연속칩이다. 각각의 경우 절삭속도는 0.8 m/s인데 이것은 절삭작용이 저지되는 동안 공구는 **그림 4.5**에서 보듯이 미변형 칩 두께의 약 10분의 1에 상당하는 오직 0.07 mm 거리만을 시편에 대하여 상대적으로 이동하였다는 것을 의미한다. 따라서 이러한 방식으로 얻어진 시편은 절삭과정중의 칩 생성과정을 잘 나타낸다는 것을 알 수 있다.

4.3.1 연속 칩

그림 4.5는 연속 칩의 생성을 보여 준다. 이와 같은 칩은 연철(wrought iron), 연강, 구리, 알루미늄과 같은 대개의 연성재료를 가공할 때 나타난다. 이런 상태의 절삭은 정상상태(steady-state)라고 할 수 있다. 따라서 절삭에 관한 대부분의 연구는 연속 칩의 생성에 대해서 다루고 있다. 기본적으로 이것은 칩을 생성하기 위하여 공작물을 전단하고 절삭 공구면을 따라 칩이 미끄러지는 현상이다. 칩의 생성은 공구 절삭날의 끝에서 칩의 표면과 공작물이 만나는 위치까지의 영역에서 일어난다. 이 영역을 주변형영역(primary deformation zone)이라고 한다. 이와 같이 재료를 변형시키기 위해서는 칩이 공구면을 따라 미끄러짐에 따라(2차 변형영역 ; secondary deformation zone) 칩과 공구의 접촉면을 통하여 칩으로 전달되는 힘이 공구와 접촉하고 있는 칩의 아래층들을 변형시키기에 충분하여야 한다.

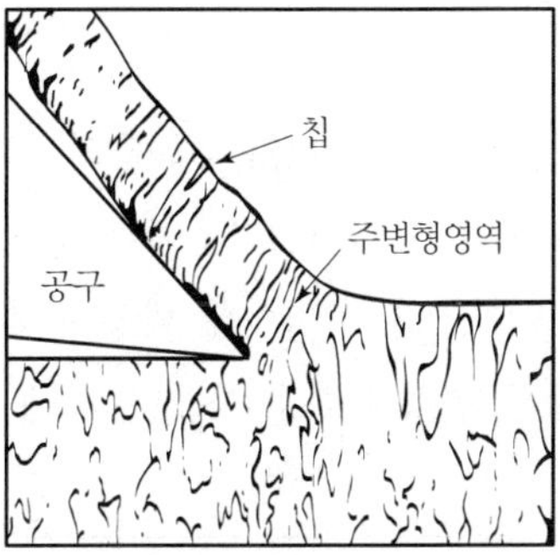

그림 4.5 연속 칩

4.3.2 구성인선을 가진 연속칩

경우에 따라서는 보통 상대적으로 낮은 절삭속도에서, 칩과 공구 사이의 마찰이 커서 칩재료가 공구면에 부착하게 된다. 부착된 재료로 인하여 마찰은 더욱 증가되어, 이런 마찰이 칩재료를 겹겹이 쌓이게 한다. **그림 4.6**과 같이 이렇게 생성된 층상구조를 구성인선(built-up edge)이라고 한다.

가끔 구성인선은 연속적으로 성장을 하다가 불안정하게 되면 파괴되어, 파괴된 부분이 칩의 아랫부분과 새로운 가공면에 붙어서 떨어져 나가게 된다. **그림 4.6**은 이런 조건하에서 얻어진 거친 가공면을 보여 주고 있다. 구성인선은 표면거칠기와 절삭공구의 마무에 상당한 영향을 미치기 때문에 구성인선의 형성에 대한 연구는 매우 중요하다. 이러한 영향에 대해서는 다음에 설명하겠다.

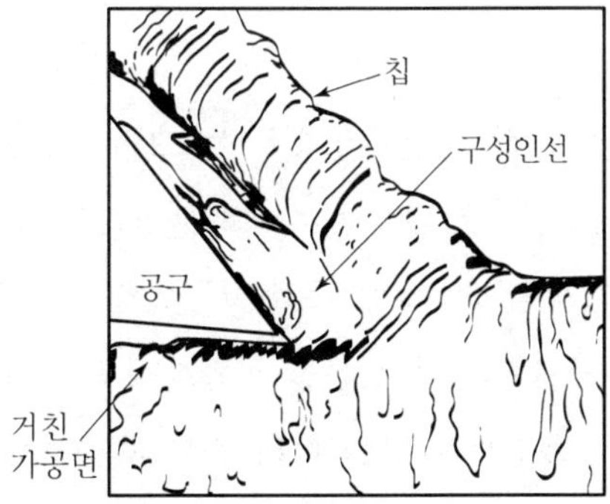

그림 4.6 구성인선을 가진 연속 칩

4.3.3 불연속 칩

칩이 생성되는 동안 공작물 재료는 심한 변형을 받게 되는데, 만약 재료가 취성이라면 칩이 일부 생성될 때 주변형영역에서 파괴가 일어난다. 이런 상태에서 **그림 4.7**처럼 칩이 조각이 나서 불연속 칩이 형성된다. 불연속 칩은 주철이나 황동을 가공할 때 항상 생성되며 매우 낮은 절삭속도와 높은 이송속도에서 연성재료를 가공할 때에 생성되기도 한다.

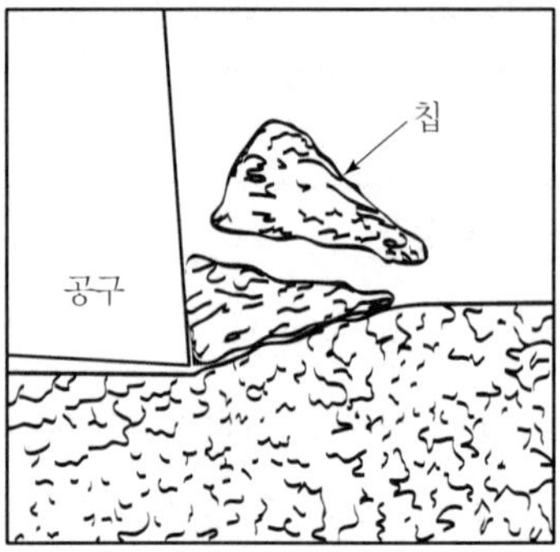

그림 4.7 불연속 칩

4.4 절삭공구에 작용하는 힘과 이의 측정

직교절삭 시 공구에 의해 칩에 작용하는 합력 F_r 는 **그림 4.8**과 같이 공구 절삭날에 수직한 평면상에 놓인다. 이 힘은 보통 실험을 통하여 수직하는 2개의 분력을 측정하여 얻을 수 있다. 즉, 절삭방향으로 작용하는 절삭력(cutting force) F_c 와 절삭방향에 수직하게 작용하는 배분력(thrust force) F_t 이다. 공구합력의 두 성분을 정확하게 측정하는 것은 과거에는 상당한 노력이 필요하였으나, 절삭력을 측정하기 위한 여러 종류의 공구동력계(tool dynamometer)가 현재 개발되어 있다.

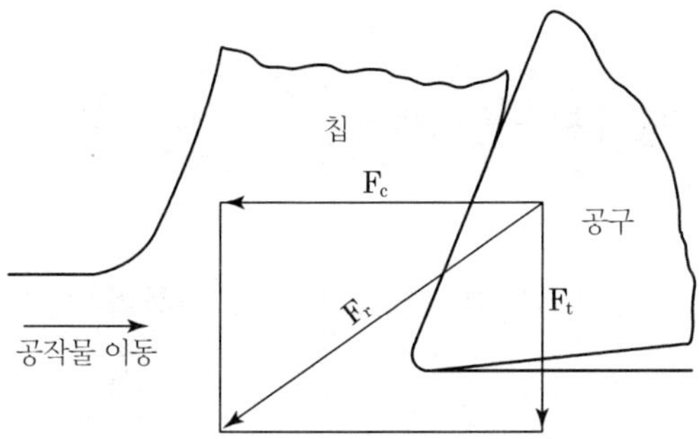

그림 4.8 공구합력(F_r)의 절삭력(F_c)과 배분력(F_t) 성분

대부분의 공구동력계는 절삭공구를 지지하는 요소가 받는 휨이나 변형률을 측정함으로써 공구에 작용하는 힘을 결정한다. 절삭 시에 치수 정확성이 유지되고 채터나 진동이 발생하는 것을 최소화하기 위하여 공구동력계는 높은 강성과 높은 고유 진동수를 가져야 하는 것이 필수적이지만, 변형률 또는 변위는 정확히 측정하기에 충분히 커야 한다. 공구동력계의 설계는 대부분 변형률이나 휨을 측정하는 장치와 계측방법에 의존한다. **그림 4.9**는 절삭공구가 외팔보의 끝에 지지된 간단한 2분력 공구동력계를 나타내고 있다. 공구에 작용하는 합력으로 휘게 되는 외팔보의 수직 및 수평성분을 두 개의 힘분력의 척도로 삼을 수 있다. 스트레인 게이지(strain gauge)나 압전형 로드셀(piezoelectric load cell)을 사용하여 향상된 분해능과 강성을 가지는 개신된 공구동력계기 많이 개발되어 있다.

공구동력계로 측정된 공구합력 F_r의 두 개의 성분 F_c와 F_t는 연속 칩의 생성과정에 관계되는 많은 중요한 변수들을 계산하기 위해 사용된다.

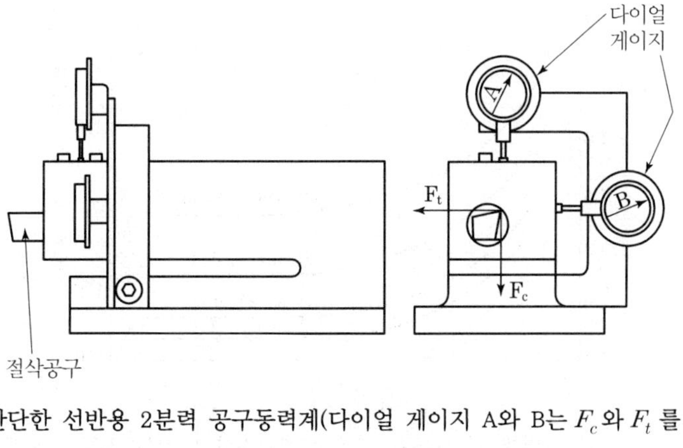

그림 4.9 간단한 선반용 2분력 공구동력계(다이얼 게이지 A와 B는 F_c와 F_t를 각각 측정)

4.5 비절삭 에너지

가공하는 동안 에너지 소모율 P_m은 절삭속도 v와 절삭력 F_c와의 곱이다. 따라서

$$P_m = F_c \cdot v \tag{4·1}$$

에너지 소모율과 금속 제거율(metal removal rate)은 절삭속도에 비례한다. 작업과정의 효율성을 나타내는 변수는 절삭속도에 무관하여 단위체적의 금속을 제거하기 위해서 요구되는 에너지로서 비절삭 에너지 p_s로 표시한다. 이 변수는 다음과 같이 주어진다.

$$p_s = \frac{P_m}{Z_w} = \frac{F_c}{A_c} \tag{4·2}$$

여기서 Z_w는 금속 제거율이고, A_c는 미절삭 칩 단면적이다.

비절삭 에너지는 주어진 재료에 따라 상당히 많이 변화되고, 절삭속도, 이송, 경사각 등의 영향을 받는다. 그러나 주어진 경사각에 대해 **그림 4.10**에 보인 것처럼 비절삭 에너지는 높은 절삭속도와 이송일 때 일정하게 되는 경향이 있다. 이 일정한 값은 실질적으로 높은 절삭속도와 이송하에서 주어진 재료를 절삭하기 위해 요구되는 힘에 대한 유용한 정보가 될 수 있으며, **그림 4.10**의 결과에서 보듯이 저탄소강에 대해 p_s는 1 GN/m^{2}에 접근한다.

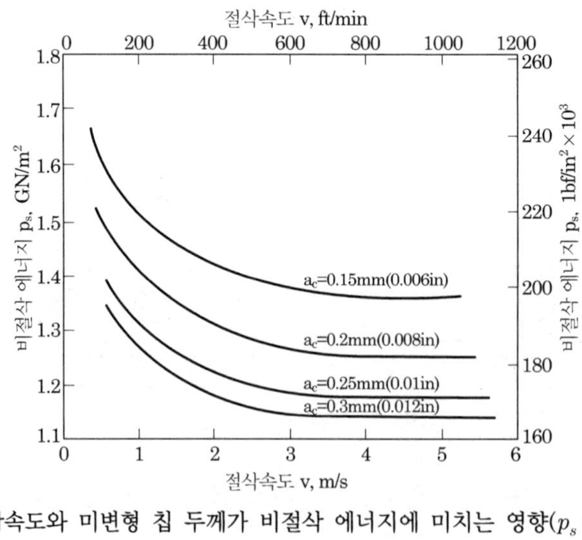

그림 4.10 절삭속도와 미변형 칩 두께가 비절삭 에너지에 미치는 영향(p_s=비절삭 에너지, v=절삭속도, a_c=미변형 칩 두께, 수직 경사각=10°, 칩 폭=1.25 mm, 재료 : 연강)

4.6 경작력과 치수효과

절삭시 공구합력은 칩과 공작물이 접촉하는 공구표면에 분포한다. 완벽하게 날카로운 절삭날은 없으며, **그림 4.11**에 나타낸 이상적인 그림에서 보듯이 절삭날 끝은 여유면과 공구면을 연결하는 원주 모양이다. 과거의 연구[13]에 따르면 새롭게 연삭된 고속도강의 절삭날 반지름은 0.005에서 0.03 mm 사이의 값을 갖는다. 절삭날 끝은 공작물을 경작(plow)하면서 지나가기 때문에 절삭날 끝에 작용하는 이 힘은 미변형 칩두께 a_c가 큰 경우 절삭력에서 단지 작은 부분을 차지한다. 그러나 a_c가 작을 때에는 절삭날 끝에 작용하는 경작력은 상대적으로 커지고 무시할 수 없다.

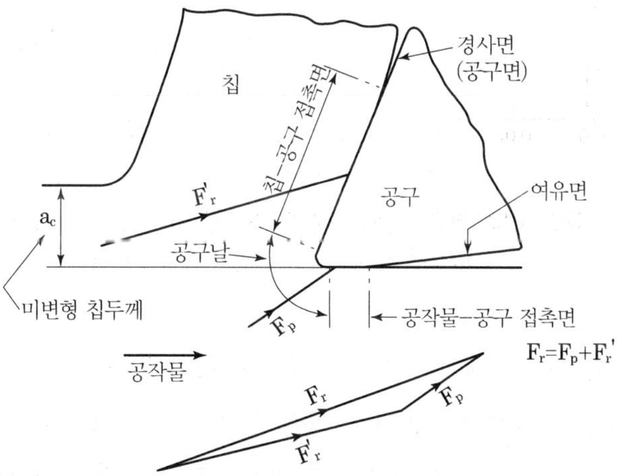

그림 4.11 절삭공구의 접촉영역(F_r =공구합력, F_r' =칩을 제거하는 데 필요한 힘, F_p =경작력)

절삭날 끝 근처에 작용하는 높은 응력은 이 부분에서 공구재료의 변형을 일으킨다. 이 변형은 여유면의 일부에서 공구와 새로운 가공면 사이에 접촉을 일으키게 하는 원인이 된다. 따라서 예리한 절삭공구로 절삭할 때도 공구여유면에 마찰력이 발생할 수 있으나, 미변형 칩 두께가 클 경우에는 절삭력에 비해서는 아주 작은 값이다. 절삭날 끝에 작용하는 힘과 여유면에 작용하는 힘 모두 칩 제거에 아무런 도움을 주지 않는데, 이 힘들을 함께 경작력(plowing force) F_p라고 한다.

경작력의 존재는 중요한 효과를 초래하고 소위 치수효과(size effect)를 설명할 수 있게 해준다. 이 용어는 미변형 칩두께가 작을 때 비절삭 에너지의 증가를 의미한다. 예를 들면, 평면밀링(slab milling) 작업의 경우 미변형 칩 두께에 대한 평균 비절삭 에너지의 변화를 **그림 4.12**에 나타내었다.

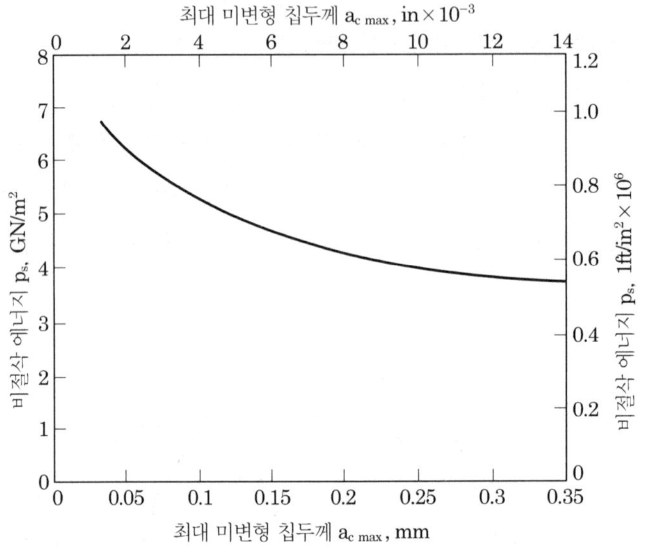

그림 4.12 평면밀링에서 최대 미변형 칩두께 $a_{c\max}$가 비절삭 에너지 p_s에 미치는 영향(재료는 강)

상대적으로 칩 두께가 작을 때에는 비절삭 에너지 p_s는 칩 두께가 감소함에 따라 빠르게 증가한다. 경작력 F_p는 일정하기 때문에 칩 두께가 작은 경우 경작력은 총절삭력 중에서 큰 부분을 차지하게 된다. 총절삭력을 미절삭 칩 단면적으로 나눈 값 p_s 중에서, 칩 제거에 기여하는 부분은 일정하게 남아 있고 경작력 F_p로 초래되는 부분은 칩 두께가 감소함에 따라 증가하게 된다. 칩 두께가 감소함에 따라 비절삭 에너지가 증가한다는 사실은 주어진 동일 체적의 금속을 제거할 때 매우 작은 칩을 생성하는 연삭 같은 작업에 더 큰 동력이 소요되는 이유를 설명한다.

4.7 공작물의 겉보기 평균 전단강도

절삭과정에 대하여 많은 분석이 이루어졌지만, 성공적인 경우는 많지 않다. 일반적으로 제한된 범위에서만 타당한 가정들이 많았다. 절삭과정을 분석하는 데 있어서, 특별히 어려운 점은 적용할 경계조건의 범위를 감소시킬 만한 구속조건이 없다는 것이다. 특정한 절삭조건에 대한 유일해는 존재하지 않고 더욱이 특정한 경우의 절삭력, 절삭비 등과 같은 매개변수는 공구가 공작물에 접촉할 때의 조건에 의존한다고 추정되고 있다[14]. 그러나 절삭에 대한 발전된 분석은 절삭과정에서 관찰되는 많은 일반적인 추세를 예측할 수 있게 한다. **그림 4.13**은 절삭과정에 대한 과거의 많은 역학 분석에 적용된 연속칩 생성의 이상화된 모델을 나타낸 것이다. 이 모델을 사용한 과거의 연구자들 중에 Ernst와 Merchant[9]는 전단영역, 즉 주변형영역은 전단면이라고 일컫는 한 개의 평면으로 나타낼 수 있다고 제안했다. 전단각 ϕ라고 하는 절삭 방향으로의 전단면의 기울기 각은 식 (4·3)에서 (4·5)까지 유도함으로써 구할 수 있다.

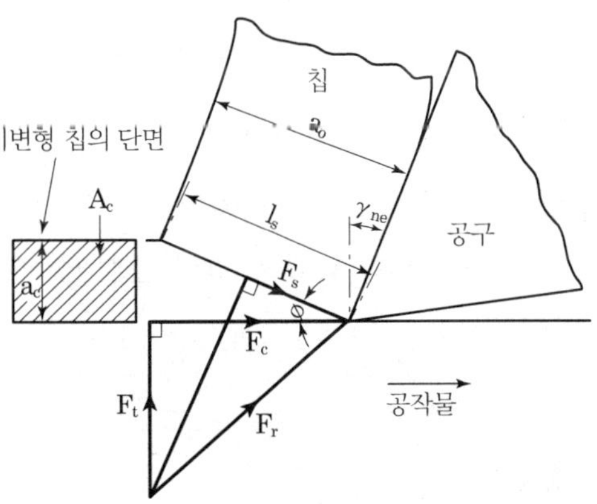

F_r =공구합력, F_c =절삭력, F_t =배분력, F_s =전단면에 작용하는 전단력, ϕ=전단각, γ_{ne} =작용수직 경사각, a_c =미변형 칩 두께, a_o =칩 두께, A_c =미절삭 칩 단면적, l_s =전단면 길이

그림 4.13 연속칩 생성에 대한 전단면 모델

그림 4.13으로부터 전단면 길이는 다음과 같이 주어진다.

$$l_s = \frac{a_c}{\sin\phi} = \frac{a_o}{\cos(\phi - \gamma_{ne})} \tag{4·3}$$

그러므로

$$\frac{a_c}{a_o} cos(\phi - \gamma_{ne}) = \sin\phi$$

정리하면,

$$\tan\phi = \frac{(a_c/a_o)\cos\gamma_{ne}}{1-(a_c/a_o)\sin\gamma_{ne}} \tag{4·4}$$

a_c/a_o를 절삭비라고 하고 r_c로 표시한다.

$$\tan\phi = \frac{r_c\cos\gamma_{ne}}{1-r_c\sin\gamma_{ne}} \tag{4·5}$$

여기서 ϕ=전단각

r_c=절삭비(a_c/a_o)

a_c=미변형 칩 두께

a_o=칩 두께

γ_{ne} =작용수직 경사각(working normal rake)

작용수직 경사각과 미변형 칩 두께는 미리 주어지며, 칩 두께는 마이크로미터로 직접 측정하거나 길이를 알고 있는 칩 무게로부터 다음과 같이 구할 수 있다.

$$a_o = \frac{m_c}{l_c a_w \rho} \tag{4·6}$$

여기서 m_c =칩 시편의 질량

l_c=칩 시편의 길이

a_w=칩 폭

ρ=공작물 재료의 밀도

만약 공구합력을 전단면에 평행한 방향으로 분해하면 공작물을 전단하고 칩을 생성하기 위해 요구되는 힘 F_s를 얻을 수 있다. **그림 4.13**에 보인 것처럼 이 힘은 공구합력의 성분인 절삭력(F_c)과 배분력(F_t)으로 표현할 수 있다.

$$F_s = F_c \cos\phi - F_t \sin\phi \tag{4·7}$$

전단면적 A_s는 다음과 같이 주어진다.

$$A_s = \frac{A_c}{\sin\phi} \tag{4·8}$$

전단면에서의 재료의 겉보기 전단강도(apparent shear strength) τ_s는 다음과 같이 구할 수 있다.

$$\tau_s = \frac{F_s}{A_s} = \frac{(F_c \cos\phi - F_t \sin\phi)\sin\phi}{A_c} \tag{4·9}$$

이 방법으로 계산된 τ_s는 다양한 절삭조건에서 주어진 공작물에 대하여 일정하다는 것을 실험적으로 알 수 있었다[10]. 그러나 작은 이송속도에서는 τ_s는 이송(또는 미변형 칩 두께)의 감소에 따라 증가한다는 것이 관찰되었다. 일정한 τ_s 값에 대한 이러한 예외는 일정한 값으로 존재하는 경작력 F_p로 설명할 수 있다. **그림 4.11**과 같이 만약 공구합력 F_r로부터 F_p를 빼면, 칩을 제거하기 위하여 공구면에 작용하는 힘 F_r'는 다음과 같이 된다.

$$F_r' = F_r - F_p \tag{4·10}$$

F_r'의 성분들로 공작물의 겉보기 전단강도를 계산한다면, 이 겉보기 전단강도는 이송의 변화에 관계없이 일정하다[15]. 즉,

$$\tau_s' = (F_c' \cos\phi - F_t' \sin\phi)\frac{\sin\phi}{A_c} \tag{4·11}$$

여기서 F_c' = F_r'의 절삭력 성분

F_t' = F_r'의 배분력 성분

τ_s' = 공작물 재료의 일정한 특성

높은 변형률속도(strain rate)하에서 재료는 일정한 응력에서 변형한다고 알려져 있다. 절삭의 경우 변형률속도는 103에서 105 s-1까지의 범위에 있다고 생각되며, 이 조건하에서 금속의 전단강도는 일정하며 변형속도, 변형률, 온도에 무관하다고 예상된다. 이와 같은 전단강도의 특징은 보통의 절삭에서 공작물의 평균 전단강도 τ_s'가 일정하고 절삭속도와 경사각에 무관한 이유를 설명한다.

4.8 칩 두께

절삭에 있어 칩 두께 a_o는 절삭공구의 기하학적 형상과 미변형 칩 두께 a_c뿐만 아니라 앞으로 살펴볼 칩과 공구 사이에 존재하는 마찰조건에 의해 영향을 받는다. 절삭과정은 이들 요소들에 의해 영향을 받기 때문에, 변형된 재료의 최종 모습이 사용된 공구의 모양이나 설치법에 의하여 결정되는 다른 금속변형 과정과 다르다. 절삭에 있어 절삭력을 결정하기 전에 절삭의 기하학적 과정을 이해하기 위해서는 칩 두께 a_o를 결정하여야 한다.

식 (4·5)는 전단각 ϕ를 알면 주어진 절삭조건에서 a_o가 계산된다는 것을 보여 준다. 실험적으로 ϕ와 절삭비 r_c는 공작물 및 공구재료, 절삭조건에 의존한다. 전단각 ϕ를 예측하기 위하여 과거에 많은 이론적 법칙이 세워졌는데, 그 중에서 두 가지를 다음에서 고찰하기로 한다.

4.8.1 Ernst-Merchant 이론

비록 Piispanen이 1937년에 이 문제를 풀기 위한 시도를 하였지만, Ernst와 Merchant[9]가 처음으로 소위 전단각 해(shear-angle solution)라고 불리는 완성된 해석을 제시하였다. 그들의 분석에 있어서 칩은 칩-공구 접촉면과 전단면을 가로질러 전달되는 힘의 평형에 의해 유지되는 강체로 가정된다.

편의상 **그림 4.14**에 보인 것처럼 공구합력 F_r가 공구 절삭날에 작용한다고 하고 이 힘을 공구면에 수직한 힘 F_n과 평행한 힘 F_f로 분해하고, 또한 전단면에 수직한 힘 F_{ns}와 평행한 힘 F_s로 분해한다. 공구합력의 절삭력 성분 F_c와 배분력 성분 F_t를 함께 표시하였다. 공구합력은 모두 칩-공구 접촉면을 가로질러 전달되고 공구날과 여유면에는 어떠한 힘도 작용되지 않는다고 가정한다(즉, 경작력은 0이다).

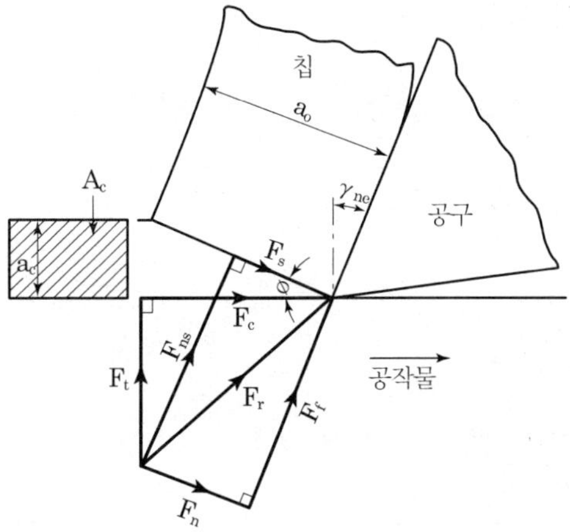

F_r =공구합력, F_c =절삭력, F_t =배분력, F_s =전단면에 작용하는 전단력, F_{ns} =전단면에 작용하는 수직력, F_f =공구면에 작용하는 마찰력, F_n =공구면에 작용하는 수직력, ϕ=전단각, γ_{ne} =작용수직 경사각, β=공구면의 평균 마찰각, A_c =미절삭 칩 단면적, a_c =미변형 칩 두께, a_o =칩 두께

그림 4.14 직교절삭일 때 공구에 작용하는 힘

Ernst-Merchant 이론에서 기본이 되는 것은 전단각 ϕ는 절삭에 필요한 일이 최소가 되도록 정해진다고 전제하는 것이다. 주어진 절삭조건에 대해서 절삭 시 한 일은 F_c에 비례하기 때문에, F_c를 ϕ로 표현하는 식을 유도한 다음에 F_c의 크기가 최소가 되는 ϕ의 값을 구한다.

그림 4.14로부터

$$F_s = F_r \cos(\phi + \beta - \gamma_{ne}) \tag{4·12}$$

또한

$$F_s = \tau_s A_s = \frac{\tau_s A_c}{\sin\phi} \tag{4·13}$$

여기서 τ_s =전단면에서의 공작물의 전단강도

A_s =전단면의 면적

A_c =미절삭 칩 단면적

β=칩-공구 사이의 평균 마찰각($\tan^{-1}(F_f/F_n)$)

γ_{ne} =작용수직 경사각

식 (4·12)와 (4·13)으로부터

$$F_r = \frac{\tau_s A_c}{\sin\phi} \frac{1}{\cos(\phi+\beta-\gamma_{ne})} \tag{4·14}$$

기하학적 고찰에 의하면

$$F_c = F_r \cos(\beta-\gamma_{ne}) \tag{4·15}$$

식 (4·14)와 (4·15)로부터

$$F_c = \frac{\tau_s A_c}{\sin\phi} \frac{\cos(\beta-\gamma_{ne})}{\cos(\phi+\beta-\gamma_{ne})} \tag{4·16}$$

식 (4·16)을 ϕ에 관하여 미분할 수 있고 이것을 0으로 놓게 되면 F_c가 최소로 되는 ϕ값을 구할 수 있다. 이렇게 하여 구한 값이 다음과 같이 주어진다.

$$2\phi+\beta-\gamma_{ne} = \frac{\pi}{2} \tag{4·17}$$

Merchant[16]에 의하면 이 결과가 합성 플라스틱을 절삭할 때 얻어진 실험결과와는 잘 일치하지만, 초경합금 공구로 절삭한 강에 대해서는 잘 일치하지 않는다고 하였다.

식 (4·16)을 ϕ에 관하여 미분할 때 A_c, γ_{ne}, τ_s는 ϕ와 무관하다고 가정하였다. Merchant는 이 가정을 수정하여 다음과 같은 관계를 새 이론에 포함하였다.

$$\tau_s = \tau_{so} + k\sigma_s \tag{4·18}$$

위의 식은 **그림 4.15**와 같이 재료의 전단강도 τ_s가 전단면에서의 수직응력 σ_s의 증가에 따라 선형적으로 증가한다는 것을 나타낸다). 수직응력이 0이 되면 τ_s는 τ_{so}이다. 이 가정은 전단면에서 전단강도는 수직응력에 의존한다는 Bridgman[17]의 다결정 금속에 대한 실험결과와 일치한다.

그림 4.14로부터

$$F_{ns} = F_r \sin(\phi+\beta-\gamma_{ne}) \tag{4·19}$$

또한

$$F_{ns} = \sigma_s A_s = \frac{\sigma_s A_c}{\sin\phi} \tag{4·20}$$

식 (4·19)와 (4·20)으로부터

$$\sigma_s = \frac{\sin\phi}{A_c} F_r \sin(\phi + \beta - \gamma_{ne}) \qquad (4 \cdot 21)$$

식 (4·14)와 (4·21)을 조합하면

$$\tau_s = \sigma_s \cot(\phi + \beta - \gamma_{ne}) \qquad (4 \cdot 22)$$

또한 식 (4·18)과 (4·22)로부터

$$\tau_s = \frac{\tau_{so}}{1 - k\tan(\phi + \beta - \gamma_{ne})} \qquad (4 \cdot 23)$$

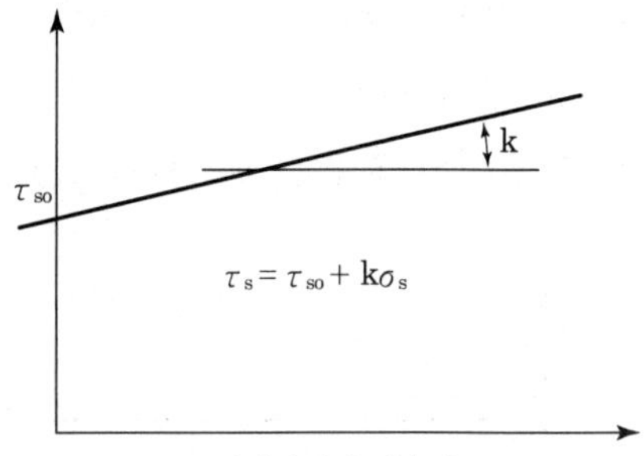

그림 4.15 Merchant의 두 번째 이론에서 가정된 τ_s 의 σ_s 에 대한 의존성

이 식은 τ_s 값이 ϕ 변화에 어떻게 영향을 받는지를 보여 주고 있고, 이 식을 식 (4·16)에 대입하면 F_c에 관한 식을 ϕ로 나타낼 수 있다.

$$F_c = \frac{\tau_{so} A_c \cos(\beta - \gamma_{ne})}{\sin\phi\cos(\phi + \beta - \gamma_{ne})[1 - k\tan(\phi + \beta - \gamma_{ne})]} \qquad (4 \cdot 24)$$

k와 τ_{so}는 특정한 공작물에 대하여 일정하다고 가정하고 A_c와 γ_{ne}는 절삭작업 동안 일정하다고 가정한다. 그러면 식 (4·24)를 미분할 수 있어 새로운 값 ϕ를 구할 수 있다. 이렇게 하여 얻은 식이 다음과 같다.

$$2\phi + \beta - \gamma_{ne} = C \qquad (4 \cdot 25)$$

여기서 C는 cot−1k로 주어지며 주어진 공작물에 대하여 일정하다(그러나 앞에서 언급하였듯이 최근의 실험을 통하여 넓은 범위의 절삭조건하에서 τ_s는 주어진 공작물에 대하여 일정하다고 알려져 있으므로 k는 0이라고 할 수 있다).

4.8.2 Lee-Shaffer 이론

Lee-Shaffer[18] 이론은 직교절삭의 문제에 소성이론을 적용시켜 나온 결과이다. 소성이론을 적용하는 문제를 다루는데 있어서 응력을 받는 공작물의 거동에 관하여 다음과 같은 가정을 하는 것이 필요하다.

① 재료는 강소성(rigid plastic)이다. 다시 말해서 변형을 하는 동안 탄성 변형률은 무시할 만하고 일단 항복점을 초과하면 변형은 일정한 응력값에서 이루어진다. 강소성 재료의 응력-변형률 곡선을 **그림 4.16**에 나타내었는데 가공경화가 일어나지 않는다는 것을 알 수 있다.

② 재료의 거동은 변형속도에 무관하다.

③ 변형시 온도증가의 영향은 무시한다.

④ 변형시 재료 가속에 의한 관성의 영향은 무시한다.

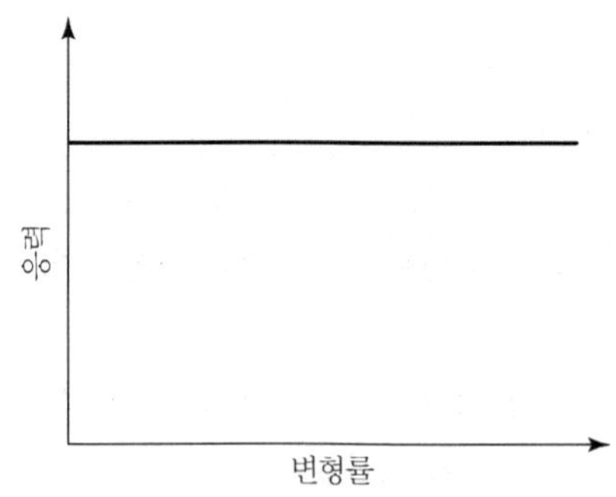

그림 4.16 강소성 재료의 응력-변형률 곡선

이 가정들은 많은 소성문제의 해를 구하는 데 있어서 유용하게 사용되었다. 절삭과정에서는 변형률과 변형률속도가 매우 높기 때문에 이 가정들은 절삭시 공작물의 실제 거동에 잘 근접한다. 대부분 금속의 가공경화율은 변형률이 증가함에 따라 빠르게 감소하고, 높은 변형률속도는 금속의 항복강도값이 최대 인장강도값에 버금가도록 높이는 역할을 한다고 알려져 있다. 또한 변형률이 높을 때, 총변형률에 대하여 탄성 변형률이 차지하는 비율은 무시할만하다. 따라서 공작물에 대한 응력-변형률 곡선은 **그림 4.16**과 같은 이상적인 경우에 접근한다.

소성문제의 해를 구하기 위해 슬립선장(slip-line field)을 구성할 필요가 있다. 이것은 소성영역에서 두 개의 직교하는 최대 전단응력의 방향을 표시하는 슬립선(slip- line)들로 구성되어 있다.

연속칩의 직교절삭에 대하여 Lee와 Shaffer에 의해 제안된 슬립선장을 **그림 4.17**에 나타내었다. Lee와 Shaffer는 모든 변형이 공구 절삭날로부터 공작물의 자유표면(free surface)과 칩의 교차점까지 연장되는 평면에서 일어난다는 이상화된 전단면 모델(shear-plane model)을 이용하였다. 그런데 공구에 의해 작용하는 절삭력이 칩을 통해서 전단면에 전달되는 방법을 고려할 필요가 있다. 이 힘의 전달은 변형은 일어나지 않지만, 재료가 항복점까지 응력을 받는 삼각형의 소성영역 ABC를 초래한다. 이 영역 내에서 최대 전단응력은 전단면에서의 전단응력 τ_s 이고, 이 최대 전단응력의 방향은 두 개의 직교하는 직선(slip-line)들로 나타낼 수 있다.

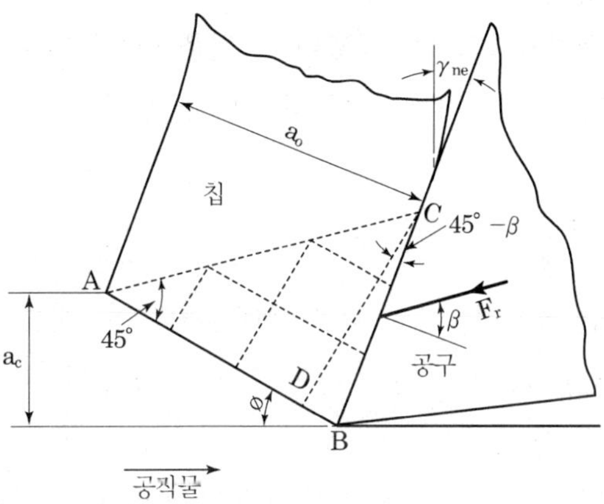

F_r =공구합력, ϕ==전단각, γ_{ne} =–작용 수직경사각, β= 공구면의 평균 마찰각, a_c =미변형칩 두께, a_o =칩 두께

그림 4.17 직교절삭에 대한 Lee–Shaffer 슬립선장

삼각형 영역의 경계를 고려할 때, 최대 전단응력이 전단면을 따라 일어나기 때문에 전단면 AB 는 한 개의 슬립선 방향을 나타낸다고 볼 수 있다. 또한 칩이 경계 AC를 통과한 다음에는 어떠한 힘도 칩에 작용하지 않기 때문에 이 경계를 가로질러 전달되는 응력은 없다. 따라서 AC는 자유표면(free surface)으로 간주될 수 있고, 최대 전단응력의 방향은 항상 $\pi/4$ 에서 자유표면과 만나기 때문에 각 CAB는 $\pi/4$ 이다. 마지막으로 칩-공구 접촉면에 응력이 균일하게 작용한다고 가정하면(불합리한 가정으로 나중에 밝혀짐), 경계 BC에서의 주응력은 각 β 와 $(\beta+\pi/2)$에서 항상 이 경계와 만날 것이다(β 는 $\tan^{-1}(F_f/F_n)$으로 주어지는 칩-공구 사이의 평균 마찰각). 최대 전단응력의 방향은 주응력방향과 $\pi/4$만큼 차이가 나기 때문에 각 BCD는 $(\pi/4)-\beta$ 로 주어진다.

그림 4.17로부터

$$\phi+\frac{\pi}{4}+\beta-\gamma_{ne}=\frac{\pi}{2}$$

따라서

$$\phi+\beta-\gamma_{ne}=\frac{\pi}{4} \qquad (4\cdot 26)$$

위의 식이 구하려고 한 전단각 해(shear-angle solution)이다.

Lee와 Shaffer는 식 (4·26)에 있어서 β가 $\pi/4$이고 γ_{ne}가 0일 때는 ϕ가 0이 되기 때문에 이 경우에는 이 식을 적용할 수 없다는 것을 알았고, 이런 높은 마찰과 낮은 경사각에서는 실제적으로 구성인선이 생성된다고 생각하였다. 이것을 입증하기 위하여 공구면에 존재하는 구성인선을 포함한 새로운 기하학적 형상에 대하여 두 번째 해가 나오게 되었다[18].

4.8.3 실험적 증거

위에서 언급된 이론들을 독립적으로 수행된 실험결과와 비교하였다[19]. **그림 4.18**은 이런 비교를 위한 가장 편리한 방법을 나타낸 것이다. 다시 말해 전단각 ϕ가 $\beta-\gamma_{ne}$에 대하여 그려져 있다. 그래프를 살펴보면 Ernst-Merchant 이론과 Lee-Shaffer이론에 의해 얻어진 관계는 모두 직선을 나타낸다. 또한 두 가지 이론 모두가 여러 가지 재료로 실험을 통하여 얻어진 정량적인 관계에는 접근하지 못한다는 것을 알 수 있다. 그러나 이 이론들을 실험결과와 정성적으로 비교하면 이론과 실험결과 모두 ϕ와 $\beta-\gamma_{ne}$ 사이에 선형적인 관계가 있다는 것과 $\beta-\gamma_{ne}$가 감소하면 항상 ϕ가 증가한다는 것을 보여 준다. 따라서 주어진 경사각 γ_{ne}에 대하여 공구면의 평균 마찰각 β의 감소는 전단면적의 감소를 수반하는 전단각 ϕ의 증가를 초래한다. 전단영역에서 공작물의 평균 전단강도는 일정하기 때문에, 칩을 형성하기 위해 요구되는 힘은 감소할 것이다. 경사각 γ_{ne}가 증가하게 되면 항상 전단각 ϕ가 증가하게 되어 절삭력의 감소를 가져온다. 그러나 보통 전단각의 증가는 마찰각 β의 상대적인 작은 증가를 수반하는데, 이 영향은 나중에 다루어질 것이다.

그림 4.18은 Ernst-Merchant 이론과 Lee-Shaffer 이론에 의해 예측된 결과들이 실험결과와 비교해 볼 때 일치할 만한 어떠한 유일한 관계도 없다는 것을 보여 준다. 전단면의 전단응력이 수직응력에 선형적으로 의존한다고 가정한 수정된 Merchant 이론조차도 모든 결과들과 일치하지 않는다. 수정된 Merchant 이론은 다음과 같은 관계가 있다.

$$2\phi + \beta - \gamma_{ne} = C \qquad (4\cdot27)$$

여기서 C는 공작물에 의존하는 상수이다. 식 (4·27)에 C의 여러 가지 값들을 대입하면 **그림 4.18**의 그래프에 대하여 단지 평행선들을 형성하게 된다. 실험에 기초한 선들은 평행하지 않고 식 (4·27)로 나타낼 수 없다는 것은 분명하다.

Ernst-Merchant 이론과 Lee-Shaffer 이론이 실험결과와 일치하지 않는 이유를 찾는 것은 어렵지 않다. 절삭공구가 완벽하게 날카롭다고 가정(즉, 경작력 F_p는 무시)하는 것은, 특히 미변형 칩 두께가 작을 때에는 잘 맞지 않는다.

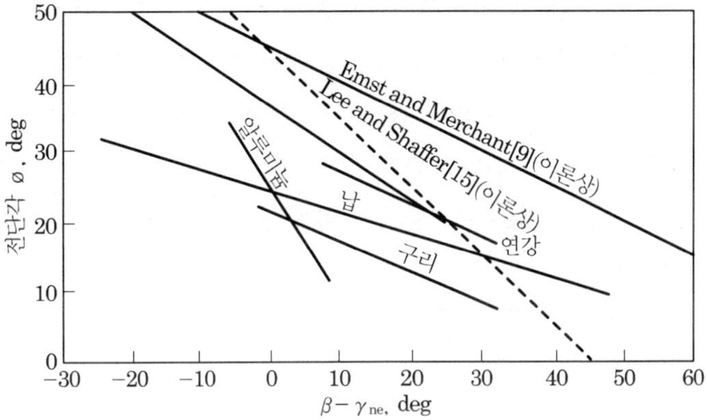

(ϕ=전단각, β=공구면의 평균 마찰각, γ_{ne}=작용수직 경사각)[19]

그림 4.18 직교절삭에 대한 전단각 관계식의 이론과 실험의 비교

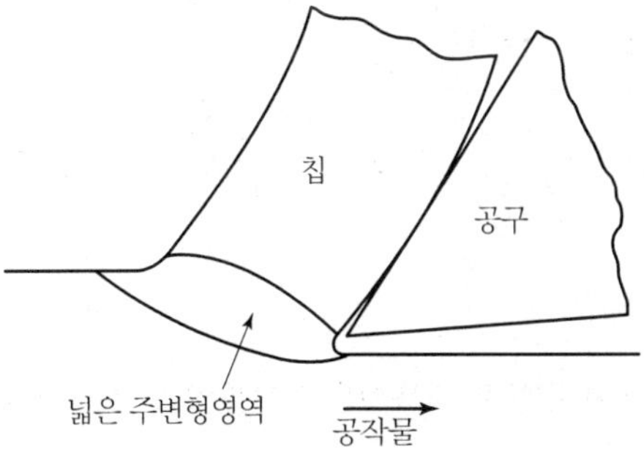

그림 4.19 직교절삭 모델[20]

더구나 광범위한 절삭조건하에서는 주변형영역을 전단면으로 간주할 수 없다고 알려져 있다. 예를 들면, 강을 저속절삭하면서 재료의 입자유동을 관찰하기 위하여 영화 촬영술을 적용한 Palmer와 Oxley[20]는 주변형영역이 **그림 4.19**에 보여 준 형태를 하고 있다는 것을 발견

하였다.

Nakayama[21]는 이 넓은 변형영역이 2.5 m/s 의 높은 절삭속도에서는 일정한 크기를 차지한다고 하였다. Nakayama의 실험에서 공작물 시편의 측면은 흑색 안료로 코팅되었고, 이 면 위에 절삭방향에 평행하게 연속된 선들을 새겨 놓았다. 절삭시 이 선들은 정지된 재료 유동선을 나타내게 되고 사진으로 찍을 수가 있었다. 그래서 주변형영역의 경계선을 나타내는 것이 가능해졌다. 이와 유사하게 변형영역의 범위를 측정하기 위해 공작물 표면에 격자무늬를 넣어서 급속정지 시험(quick-stop test)을 하는 등 다양한 기술들이 시도되었다[12].

두꺼운 전단영역 모델을 사용하여 절삭과정에 대한 많은 분석들이 시도되었다. 이런 대부분의 모델들은 복잡하고, 또한 제한된 조건에서만 적용될 수 있다. Ernst와 Merchant에 의해 개발된 모델에서는 전단면은 속도 불연속이기 때문에 실제 절삭에서 나타나는 매우 높은 변형경화와 변형률속도의 영향을 고려할 수 없다. 실험적 관찰에 기초하여 Oxley와 동료들[12, 22]은 **그림 4.20**에 보인 것처럼 측면이 평행하고 두꺼운 전단영역 모델을 사용하였다. 이 모델은 단일 전단면 모델의 많은 특징들을 보유하면서도 변형경화, 변형속도, 온도의 영향을 분석할 수 있게 한다.

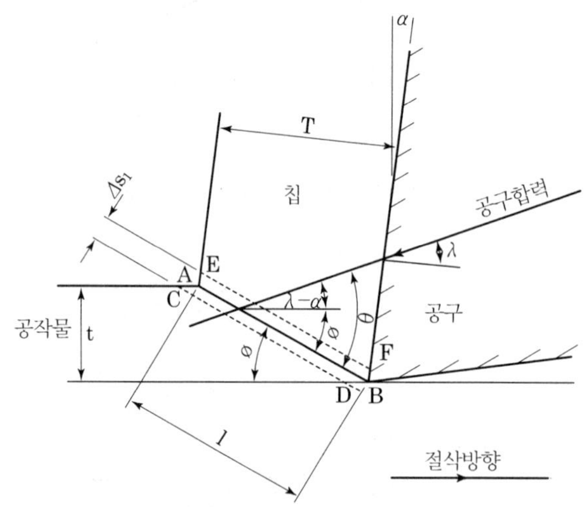

그림 4.20 측면이 평행하고 두꺼운 전단영역을 갖는 직교절삭 모델[22]

Ernst-Merchant와 Lee-Shaffer의 전단각 이론과 **그림 4.18**의 실험결과는 절삭에 있어서 공구면의 마찰이 매우 중요하다는 것을 보여 준다. 많은 절삭이론에서 칩-공구 마찰거동은 공구면에서의 평균 마찰계수의 단일값으로 나타낼 수 있다는 간단한 가정을 한다. 따라서 절삭에 있어 칩과 공구 사이의 마찰조건의 특징을 상세하게 고려하는 것이 중요하다.

4.9 절삭과정에서의 마찰

앞에서 설명한 것처럼, 완전히 이해되지 않은 어떠한 메커니즘에 의해 공구면의 마찰거동이 절삭과정의 기하학에 영향을 미친다는 것이 명백하다. 절삭에서의 마찰조건을 고려하기 전에 건식 미끄럼면(dry sliding surfaces) 사이에서의 마찰특성을 논하는 것이 필요하다.

1699년에 제시된 Amontons의 마찰법칙[23]은 마찰은 겉보기 접촉면적에 무관하고 두 면 사이의 수직하중에 비례한다는 것이다. 1785년에 Coulomb[24]은 이 법칙을 증명하고 더 깊은 관찰을 하였다. 즉, 마찰계수는 본질적으로 미끄럼 속도에 무관하다는 것을 발견했다. Bowden과 Tabor[25]는 이 실험적 법칙들을 설명하는 데 많은 공헌을 했다.

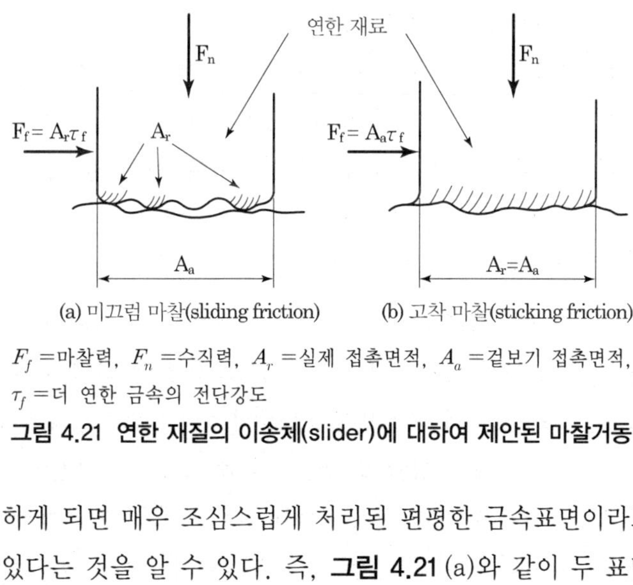

F_f =마찰력, F_n =수직력, A_r =실제 접촉면적, A_a =겉보기 접촉면적,
τ_f =더 연한 금속의 전단강도

그림 4.21 연한 재질의 이송체(slider)에 대하여 제안된 마찰거동

미세한 검사를 하게 되면 매우 조심스럽게 처리된 편평한 금속표면이라도 많은 언덕과 골짜기로 구성되어 있다는 것을 알 수 있다. 즉, **그림 4.21** (a)와 같이 두 표면이 함께 놓일 때 접촉은 각 표면의 극소수의 불규칙한 봉우리에서 이루어진다. 만약 수직하중이 작용하면 접촉하는 돌출부(asperity)들의 끝에서 항복이 일어나고, 실제 접촉면적 A_r는 작용 하중을 지지할 수 있을 때까지 증가한다. 대부분의 공학문제에서 이 실제 접촉면적 A_r는 겉보기 접촉면적 A_a의 매우 작은 부분을 차지하고 다음과 같이 주어진다.

$$A_r = \frac{F_n}{\sigma_y} \tag{4·28}$$

여기서 F_n 은 수직력이고, σ_y 는 더 연한 금속의 항복압력이다.

이러한 돌출부들의 밀접한 금속접촉에 의한 응착(adhesion)을 용접(welding)이라 하고, 슬라이딩이 일어날 때 이 돌출부들의 용접된 접합부의 연속적인 전단을 위한 힘이 필요하다. 총마찰력(total friction force) F_f 는 다음과 같이 주어진다.

$$F_f = \tau_f A_r \tag{4·29}$$

여기서 τ_f 는 더 연한 금속의 전단강도이다.

따라서 식 (4·28)과 (4·29)로부터 마찰계수는 다음과 같이 주어진다.

$$\mu = \frac{F_f}{F_n} = \frac{\tau_f}{\sigma_y} \tag{4·30}$$

식 (4·30)으로부터 마찰계수는 겉보기 접촉면적에 무관하고 τ_f / σ_y는 주어진 금속에 대하여 일정하기 때문에 마찰력은 수직하중에 비례한다는 것을 알 수 있다(즉 μ가 일정). 이러한 결과는 건식 미끄럼(dry sliding)일 때의 마찰법칙과 일치한다.

일반적으로 절삭하는 동안 칩과 공구 사이의 평균 마찰계수는 크게 변할 수 있으며 절삭속도, 경사각 등의 영향을 받는다고 알려져 왔다. 이러한 평균 마찰계수의 변화는 칩과 공구 사이의 접촉면에 존재하는 매우 높은 수직압력에 기인한다. 예를 들면, 강을 절삭할 때 수직압력은 3.5 GN/m^{2}에 달하여 칩-공구 접촉면의 실제 접촉면적이 겉보기 접촉면적에 가깝거나 같아지도록 한다(즉 $A_r / A_a = 1$). 그러므로 이런 조건하에서 A_r 는 최댓값에 도달하고 일정한 값을 가진다. 여전히 마찰력 F_f 는 식 (4·29)에 의하여 주어지지만, 수직력 F_n 에 무관하며 보통의 마찰법칙이 더 이상 적용되지 않는다. **그림 4.21** (b)와 같이 이런 조건하에서 전단작용은 더 이상 표면 돌출부에만 국한되지 않고 더 연한 금속 전체에서 일어난다.

절삭에서의 마찰거동을 고려하여 **그림 4.22**와 같은 연속칩이고 구성인선이 없는 직교절삭 모델을 얻을 수 있다[26]. 여기서 칩과 공구 사이의 수직응력이 충분히 커서 공구 절삭날에 인접한 고착영역(sticking region)이라 일컫는 l_{st} 의 영역에 걸쳐서 A_r / A_a 가 1에 접근한다. 고착영역의 끝에서 칩이 공구를 이탈하는 점까지의 거리 $l_f - l_{st}$ 에서는 A_r / A_a 가 1보다 작아서 마찰계수는 일정하여 미끄럼 영역(sliding region)이라 부른다.

과거의 연구에서[15], 마찰접촉에서 고착현상의 증거를 절삭작용을 갑자기 정지시킨 시편의 칩 아래 면을 검사함으로써 찾을 수 있었다. 공구 절삭날에 인접한 영역에서 공구면의 그라인딩 자국이 칩 아래 면에 새겨진 것을 볼 수 있는데, 이는 칩과 공구 사이에 상대운동이 없었고 이 영역에서 실제 접촉면적과 겉보기 접촉면적이 같아진다는 것을 의미한다. 이러한 관찰은 투명 사파이어 공구와 고속촬영을 이용하여 광학적으로 확인되었다[25, 28].

고착마찰 조건하에서 공구면의 평균 마찰각 β는 수직응력 분포상태, 칩-공구 접촉길이 l_f, 고착영역에서의 칩 재료의 평균 전단강도, 미끄럼 영역에서의 마찰계수에 의존할 것이다. 명백한 것은 평균 마찰각 하나의 값으로 공구면의 마찰조건을 완벽하게 표현하는 것은 불충분하다.

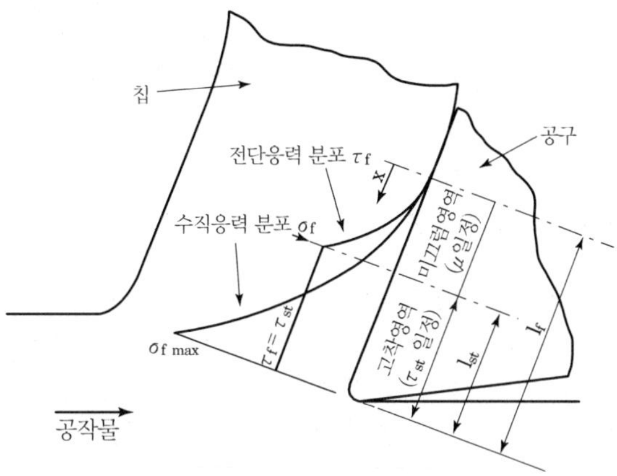

$\sigma_{f\,\max}$ =최대 수직응력, σ_f =수직응력, τ_f =전단응력, τ_{st} = 고착영역에서 칩의 전단강도, l_f =칩-공구 접촉길이, l_{st} =고착영역의 길이

그림 4.22 칩-공구 마찰을 고려한 직교절삭 모델[26]

Zorev[26]는 그림 **4.22**에서 보여 준 공구면의 응력분포를 분석하였다. 평균 마찰각이 주로 공구면의 평균 수직응력에 의존한다고 밝혀졌고, 따라서 평균 마찰각 β에 대한 작용수직 경사각 γ_{ne}의 영향을 설명할 수 있다. γ_{ne}가 증가함에 따라 공구합력의 공구면에 수직한 성분은 감소하므로 평균 수직응력은 감소할 것이다. 그러나 평균전단응력은 대체로 일정하므로 γ_{ne}가 증가하면 평균 마찰각 β는 증가하게 된다. 이러한 결과는 광범위한 여러 공작물을 대상으로 γ_{ne}의 증가는 β의 증가를 초래한다는 실험결과[18]와 일치한다. **그림 4.22**에 나타낸 경사면에 대한 일반적인 응력분포는 광탄성 측정(photoelastic measurement)과 분할공구 동력계(split-tool dynamometer)[30]를 이용한 실험을 통해 관찰되었다. 이 방법으로 절삭날에 매우 근접한 부근의 응력을 측정하는 것은 불가능하나, 절삭날에 근접한 고착영역에서의 수직응력은 일정할 것이라는 것을 알 수 있다.

연·습·문·제

1. 연강에 대한 직교절삭 시험에서 다음과 같은 결과를 얻었다.

$a_c = 0.25$ mm, $F_c = 900$N

$a_o = 0.75$ mm , $F_t = 450$N

$a_w = 2.5$ mm , $\gamma_{ne} = 0$

$l_f = 0.5$ mm

다음을 계산하여라.

(a) 공구면에서의 평균 마찰각 β

(b) 공작물 재료의 평균 전단강도 τ_s

(c) 공구면에서의 평균 마찰응력 τ_f

2. 다음과 같은 조건으로 직교절삭 시험을 하였다.

칩 폭(절삭 폭)=2.5 mm, 미변형 칩 두께=0.25 mm

칩 두께=1.0 mm, 작용수직 경사각=−5°

절삭력=900 N, 배분력=900 N

다음을 계산하여라.

(a) 전단각

(b) 공작물의 평균 전단강도

3. 초경공구로 저탄소강을 가공하는 선삭실험에서 다음과 같은 결과를 얻었다.

절삭력 $F_c = 1$ kN, 배분력 $F_t = 0.5$ kN

작용수직 경사각 $\gamma_{ne} = 20°$, 이송 $f = 0.141$ mm

작용 주절삭날각 $\kappa_r = 45°$ 절삭깊이 $a_p = 5$ mm

절삭속도 $v = 2$ m/s, 절삭비 $r_c = 0.2$

공작물의 지름 $d_w = 100$ mm, 공작물의 가공길이 $l_w = 300$ mm

주어진 실험결과로부터 다음을 계산하여라.

(a) 공작물의 비절삭 에너지 p_s

(b) 기계가공을 위해 요구되는 동력 P_m

(c) 미변형 칩두께 a_c

(d) 절삭폭 a_w

(e) 전단각 ϕ

(f) 공구면에서의 평균 마찰각 β

(g) 가공작업을 완료하기 위해 소요되는 시간

4. 절삭에서 작용수직 경사각이 0일 때 비절삭 에너지 p_s에 대한 공작물의 전단강도 τ_s의 비가 다음과

같이 주어짐을 보여라. 여기서 μ는 칩-공구 마찰계수이고, r_c는 절삭비이다.

$$\frac{\tau_s}{p_s}=\frac{(1-\mu r_c)\,r_c}{(1+r_c^2)}$$

5. 경사각이 5°이고 미변형 칩두께가 1 mm인 직교절삭에서 칩두께가 3 mm로 밝혀졌다. Ernst-Merchant 이론, 즉 $2\phi+\beta-\gamma_{ne}=\pi/2$가 유효하다고 가정할 때 경사각이 15°로 증가하면 칩 두께는 어떻게 되는가? 마찰계수는 경사각의 변화에 영향을 받지 않는다고 가정한다.

6. 직교절삭에서 비절삭 에너지 p_s를 전단각 ϕ와 공작물의 평균 전단강도 τ_s로 나타내는 식을 유도하여라. 다음과 같이 Ernst-Merchant 이론이 유효하다고 가정한다.

$2\phi+\beta-\gamma_{ne}=\pi/2$

7. Lee-Shaffer 전단각 이론인 $\phi+\beta-\gamma_{ne}=\pi/4$의 관계식을 가정하여 비절삭 에너지 p_s가 다음과 같이 주어짐을 보여라. 여기서 τ_s는 공작물의 평균 전단강도이다.

$p_s=\tau_s(1+\cot\phi)$

8. 특정 공작물의 직교절삭에서, 칩-공구 접촉길이는 항상 칩 두께 a_o와 같고 칩-공구 사이면의 평균 전단응력은 전단면의 평균 전단응력과 같다고 한다. 이런 조건하에서 공구면의 평균 마찰계수 μ는 4/3 이하이고, 그 값이 1일 때 전단각 ϕ는 작용 수직 경사각 γ_{ne}와 같다는 것을 보여라.

9. 경사각이 0인 날카로운 공구를 사용하는 절삭실험에서 칩-공구 접촉길이가 칩두께 a_o와 같다고 한다. 또한 전단응력은 공구면을 따라 일정하고 전단면에서의 공작물 의 전단강도에 대하여 일정한 비율 R로 나타난다고 한다.

(a) 절삭력 F_c를 a_c, a_w, τ_s, R, ϕ로 나타내는 식을 유도하여라.

(b) 위의 식을 미분하여 F_c가 최소가 되기 위한 ϕ의 값을 구하여라.

10. 직교절삭 작업에서 공구면에서의 마찰력 F_f는 $K\tau_s A_o$로 주어진다고 가정한다. 여기서 K는 상수, τ_s는 공작물의 겉보기 전단강도, A_o는 칩 단면적이다. 공구면에서의 평균 마찰계수 μ, 전단각 ϕ, 작용수직 경사각 γ_{ne} 사이에는 다음과 같은 관계식이 존재함을 보여라.

$$\mu=\frac{K\cos^2(\phi-\gamma_{ne})}{K\sin(\phi-\gamma_{ne})\cos(\phi-\gamma_{ne})+1}$$

11. 특정 공작물의 가공에 있어서 전단각 ϕ는 항상 작용수직 경사각 γ_{ne}와 같다고 한다. 공구면의 고착 마찰 영역에서의 공작물의 전단강도가 전단면에서의 재료의 전단강도 τ_s와 같고 고착영역의 길이는 칩두께 a_o와 같다고 가정할 때, 절삭력 F_c와 배분력 F_t를 τ_s, γ_{ne}, 미절삭 칩 단면적 A_c로 나타내는 식을 유도하여라. 또한 F_t가 0일 때 γ_{ne}의 값을 계산하여라. 공구면에서 미끄럼 마찰 영역의 힘은 무시한다.

12. 가공실험에서 특정 공작물에 대하여 $2\phi+\beta-\gamma_{ne}=\pi/2$의 관계식이 성립한다고 한다. 또한 경사각 γ_{ne}가 20°일 때 마찰계수는 1.2이다.

(a) 선삭에서 이송이 0.15 mm이고 주절삭날각이 60°일 때 칩두께를 계산하여라.

(b) 절삭력이 3 kN이고 공작물의 비절삭 에너지가 2 GJ/m^{3}일 때 최대 절삭깊이를 계산하여라.

13. 직교절삭에서 수직응력이 공구 경사면을 따라 절삭날에서 최대가 되고 칩-공구 접촉 끝에서 0으로 감소되는 선형적인 분포를 한다고 가정할 때, 칩과 공구 사이의 평균 마찰계수 μ를 최대 수직응력 σ_m, 실제 접촉면적과 겉보기 접촉면적이 같은 곳에서의 수직응력 σ_o, 미끄럼 영역에서의 마찰계수 μ_s로 표현되는 식을 유도하여라.

참고문헌

1. Finnie, I. : Review of the metal cutting analyses of the past hundred years, Mech. Eng., vol.78, no.8, p.715, 1956.
2. Cocquilhat, M. : Experiences sur la resistance utile produite dans le forage, Ann. Trav. Publ. en Belgique, vol.10, p.199, 1851.
3. Hartig, E. : Versuche uber Leistung und Arbeitsverbrauch der Werkzeng-maschine, 1873.
4. Time, I. : Soprotivlenie Metallov i Dereva Rezaniju, St. Petersburg, 1870.
5. Tresca, H. : Memoire sur le rabotage des metaux, Bull. Soc. d'Encouragement pour l'Industrie Nationale, pp.585, 685, 1873.
6. Mallock, A. : The action of cutting tools, Proc. Roy. Soc. Lond., vol.33, p.127, 1881~1882.
7. Reuleaux, F. : Uber den Taylor Whiteschen Werkzengstahl, in Verein zur Beforderung des Gewerbefleisses in Preussen, Sitzungsberichte, vol.79, p.179, 1900.
8. Taylor, F. W. : On the art of cutting metals, Trans. ASME, vol.28, p.31, 1906.
9. Ernst, H., and M. E. Merchant : Chip formation, friction and high quality machined surfaces, in Surface Treatment of Metals, vol.29, American Society of Metals, New York, 1941, p.299.
10. Wallace, P. W. : An Investigation on the Friction Between Chip and Tool in Metal Cutting, fellowship thesis, Department of Mechanical Engineering, University of Salford, England, 1962.
11. Trent, E. M. : Metal Cutting, 2nd ed., Butterworths, London 1984.
12. Stevenson, M. G., and P. L. B. Oxley : An experimental investigation of the influence of speed and scale on the strain-rate in a zone of intense plastic deformation, Proc. Inst. Mech. Eng., vol.184, p.561, 1970.
13. Toups, R. M. : An Analysis of the Natural Sharpness Radius of Cutting Tools, Master's thesis, Department of Mechanical Engineering, Georgia Institute of Technology, Atlanta, September, 1961.
14. Dewhurst, P. : On the non-uniqueness of the machining process, Proc. Roy. Soc. Lond., vol.A360, p.587, 1978.
15. Wallace, P. W., and G. Boothroyd : Tool forces and tool-chip friction in orthogonal machining, J. Mech. Eng. Sci., vol.6, no.1, p.74, 1964.
16. Merchant, M. E. : Mechanics of the metal cutting process, J. Appl. Phys., vol.16, no.5, p.267, and no.6, p.318, 1945.
17. Bridgman, P. W. : Phys. Rev., vol.48, p.825, 1935 ; Proc. Amer. Acad. Arts Sci., vol.71, p.386, 1937 ; J. Appl. Phys., vol.8, no.5, p.328, 1937 ; J. Appl. Phys., vol.14, no.6, p.273, 1943 ; The Physics of High Pressure, G. Bell & Sons, Ltd., London, 1949.

18. Lee, E. H., and B. W. Shaffer : The theory of plasticity applied to a problem of machining, J. Appl. Mech., vol.18, no.4, p.405, 1951.

19. Pugh, H. D. : Mechanics of the cutting process, Proc. IME Conf. Tech. Eng. Manufacture, London, 1958, p.237.

20. Palmer, W. B., and P. L. B. Oxley : Mechanics of orthogonal machining, Proc. IME, vol.173, p.623, 1959.

21. Nakayama, K. : Studies on the Mechanism of Metal Cutting, Bull. Fac. Eng. Yokohama Nat. Univ. (Japan) vol.7, p.1, 1958.

22. Fenton, R. G., and P. L. B. Oxley : Mechanics of orthogonal machining : Predicting chip geometry and cutting forces from work-material properties and cutting conditions, Proc. Inst. Mech. Eng., vol. 184, p.927, 1970.

23. Amontons : Histoire de l' Academie Royale des Sciences avec les Memories de Mathematique et de Physique, 1969.

24. Coulomb, C. A. : Memoires de Mathematique et de Physique de l' Academie Royale des Sciences, Paris, 1785.

25. Bowden, F. P., and D. Tabor : Friction and Lubrication of Solids, Oxford University Press, London, 1954.

26. Zorev, N. N. : Interrelation between Shear Processes Occurring Along Tool Face and on Shear Plane in Metal Cutting, International Research in Product Engineering, 1963, p.42 (presented at the International Product Engineering Research Conference, Pittsburgh, Pa., 1963).

27. Doyle, E. D., et al : Frictional interaction in continuous chip formation, Proc. Roy. Soc. Lond., vol.A366, p.173, 1979.

28. Wright, P. K. : Frictional interactions in machining : Comparison between transparent sapphire and steel cutting, J. Metals Technol., vol.8, p.150, 1981.

29. Amini, E. : Photo elastic analysis of stresses and forces in steady cutting, J. Strain Analysis, vol.3, p.206, 1968.

30. Barrow, G., et al : Determination of rake face stress distribution in orthogonal machining, Int. J. Mach. Tool Dev. Res., vol.22, p.25, 1982.

CHAPTER 05 절삭공구와 공구수명

5.1 서 론

절삭작업에서 절삭공구의 수명은 경제적인 면에서 대단히 중요한 요소 중의 하나이다. 황삭작업에서 여러 공구각, 절삭속도, 이송속도는 보통 공구수명을 위하여 경제적 측면에서 선정된다. 공구를 연삭하고 교체하는 비용이 높기 때문에 매우 짧은 공구수명을 초래하는 조건은 비경제적이다. 반면에 공구수명을 길게 하기 위하여 아주 낮은 속도와 이송으로 가공하는 것도 낮은 생산성 때문에 비경제적이다. 공구수명을 향상시키기 위해서 공구나 공작물을 개선하는 것은 분명히 유익하다. 이런 개선을 위한 기본을 마련하기 위하여 공구마모와 공구파손의 성질을 이해하기 위한 많은 노력들을 하였다.

여러 가지 이유로 인하여 절삭공구의 수명이 끝날 수 있지만, 공구수명은 다음과 같이 두 가지로 크게 나눌 수 있다.

① 절삭공구의 경사면과 여유면의 점진적 마모

② 공구수명의 조기단축을 초래하는 파손

5.2 점진적 공구마모

마모기구의 기본성질은 다른 절삭작업환경에서 매우 다르게 나타날 수 있다. 절삭에 있어서 마모의 세 가지 주요형태는 응착(adhesion), 연삭(abrasion), 확산(diffusion)마모이다.

응착마모[1]는 두 금속 사이에서 용접된 돌출부의 접합부가 파괴되어서 발생한다. 절삭에서, 칩과 공구재료 사이의 접합부는 일종의 마찰기구로 형성된다. 이런 접합들이 파괴될 때, 공구재료의 작은 파편들이 칩 아래 면이나 새로운 가공면 위에서 찢어지거나 함께 떨어져 나간다. 절삭 시 산화막으로 오염되지 않은 새로운 가공면들이 연속적으로 생겨나기 때문에 절삭작업 조건은 응착마모에 적당하고, 새로운 가공면은 돌출부가 용접된 접합부의 형성을 용이하게 한다.

연삭마모로 알려진 마모형태는 칩 아랫부분의 경한 입자들이 공구면을 지나가면서 기계적으로 공구재료를 제거할 때 발생한다. 이러한 경한 입자로는 심하게 변형 경화된 구성인선의 파편, 응착마모에 의하여 제거된 경한 공구재료의 파편, 공작물 재료의 경한 구성성분 등이 있다.

고체상태의 확산은 금속결정 격자의 원자들이 높은 원자집중 지역으로부터 낮은 원자집중 지역으로 이동할 때 발생한다. 이 과정은 온도에 의존하고, 확산속도는 온도증가에 따라 지수적으로 증가한다. 공작물과 공구재료 사이에서 밀접한 접촉이 일어나고 높은 온도가 존재하는 절삭에서의 확산은 원자들이 공구재료에서 공작물 재료로 이동할 때 발생할 수 있다. 두 재료 사이면의 매우 좁은 지역에서 일어나고 공구표면 구조를 약화시키는 이 과정을 확산마모라고 한다.

5.3 절삭에서의 마모형태

공구의 점진적 마모는 **그림 5.1**과 같이 두 가지 방식으로 뚜렷하게 나타난다.

① 크레이터(crater) 형성의 특징이 있고 공구면을 따라 유동하는 칩작용으로부터 생기는 마모

② 새롭게 생성된 가공면의 마찰작용에 의한 여유면(flank)에서의 마모

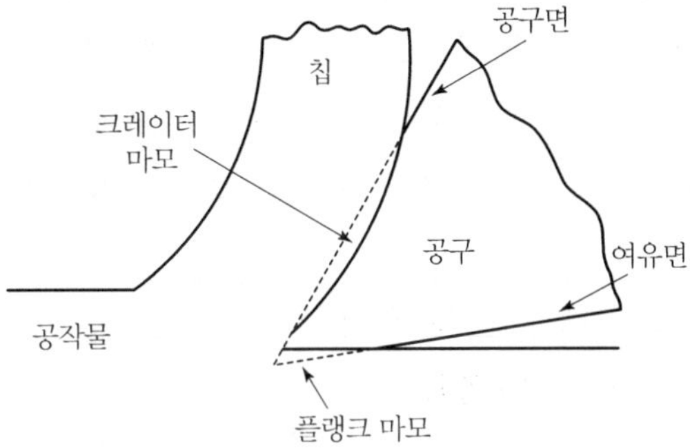

그림 5.1 절삭 시 공구마모가 일어나는 지역

5.3.1 크레이터 마모

공구면에 형성된 크레이터는 **그림 5.1**과 같이 칩 아래 면과 같은 형상이 되며 칩-공구 접촉 면적에 제한되어 발생한다. 더구나 고착마찰(sticking friction)이나 구성인선이 일어나는 절삭날에 인접한 구역은 비교적 마모가 적다.

절삭에 있어서 최고온도는 절삭날로부터 공구면을 따라 좀 떨어진 거리에서 발생한다. 고속절삭에서 이 온도는 1000℃까지 쉽게 도달할 수 있다. 이와 같은 높은 온도에서 고속도강은 재료의 열연화(thermal softening) 때문에 공구마모가 매우 빠르게 일어난다. 초경공구 재료는 이와 같은 높은 온도에서도 경도를 유지하지만, 고체상태의 확산이 급속한 마모를 초래할 수 있다.

보통 크레이터의 최대깊이가 크레이터 마모량의 척도가 되고 표면측정 장치에 의해서 결정될 수 있다. 초고속 절삭조건에서 크레이터 마모는 자주 절삭공구의 수명을 결정짓는 요인이

될 수 있다. 다시 말해서 크레이터 마모가 심해지면 공구날이 약해지고, 결국에는 파괴된다. 그러나 경제적 조건으로 공구가 사용될 때는 보통 프랭크 마모라고 알려진 여유면에서의 공구마모가 지배적인 요소가 된다.

5.3.2 프랭크 마모

절삭공구의 여유면에서의 마모는 서로 접촉하는 새로운 가공면과 여유면 사이의 마찰에 의해서 발생한다. 공작물은 강성이 있기 때문에 프랭크 마모랜드(flank wear land)로 지칭되는 마모영역은 절삭방향에 평행하여야 한다. 마모랜드(wear land)의 폭은 보통 마모량의 척도로서 간주되며 공구 현미경(toolmaker's microscope)으로 쉽게 측정될 수 있다.

그림 5.2는 시간이나 절삭거리에 따른 프랭크 마모랜드 폭 VB의 변화과정을 보여 주는 전형적인 그래프이다. 이 곡선은 다음과 같이 세 가지 영역으로 나눌 수 있다.

① 날카로운 절삭날이 조기에 무디어지고 한정된 크기의 마모랜드(wear land)가 생기는 AB 영역

② 마모가 일정한 속도로 진행되는 BC 영역

③ 마모가 급속하게 증가하는 CD 영역

CD 영역은 마모랜드가 비교적 크기 때문에 절삭공구의 마모가 공구온도에 민감해진 영역을 나타낸다고 생각된다. 실제로 프랭크 마모가 급속하게 진행되는 마지막 영역(**그림 5.2**의 CD 영역)으로 들어가기 전에 공구를 재연삭하는 것이 바람직하다.

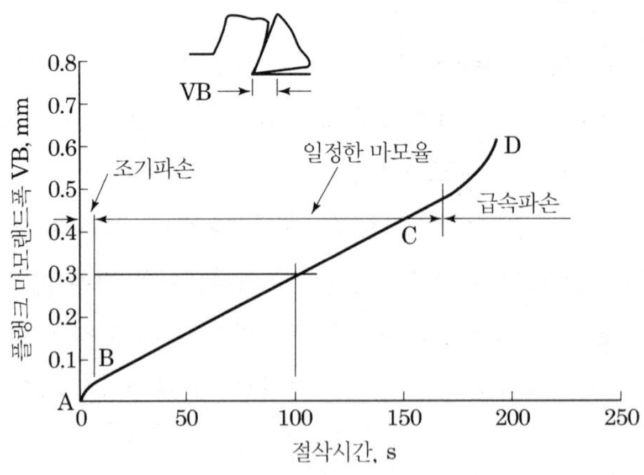

그림 5.2 절삭속도가 1 m/s일 때 초경공구에 대한 시간에 따른 프랭크 마모의 성장

5.3.3 공구수명 기준

공구수명 기준은 미리 결정된 공구마모의 문턱값(threshold value) 또는 어떤 현상의 발생으로 결정된다. 실제로 가공작업에서 절삭공구의 공구면과 여유면의 마모는 절삭날을 따라 균일하지 않다. 그러므로 공구를 재연삭하기 전의 허용 마모량을 결정할 때 마모의 위치와 크기를 규정하는 것이 필요하다. **그림 5.3**은 전형적인 단인공구의 마모를 보여 준다. 그림에 보인 것처럼, 움푹 패인 정도가 절삭날을 따라 변하고, 크레이터의 깊이 KT는 크레이터의 가장 깊은 점(단면 A-A)에서 측정된다. 보통 프랭크 마모는 절삭날의 끝에서 최대가 된다는 것을 알 수 있다. 공구날끝에서는 칩 재료가 복잡하게 유동하기 때문에 이 구역이 절삭날의 중심부보다 조건이 더 가혹한 경향이 있다. 공구날끝에서(C 구역) 프랭크 마모랜드 폭이 VC로 표시된다. 절삭날의 반대쪽 끝에서(N구역) 홈이나 마모노치(wear notch)가 자주 형성되는데, 그 이유는 이 구역에서의 공작물 재료가 앞 단계 절삭에서 가공 경화되었기 때문이다. 마모노치에서 마모랜드 폭이 VN으로 표시된다.

절삭날의 중심부에서(B구역), 마모랜드는 보통 아주 균일하다. 그러나 변화는 있을 수 있기 때문에, 이 구역에서의 평균 마모랜드 폭을 VB로 나타내고 최대 마모랜드 폭은 VB_{max}로 나타낸다.

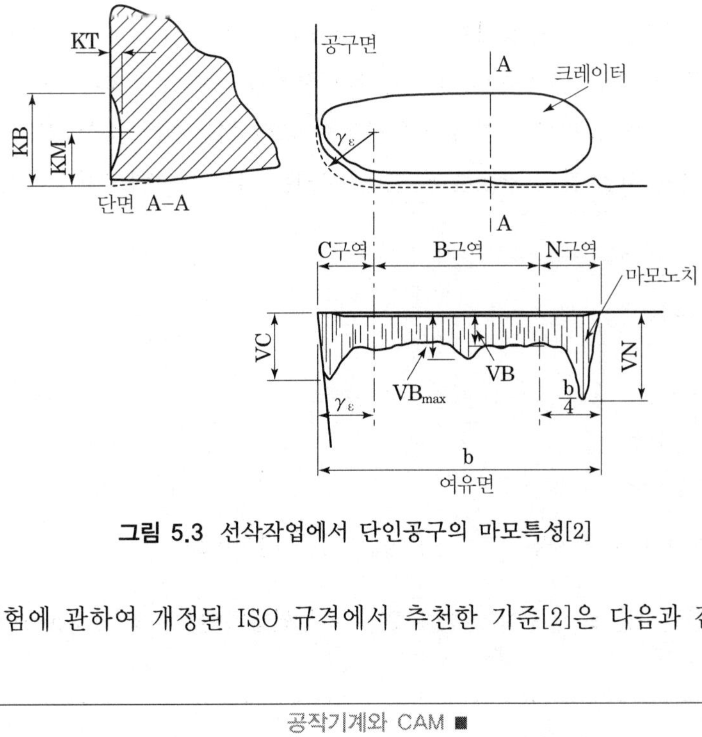

그림 5.3 선삭작업에서 단인공구의 마모특성[2]

공구수명 시험에 관하여 개정된 ISO 규격에서 추천한 기준[2]은 다음과 같다.

5.3.4 고속도강 또는 세라믹 공구에 대한 일반적 기준

고속도강이나 세라믹 공구에 대하여 유효한 공구수명을 정의하기 위하여 ISO에서 추천한 기준은 다음과 같다.

① 치명적 파손

② 여유면이 B 구역에서 규칙적으로 마모되었을 경우 $VB_{max}=0.3$ mm

③ 여유면이 B 구역에서 불규칙적으로 마모되고, 긁히고, 잘게 썰리고, 심하게 홈이 파였을 경우 $VB_{max}=0.6$ mm

5.3.5 초경합금 공구에 대한 일반적 기준

초경합금 공구에 대하여 다음 기준 중에서 한 가지가 추천된다.

① $VB=0.3$ mm

② 여유면이 불규칙적으로 마모되었을 경우 $VB_{max}=0.6$ mm

③ KT=0.06 + 0.3 f (f 는 이송).

5.3.6 공구수명

공구수명은 공구수명 기준에 도달할 때까지 소요되는 절삭시간으로 정의한다. 특정 가공작업을 위하여 공작물 재료, 공구재료, 공구형상이 선정될 때 공구수명에 가장 큰 영향을 미치는 것은 절삭속도이다. 그러므로 기계가공 공정의 최적화를 위한 연구에서 공구수명과 절삭속도 사이의 관계를 아는 것이 필요하다. Taylor[3]는 이를 위하여 다음과 같은 실험식을 만들었다.

$$\frac{v}{v_r}=\left(\frac{t_r}{t}\right)^n \qquad (5\cdot1)$$

여기서 n=상수

v=절삭속도

t=공구수명

v_r=알려진 공구수명 t_r에 대응하는 기준 절삭속도

공구마모 실험결과를 보여 주는 **그림 5.2**를 다시 언급하면, $VB=0.3$ mm 기준에 대한 공

구수명은 100 s가 되는 것을 알 수 있다. 이 실험을 여러 절삭속도에 대하여 반복하면 평균 마모랜드 폭 0.3 mm에 대하여 각 실험에서 다른 공구수명 결과가 나올 것이다. 모든 결과를 로그좌표로 나타내면 **그림 5.4**에 나타낸 그래프와 유사하게 된다.

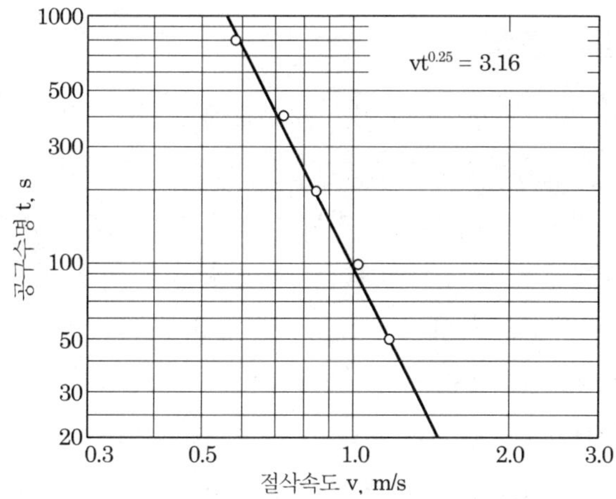

그림 5.4 공구수명과 절삭속도의 전형적인 관계

점들이 직선으로 나타나므로 식 (5·1)로 나타낼 수 있다는 것을 알 수 있다. 즉 $-(1/n)$은 선의 기울기이고 (v_r, t_r)은 선 위의 한 점이다. 그러므로 그래프에서 n이 0.25이고 기준 절삭속도 v_r가 임의로 1 m/s로 선정된다면 t_r는 100s이다. 따라서 식 (5·1)은 $vt^{0.25} = 100^{0.25} = 3.16$이 된다. 기계가공 공정의 최적화를 위하여 이런 정보가 어떻게 활용되는지는 11장에서 다루어질 것이다.

5.3.7 조기 공구파손

많은 절삭공구들, 특히 단인공구들은 초경 인서트를 생크에 브레이징(brazing)하거나 기계적으로 부착한 것이다. 후자의 경우를 스로어웨이 인서트(throwaway insert)라고 한다. 이런 초경 인서트는 매우 취성이고, 공구를 떨어뜨리거나 갑자기 절삭량을 늘리면 급속한 하중이 인서트를 파손시킬 수 있기 때문에 매우 조심스럽게 다루어야 한다. 또한 이런 공구들은 순간적인 열응력에 의한 파괴에 민감한데 이런 열응력은 밀링작업과 같은 단속절삭이나 냉각제를 절삭 중에 부적절하게 사용했을 때 생기는 국부냉각 등에 의하여 생긴다. 부주의한 연삭이나 잘못된 브레이징 기술로 인한 열응력에 의해 균열이 형성되어 절삭날을 약화시킴으로써 손상이 생길 수도 있다.

과거에는 공구마모에 관한 대부분의 연구가 점진적 프랭크 마모와 크레이터 마모를 다루어 왔으나, 실제로는 공구수명이 어떤 식으로 조기에 끝나는가를 연구하는 것이 매우 중요할 수 있다.

5.3.8 구성인선의 영향

절삭 시 공구면에 생기는 구성인선은 공구 마모율에 여러 가지 영향을 줄 수 있다. 다시 말해서 절삭공구의 수명을 단축시킬 수도 있고 연장시킬 수도 있다. 불안정한 구성인선으로 인하여 칩의 아래 면과 새로운 가공면에 부착된 심하게 변형 경화된 파편이 공구면을 비벼대기 때문에 마모율을 증가시킬 수 있다. 그러나 주철과 같은 매우 경한 재료를 절삭할 때는 안정된 구성인선의 존재가 도움이 될 수도 있다[4]. **그림 5.5**와 같이 안정된 구성인선은 공구면이 마모되는 것을 방지하고 절삭작업을 수행하기도 한다.

구성인선은 초경 인서트 공구를 사용할 때 갑작스런 공구파손을 초래하기도 한다. 예를 들면, 공구를 절삭부위로부터 갑자기 분리하면, 절삭 중에 공구면에 용착된 구성인 선의 한 부분이 찢어지면서 공구재료의 파편과 함께 떨어져 나간다. 또한 구성인선은 절삭작업이 끝나서 공구가 냉각될 때 공구수명에 해가 될 수 있다. 강이 초경공구 재료보다 선팽창 계수가 두 배 크기 때문에, **그림 5.6**과 같이 냉각 시 구성인선이 부착된 부분이 부착되지 않은 부분보다 더 많이 수축하게 되어 인서트에서 균열이 발생할 수 있다[4].

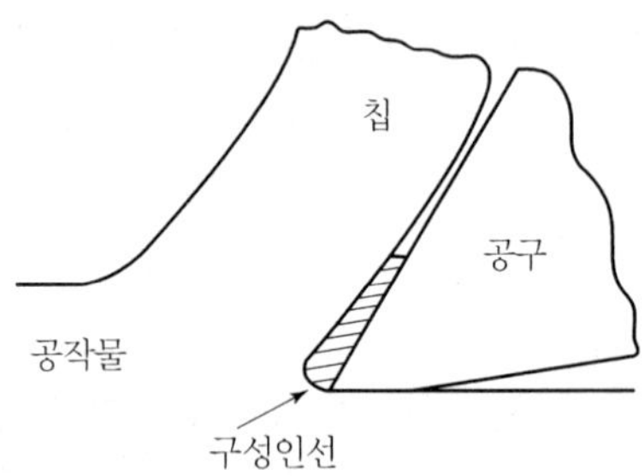

그림 5.5 공구면을 보호하는 구성인선[4]

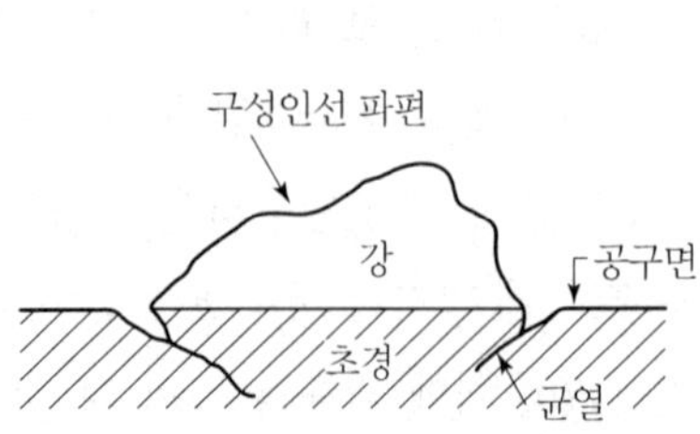

그림 5.6 냉각시 초경 인서트의 균열발생[4]

5.3.9 공구각의 영향

일반적으로 비절삭 에너지와 절삭온도를 증가시키는 열악한 절삭조건에서 높은 공구 마모율이 초래된다. 대체로 경사각을 증가시키면 절삭조건이 향상되기 때문에 공구수명이 더 길어진다고 예상할 수 있다. 그러나 경사각이 커지면 절삭날이 기계적으로 약해져서 높은 마모율과 짧은 공구수명을 초래한다. 그러므로 다른 절삭조건이 일정하다면 최대 공구수명을 얻을 수 있는 최적 경사각이 존재한다.

경사각과 공구수명의 전형적인 관계를 **그림 5.7**에 나타내었다. 여기서 고속도강으로 고강도강을 절삭할 때 최적 경사각은 대략 14°이다[5]. 경험적으로 주어진 공작물과 공구재료에 대하여 최적 경사각은 대체로 일정하다고 알려져 있고, 실제로 **표 5.1**에 주어진 값들이 사용된다.

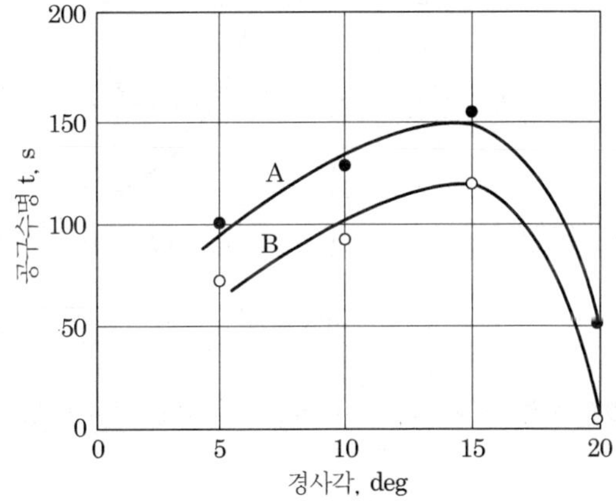

그림 5.7 경사각이 공구수명에 미치는 영향(공작물은 고강도강이고 공구재료는 고속도강, 곡선 A는 이송=0.127 mm(0.005 in), 절삭속도=0.66 m/s(130 ft/min), 곡선 B는 이송=0.508 mm (0.02 in), 절삭속도=0.41 m/s(80 ft/min))[5]

표 5.1 황삭작업시 추천된 수직 경사각

공 작 물	고속도강(°)	초경(°)
주철, 주물용 황동	0	0.0
황동, 청동	8	3.5
연한 황동, 고장력강	14	3.5
연강	27	3.5
경합금	40	13.0

어떤 특정조건에서 예를 들면, 초경커터로 밀링작업을 할 때 커터의 각 회전마다 발생하는 충격하중이 인서트를 파괴시킬 수 있으므로 더 큰 강도를 얻기 위해서 음의 경사각이 사용된다.

경험적으로 여유면 마모랜드 폭이 보통 절삭공구의 수명을 결정하는 중요한 요소라고 알려져 있다. 그러나 여유면의 마모율을 결정하는 응력, 온도, 속도 등 물리적 조건들이 마모랜드를 따라 일정하며, 어느 정도까지의 작은 마모랜드에 대하여는 이와 같은 물리적 조건들이 마모랜드 폭의 변화에 크게 영향을 받지 않는다고 한다[6]. 이러한 두 가지 이유 때문에 절삭방향에 수직한 방향의 공구재료의 마모율은 수직 여유각의 크기에 관계없이 일정할 것으로 예상된다. 그러나 **그림 5.8**에서 보는 바와 같이 여유면 마모랜드 폭이 증가하는 속도는 여유각에 의존한다는 것을 알 수 있다.

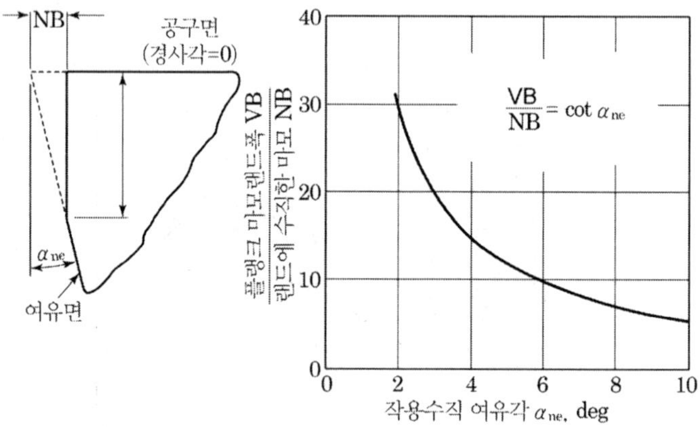

그림 5.8 수직 여유각이 프랭크 마모에 미치는 영향

그림으로부터 경사각이 0°일 때

$$(VB) = (NB)\cot\alpha_{ne}$$

$$\frac{VB}{NB} = \frac{VB}{NB} = \cot\alpha_{ne} \tag{5·2}$$

여기서 VB = 프랭크 마모랜드의 길이 증가율

NB = 절삭방향에 수직한 공구재료의 마모율

α_{ne} = 작용수직 여유각

그러므로 절삭방향에 수직한 마모율이 일정하다고 가정하면 공구수명을 결정하는 프랭크 마모율 VB는 여유각 $\cot\alpha_{ne}$에 비례한다. 이 관계를 **그림 5.8**에 나타내었는데, 여유각이 작을 때는 여유각의 증가가 마모율을 현저하게 감소시킨다는 것을 알 수 있다. 그러나 실제로

수직 여유각은 공구날을 약화시키는 위험을 감수하지 않고는 크게 할 수 없다. 경험적으로 대부분의 공작물 재료에 대하여 고속도강은 8°, 초경은 5°로 하는 것이 이러한 상반된 요구조건을 절충하는 최적의 여유각으로 알려져 있다.

5.3.10 절삭속도와 이송의 영향

절삭에서 속도나 이송의 증가는 공구면 온도의 증가를 초래한다. 낮은 속도에서의 공구면 온도의 상승은 칩-공구 접촉면의 마찰을 감소시키는 경향이 있어서 구성인선이 생기는 것을 방지한다. 높은 속도에서의 공구면 온도의 상승은 크레이터 마모율을 증가시키는 경향이 있다. 속도와 이송의 상대적인 영향이 Trent[4]에 의하여 그래프로 명확히 밝혀졌으며, 두 가지 예를 **그림 5.9**에 나타내었다. 이 그래프는 주어진 공작물과 공구에 대하여, 구성인선이 생성되는 속도와 이송범위, 크레이터가 급속히 생기는 속도와 이송범위, 매우 가혹한 조건하에서 높은 온도와 응력으로 인한 절삭날의 변형으로 매우 빠른 공구파손이 일어나는 속도와 이송범위들을 보여 준다. 이러한 그래프는 여러 공구재료들의 성능을 비교할 때 매우 유용하다. 예를 들어 **그림 5.9**의 결과로부터 티타늄을 텅스텐-카바이드 공구재료에 첨가하여 탄소강을 가공하면 크레이터 마모가 매우 높은 속도와 이송에서 발생한다는 것을 알 수 있다. 따라서 텅스텐-티타늄-카바이드 공구재료를 사용하면 더 높은 절삭속도와 이송에서 탄소강을 가공할 수 있다.

5.4 공구재료

5.4.1 공구재료의 기본조건

절삭공구들은 1000℃ 이상의 높은 온도와 높은 하중에서 사용되는 것이 자주 요구된다. 더구나 가혹한 마찰조건이 공구와 칩 사이, 공구와 새로운 가공면 사이에서 발생한다. 절삭공구 재료의 주요 요구조건은 다음과 같다.

① 고온에서의 물리적 화학적 안정성, 특히 고온 경도가 중요

② 높은 내마모성

③ 취성파괴에 대한 높은 저항성

이러한 세 가지 특징 모두에서 공구재료가 아주 좋은 성능을 나타내는 것은 일반적으로 불가능하다. 예를 들면, 높은 고온경도와 높은 내마모성을 가지는 재료는 취성파괴에 약한 경향이 있다.

절삭공구의 성능에 영향을 미치는 다른 요소들은 다음과 같다.

① 공구와 공작물의 상대적인 경도

② 공작물 표면에 존재하는 산화물과 같은 거친 입자들

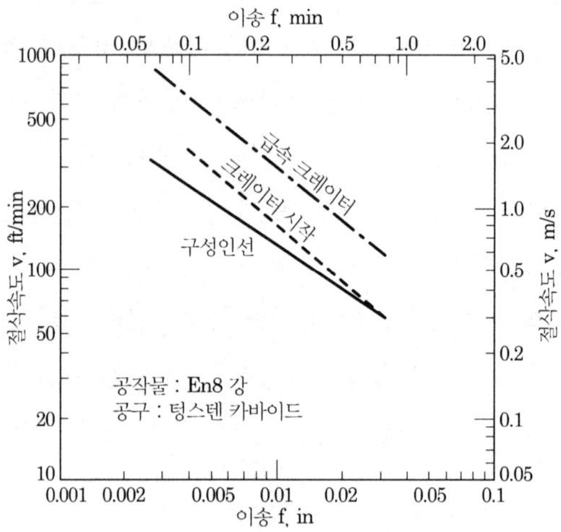

(a) 텅스텐–카바이드 공구의 마모

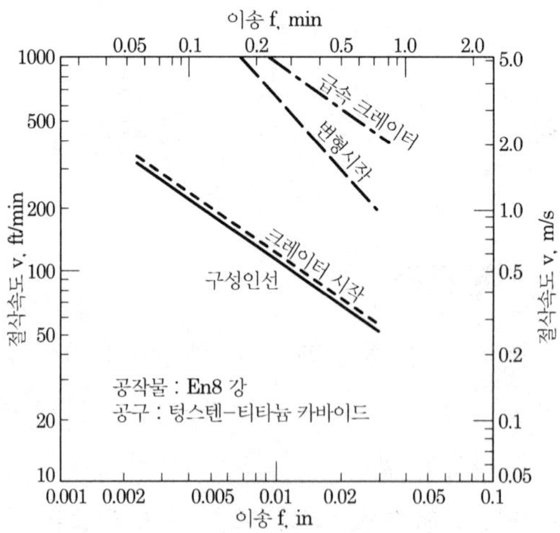

(b) 텅스텐–티타늄–카바이드 공구의 마모

그림 5.9 공구마모[4]

③ 공구와 공작물의 화학적 친화성
④ 절삭온도
⑤ 공작기계의 조건, 예를 들면 강성
⑥ 가공작업의 형태, 특히 취성파괴에 낮은 저항성을 가지는 재료에 있어서 중요한 연속절삭(continuous cut)인지 단속절삭(interrupted cut)인지에 관한 것

표 5.2 주요 공구재료의 종류

	고온 경도 (↓)	내마모성 (↓)	인성 (↑)
1. 탄소강 2. 고속도강 3. 주조합금 4. 텅스텐 카바이드 5. 서멧 6. 티타늄 카바이드 7. 세라믹 8. 다결정 다이아몬드 및 CBN 9. 단결정 다이아몬드	고온 경도	내마모성	인성

5.4.2 주요 공구재료의 종류

주요 공구재료의 종류가 **표 5.2**에 나타나 있다. 최초로 사용된 재료는 경화된 탄소강이지만, 재료의 경도에 있어 중요한 마르텐사이트가 250℃ 이상에서 연화되기 때문에 낮은 절삭속도와 절삭온도에서만 사용될 수 있었다. 결과적으로, 탄소공구강은 현재 목공작업과 같은 연한 재료의 가공에만 사용되고 있다.

금속절삭가공에 있어서 가장 위대한 성과 중의 하나가 Taylor[3]에 의하여 이루어졌는데, 그는 고속도강을 생산할 수 있는 열처리 과정을 발견하였다. 공구마모 특성이 개선된 이러한 절삭공구의 사용으로 높은 금속 제거율이 가능하게 되었다. Taylor의 발견 이후로 야금학과 야금술의 발달로 인하여 주조합금(cast alloy), 초경합금(cemented carbide), 최근의 소결산화물(sintered oxide) 또는 세라믹(ceramic)과 같은 새로운 공구재료를 개발하기에 이르렀다.

어떤 공구재료가 특정작업에 가장 적합한 지는 실제적인 경험으로 알 수 있다. 생산하는데 별 어려움이 없는 단인공구에 있어서 바람직한 재질은 고온에서도 유지될 수 있는 높은 경도이다. 불행히도 경도의 증가는 보통 충격강도의 감소를 수반한다. 또한 경도의 증가는 공구생산의 어려움을 야기한다. 결과적으로, 단인공구에 의한 연속절삭에 가장 적합하다고 알려진

재료가 다인공구로는 사용될 수 없는 경우가 종종 있다. 실제 사용되는 전체공구 숫자 중에서 단인공구가 차지하는 부분은 비교적 작기 때문에 대부분의 금속절삭은 여전히 고속도강을 사용한다.

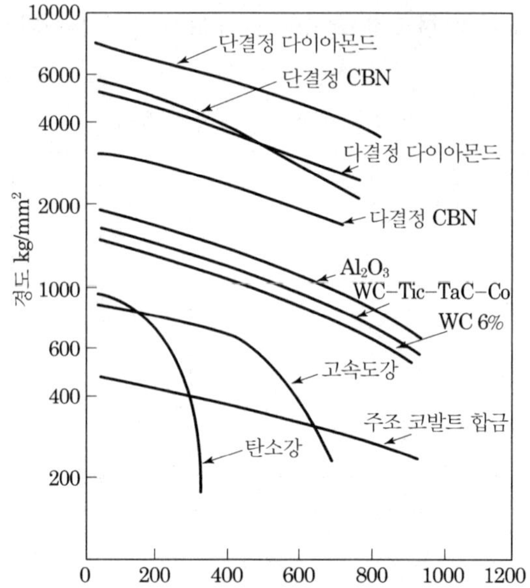

그림 5.10 온도에 따른 공구재료의 경도변화[7]

표 5.2에 보인 재료들은 내열성 및 고온 경도가 증가되는 순서로 배열되어 있다. 이 중 몇 가지 재료에 대하여 그림 **5.10**에서는 경도에 대한 온도의 영향을 보여 준다[7]. 단결정 다이아몬드를 제외한 이 모든 재료들은 매우 단단한 입자와 상대적으로 연한 상(phase)으로 구성되어 있다. 단단한 상의 비율을 증가시키면 경도는 증가하지만 재료의 인성이 감소한다. 최근 공구재료의 발달은 성능개선을 위하여 기본이 되는 공구재료, 특히 고속도강과 텅스텐 카바이드 공구를 얇고 내마모성이 우수한 층으로 코팅하게 되었다. 지금부터 주요 공구재료에 대하여 매우 자세히 설명한다.

5.4.3 고속도강

고속도강(high-speed steel)은 주로 텅스텐(약 18%)과 크롬(약 4%)의 합금원소로 구성된 합금강이다. 또한 코발트, 바나듐 또는 몰리브덴이 포함될 수 있다. 열처리 공정을 통하여 합금 원소들의 탄화물이 형성되고 이것이 재료 전체에 걸쳐서 매우 단단한 입자로 퍼져 있다.

20등급이 넘는 고속도강 재료들이 일반적으로 사용되고 있으며 각각은 그들만의 장점과 단점을 가지고 있다[8]. 고속도강은 상대적으로 싸고 강하지만, 한정된 고온경도를 가지고 있어서 550℃ 이하의 온도에서만 절삭용으로 사용될 수 있다. 고속도강은 열간 압연되고 대강의 모양으로 단조된 다음 기계 가공되어 열처리와 마무리 연삭을 하게 된다. 이것은 여전히 가장 널리 쓰이는 공구재료이며, 특히 드릴, 밀링커터 등과 같은 일체형의 공구에 많이 쓰인다.

최근에 고속도강은 1~2㎛의 얇은 티타늄 질화물(titanium nitride, TiN)로 코팅된 것이 나오고 있으며, 이것은 로크웰 C 80~85의 경도를 가진다. 모재인 고속도강 재료는 상대적으로 연성이고 높은 내충격성을 갖고, 코팅층은 매우 높은 내마모성과 낮은 마찰을 나타낸다.

5.4.4 주조합금 공구

주조합금 공구(cast alloy tool)는 철을 포함하고 있지 않고 공구의 최종 모양으로 주조된다. 주조합금 공구는 코발트, 크롬, 텅스텐, 탄소로 구성되어 있고, 탄화물은 모재 중에서 약 25~30%의 부피를 차지하고 있다. 이 공구는 보통 고속도강보다 약간 높은 속도에서 사용될 수 있고 가공 중에 구성인선이 생기는 경향이 덜하다. 주철, 가단주철, 청동의 가공에 가장 광범위하게 사용된다.

5.4.5 초경합금 공구

초경합금(cemented carbide)은 보통 고온에서 94 대 6의 무게 비로 텅스텐 분말과 탄소를 혼합하여 만든다. 이 혼합물과 코발트가 결합한 최종 물질이 공구형상으로 성형되고 약 1400℃의 노에서 소결된다. 이 텅스텐-카바이드-코발트 재료는 1200℃의 높은 온도에서도 높은 경도를 유지할 수 있어서 고속도강이나 주조합금 공구재료보다 훨씬 높은 절삭속도에서 사용될 수 있다. 그러나 앞에서 언급한 바와 같이 초경합금은 그렇게 인성이 높지 않기 때문에 소결된 다음에는 원하는 모양으로 가공할 수 없다.

이런 이유로 초경합금은 보통 인서트의 형태로 **그림 5.11**과 같이 브레이징(brazing)되거나 클램프로 고정된다. 클램프로 고정되는 인서트는 모든 절삭날이 마모된 다음에 폐기된다. 순수한 텅스텐 카바이드는 가장 강하고 가장 내마모성이 우수하지만, 강을 절삭할 때 급격한 크레이터 마모가 발생한다. 크레이터 마모에 대한 저항성을 높이기 위해서 탄탈늄 카바이드(tantalum carbide)와 티타늄 카바이드(titanium carbide)를 기본 혼합물에 첨가하여 텅스텐-탄탈늄 카바이드나 텅스텐-티타늄 카바이드를 제조한다.

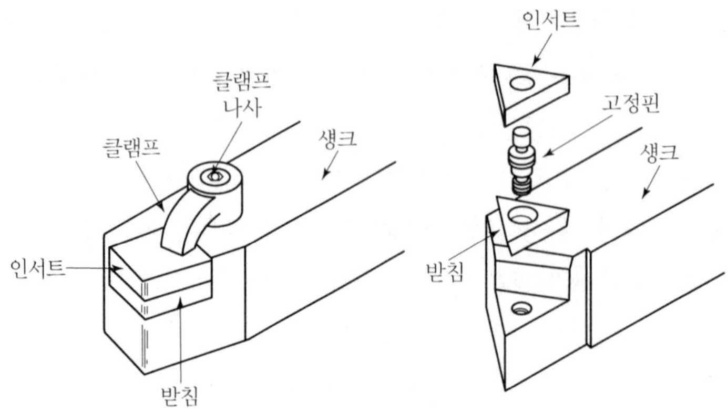

그림 5.11 인서트 공구의 전형적인 형태

최근에는 티타늄 카바이드가 폐기 가능한 인서트의 형태로 사용되고 있다. 이 재료는 순수 텅스텐 카바이드보다 내마모성이 우수하지만, 강도가 낮은 단점이 있다. 그러나 이 재료를 생산하는 기술의 발달로 인하여 세라믹의 절삭속도에 접근하는 고급제품을 생산할 수 있게 되었다. 이러한 고급제품들은 강과 주철의 절삭에 이용될 수 있다. 10년 안에 모든 강의 최소한 반 정도가 티타늄 카바이드에 의해서 가공이 될 것이라고 믿는 사람들도 있다[9].

초경합금은 경도와 내마모성에 따라 여러 가지 다른 등급이 있다. 일반적으로 코발트 양을 증가시키면 재료의 인성을 높일 수 있지만 경도를 감소시킨다. 모든 초경합금은 고속도강에 비해서 더 높은 온도에서 사용될 수 있으나 이 재료는 상대적으로 취성이고 단속절삭할 때 쉽게 파괴될 수 있다.

5.4.6 코팅된 초경합금 공구

강의 효율적인 황삭을 위하여 기본적으로 요구되는 것은 텅스텐 카바이드의 인성과 티타늄 카바이드의 우수한 내마모성을 갖는 공구의 사용이다. 이런 이유로 텅스텐 카바이드를 단단한 재료로 얇게 코팅하는 것에 많은 관심을 가지고 있다. 이 코팅층은 5~8㎛의 두께이고 실제로 칩과 공구 사이의 상호확산작용을 제거한다고 밝혀졌다. 보통 화학 증착법(CVD : chemical vapor deposition)으로 코팅한다. 코팅층이 결국 마모되어 닳아 없어지면, 마모율은 코팅되지 않은 공구와 똑같게 된다.

공구의 표면에는 티타늄 탄화물(titanium carbide)[10], 티타늄 이산화물(titanium dioxide)[11], 티타늄 질화물(titanium nitride)[12]로 성공적인 코팅을 하였다. 아주 최근에는 알루미늄 산화물(aluminum oxide, Al_2O_3), 하프늄 질화물(hafnium nitride, HfN), 지르코늄 질화

물(zirconium nitride, ZrN)과 같은 개선된 코팅이 새롭게 소개되었다[13]. 가장 최신 코팅 기술은 다른 재료로 다층으로 코팅하는 방법이다. 예를 들면, Al_2O_3와 TiN으로 코팅하는 것이다. 바깥층인 TiN은 낮은 마찰과 화학적 불활성 표면을 제공한다. TiN이 마모됨에 따라 추가적으로 내마모성 층인 Al_2O_3가 드러나게 된다.

5.4.7 세라믹과 서멧공구

세라믹 공구재료는 소결된 산화 알루미늄(Al_2O_3)과 여러 가지 다른 붕소와 실리콘 질화물 분말로부터 만들어진다. 이 분말들을 함께 혼합하고 약 1700℃에서 소결한다. 소결 산화물은 텅스텐 카바이드보다 두 세 배 높은 절삭속도에서 사용될 수 있고, 매우 단단하며, 높은 압축강도와 낮은 열전도율을 갖는다. 그러나 소결 산화물은 매우 취성이고 충격과 진동이 발생하지 않는 곳에서만 사용이 가능하다. 소결 산화물은 오직 스로어웨이 인서트(throw-away insert) 형태로만 나와 있고 고속 다듬질 선삭에 가장 많이 사용되고 있다.

가장 많이 사용되는 세 가지 세라믹 절삭공구는 산화알루미늄, 시알론(sialon : 실리카, 알루미늄, 산소, 질소의 결합물), 질화 실리콘(silicon nitride, Si_3N_4)이다. 산화알루미늄은 가장 보편적인 것이며, 단속절삭이 아닌 다듬질 및 중간 다듬질 절삭에 적당하다. 시알론은 규소(Si), 알루미늄(Al), 산소(O), 질소(N)의 합성어로서 기계적 충격에 강하고 냉각수 사용으로 발생될 수 있는 높은 열충격에 견디는 능력을 가지고 있다. 시알론은 탄소강과 화학적으로 부적합성을 나타내므로 함께 사용될 수 없다[14]. 질화 실리콘 공구는 시알론과 유사한 속성들을 가지고 있지만, 인성과 높은 온도 및 하중에 견디는 능력을 개선하였다.

서멧(cermet) 공구는 70%의 알루미늄 산화물과 30%의 티타늄 탄화물로 만들어진다. 이 재료는 세라믹보다 인성이 높고 파괴에 강하지만 어느 정도 연하다. 서멧은 인성과 경도가 좋아서 초경보다 몇 배 높은 속도에서 사용될 수 있고, 단속절삭이 가능하다.

세라믹 공구를 포함하여 가장 최근에 개발된 것이 세라믹-세라믹 복합재료인데 이것은 작은 실리콘 탄화물의 휘스커(whisker)로 강화된 알루미늄 산화물의 모재로 구성되어 있다. 이 휘스커는 절삭력을 보다 균등하게 분배하기 때문에 서멧과 비교하여 파괴인성을 상당히 증가시킨다. 이 복합재료는 황삭과 다듬질 절삭에 적합하며, 니켈합금, 주철, 강 등의 가공에 특히 유용하다.

5.4.8 다결정 공구

다결정 절삭공구는 다이아몬드(인조와 천연)나 입방정 질화붕소(cubic boron nitride, CBN)의 작은 입자들을 고압과 고온에서 소결하여 만든다. 단결정 다이아몬드는 미세한 다듬질 작업에 사용된다. 천연 다이아몬드가 가장 단단한 재료로 알려져 있지만 강도가 균일하지 않다. 다결정 공구재료는 균질하여 강도와 내구성이 개선되었지만, 천연 다이아몬드와 비교하여 경도가 약간 떨어진다. CBN 공구는 다이아몬드보다 덜 비싸지만 초경보다는 20배 이상 비싸다. 이런 높은 비용은 상당히 긴 공구수명으로 상쇄될 수 있다(초경보다 50배까지 길다). 다결정 CBN 공구는 경화강 부품, 기계베드, 강롤(steel roll) 등의 연삭작업에 주로 사용된다[13].

5.5 공작물 재료

절삭성(machinability)이라는 용어는 공작물 재료에 대한 가공특성을 나타내기 위하여 종종 사용된다. 이것은 절삭공정에 따라 여러 가지 의미를 가질 수 있다. A재료가 B재료보다 더 가공하기 쉽다고 하는 것은 A재료에 대한 공구 마모율이 더 낮다고 의미할 수 있거나, A재료의 표면거칠기가 더 좋다고 의미할 수 있거나, 또는 A재료의 가공에 더 적은 동력이 요구된다고 의미할 수 있다. 분명히 다듬질 공정에서는 공구마모와 표면거칠기가 중요하고, 황삭작업에서는 공구마모와 소비동력이 중요하다.

절삭성에 관하여 논하는 것은 특정 조건하에서만 의미가 있다는 것에 주의해야 한다. 예를 들어 어떤 주어진 조건하에서 A재료가 B재료보다 더 좋은 표면거칠기를 나타내었다고 가정하자. 그러나 다른 조건하에서는, 예를 들어 다른 공구재료를 사용할 때는 반대가 될 수 있다. 절삭성의 다른 기준인 공구 마모율, 소비동력에서도 유사한 현상이 나타날 수 있다. 다시 말해서 어떤 그룹의 재료에 대하여 공구마모를 기준으로 절삭성의 순서를 정할 수 있지만, 만약 표면거칠기나 소비동력을 기준으로 순서를 정한다면 다르게 될 것이다. 분명히 절삭성이라는 용어는 막연히 정성적 의미만을 가지고 있다.

비록 용어가 막연하게 정성적 의미만을 가지고 있지만, 절삭성을 정량적으로 나타내기 위한 많은 시도가 있었다. 다시 말해서 절삭성 지수나 숫자와 같은 정량적인 값이 의미가 있다면, 생산되는 공작물의 가공특성을 검사하는 데 있어서 빠르고 신뢰성 있는 검사방법을 원하는 강 제조업자들에게 많은 도움이 된다. 절삭성 값을 산출하기 위한 많은 독창적인 방법들이 제안되어 왔고 그 중에서 몇 가지는 여전히 사용되고 있다. 비록 이런 방법들이 의심스러운 면이 있기는 하지만, 같은 사양을 가지는 재료들이 다른 가공특성을 나타낼 때 사용될 수 있다. 경험적으로 이런 실험결과들이 어떤 도움이 된다는 것은 알고 있지만, 이 결과들이 실질적인 가공특성에 관한 정량적인 정보를 제공한다는 것을 증명하는 것이 가장 어렵다.

5.5.1 공구마모와 절삭성 시험

그림 5.2, 5.4, 5.9에 나타낸 공구마모 데이터의 산출은 매우 지루하고 오랜 시간에 걸쳐 조심스럽게 연속적으로 측정된 값들이다. 이런 시험에는 필연적으로 많은 양의 공작물 재료와 공구들이 소모된다. 시중에 나와 있는 공작물들은 편석에 의하여 첨가물과 함유물이 균질하지 않기 때문에 공작물의 안쪽에서 바깥쪽으로 감에 따라 공구 마모율이 다를 수 있다. 또한 시편의 길이를 따라 공구 마모율이 다를 수 있다. 사양이 같은 공구재료들도 상당히 다른 결과를 산출할 수 있다. 초경공구의 경우 소결과정을 위하여 같은 노에 넣어 제조한 인서트들이 다른 마모특성을 나타낸다고 알려져 있다. 고속도강의 경우에는 문제가 더 심각하다. 템퍼링 온도가 너무 결정적이어서 열처리 조건을 조금만 변화시켜도 아주 큰 성능 차이를 낳을 수 있다.

이와 같은 이유로 인하여, 광범위한 공구마모 시험결과들이 종종 오해되기 쉬운데 이것은 공작물과 공구 특성이 연속적인 시험 동안 변할 수 있다는 위험성 때문이다. ISO에서 권장한 선삭에 대한 공구수명 시험[2]은 공구와 공작물, 시험조건을 매우 자세히 지정하여 이 문제들을 최소화하려고 하였다. 그러나 공작물 재료를 적게 소비하고 오직 한 개의 시험공구만이 요구되는 급속마모 시험방법은 매우 바람직해서 몇 가지 시험방법이 제안되어 있다.

급속마모 시험의 한 가지 방법으로 가속마모 시험이 있는데, 예를 들어 선반에서 단면절삭 작업을 하는 것이다. 이 시험에서 공작물은 고속으로 회전하고 공구는 공작물의 중심선에서 바깥쪽으로 방사형으로 움직인다. 공구가 공작물 지름 밖으로 나가기 전에 공구가 완전히 파손되도록 조건을 맞춘다. 반지름 방향의 가공된 길이를 특정 공구-공작물에 대한 가공특성의 한 척도로 삼는다. 비록 이 방법이 여러 가지 공작물과 공구재료에 대한 비교시험에는 유용하지만, 그 결과는 기본적인 마모성질에 관한 정보를 거의 제공하지 못하고, 또한 실제 상황과 연관된 공구성능의 절대적인 척도가 되지 못한다.

또 다른 종류의 급속마모 시험은 매우 적은 마모량을 측정할 수 있는 특별한 기술을 수반한다. 이 방법은 절삭공구의 사용면을 조심스럽게 연마한 다음 짧은 시간 동안 공작물을 절삭하고 여유면의 적은 마모량을 측정한다. 이 방법의 단점은 측정된 마모 특성이 공구의 초기파손 과정에서 일어나는 것이고 나중 단계의 공구마모 거동을 항상 대표하지는 않는다는 것이다. 공구마모의 적은 양을 측정하기 위한 더 진보된 기술은 방사능 트레이서(radioactive-tracer) 기술이다. 이 방법은 절삭시험을 하기 전에 시험용 절삭공구를 방사능에 노출시킨다. 절삭시험 중 생성된 칩들을 수집하여 칩들의 방사능을 측정하여 그 값을 절삭공구에 대한 마모율의 척도로 삼는다. 이 방법은 비교시험으로서만 적당하다.

급속마모 시험에 대하여 최근에 제안된 방법은 여유면의 마모랜드를 인위적으로 연삭한 공구를 먼저 준비한다. 적은 양의 가공으로부터 증가된 마모랜드의 크기를 측정함으로써 **그림 5.2**의 마모곡선에서 중간의 직선부분에서의 공구 마모율을 얻을 수 있다. 초기시험 단계에서 공구와 공작물 사이에 요구되는 마찰접촉을 위해 약간 음의 여유각을 갖도록 처음에 마모랜드를 연삭하는 것에 주의해야 한다.

점진적 공구마모에 대한 모든 이론은 금속 접촉면과 온도가 함께 증가하면서 마모율이 증가한다고 하였다. 따라서 공구마모와 칩-공구 마찰, 공구마모와 온도 사이에 어떤 관계가 존재한다고 예상할 수 있다. 많은 조건하에서 칩-공구 마찰이나 절삭온도의 측정이 주어진 공작물과 공구에 대한 마모거동을 아는 데 있어서 유용하다. 이런 측정이 절삭성 시험으로 사용될 수 있고, 또한 공작물 재료가 매우 적게 소모된다는 큰 장점이 있다.

5.5.2 절삭성에 영향을 미치는 요인들

일반적으로 공작물의 높은 경도는 소비동력, 온도, 공구 마모율을 증가시키기 때문에 절삭성을 나쁘게 한다고 할 수 있다. 그러나 많은 다른 요인들이 절삭성에 영향을 미치고, 일반적으로 순수 금속이 절삭공구의 사용면에 달라붙는 경향이 있어서 높은 마찰과 높은 공구 마모율을 야기한다. 예를 들어 순철을 가공하면 절삭력과 공구 마모율이 아주 높아져서 매우 강인한 합금강을 가공할 때만큼 높다.

황, 납, 텔루르(tellurium)을 강뿐만 아니라 비철금속에 첨가하면 생산성이 높아지고 표면거칠기가 좋아지지만, 이런 첨가물이 어떤 기능을 하는지는 완전히 이해되지 않고 있다. 이러한 첨가물이 공구와 공작물 사이의 금속접촉을 감소시키는 것은 확실해 보인다. 따라서 마찰과 공구 마모율이 감소되는 것이다. 이러한 구성성분들이 실온에서는 모재 금속의 기계적 성질에 크게 영향을 미치지는 않지만, 고온에서의 성질은 심각하게 영향을 받을 수 있다. 황,

납, 텔루르가 금속의 고온특성에 미치는 영향이 소위 말하는 쾌삭금속(free-machining metal)의 사용을 제한하지만, 그럼에도 불구하고 이들은 광범위하게 쓰이고 수요도 많다. 공작물 재료가 공구마모에 미치는 영향에 대한 이론 부족으로 생산에 관련된 공학자나 야금학자들이 많은 어려움이 있다. 예를 들면, 기계가공 공정의 자동화가 증가함에 따라 공구마모 특성을 지속적으로 유지하는 것이 중요하게 되었으나, 주지하는 바와 같이 명목상 같은 사양의 금속을 절삭할 때에도 공구마모에 있어서는 큰 차이를 나타낸다. 이런 차이점은 통상적으로 측정되는 재료 특성과는 보통 관계가 없다.

터빈에 사용되는 금속과 같이 고온에서 사용되기 위해 개발된 금속은 특별한 어려움이 있다. 보통 이런 금속에 대해서는 쾌삭성을 주는 성분의 첨가가 별로 도움이 되지 못해서, 공구공학자나 생산 공학자가 가공문제에 대하여 풀어야 할 과제로 남아 있다. 몇 가지의 이런 문제들은 너무 어려워서 전해가공과 같은 다른 가공기술을 이용하는 것이 더 경제적일 수 있다. 이러한 기술들은 제7장에서 거론된다.

연·습·문·제

1. 단인공구가 0°의 경사각과 2°의 여유각을 갖는다. 만약 여유각이 8°로 주어진다면 재연삭으로 공구수명이 몇 %나 증가하겠는가? 공구는 일정량의 프랭크 마모가 일어난 후에 재연삭되고 마모랜드에 수직한 공구 마모율은 일정하다고 가정한다.

2. 여유각이 8°인 공구를 사용한 시험으로부터, 절삭속도 1 m/s에 대한 공구수명은 240 s이고, 절삭속도 5 m/s에 대한 공구수명은 12 s라는 것이 밝혀졌다. Taylor의 공구 수명식이 다음과 같다고 가정한다.

   $$vt^n = v_r t_r^n$$

   다음을 구하여라.

   (a) 상수 n

   (b) 여유각이 8°에서 3°로 감소될 때 공구수명의 퍼센트 변화

   (c) t_r =1일 때 v_r의 새로운 값(여유각의 변화 후)

3. 황삭 선반작업에서 공구수명이 다음 식을 따른다.

   $$t = v^{-3} f^{-0.8} a_p^{-0.1}$$

   여기서 v, f, a_p는 SI 단위로 각각 절삭속도, 이송, 절삭깊이이다. 이 작업에서 v=1 m/s, f=0.5 mm, a_p=10 mm 이다. (a) 속도, (b) 이송, (c) 절삭깊이를 증가하여 두 배의 금속 제거율을 얻을 때 공구수명, 절삭력, 동력에 미치는 영향(증가나 감소 퍼센트)을 구하여라.

참고문헌

1. Bowden, F. P., and D. Tabor : Friction and Lubrication of Solids, Oxford University Press, London, 1954.
2. Tool Life Testing with Single-Point Turning Tools, ISO 5th Draft Proposal, ISO/TC 29/WG22 (Secretariat 37), vol.91, March 1972.
3. Taylor, F. W. : On the art of cutting metals, Trans. ASME, vol.28, p.31, 1906.
4. Trent, E. M. : Tool wear and machinability, Prod. Eng.(Lond.), vol.38, no.3, p.105, 1959.
5. Cherry, J. : Practical investigation in metal cutting, Prod. Eng.(Lond.), vol.41, no.2, p.90, 1962.
6. Boothroyd, G., J. M. Eagle, and A. W. J. Chisholm : Effect of tool flank wear on the temperatures generated during metal cutting. Adv. Mach. Tool Des. Res., vol. 7, p.667, 1967.
7. Almond, E. A. : Towards improved tests based on fundamental properties, in Towards Improved Tool Performance, National Physical Laboratory Conference, Metals Society, London, 1982.
8. Drozda, T. J., and C. Wick, eds. : Tool and Manufacturing Engineers Handbook, vol.1 : Machining, 4th ed. Society of Manufacturing Engineers, 1983.
9. Kalish, H. S. : The potential of titanium carbide for machining steel, Cutting Tool Eng., vol.24, no.9~10, pp.6~9, 1972.
10. Horlin, N. A. : TiC coated cemented carbides-their introduction and impact on metal cutting, Prod. Eng. (Lond.), vol.50, no.4~5, pp.153~159, 1971.
11. Suh, N. P., and B. J. Sanghvi : Frictional characteristics of oxide-treated and untreated tungsten carbide tools, J. Eng. Ind., series B, vol.93, no.2, pp.455~460, 1971.
12. Feinberg, B. : Longer life from TiN tools, Mfg. Eng. Manag., vol.67, no.1, pp.16~18, 1971.
13. Kalish, H. S. : Status report : cutting tool materials, Carbide Tool J., p.3, May/June 1984.
14. Drozda, T. J. : Ceramic tools find new applications, Manuf. Eng., p.34, May 1985.

CHAPTER 06 절삭온도, 절삭유와 표면거칠기

6.1 절삭에서의 열 발생

절삭작업시 공구 절삭날 부근에 높은 온도가 발생하며, 이러한 온도는 절삭공구의 마모율과 칩-공구 사이의 마찰에 지배적인 영향을 미친다. 공구마모에 대한 영향 때문에 공구, 칩, 공작물의 온도에 대해서는 지금까지 많은 관심이 있었다.

절삭가공시 에너지 소모율 P_m은 다음과 같이 주어진다.

$$P_m = F_c v \tag{6·1}$$

여기서 F_c는 공구합력의 절삭력 성분을 나타내며, v는 절삭속도이다.

재료가 탄성변형할 때 요구되는 에너지는 변형 에너지로서 재료 안에 저장되며 열은 발생되지 않는다. 그러나 재료가 소성변형할 때는 사용된 대부분의 에너지가 열로 변환된다. 절삭작업 시 재료는 극히 높은 변형을 받게 되고, 탄성변형이 차지하는 비율은 전체변형에 비하여 매우 작다. 그러므로 모든 에너지가 열로 변환된다고 가정할 수 있다.

에너지가 열로 변환되는 것은 **그림 6.1**과 같이 두 개의 주요 소성 변형영역에서 일어난다. 즉, 전단영역(shear zone) 또는 주변형영역(primary deformation zone)인 AB와 2차 변형영역(secondary deformation zone)인 BC 이다. 대부분의 실제 상황에서와 같이 절삭공구가 완벽하게 예리하지 않다면, 세 번째 열원인 BD가 공구와 새로운 가공면 사이의 마찰에 의해 존재하게 된다. 그러나 공구의 마모상태가 심하지 않다면 이 세 번째 열원은 작아서 무시될 수 있다. 그러므로

$$P_m = P_s + P_f \qquad (6\cdot2)$$

여기서 P_s는 주변형영역에서의 열발생률(전단영역 열발생률)이며, P_f는 2차 변형영역에서의 열발생률(마찰 열발생률)이다.

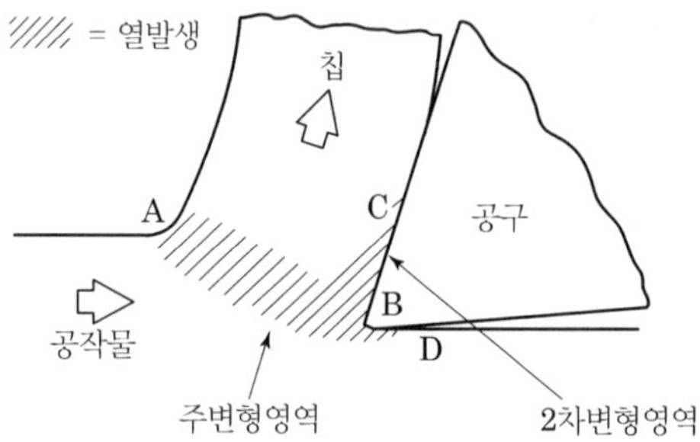

그림 6.1 직교절삭에서의 열발생

P_f는 $F_f v_o$로 나타낼 수 있는데, 여기서 F_f는 공구면에 작용하는 마찰력이고, v_o는 칩 유동속도이며, 이것은 vr_c로 주어진다. 따라서 P_f와 P_m을 알면 식 (6·2)로부터 P_s를 구할 수 있다. 이 영역으로부터 열이 공작물, 칩, 공구로 어떻게 전달되는지를 이해하기 위하여 먼저 열원에 대하여 상대적으로 이동하는 물질의 열전달을 고려할 필요가 있다.

6.2 이동재료의 열전달

그림 6.2에서와 같이 단위두께의 요소 ABCD를 통과하여 일어나는 x방향의 재료이동을 고려하자. 점 A는 좌표 x, y를 가지며 이 점에서의 재료는 순간온도 θ를 가진다고 가정한다. 점 B, C, D에서의 좌표와 온도가 **그림 6.2**에 표시되어 있다.

x방향의 온도구배로 인한 열전도와 경계를 가로지르는 가열된 재료의 유동으로 인하여 AB와 CD의 경계를 통하여 열이 전달된다. BC와 AD를 통해서는 재료의 유동이 없기 때문에 오직 전도에 의해서만 열이 전달된다. 요소의 순열유동(net heat flow)이 0이라면(요소 내에 가열이 없다면) 다음과 같은 식이 주어진다.

$$\frac{\partial^2\theta}{\partial y^2}+\frac{\partial^2\theta}{\partial x^2}-\frac{R}{a}\frac{\partial\theta}{\partial x}=0 \quad (6\cdot3)$$

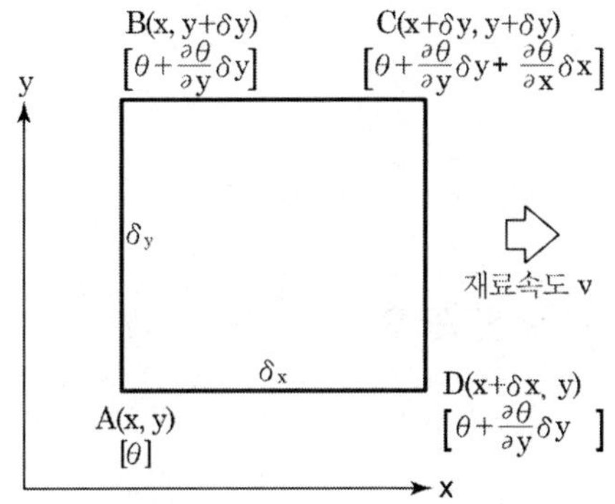

그림 6.2 가열된 재료의 유동

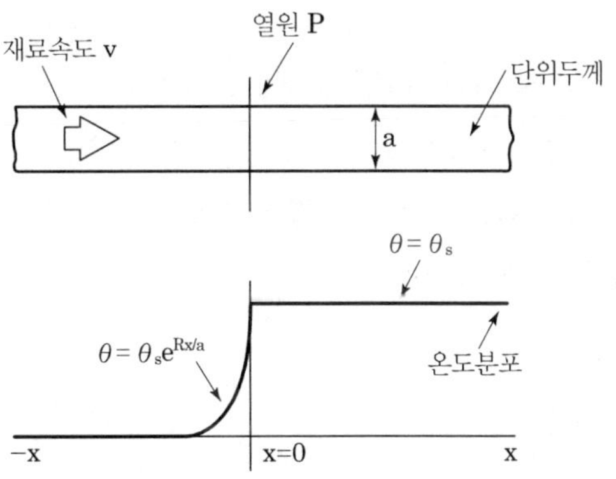

그림 6.3 높은 속도로 이동하는 재료의 일차원적 온도분포($\theta_s = P/\rho cva$)

여기서 R는 $\rho cva/k$로 주어지며 열숫자(thermal number)로 알려져 있다. 또한

k=열전도율(thermal conductivity)

c=비열용량(specific heat capacity)

ρ=밀도

v=열원에 대한 재료의 상대속도

절삭에서 열숫자는 $\rho cva_c/k$로 나타내는데, 여기서 v는 절삭속도이고, a_c는 미변형칩두께이다. 식 (6·3)의 해는 간단한 경계조건하에서만 가능하다. 이러한 방정식의 해는 일차원적인 경우를 고려하는 것이 바람직하며, 높은 속도로 이동하는 재료의 이런 일차원적인 경우

를 **그림 6.3**에 나타내었다. 열원에 접근하는 재료의 한 점은 매우 급속하게 가열되고, 열원에서 최고온도에 도달한 다음, 일정온도로 유지된다는 것을 알 수 있다. 이 결과를 염두에 두고 절삭작업에서의 온도분포를 고려한다.

6.3 절삭작업의 온도분포

그림 6.4는 직교절삭 시 실험적으로 결정된 공작물과 칩의 온도분포를 나타낸다[1]. 공구를 향해 주변형영역으로 접근하고 통과하는 재료의 점 X를 살펴보면, 주변형영역을 벗어날 때까지 가열되며 칩과 함께 이동된다. 그러나 점 Y는 두 개의 변형영역을 지나며, 2차 변형영역을 벗어날 때까지 가열되다가 열이 칩 내부로 전도됨에 따라 식게 되고, 결국 그 칩은 전체에 걸쳐 균일한 온도를 갖게 된다. 따라서 최고온도는 절삭날로부터 조금 떨어진 공구면을 따라 발생한다. 공작물에 남게 되는 점 Z는 주변형영역 으로부터 열전도에 의해 가열된다. 다소간의 열이 2차 변형영역에서 공구 몸체로 전도된다. 그러므로

$$P_m = \Phi_c + \Phi_w + \Phi_t \qquad (6 \cdot 4)$$

여기서 P_m = 전체 열발생률

Φ_c = 칩에 의한 열이송률

Φ_w = 공작물로의 열전도율

Φ_t = 공구로의 열전도율

공구면 근처에 있는 칩은 빠른 유동을 하기 때문에, 열의 제거에 있어서 공구보다도 훨씬 큰 능력을 갖는다. 이러한 이유로 Φ_t 는 일반적으로 P_m의 아주 작은 부분을 차지하고 있기 때문에 매우 낮은 절삭속도를 제외하고는 무시될 수 있다.

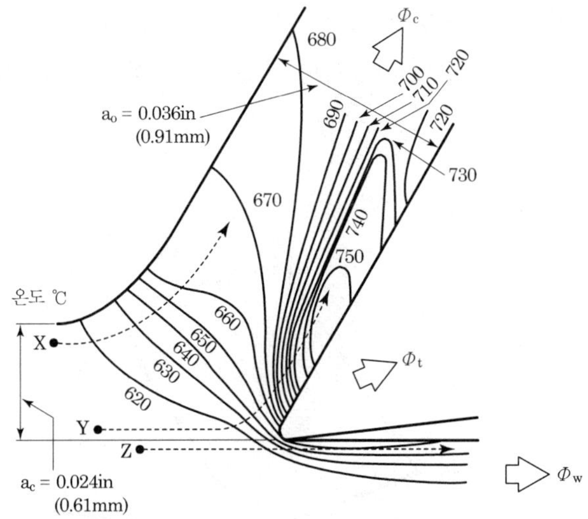

그림 6.4 쾌삭연강을 직교 절삭할 때 적외선 사진으로 얻은 공작물과 칩의 온도분포(절삭속도=75 ft/min(0.38 m/s), 칩 폭=0.25 in(6.35 mm), 작용수직 경사각=30°, 공작물 온도=611℃)[1]

6.3.1 주변형영역의 온도

주변형영역에서의 열발생률이 P_s 이고, 이의 일부분 Γ가 공작물로 전도될 때 나머지 부분인 $[1-\Gamma]P_s$ 는 칩과 함께 이동한다. 따라서 주변형영역을 통과하는 재료의 평균 온도상승 θ_s 는 다음과 같이 주어진다.

$$\theta_s = \frac{(1-\Gamma)P_s}{\rho c v a_c a_w} \qquad (6 \cdot 5)$$

여기서 a_w는 칩 폭이다. 식 (6·5)는 만약 주어진 절삭조건에 대하여 Γ가 알려지면, θ_s를 결정할 수 있다는 것을 보여 준다.

공작물과 전단영역의 온도에 대한 몇 가지 이론적인 분석 중에서 Weiner[2]와 Rapier [3]가 비교적 훌륭한 두 가지 해석을 제시하였다. **그림 6.5**는 절삭작업의 이상화된 모델을 나타낸다. 여기서 주변형영역을 균일한 강도의 평면열원으로 간주하고, 공작물과 칩의 자유표면으로부터의 열손실이 없으며, 공작물의 열특성은 일정하고 온도와는 무관하다고 가정한다. 이 문제는 기본 열전달 방정식인 식 (6·3)을 공작물 경계 내에서 푸는 것이다. 이 문제에 대한 정확한 해를 구하는 것은 불가능하였고 좀 더 가정이 필요하였다. Weiner[2]가 가장 유용한 제안을 하였는데, 공작물 이동방향으로 재료 내에서 전도되는 열은 없다고 가정하였다.

높은 속도의 절삭작업에서는 이동방향으로의 열전달은 주로 재료이동에 의해서 이루어지고 전도에 의한 것은 무시될 수 있기 때문에 이런 가정은 타당하다. 이와 같이 식 (6·3)은 다음과 같이 다시 쓸 수 있다.

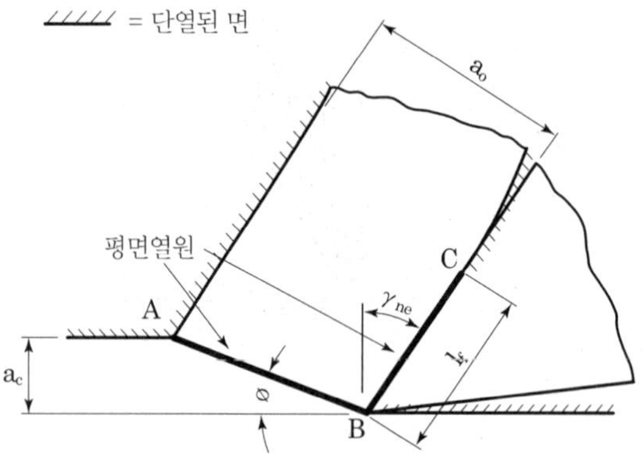

그림 6.5 절삭온도의 이론적 해석을 위한 절삭작업의 이상화된 모델

$$\frac{\partial^2\theta}{\partial y^2} - \frac{R}{a}\frac{\partial\theta}{\partial x} = 0 \qquad (6 \cdot 6)$$

Weiner는 공작물에 대하여 규정된 경계조건하에서 식 (6·6)을 풀 수 있었고, Γ(공작물로 전도되는 P_s의 비율)를 $R\tan\phi$(ϕ는 전단각)의 유일함수로 표현되는 식을 만들었다. **그림 6.6**에 Γ와 $R\tan\phi$ 사이의 이러한 이론적 관계를 실험결과와 비교하였는데, $R\tan\phi$의 높은 값(즉, 높은 속도와 이송)에서 이론이 다소 낮게 평가되었다. 평면 열원이 가정된 이론에서는 열은 오직 전도에 의해 공작물로 전달되는 반면 실제로는 열은 넓은 영역에 걸쳐 발생하며, 일부 영역은 공작물로 확대된다. 이러한 넓은 영역에서의 열 발생 효과는 높은 속도와 이송에서 더욱 중요하게 되고, 높은 $R\tan\phi$ 값에서 나타나는 이론과 실험 간의 약간의 불일치를 설명해준다.

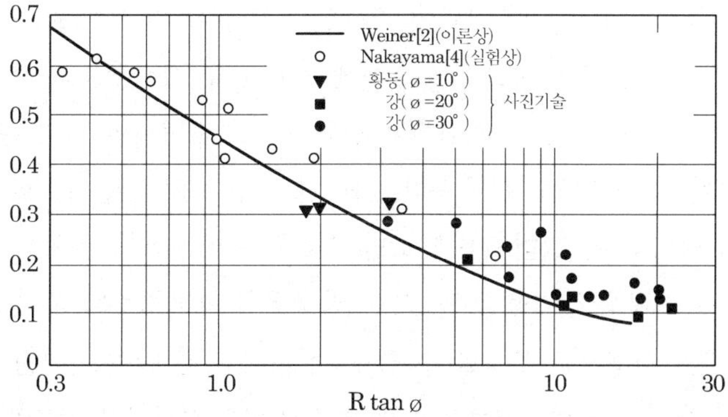

그림 6.6 칩과 공작물로 전단영역 열이 분배되는 비율에 $R\tan\phi$가 미치는 영향
(Γ=공작물로 전도되는 전단영역 열의 비율, R=열숫자, ϕ=전단각)[1]

6.3.2 2차 변형영역의 온도

칩에서의 최고온도는 재료가 2차 변형영역을 벗어날 때(**그림 6.1**의 점 C) 발생하고 다음과 같이 주어진다.

$$\theta_{\max} = \theta_m + \theta_s + \theta_o \tag{6·7}$$

여기서 θ_m =2차 변형영역을 통과하는 재료의 온도상승

θ_s =주변형영역을 통과하는 재료의 온도상승(식 (6·5) 참조)

θ_o =초기 공작물 온도

칩온도를 분석하는 데 있어서 Rapier[3]는 칩과 공구 사이의 마찰로 인한 열원을 균일한 강도의 평면열원으로 가정하여(**그림 6.5**) 나타낸 경계조건으로 식 (6·6)을 풀어서 다음과 같은 식을 얻었다.

$$\frac{\theta_m}{\theta_f} = 1.13\sqrt{\frac{R}{l_o}} \tag{6·8}$$

여기서 θ_m =2차 변형영역에서 마찰열원으로 인한 칩의 최대 온도상승

l_o =칩 두께로 나눈 열원의 길이(l_f/a_o)

R=열숫자

2차 변형영역(마찰열원)으로부터 생기는 칩의 평균 온도상승 θ_f 는 다음과 같이 주어진다.

$$\theta_f = \frac{P_f}{\rho c v a_c a_w} \tag{6·9}$$

식 (6·8)을 나중에 실험과 비교한 결과에 의하면[1] Rapier 이론은 θ_m 을 상당히 과대평가하고 있는데, 이러한 과대평가는 절삭하는 동안에 칩과 공구 사이의 마찰이 칩을 상당히 변형시켜 열원이 칩 안으로 조금 연장되기 때문에 일어난다고 설명되었다. **그림 6.7**에 나타낸 경계조건이 실제조건에 더 가깝다고 생각되며, 이러한 수정된 모델에 기초한 분석[1]은 실험과 일치하는 결과를 산출하였다. **그림 6.8**에 보인 결과들은 균일하게 분포된 열원의 폭 변화의 효과를 나타낸다. 이 그래프를 이용할 때 l_o는 공구면의 마모로부터 추정할 수 있고 열원의 폭은 칩 단면의 현미경 사진으로 추정할 수 있다. 전형적인 칩 단면을 **그림 6.9**에 나타냈는데 최대입자 신장선이 휘어져 있어, 재료는 2차 변형영역을 지났다고 추정할 수 있다.

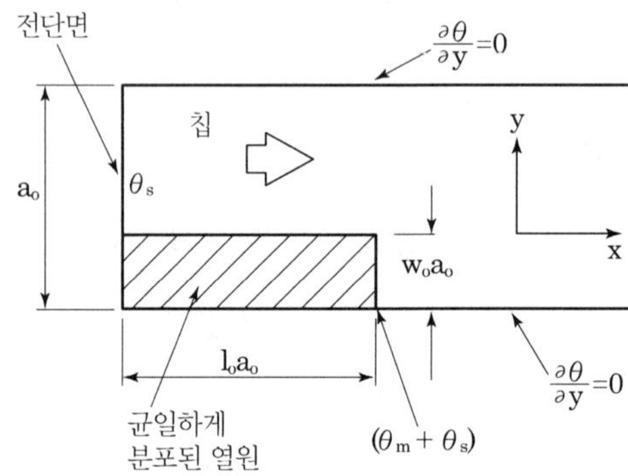

그림 6.7 칩의 수정된 경계조건

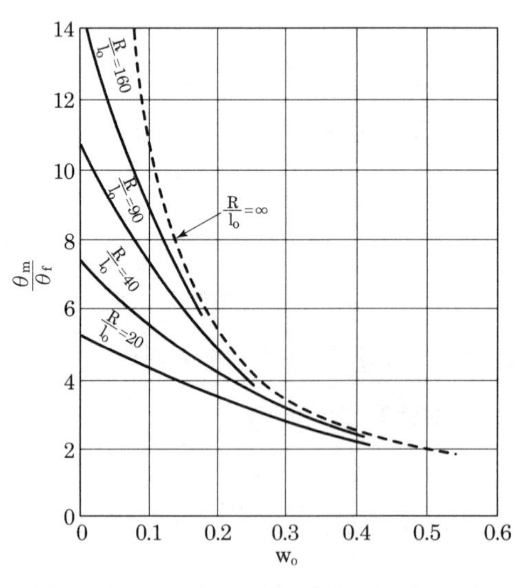

그림 6.8 2차변형영역의 폭이 칩 온도에 미치는 영향(R=열숫자, $l_o a_o$=칩-공구 접촉길이, $w_o a_o$=2차변형영역의 폭, θ_m=칩의 최대 온도상승, θ_f=칩의 평균 온도상승)[1]

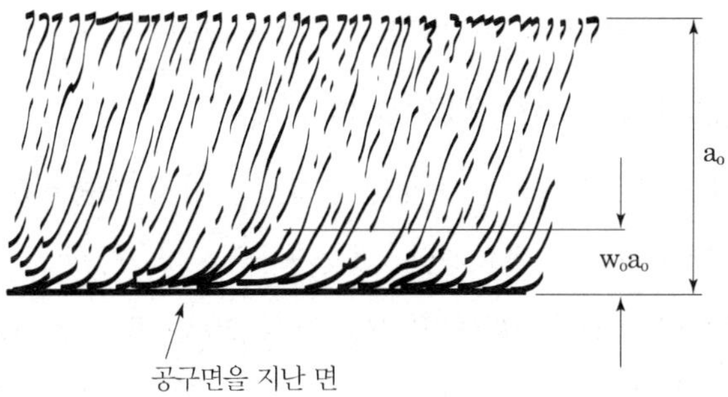

그림 6.9 칩 단면에서의 입자 변형

6.3.3 예 제

유도된 이론과 방정식의 적용을 위하여 예제를 소개한다. 이 예제에서는 다음 조건에 따라 연강을 직교 절삭할 때 공구면의 최대온도를 추정한다.

작용수직 경사각(working normal rake) $\gamma_{ne}=0$

절삭력 $F_c=890$ N(200 lbf)

배분력 $F_t=667$ N(150 lbf)

절삭속도 $v=2$ m/s(394 ft/min)

미변형 칩두께 $a_c=0.25$ mm(0.0098 in)

절삭폭 $a_w=2.5$ mm(0.098 in)

절삭비 $r_c=0.3$

칩-공구 접촉길이 $l_f=0.75$ mm(0.03 in)

전체 열발생률은 식 (6·1)에 의해 다음과 같다.

$$P_m = F_c v = 890(2)$$
$$= 1780\,\text{J/s}(100\,\text{Btu/min})$$

칩과 공구 사이의 마찰로 인한 열발생률은 다음과 같이 주어진다.

$$P_f = F_f v_o = F_f v r_c$$

이 예제에서 γ_{ne}는 0이므로 F_f는 F_t와 같다. 따라서

$$P_f = F_t v r_c$$
$$= 667(2)(0.3)$$
$$= 400\,\text{J/s}(22.7\,\text{Btu/min})$$

전단에 의한 열발생률은 식 (6·2)에 의해 주어진다. 따라서

$$P_s = P_m - P_f = 1380\ \mathrm{J/s}(77.3\ \mathrm{Btu/min})$$

식 (6·5)를 이용하여 온도상승 θ_s 를 구하기 위해서는 먼저 **그림 6.6**으로부터 Γ를 얻어야 하는데, 이를 위하여 $R\tan\phi$ 값이 필요하다. 열숫자 R는 $\rho c v a_c / k$ 로 주어지고 연강에 대하여 ρ는 7200 kg/m^3(0.26 lb/in^3), k는 43.6 J/smK (302.6 Btu(in)/(h)(ft^2)(°F)), c는 502 J/kgK (0.12 Btu/(lb)(°F))이다.

$$R = \frac{7200(502)(2)(0.00025)}{43.6} = 41.5$$

경사각 γ_{ne}가 0일 때, $\tan\phi$는 r_c와 같다. 따라서

$$R\tan\phi = 41.5(0.3) = 12.45$$

공작물로 전도되는 전단열의 비율이 **그림 6.6**으로부터 얻어진다. 그래서

$$\Gamma = 0.1$$

식 (6·5)에 적당한 값들을 대입하면,

$$\theta_s = \frac{(1-\Gamma)P_s}{\rho c v a_c a_w}$$

$$= \frac{(1-0.1)(1380)}{(7200)(502)(2)(0.00025)(0.0025)}$$

$$= 275℃\ (495°\mathrm{F})$$

구한 값(275 ℃ 또는 495 ℉)은 주변형영역에서의 평균 온도상승이며, 온도 차이를 나타내기 때문에 섭씨온도(℃) 또는 절대온도(K)로 나타낼 수 있다.

2차 변형영역(마찰열원)으로부터의 칩 평균 온도상승은 식 (6·9)에 의해 주어진다. 절삭공구로 전도되는 열을 무시하면,

$$\theta_f = \frac{400}{4.518} = 88.5℃\ (159.3°\mathrm{F})$$

그림 6.8로부터 θ_m 을 구하기 위해서는, w_o와 R/l_o의 값을 산정하는 것이 필요하다.

2차 변형영역의 폭을 칩 두께로 나눈 값 w_o는 비윤활 절삭조건하에서 연강에 대하여 0.2로 가정된다. 또한

$$l_o = \frac{l_f \, r_c}{a_c} = \frac{0.75(0.3)}{0.25} = 0.9$$

그러므로

$$R/l_o = \frac{41.5}{0.9} = 46.1$$

이제 θ_m/θ_f의 값이 **그림 6.8**로부터 얻어진다. 따라서

$$\theta_m = 4.2(88.5) = 372℃\ (670°F)$$

만약 공작물의 온도 θ_o가 실온 22℃(72 ℉)로 가정된다면, 공구 경사면에 대한 최대온도는 식 (6·7)에 의해 주어진다.

$$\begin{aligned}\theta_{max} &= \theta_m + \theta_s + \theta_o \\ &= 372 + 275 + 22 \\ &= 669℃\ (1234°F)\end{aligned}$$

이러한 계산을 할 때 재료의 열특성은 일정하고 온도와는 무관하다는 가정에 주의해야 한다. 많은 공업재료에서 비열용량과 열전도율은 온도변화에 따라 심하게 변화한다. 만약 더 정확한 공구온도의 예측이 요구된다면, 재료의 열특성과 온도 사이의 관계를 알아야 한다.

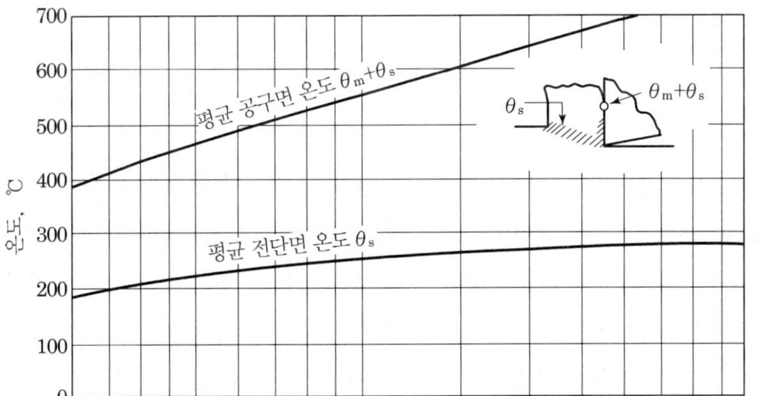

그림 6.10 절삭속도가 절삭온도에 미치는 영향(이론적)

6.3.4 온도에 대한 절삭속도의 영향

만약 공구에 작용하는 힘과 절삭비가 절삭속도의 변화에 무관하다면, 앞의 예제에서 사용된 조건에 대하여 **그림 6.10**에 보인 온도와 절삭속도 사이의 관계가 얻어진다. 여기서 알 수 있듯이 전단영역의 평균온도 θ_s는 절삭속도가 증가함에 따라 조금 증가하다가 이후에는 일정하게 되는 반면에 최대 공구면 온도($\theta_m + \theta_s$)는 절삭속도가 증가함에 따라 빠르게 증가한다.

6.4 절삭온도의 측정

절삭작업의 온도측정을 위하여 많은 방법들이 고안되어 왔다. 이런 방법 중에서 몇 가지는 평균 절삭온도만을 측정할 수 있지만, 공작물, 칩, 절삭날 근처의 온도분포를 측정하기 위한 효과적인 방법들도 있다.

6.4.1 공작물-공구 열전대

절삭온도를 연구하는 데 있어서 가장 널리 사용되는 방법은 공작물-공구 열전대(thermocouple)의 사용이다. 공작물과 공구 사이의 접점에서 발생하는 기전력으로 이 부위의 온도를 측정한다. 선반에 설치된 전형적인 공작물-공구 열전대의 배치가 **그림 6.11**에 나타나 있다. 이 방법을 사용할 때 기계장치로부터 열전대 회로를 절연시키는 것과 열전대를 보정할 때 똑같은 회로를 사용하는 것이 중요하다. 이 방법에 의해 얻어지는 수치는 칩-공구 접촉부분의 평균온도로 가정될 수 있다. 이 방법은 절삭온도에 대한 절삭조건의 영향을 연구하고, 온도와 공구 마모율 사이의 실험적 관계를 얻기 위하여 과거에 널리 사용되어 왔다. 그러나 공작물-공구 열전대를 쓰는 이 방법은 공구 경사면의 온도분포를 알 수 없기 때문에 사용이 제한된다.

공작물-공구 열전대의 사용에는 많은 오차가 있을 수 있다. 특히, 공구와 공작물 재료는 열전대로 사용하기에는 이상적인 것이 아니다. 결과적으로, 기전력이 낮거나 기전력과 온도의 관계가 비선형적으로 나타나는 경향이 있다. 공작물-공구 열전대는 표준 열전대에 대하여 보정되어야 한다. 각각의 공구와 공작물 조합은 따로 보정되어야 한다. 더구나 보정을 위하여 사용된 고정된 공구로 측정된 기전력이 공작물 재료가 심하게 변형되는 절삭작업에서 얻어지는 것과 같아지기는 어렵다.

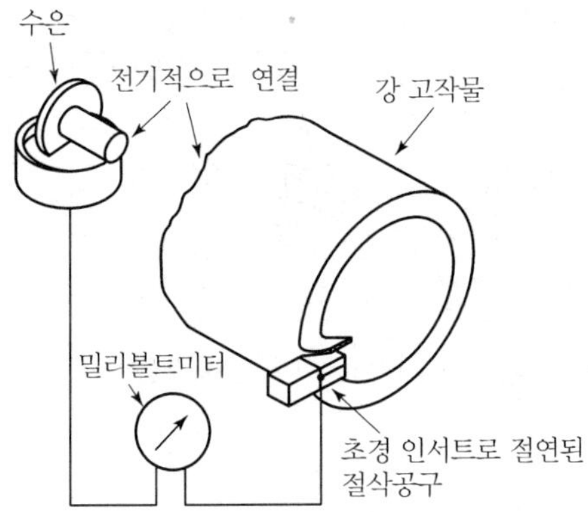

그림 6.11 공작물-공구 열전대 회로

6.4.2 열전대에 의한 직접적인 측정

열전대를 이용하여 직접 절삭온도를 측정하는 것이 절삭작업 동안에 이루어질 수 있다. 그림 6·6에 나타난 결과는 **그림 6.12**에 나타낸 열전대 기술을 이용하여 얻어진다[4]. 이 실험에서는 공작물을 절삭하지 않고 장비를 먼저 구동시켜서, 공작물 위에 설치된 콘스탄탄 와이어(constantan wire)의 마찰작용으로 인하여 발생되는 전압을 기록한다.

이 기록된 값은 실제 절삭작업 동안에 얻어지는 값으로부터 공제된다. 이런 방법으로 관 모양의 공작물 끝 면 주위의 선택된 지점에서의 온도를 측정할 수 있고, 공작물로 전도되는 전단영역 열의 비율을 계산하는 데 사용될 수 있다.

직접적인 측정방법으로는 절삭날 근처에 구멍을 내고 열전대를 삽입함으로써 특정위치의 온도를 직접 알아 낼 수 있다. 이러한 작업은 온도분포를 추정하기 위하여 여러 위치의 구멍에서 반복적으로 이루어진다. 온도구배가 심한 곳에서는 열전대가 삽입된 구멍이 상당히 넓은 범위의 온도를 포함하고 있기 때문에 많은 오차가 발생할 수 있다.

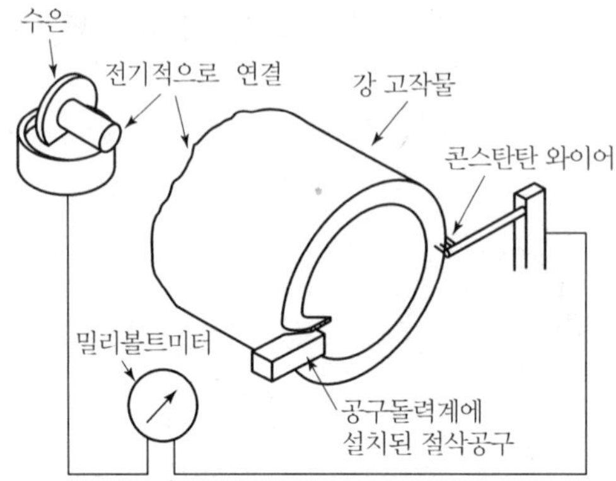

그림 6.12 열전대 기술을 이용한 공작물 온도의 측정[4]

6.4.3 복사방법

공구와 공작물을 직접 관찰할 수 있을 때, 온도분포를 측정하기 위하여 적외선 복사에 민감한 카메라와 필름이 사용될 수 있다. **그림 6.4**의 결과는 절삭작업의 적외선 사진으로부터 얻어진 것이다[1]. 이 방법은 적외선 감광판을 사용하여 온도분포를 알고 있는 노(furnace)와 절삭작업을 동시에 촬영하여, 감광판을 온도에 대하여 보정한다. 몇 가지 실험결과를 그림 6·6〉에 나타내었고, **그림 6.8**을 이런 방법으로 확인하였다.

그림 6.4를 얻을 당시에는 사용된 적외선 사진판의 감도가 상대적으로 낮았기 때문에 미리 공작물을 가열하였다. 지금은 적외선 감광필름의 개선과 열상 비디오카메라(thermal imaging video camera)의 발전으로 실온상태의 공작물 온도분포를 측정할 수 있게 되었다.

6.4.4 강 공구에 대한 경도와 미세조직 변화

실온에서 경강의 경도는 재가열 후에 감소되며 경도의 손실은 온도와 가열시간에 관련된다. 경도감소는 강의 미세조직 변화에 기인한다. 이런 구조적 변화는 광학 현미경과 전자 현미경으로 관찰될 수 있고, 절삭 중에 공구의 온도분포를 효과적으로 결정할 수 있는 방법을 제공한다. 절삭을 한 후에 공구의 미세경도를 측정함으로써 공구의 등온 윤곽선을 결정할 수 있지만[5], 이 방법은 많은 시간과 매우 정확한 경도측정이 요구된다.

재료의 구조적 변화는 점진적으로 일어나지만, 일부 고속도강에서는 600℃와 900℃ 사이에서 대략 50℃ 간격으로 뚜렷한 변화가 일어난다고 알려져 있다[6]. 이것은 열의 영향을 받는 영역에 대하여 정확도가 ±25℃인 온도측정을 가능하게 한다. 절삭 후 공구를 금속학적으로 관찰함으로써 공구의 온도분포를 알아낼 수 있지만, 관찰된 구조적 변화에 대해 경험적인 해석이 요구된다. 이 방법은 선반 및 드릴용 고속도강의 온도분포에 대한 연구에 사용되어 왔다[6~8]. 이와 같은 온도측정 방법은 고속도강에 적당한 절삭조건하에서 상대적으로 높은 온도가 발생될 때에만 사용될 수 있다는 것이 한계이다.

6.5 절삭유

절삭과정에서 발생하는 열은 70% 이상 대부분 칩을 통하여 배출이 되지만, 나머지의 열은 공작물과 절삭공구 그리고 대기를 통하여 전달이 된다. 공작물의 경우 열변형으로 인한 치수 또는 형상정밀도의 저하 또는 가공변질층의 생성 등 나쁜 영향을 미친다. 또한 절삭공구의 경우 경도의 저하를 유발하여 공구수명이 급격이 줄어들게 됨으로 다른 매체를 통하여 열을 강제로 배출시켜야 한다. 이러한 목적으로 사용하는 것이 절삭유이다.

보통 액체 상태인 절삭유는 건식 절삭(dry cutting)과 비교할 때 절삭상태의 개선을 위하여 칩이 생성되는 영역에 적용된다. 이러한 개선에는 공구와 공작물, 절삭유, 넓게는 절삭조건에 따라서 몇 가지 형태가 있다. 절삭유의 두 가지 가장 중요한 기능은 냉각과 윤활이다. 실제로 대개의 절삭유는 광유(mineral oil)나 식물유(vegetable oil)를 기본 물질로 하지만, 일반적으로 광유가 더 널리 사용되고 있다. 이 오일들 중 몇 가지는 물을 섞은 수용성 절삭유로 사용되고, 나머지는 순수하게 또는 여러 가지 첨가제만 넣고 물로 희석하지 않은 비수용성 절삭유로 사용된다. 일반적으로 오일과 물의 유상액(emulsion)이 순수 오일보다 열전도 용량이 크기 때문에 냉각작용이 중요한 경우에 사용된다. 거의 90%의 공작기계에서 오일과 물로 구성된 수용성 절삭유가 사용된다. 비수용성 절삭유는 윤활작용이 중요한 경우에 사용된다. 비수용성 절삭유는 보통 나사절삭, 브로칭, 기어절삭과 같은 저속절삭에 한정된다.

6.5.1 냉각작용

절삭과정에 냉각제를 사용하면 다음과 같은 장점이 있다.

① 공구 절삭날 부근의 온도 감소로 인한 공구수명의 증가.
② 가공 완료된 공작물 취급의 편의성.
③ 가공 중 공작물 내에 발생되는 온도구배로 인한 열변형의 감소.

마지막 두 가지는 연삭가공시 매우 중요하다. 절삭유를 공급하는 데 있어서 부수적이고 가끔 간과되기 쉬운 장점이 절삭가공영역으로부터 칩이 제거되는 것을 도와주는 세척작용이다. 적당히 위치한 유체노즐이 드릴이나 밀링커터의 홈에 칩이 쌓이는 것을 방지할 수 있다.

냉각제가 절삭공구의 수명에 미치는 영향에 대한 정량적인 정보는 주로 드릴 수명시험을 통해서 얻을 수 있었다. 이 시험은 드릴의 수명이 냉각제의 공급으로 개선되는 것을 확실히 보여 준다. 이렇게 개선되는 것은 드릴선단 구역에서의 온도가 감소되기 때문으로 보인다. 그러나 앞에서 공구와 공작물의 노출된 표면에서의 열방출은 공구 절삭날 부근의 온도에 매우 작은 영향을 준다고 하였다. 따라서 공구 마모율은 냉각제의 공급으로 야기되는 작은 온도 변화에도 매우 민감하다고 가정할 수 있다. Holmes[9]는 수용성 절삭유의 여러 가지 일반적인 특성(**표 6.1**)과 선정지침(**표 6.2**)을 발표하였다.

6.5.2 윤활작용

(1) 경계윤활

Bowden과 Tabor[10]는 높은 온도와 압력, 낮은 미끄럼 속도에서는 유막이 유지될 수 없어서 직접적인 접촉이 일어난다고 하였다. 이와 같은 조건에서의 운동에 대한 마찰저항은 돌출부 전단(asperity shearing)과 유체의 점성 전단(viscous shearing)의 조합으로 발생한다. 이것을 경계윤활(boundary lubrication)이라고 하고 슬라이딩하는 금속표면에 흡착된 매우 얇은 유체층(경계층)의 성질에 크게 영향을 받는다. 경계층은 두 표면 사이의 직접적인 금속 접촉 면적을 감소시키는 기능을 한다. 황, 인, 염소와 같은 극압제가 첨가된 윤활제는 고체 윤활층을 형성하여 슬라이딩 중에 매우 효과적인 표면보호를 한다. 때때로 윤활제와 금속표면 사이에서 일어나는 화학반응의 산물인 이와 같은 고체 윤활층은 높은 용융온도에서도 여전히 유용하다.

흡착된 고체 윤활층을 각각 가지고 있는 두 금속표면이 서로 맞대어 있고 수직하중이 작용할 때, **그림 6.13**과 같이 표면 돌출부의 변형으로 윤활층의 일부는 없어지고 금속표면사이의 직접적인 접촉이 일어난다.

만약 실제 접촉면적 A_r가 하중을 지지하는 면적이고 γ_m이 실제 접촉면적에 대한 금속접촉이 일어나는 비율이라면, 표면 돌출부 사이의 접합부를 연속적으로 전단하기 위해서 요구되는 마찰력 F_f 는 다음과 같이 쓸 수 있다.

표 6.1 수용성 절삭유의 일반적 특성

윤활제의 종류	특 성
유화, 가용성 오일	
범용	• 1 : 10에서 1 : 40으로 희석하여 사용되고 유백색의 유상액이다. 범용 가공에 쓰인다.
투명형	• 1 : 20에서 1 : 60으로 희석하여 사용된다. 많은 양의 유화제 때문에 반투명하거나 투명한 유상액이 된다. 연삭이나 범용가공에 쓰인다.
지방유	• 범용오일과 유사한 농도로 사용되며 색깔도 비슷한 유백색이다. 지방이 비철금속에 대하여 효과적인 일반 가공작업을 하게 한다.
극압유	• 보통 황이나 염소 극압제를 함유한다. 1 : 10에서 1 : 20으로 희석하여 범용, 투명형, 지방유보다 높은 성능이 필요한 곳에 사용된다.
화학용액	
연삭유	• 녹방지 성분을 함유하고 있다. 1 : 50에서 1 : 100으로 희석하여 철이나 강의 연삭작업에 사용된다.
범용, 합성 절삭유	• 녹방지 성분과 계면 활성제를 함유하고 있다. 1 : 10에서 1 : 40으로 희석하여 절삭에 사용되거나 더 희석하여 연삭에 사용된다. 대부분 철금속과 비철금속 모두에 적합하다.
극압, 합성 절삭유	• 범용, 합성 절삭유와 비슷한 특성을 가지고 있으나, 철금속에 대하여 높은 가공 성능을 주는 극압제를 함유하고 있다.

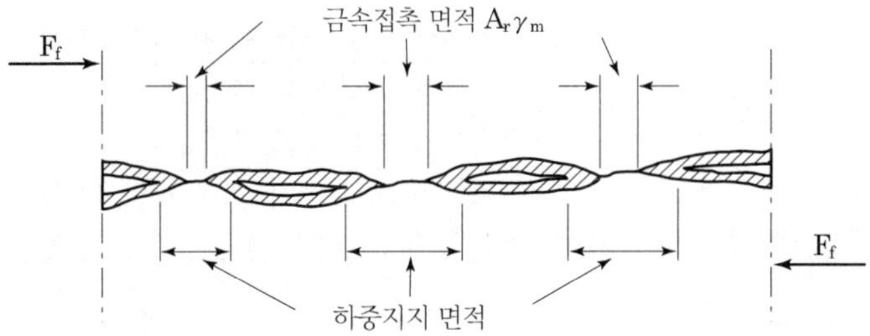

그림 6.13 고체 윤활층이 있는 표면의 슬라이딩(F_f =마찰력, τ_1 =더 연한 금속의 전단강도, τ_2 =윤활층의 전단강도)

$$F_f = A_r\left[\gamma_m \tau_1 + (1-\gamma_m)\tau_2\right] \qquad (6\cdot10)$$

여기서 τ_1과 τ_2는 각각 두 접촉금속 중 더 연한 금속의 전단강도와 윤활 층의 전단강도이다. 따라서 만약 γ_m 이 τ_1과 τ_2의 주어진 값에 대하여 일정하다면, 마찰력은 A_r 에 비례할 것이다. 그래서 Amontons 법칙이 비윤활 미끄럼면에서처럼 적용될 수 있다. 만약 접촉 면에서의 온도가 윤활 층이 녹을 때까지 올라간다면 이 층의 강성은 떨어지고 금속접촉은 증가하게 된다. 만약 τ_1이 τ_2보다 크다면 F_f 는 증가한다. 접촉 면의 온도가 더욱 증가함에 따라 비록 윤활제가 표면에 보이더라도 마찰력과 표면손상은 비윤활 미끄럼 접촉과 같은 특성이 된다. 이때 윤활 층이 제거되었다고 볼 수 있다. 이렇게 되어서 윤활 경계층의 온도가 용융점을 초과하게 되면, 식 (6·10)에서 γ_m 은 1이 되고 F_f 는 $A_r \tau_1$ 이 되어 건식 미끄럼 마찰(dry sliding friction)상태가 된다.

표 6.2 수용성 절삭유의 선정 지침

<table>
<tr><th rowspan="2">기계가공 작업</th><th colspan="6">공 작 물 재 료</th></tr>
<tr><th>쾌삭 비철합금</th><th>강인한 비철합금</th><th>쾌삭강 저탄소강</th><th>중탄소강</th><th>고탄소강 합금강</th><th>스테인리스강 내열합금</th></tr>
<tr><td>연 삭</td><td colspan="2">범용 또는 투명형 가용성 오일</td><td colspan="4">투명형 가용성 오일 또는 화학 연삭유</td></tr>
<tr><td>선 삭</td><td rowspan="2">범용 가용성 오일</td><td>범용 또는 지방성 가용성 오일</td><td colspan="2">범용 가용성 오일 또는 합성유</td><td colspan="2">극압성 가용성 오일 또는 합성유</td></tr>
<tr><td>밀 링</td><td colspan="2">범용 또는 지방성 가용성 오일</td><td rowspan="2">극압성 가용성 오일 또는 합성유</td><td colspan="2" rowspan="2">극압성 가용성 오일 또는 합성유(비수용성 절삭유 가능)</td></tr>
<tr><td>드 릴 링</td><td colspan="2" rowspan="4">범용 또는 지방성 가용성 오일</td><td>지방성 또는 극압성 가용성 오일 : 합성유</td></tr>
<tr><td>기어절삭</td><td colspan="2">극압성 가용성 오일 또는 합성유</td><td colspan="2">비수용성 절삭유</td></tr>
<tr><td>호 빙</td><td colspan="3">극압성 가용성 오일 또는 합성유</td><td>비수용성 절삭유</td></tr>
<tr><td>브 로 칭</td><td colspan="2">극압성 가용성 오일 또는 합성유</td><td colspan="2" rowspan="2">비수용성 절삭유</td></tr>
<tr><td>태 핑</td><td colspan="2">범용 또는 지방성 가용성 오일(비수용성 절삭유 가능)</td><td colspan="2">극압성 가용성 오일 또는 합성유(비수용성 절삭유 가능)</td></tr>
</table>

(2) 절삭에서의 윤활

어떤 조건하에서 절삭과정에 윤활제를 적용하면 공구면의 마찰을 감소시킬 수 있다. 공구면에서의 이런 마찰감소는 소비동력을 감소시키고, 공구수명을 증가시키고, 구성인선의 발생을 감소시킴으로써 가공된 제품에서 가장 중요한 표면거칠기의 개선을 가져온다. 과거에 절삭 윤활제의 작용은 흥미 있는 기본 연구과제였다. 어떤 조건하에서 적절한 윤활제의 적용은 공구면의 평균 마찰계수를 상당히 감소시킨다고 한동안 알려져 왔다. 그러나 공학적으로 많이 사용되고 있는 많은 윤활제들이 절삭과정에는 거의 영향을 미치지 못한다. 또한 보통 공학적으로 윤활제로 사용되지 않는 CCl_4와 같은 화학물질이 때때로 절삭과정에서 소비동력을 60%나 감소시킬 수 있다고 알려져 있다.

기계가공 동안에 칩-공구 사이면에 존재하는 매우 높은 압력은 칩과 공구가 유체의 얇은 막으로 분리되는 완전한 유체윤활(hydrodynamic lubrication)을 형성하지 못하게 한다. 실제로 절삭유의 윤활작용은 주로 화학적 특성이라고 한동안 알려져 왔다. 예를 들면, 구리를 가공할 때 CCl_4의 윤활효과가 **그림 6.14**에 나타나 있다. 이 그림으로부터 저속절삭에서 칩-공구 사이면의 마찰이 윤활제의 적용으로 상당히 감소한다는 것을 알 수 있다. 이 효과는 칩과 공구 사이의 친밀한 금속접촉을 대부분 막아 주는 경계윤활제로서 작용하는 구리 염화물(copper chloride) 막의 낮은 전단강도로부터 초래된 것이라고 할 수 있다. 건식 절삭조건하에서 칩과 공구 사이의 큰 접촉력은 구성인 선을 만들게 되며, 이로부터 2차 변형영역이 크게 확대된다. 윤활제의 효과는 칩-공구의 친밀성을 감소시켜 구성인선과 2차 변형을 제거하는 것이다. 구성인선과 2차변형의 제거는 칩-공구 사이면의 마찰감소를 초래하여 칩을 형성하는 데 필요한 힘을 감소시킨다.

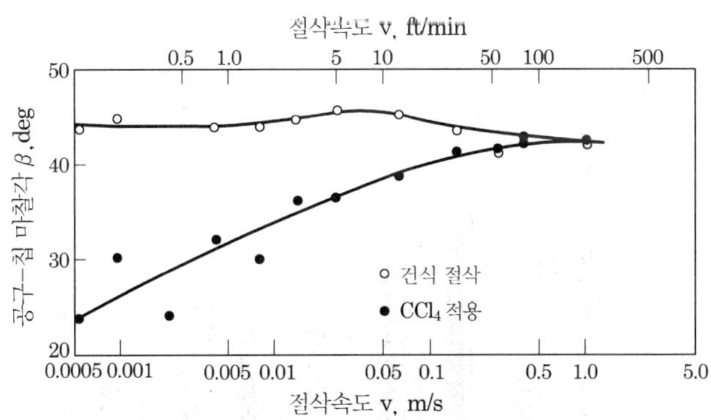

그림 6.14 구리 가공시 절삭속도가 CCl4의 윤활작용에 미치는 영향(미변형 칩 두께=0.25 mm(0.01 in), 칩-공구 접촉길이=0.3 mm(0.012 in), 경사각=45°)[3]

Cassin과 Boothroyd[11]는 절삭에서 순수 화합물이 효과적인 윤활제로서 작용하기 위해서 다음과 같은 조건이 필요하다고 제안했다.

① 칩-공구 접촉면으로 급격한 확산과 침투를 하기 위해서 분자 크기가 작아야 한다.

② 공작물과 반응하여 경계윤활제로서 작용하는 낮은 전단강도를 갖는 화합물을 형성할 수

있는 적당한 성분을 함유하고 있어야 한다.

③ 칩-공구 접촉면에 존재하는 온도와 압력하에서 쉽게 분해되지 않을 만큼 충분히 안정적이어야 한다.

CCl_4(carbon tetrachloride), $CHCl_3$(chloroform), CH_3CCl_3(trichloroethane) 등은 저속에서 많은 금속을 절삭할 때 효과적인 윤활제라고 알려져 왔다. 그러나 여기에 하나의 중요한 예외가 납의 절삭가공이다. 납을 절삭 가공할 때 염소화된 액체로 인하여 형성되는 화합물이 납염화물이고 이 화합물이 납 자체보다 더 큰 전단강도를 가진다. 따라서 이런 환경하에서는 이와 같은 윤활제의 적용은 칩-공구 마찰의 증가를 가져온다.

위에서 언급한 순수 화합물을 사용하는 데 있어서 주된 단점이 되는 것이 이들이 갖는 독성이다. 높은 온도를 수반하는 작업에서 CCl_4는 가열할 때 포스겐(phosgene)이라는 매우 독성이 강한 가스를 유발하기 때문에 전혀 사용 불가능하다. 그러나 저속에서 매우 효과적인 윤활제인 메틸 클로로포름(methyl chloroform)은 상대적으로 독성이 적어서 실제로 브로칭이나 태핑에 성공적으로 사용된다.

여러 가지 윤활제를 써서 구리를 기계 가공할 때의 윤활효과를 **그림 6.15**에 비교하여 나타내었다. 그림에서 보듯이 상용되는 윤활제의 윤활효과는 상대적으로 작은데 이것은 아마도 절삭가공 동안 칩-공구 접촉면으로 유체의 침투가 불충분하기 때문이다. 순수 윤활제가 넓은 범위의 실제 절삭조건하에서 안전하게 사용될 수 있다면 많은 도움이 될 것이다.

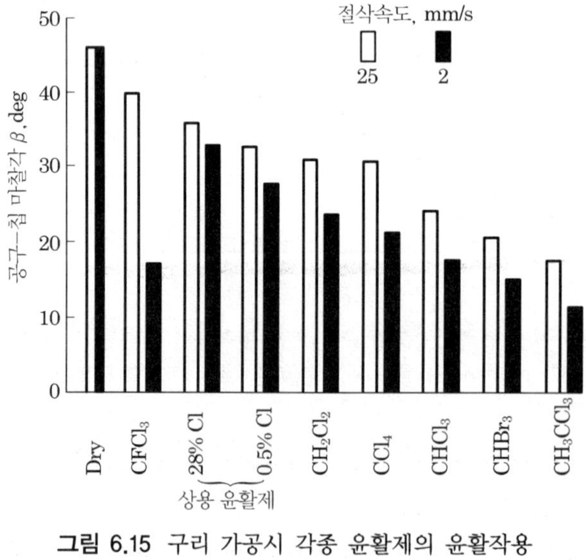

그림 6.15 구리 가공시 각종 윤활제의 윤활작용
(미변형 칩 두께=0.25 mm(0.01 in), 경사각=45°)[3]

절삭속도가 증가하게 되면 모든 절삭유의 윤활효과는 감소하는데, 그 한 예를 **그림 6.14**에 나타내었다. 그림에서 보듯이 구리를 가공할 때 CCl_4의 사용은 절삭속도가 0.5 m/s(100 ft/min) 이상에서는 칩-공구 마찰각에 아무런 영향을 미치지 못한다. 왜냐하면 이와 같은 고속에서는 칩-공구 사이면에 절삭유가 침투하기가 어렵고, 온도증가로 고체 경계윤활의 효과가 감소되기 때문이다.

앞에서 논의된 것은 실제 기계 기술자에게는 거의 흥미가 없는 가공 중의 칩-공구마찰에 대한 윤활제의 효과에 관한 것이다. 기계 기술자는 특히 구성인선의 영향이 큰 낮은 절삭속도에서의 표면거칠기에 더 큰 관심을 가지고 있다. 확실히 칩-공구 마찰의 감소는 구성인선의 크기가 감소되거나 완전히 소멸되는 것을 의미하여 양질의 표면거칠기를 얻을 수 있다. 따라서 윤활제가 칩-공구 마찰에 미치는 영향을 측정하는 것은 윤활제의 실질적인 성능을 알 수 있게 한다고 할 수 있다. **표 6.3**과 **6.4**는 비수용성 절삭유의 특성과 선정지침을 나타낸다.

표 6.3 비수용성 절삭유의 특성

오일번호	특 성	점도(μm^2/s at 38℃)
1	지방 및 염소 첨가제가 함유된 매우 낮은 점도의 불활성 오일	5.5
2	황화 지방 극압제를 함유한 불활성 오일	22.5
3	번호 2와 유사하나 첨가제가 더 많은 불활성 오일	19.7
4	고착-슬립을 방지하는 첨가제를 함유한 다용도 염소 극압 오일	37.8
5	황 및 황화 지방을 함유한 활성 오일	25.0
6	번호 5와 유사하나 첨가제가 더 낣은 오일	19.7
7	염소 및 지방 첨가제가 함유된 밝은 색의 불활성 극압 오일	40.2
8	황 및 황화 지방 첨가제가 함유된 낮은 점도의 활성 오일	12.5
9	특수용도의 높게 염소화 활성 극압 오일	12.5

표 6.4 비수용성 절삭유의 선정지침(숫자는 표 6.3의 오일을 지칭)

<table>
<tr><th rowspan="2">기계가공
작 업</th><th colspan="6">공 작 물 재 료</th></tr>
<tr><th>쾌삭
비철합금</th><th>강인한
비철합금</th><th>쾌삭강
저탄소강</th><th>중탄소강</th><th>고탄소강
합금강</th><th>스테인리스강
내열합금</th></tr>
<tr><td>나사 또는 형상 연삭</td><td>2</td><td>3</td><td>5</td><td colspan="2">6, 7</td><td>7</td></tr>
<tr><td>선 삭</td><td rowspan="4">2, 4</td><td colspan="2" rowspan="4">3, 4</td><td>3, 4, 5</td><td>6, 4</td><td>6, 7</td></tr>
<tr><td>밀 링</td><td>4, 5</td><td colspan="2">6, 7</td></tr>
<tr><td>드 릴 링</td><td>5, 6</td><td>6, 8</td><td>8, 9</td></tr>
<tr><td>기어절삭</td><td colspan="2">5, 6</td><td>7, 8</td></tr>
<tr><td>호 빙</td><td colspan="2">3</td><td>3, 5</td><td colspan="2">6, 8</td><td>7, 9</td></tr>
<tr><td>브 로 칭</td><td colspan="2">3, 4</td><td colspan="2" rowspan="2">6</td><td>8, 9</td><td>9</td></tr>
<tr><td>태 핑</td><td>2</td><td>2, 3</td><td>6, 8</td><td>8, 9</td></tr>
</table>

6.5.3 절삭유의 공급

절삭유는 절삭영역에 효과적으로 전달되지 않으면 그 기능을 수행할 수 없다. 윤활을 위하여 선정된 오일은 미끄럼면 위에 얇은 막을 형성할 수 있도록 공급되어야 한다. 냉각을 위하여 선정된 오일은 공구 절삭날 부근까지 접근해야 한다. 이를 위해 보통 오일을 절삭영역에 흘러넘치게 하여 공작물의 변형으로 발생한 열을 제거한다. 고속 회전하는 그라인딩 작업에 절삭유를 공급할 때는 또 다른 문제가 발생하다.

일반적으로 연속식 절삭유 공급이 온도 변동을 가져오는 단속식 절삭유 공급보다 선호된다. 온도변동은 단단하고 취성인 공구재료에 미세균열을 형성할 수 있는데, 이것은 결국 절삭공구의 수명을 단축시킨다. 실제로 일반 절삭작업에 주로 사용되는 세 가지 절삭유 공급방법에는 수동, 유동, 분무공급이 있다.

(1) 수동공급

절삭유와 윤활제를 종종 수동으로 공급하는데, 특히 작업량이 적을 때 사용된다. 브러시를 이용한 수동공급 방법은 가장 쉽고 가장 값싼 절삭유 공급방법이다. 수동공급에서의 주된 단점은 ① 공급이 단속적 ② 불충분한 칩 제거 ③ 절삭영역에 대한 공급이 제한적이라는 점이다.

(2) 유동공급

가장 흔한 공급방법은 적당하게 조정된 저압노즐로 분사된 절삭유를 공구, 공작물, 절삭영역에 유동시키는 것이다. 유동공급은 절삭영역에 절삭유의 연속적인 공급을 가능하게 하고 절삭영역으로부터의 칩 제거를 돕는다. 절삭유는 기계하부의 기름통으로 배출되고, 여기서 여과되어 펌프에 의해 분사노즐로 다시 보내진다. 최근에는 고압의 절삭유를 사용하여 절삭유가 공작물에 효율적으로 접촉가능하게 하거나 또는 절삭공구의 중앙을 관통하여 접촉점에 절삭유가 공급되게 하거나, 청정의 목적으로 다량의 절삭유를 사용하는 shower형태의 절삭유를 사용하기도 한다.

유동공급의 효율성은 절삭과정의 기하학적 특성에 의존한다. 절삭유가 공작물이나 공구회전에 의해 절삭영역으로부터 이탈되지 않도록 분사노즐의 방향에 신중한 주의가 필요하다.

(3) 분무공급

절삭유를 공기와 함께 분무형태로 공급한다. 분무공급은 엔드밀링 작업과 같이 절삭속도가 높고 미절삭 칩의 두께가 상대적으로 작은 작업에 보통 사용된다. 이 공급방법은 유동공급이 불가능한 곳에 효과적으로 사용될 수 있으며, 때때로 접근이 어려운 지역에 절삭유를 공급하는 수단이 된다. 분무공급의 주된 단점은 작업자가 작은 절삭유 입자를 흡입하는 데서 오는 건강상의 위험으로 계속적인 환기가 요구된다.

6.6 표면거칠기

실제 기계가공 작업 동안 얻어지는 최종 표면거칠기는 두 가지 독립적 효과가 합쳐진 형태로 볼 수 있다.

① 공구와 이송이나 이송속도의 기하학적 결과인 이론표면거칠기(ideal surface roughness)

② 절삭작업의 불규칙성으로 인한 실제표면거칠기(natural surface roughness)

6.6.1 이론표면거칠기

이론표면거칠기는 주어진 공구형상과 이송으로 얻을 수 있는 최상의 가능한 표면거칠기로서 구성인선, 채터, 기계와 공구운동의 부정확성 등을 배제했을 때만 근사적으로 접근할 수 있는 값이다. 이와 같은 이상적인 조건하에서 날카로운 공구가 사용된 선삭작업에 대하여 얻을 수 있는 이론표면거칠기를 **그림 6.16** (a)에 나타내었다. 정량적 비교와 분석을 위하여 가공면의 거칠기를 한 개의 인자로 표현하는 것이 바람직하다. 가장 흔히 쓰이는 인자가 산술평균거칠기 R_a (arithmetic mean value)로서 다음과 같이 구할 수 있다.

표면 단면을 보여 주는 **그림 6.16** (b)에서, 표면에 전반적으로 평행한 선이고 이 선을 기준으로 위 면적들의 합이 아래 면적들의 합과 같게 되도록 하는 평균선을 먼저 구한다. 표면거칠기 R_a는 이 평균선의 위와 아래에 있는 모든 면적들의 절댓값의 합을 측정 길이로 나눈 값이다.

따라서 **그림 6.16**을 예로 들면, 표면거칠기는 다음과 같이 주어진다. 여기서 f는 이송이다.

$$R_a = \frac{|\text{면적 } abc| + |\text{면적 } cde|}{f} \tag{6·11}$$

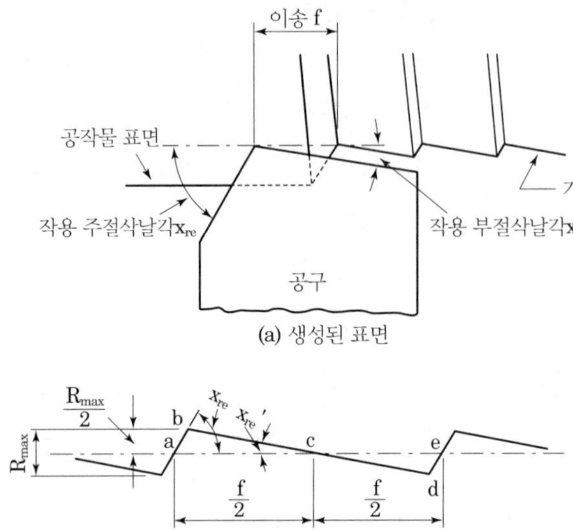

(a) 생성된 표면

(b) 표면 불규칙성을 보여주는 단면

그림 6.16 날카로운 날끝을 갖는 공구에 대한 이론표면거칠기 모델
(κ_{re} =작용 주절삭날각, κ_{re}' =작용 부절삭날각, f =이송)

면적 abc와 cde는 같으므로

$$R_a = \frac{2}{f}(\text{면적}\,abc) = \frac{R_{\max}}{4} \tag{6·12}$$

여기서 $R_{\max}/2$는 삼각형 abc의 높이다.

이 시점에서 주목할 것은 균일하게 삼각형 형태의 불규칙을 갖는 면의 산술평균거칠기는 이 불규칙이 갖는 최대높이의 1/4이 된다는 것이다.

기하학적으로

$$R_{\max} = \frac{f}{\cot\kappa_{re} + \cot\kappa_{re}'} \tag{6·13}$$

여기서 κ_{re}와 κ_{re}'는 각각 작용 주절삭날각과 작용 부절삭날각이다.

식 (6·13)를 식 (6·12)에 대입하면

$$R_a = \frac{f}{4(\cot\kappa_{re} + \cot\kappa_{re}')} \tag{6·14}$$

식 (6·14)는 이런 표면에 대한 산술평균거칠기가 이송에 정비례한다는 것을 나타내고 있고, 주어진 이송과 작용 주절삭날각에 대하여 식 (6·14)를 나타낸 **그림 6.17**의 곡선은 산술평균거칠기가 작용 부절삭날각에 어떻게 영향을 받는지 보여 준다.

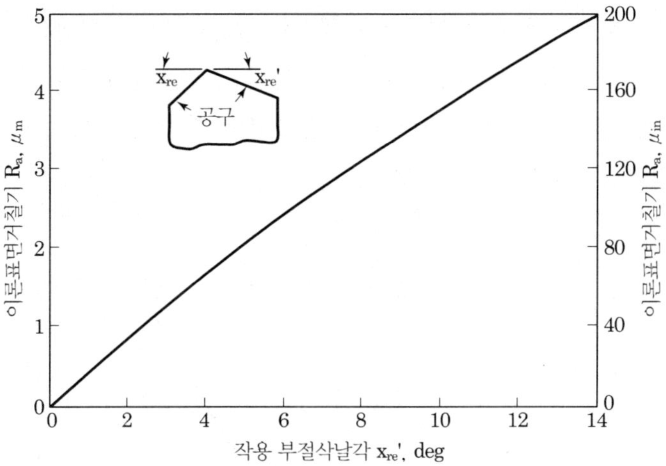

그림 6.17 부절삭날각이 이론표면거칠기 모델에 미치는 영향(κ_{re} =45°, f =0.1 mm(0.004 in))

실제 절삭공구는 보통 날끝이 둥글게 되어 있으며 **그림 6.18**은 이상적인 조건하에서 이런 공구에 의해 생성된 표면을 나타내고 있다. 이와 같은 표면에 대한 산술평균거칠기를 나타내는 이론식을 구하는 것은 앞의 예보다 어렵지만, 이송과 날끝 반지름(corner radius)에 밀접하게 관련되어 있는 거칠기 값을 다음과 같이 유도해 낼 수 있다.

$$R_a = \frac{0.0321 f^2}{r_\varepsilon} \tag{6·15}$$

여기서 r_ε은 날끝 반지름이다.

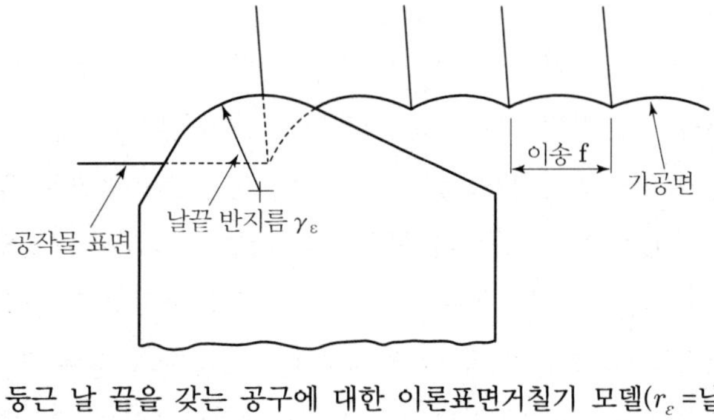

그림 6.18 둥근 날 끝을 갖는 공구에 대한 이론표면거칠기 모델(r_ε =날끝 반지름)

그림 6.19는 식 (6·15)에 의하여 주어진 표면거칠기와 이송 사이의 이론적 관계를 실험결과와 비교하고 있다. 이 실험에서 공작물(구리)과 절삭조건을 신중하게 선정하여, 실제 표면거칠기가 매우 낮게 나오도록 하고 절삭으로 생기는 결함(채터, 구성인선 등)이 시편에 나타나지 않도록 하였다. 선삭작업을 하였고, 각 실험 전에 공구를 정확한 날 끝 반지름으로 조심스럽게 연삭하였다. 이와 같은 실험으로부터 **그림 6.19**는 각 이송에 대하여 시편의 실제 거칠기 값이 이론적인 값에 접근함을 나타낸다.

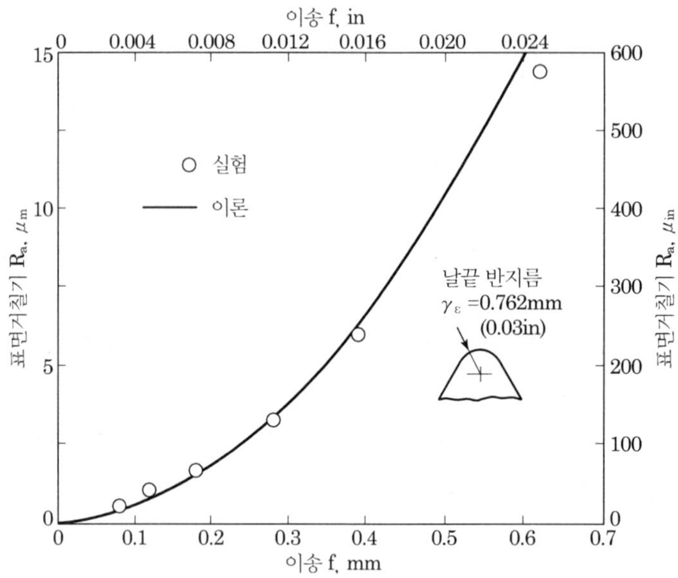

그림 6.19 이론표면거칠기 모델과 실험결과의 비교

6.6.2 실제표면거칠기

실제로 앞에서 언급한 것과 같은 이상적인 조건을 얻는다는 것은 보통 불가능하고, 보통 실제표면거칠기가 최종 표면거칠기의 중요한 부분을 차지한다. 실제표면거칠기에 기여하는 주요 인자 중의 하나가 구성인선의 형성이다. 구성인선은 연속적으로 쌓이다 탈락되며, 그 탈락된 조각들이 칩 아래 면과 새로운 가공면에 부착된다. 따라서 구성인선이 크면 클수록, 더 거친 면이 생성된다고 할 수 있으므로, 칩-공구 마찰을 줄이고 구성인선을 제거하거나 감소시키는 인자는 개선된 가공면을 얻을 수 있게 한다. 이러한 인자는 절삭속도의 증가, 고속도강에서 초경합금공구로의 전환, 쾌삭강의 사용, 저속절삭에서의 적절한 절삭유의 공급 등이 될 수 있다. 절삭속도의 영향을 **그림 6.20**에 예시하였는데, 여기서 보듯이 선삭된 부품의

표면거칠기는 저속절삭에서 크고 절삭속도가 증가함에 따라 감소하여 고속절삭에서의 이론 표면거칠기에 접근한다.

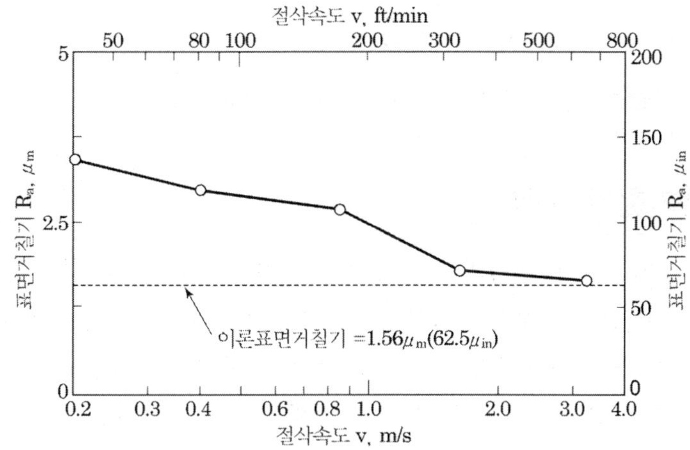

그림 6.20 절삭속도가 선삭된 연강 시편의 표면거칠기에 미치는 영향

일반적으로 실제표면거칠기에 기여하는 다른 인자들은 다음과 같다.

① 공작기계의 채터나 진동 발생.

② 선반의 새들 운동과 같은 공작기계 운동의 부정확성.

③ 이송기구의 불규칙성.

④ 공작물 재료의 구조결함.

⑤ 취성재료 가공 시 불연속칩의 형성.

⑥ 연성재료 가공 시 저속절삭에서 공작물 재료의 찢어짐.

⑦ 칩유동 등으로 인한 표면손상.

앞에서 논의된 내용은 단인공구에 의해 생성된 표면거칠기에 관한 것이다. 다인공구에 의해 생성된 가공면에서는 절삭공구나 공작기계 운동의 부정확성으로 인하여, 커터의 날 한 개가 가공면의 생성에 지배적인 역할을 할 수 있다. 예를 들면, 평면밀링 작업에서 이상적인 조건하에서의 표면거칠기는 절삭공구가 오직 한 개의 날을 가지고 있다고 가정함으로써 얻을 수 있다. 식 (6·15)에 적당한 대입을 하면 다음과 같은 식을 얻을 수 있다.

$$R_a = \frac{0.0642}{d_t}\left(\frac{v_f}{n_t}\right)^2 \qquad (6\cdot16)$$

여기서 v_f =이송속도

d_t =커터의 지름

n_t =커터의 회전속도

대체로 표면거칠기는 연삭작업이 0.05~2.5 μm(2~100 μin), 다이아몬드 선삭이 0.1~1.0 μm(4~40 μin), 밀링과 선삭작업이 1 μm(40 μin) 이상이다.

6.6.3 표면거칠기 측정

표면거칠기 측정에 관하여 논하기 전에 완벽하게 매끄러운 표면과 차이를 나타내는 여러 종류의 벗어남이 존재한다는 것을 알아야 한다. 이런 벗어남에는 표면결함(surface flaw)과 파상도(waviness)가 있다. 표면결함은 표면에 임의로 존재하는 넓게 분리되어 존재하는 불규칙성을 말한다. 이와 같은 것으로서 긁힌 자국, 균열, 흠집 등이 있다. 파상도는 지정된 크기(보통 약 1 mm)보다 큰 파장을 가지는 규칙적인 편차의 형태를 말한다. 거칠기(roughness)는 파상도보다 미세한 불규칙성이고 파상도에 겹쳐진다. 표면거칠기 측정에 쓰이는 또 다른 용어가 가공무늬(lay)이다. 표면의 가공무늬는 현저한 줄무늬 방향으로, 표면을 형성하기 위해 사용된 가공방법에 따라 보통 결정된다. 표면측정은 가공무늬에 직각방향으로 수행한다.

표 6.5 표면거칠기의 표시를 위하여 ISO가 추천한 거칠기 값과 등급번호

거칠기 값 R_a		거칠기 등급번호
μm	μin	
50	2000	N12
25	1000	N11
12.5	500	N10
6.3	250	N9
3.2	125	N8
1.6	63	N7
0.8	32	N6
0.4	16	N5
0.2	8	N4
0.1	4	N3
0.05	2	N2
0.025	1	N1

표면거칠기 측정기로 표면 불규칙성을 확대하여 기록한다. 이 장치는 촉침이 표면을 지나감에 따라 촉침의 수직운동을 확대하여 연속적으로 종이에 표면의 윤곽을 기록할 수 있을 뿐만 아니라 산술평균거칠기 값을 직접 산출해 낼 수 있다. 산술평균거칠기 값은 검류계에 연결된 정류 및 평활회로에 의하여 얻어지며, 파상도는 주파수 차단 장치에 의해 자동적으로 제거된다. ISO는 널리 쓰이는 거칠기 값과 이에 대응하여 제도에 사용될 수 있는 거칠기 등급번호를 추천하였다[12]. 거칠기 값과 이 번호 사이의 관계를 **표 6.5**에 나타내었다.

연·습·문·제

1. 고속절삭시 절삭공구로 전도되는 열은 무시되고 공작물로 전도되는 열이 총발생열의 4%라고 할 때, 최후의 칩 온도 θ에 관한 식을 다음에 대하여 유도하여라.
   (a) 비절삭 에너지 p_s
   (b) 공작물 재료의 비열용량 c
   (c) 공작물 재료의 밀도 ρ

2. (a) 경사각 0°의 공구로 직교절삭할 때, 전단영역에서의 열발생률 P_s는 다음과 같이 주어짐을 증명하여라.

   $$P_s = F_c v(1-\mu r_c)$$

   여기서 F_c=절삭력, v=절삭속도
   μ=공구면의 평균 마찰계수, r_c=절삭비

   (b) 같은 조건에서, 금속의 비절삭 에너지 2.8 GN/m^2, μ=1.0, r_c=0.2이고, 전단영역에서 발생하는 열의 10%가 공작물로 전도될 때, 전단영역의 평균 온도상승 θ_s를 계산하여라. 공작물에 대하여 ρ=7200 kg/m^3, c=500 J/kgK로 가정한다.
   (c) 절삭속도가 2배로 되고 공작물로 전도되는 전단영역의 열이 일정하다고 한다면 θ_s의 값은 어떻게 되겠는가?

3. 어떤 기계가공 실험에서 다음과 같은 가정을 한다.
   (a) 절삭공구로 전도되는 열은 무시한다.
   (b) 전단영역에서 발생되는 열의 20%가 공작물로 전도된다.
   (c) 마찰열원에 의한 칩의 최대 온도상승 θ_m은 다음 식과 같은 관계가 있다. 여기서 θ_f는 마찰열원에 의한 칩의 평균 온도상승이며, R는 열숫자이다.

   $$\theta_m = \theta_f \sqrt{R}$$

   (d) 마찰로 인하여 발생되는 열은 전단영역에서 발생되는 열의 20%이다. 칩의 최대온도에 관한 식을 공작물의 비절삭 에너지 p_s, 비열 c, 공작물 재료의 밀도 ρ, 열숫자 R로 나타내어라.

4. 형삭(shaping)을 통하여 생성된 칩을 열량계(calorimeter)로 측정하였더니 평균 온도상승이 500℃였다. 절삭조건은 다음과 같다.

   절삭속도=1 m/s
   미변형 칩 두께=0.5 mm
   칩 폭=5 mm
   작용수직 경사각=45°
   절삭력=6000 N
   배분력=0

칩두께=1.2 mm

공작물 길이=300 mm

100행정 후에 단열된 공작물을 열량계에 담갔을 때 30 kJ의 열량이 증가하였다. 절삭공구로 전도되는 열을 무시할 때, 전단영역에서 공작물로 전도되는 열의 비율을 계산하여라.

5. 절삭날이 날카롭고 주절삭날각이 60°인 선삭공구가 0.05 mm의 이송으로 사용된다. 이상적인 조건하에서 3㎛의 산술평균거칠기를 얻기 위한 부절삭날각을 구하여라.

6. 이상적인 조건하에서 0.25 mm의 이송으로 선삭할 때 10㎛의 산술평균거칠기를 주는 날끝 반지름을 구하여라.

7. 평면밀링에서 커터의 지름이 150 mm이고 날 수가 10개이다. 이송속도가 1.5 mm/s이고 커터의 회전수가 3s-1일 때 이론적인 산술평균거칠기를 구하여라.

참고문헌

1. Boothroyd, G. : Temperatures in orthogonal metal cutting, Proc. IME, vol.177, p.789, 1963.
2. Weiner, J. H. : Shear plane temperature distribution in orthogonal cutting, Trans. ASME, vol.77, no.8, p.1331, 1955.
3. Rapier, A. C. : A theoretical investigation of the temperature distribution in the metal cutting process, Br. J. Appl. Phys., vol.5, no.11, p.400, 1954.
4. Nakayama, K. : Temperature rise of workpiece during metal cutting, Bull. Fac. Eng. Yokohama Nat. Univ. (Japan), vol.5, no.1, 1956.
5. Trent, E. M. : Metal Cutting, 2nd ed., Butterworth, London, 1986.
6. Wright, P. K., and E. M. Trent : Metallographic methods of determining temperature gradients in cutting tools, JISI, vol.211, p.364, 1973.
7. Mills, B., D. W. Wakeman, and A. Aboukhushaba : A new technique for determining the temperature distribution in high-speed steel cutting tools using scanning electron microscopy, Ann. CIRP, vol.29, p.73, 1980.
8. Mills, B., and T. D. Mattishaw : The application of scanning electron microscopy to the study of temperatures and temperature distributions in M2 high-speed-steel twist drills, Ann. CIRP, vol.30, p.15, 1981.
9. Holmes, P. M. : Factors affecting the selection of cutting fluids, Ind. Lubr. Tribol., vol.23, no.2, pp.47~55, 1971.
10. Bowden, F. P., and D. Tabor : Friction and Lubrication of Solids, Oxford University Press, London, 1954.
11. Cassin, C., and G. Boothroyd : The lubricating action of cutting fluids, J. Mech. Eng. Sci.(GB), vol.7, no.1, pp.67~81, 1965.
12. Technical Drawings-Methods of Indicating Surface Texture on Drawings, ISO Recommendation R1302, 1st ed., January 1971.

CHAPTER 07 특수가공

7.1 서론

최근에 공학분야에서 고경도, 고강도, 내열성 재료의 사용이 증가함에 따라 새로운 가공기술의 개발이 필요하게 되었다. 연삭가공을 제외하고는, 공작물로부터 재료를 제거하는 기존의 방법은 이러한 새로운 재료에 쉽게 적용되지 않는다. 그러한 가공이 가능하더라도, 일반적으로 생산속도는 느리고 매우 비효율적이다. 비록 대부분의 새로운 가공공정은 난삭재에 맞춰 특별하게 개발되었다 하더라도, 그들 중 일부는 연질이어서 쉽게 가공할 수 있는 재료들에 대해서 복잡한 형상과 구멍들을 만드는 데 사용되고 있음을 알 수 있다.

이 장에서는 주요 특수 가공법에 대해 기술한다. 이러한 공정에 대한 자세한 사항은 여러 참고문헌을 통해서 접할 수 있다[1]. 특수 가공법들은 다음과 같은 많은 이유들로 인해 기존의 공정들에 대한 대안으로써 사용될 수 있다[2].

① 공작물 재료의 가공성 : 많은 공작물 재료들은 고경도, 내열성, 또는 내마모성으로 인해 기존의 방법으로 가공하기 어렵다. 이러한 재료들에 있어서는 특수 가공법이 적합하다.

② 공작물의 형상 복잡성 : 기존의 가공법으로 생산한다는 것이 불가능하거나 어렵다. 예를 들어 공작물에 원통형 구멍을 내는 것은 상대적으로 쉬우나, 정사각형이나 유사한 크기의 구석이 날카로운 구멍을 내는 것은 훨씬 더 어렵다. 특수 가공법은 일반적으로 난삭재에 있어서도 비교적 쉽게 복잡한 형상을 가공할 수 있다.

③ 표면품위 : 기존의 가공법은, 결과적으로 표면크랙이나 잔류응력을 남긴다. 많은 특수

가공법은 이러한 효과를 발생하지 않고 재료를 제거할 수 있다.

④ 정밀도 : 많은 특수 가공법은 기존의 가공법에서 이룰 수 없는 고도의 정밀도를 얻을 수 있다.

⑤ 소형화 : 몇몇의 특수 가공법은 기존의 가공법으로는 가능하지 않은 매우 작고 세밀한 형상을 생산할 수 있다(예 : 지름이 매우 작고 깊은 구멍의 가공).

⑥ 자동 데이터 통신과 컴퓨터 통합 : 많은 특수 가공법은 컴퓨터로 제어될 수 있고, 통합된 가공환경 내에서 CAD/CAM 시스템과 직접적으로 연결될 수 있다.

7.2 특수 가공법의 범위

특수 가공법들은 공작물 재료를 제거하기 위해 다양한 에너지원을 사용한다. 이들 에너지는 통상 기계적 공정, 전열공정 그리고 화학공정이다. 일부 중요한 공정에 대해서 사용된 에너지원의 분류에 따라 대략적으로 **그림 7.1**에 나타나 있다. 재료를 제거하기 위해 기계적인 작용을 활용하는 세 가지 주요가공은 초음파 가공, 입자제트 가공(abrasive jet machining), 입자 워터제트 가공(abrasive water jet machining)을 포함한 워터제트 가공(water jet machining)이다. 전열공정으로서 특정화될 수 있는 4개의 가공은 다음과 같다. 와이어 방전가공(wire electrodischarge machining)을 포함한 방전가공(electrodischarge machining), 레이저빔 가공(laser beam machining), 전자빔 가공(electron beam machining), 플라즈마빔 가공(plasma beam machining)이다. 나머지 가공은 기본적으로 화학공정으로 이루어져 있다. 이것은 화학적 가공(chemical machining)과 전해연삭(electro chemical grinding)을 포함한 전해가공(electrochemical machining)이다. 비교적 잘 사용하지 않는 공정들[1]도 있으나, 여기에서는 언급하지 않았다.

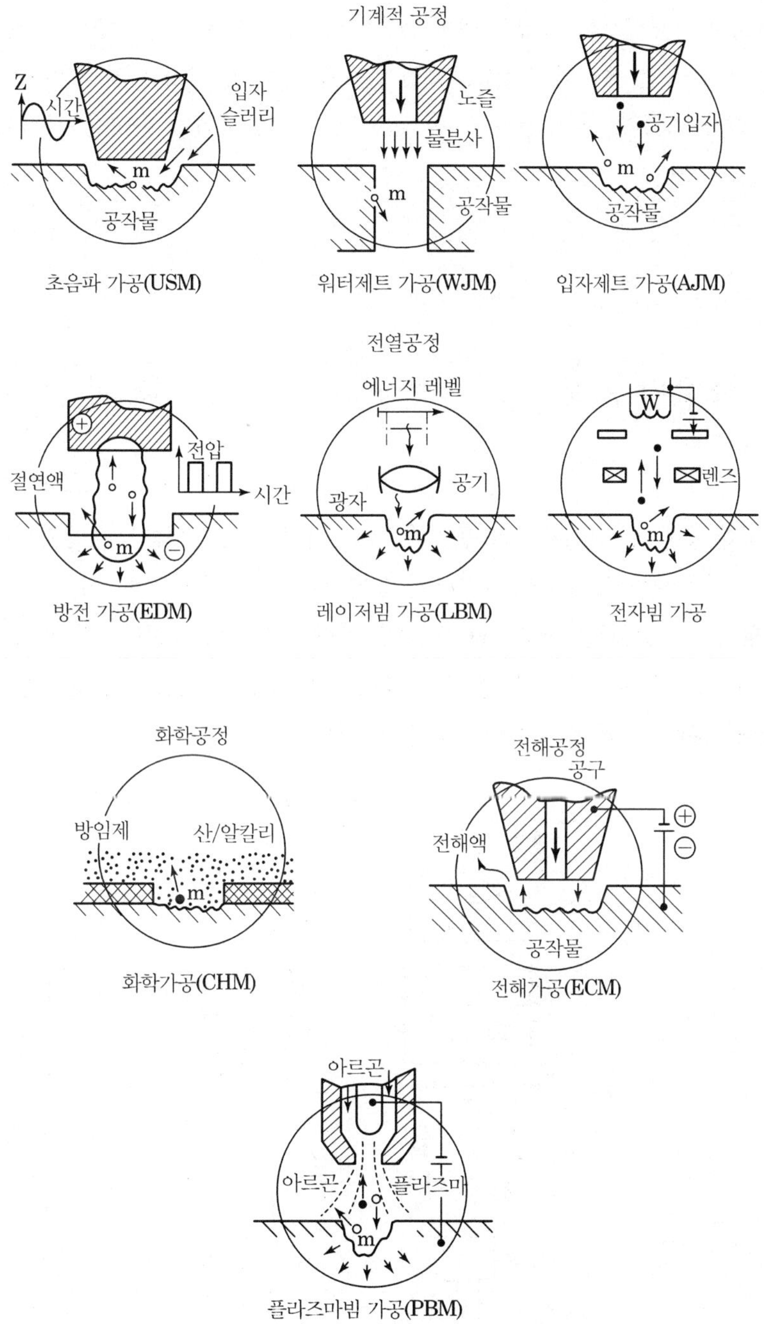

그림 7.1 다양한 특수 가공법의 개요도[2]

그림 7.1에서 보여 주고 있는 가공법들은 좁은 제트나 공작물에 분사된 빔에 의해 재료를 제거한다. 이러한 가공에서의 특징은 매우 좁은 "커프(kerf)" 폭으로 박판이나 판재를 절삭하는 능력이다. 커프 폭은 재료의 슬릿(slit) 절삭 폭을 말하며, 이것은 가공으로부터 제거되는 재료의 양과 함께 가공에 의해 절삭될 수 있는 세밀하며 복잡한 윤곽을 결정한다.

7.3 초음파 가공

초음파 가공은 고경도, 취성재료의 정밀가공에 적합한 공정이다[3]. 초음파 주파수에 따라 진동하는 공구와 공작물 사이에서 순환하는 입자 슬러리의 연마작용으로 재료가 제거된다. 공구는 공구형상과 동일한 공동(오목한 모양)을 형성하기 위해 점진적으로 재료 안으로 이송된다. 20~40 kHz의 주파수가 가장 흔하게 사용된다. 초음파 가공의 전형적인 장치에 대한 개략도는 **그림 7.2**와 같다. 주요소들은 다음과 같다.

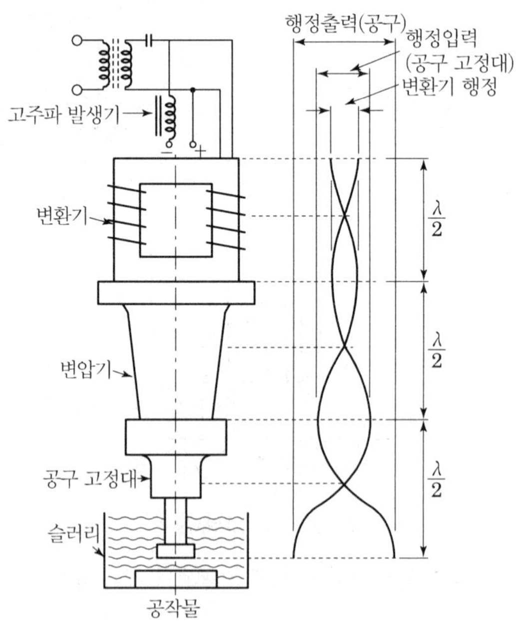

그림 7.2 초음파 가공의 전형적인 장치

① 고주파 발생기
② 압전현상이나 자기변형 효과를 사용하는 변환기
③ 변환기에서 출력되는 진동을 증폭하기 위한 모양으로 만들어진 변압기
④ 공구 고정대와 공구
⑤ 공구와 공작물 사이의 작은 틈새 내에서 순환하는 입자 슬러리

7.3.1 변 환 기

변환기(transducer)는 한 형태에서 다른 형태로 에너지를 변환한다. 초음파 가공에 사용되는 변환기는 전기적인 에너지를 기계적 운동으로 변환하고, 이러한 변환기들은 압전현상이나 자기변형 원리들을 기초로 하고 있다. 진동의 증폭은 변환기의 길이와 사용된 재료의 강도에 의해 결정된다. 진동의 폭은 대략적으로 0.025 mm 정도이다.

(1) 압전 변환기

석영과 같은 어떤 수정들은 전류의 변화에 따라 길이의 변화가 발생한다. 수정에 전압을 교대로 적용함으로써 진동이 발생하고, 진폭은 수정의 공진 주파수에서 최대가 된다. 공진의 경우, 수정의 길이는 수정 내에서 음폭길이의 1/2과 같아야만 한다[4]. 석영의 경우, 탄성계수 $E-5.2\times1010\ \mathrm{N/m^2}$, 밀도 $\rho-2.6\times103\ \mathrm{kg/m^3}$이므로 음속 $C_s = E/\rho=4480\ \mathrm{m/s}$이다. 결과적으로, 20 kHz의 주파수($f_s$)에서 파장= $C_s/f_s=0.228\ \mathrm{m}$이고, 따라서 필요한 수정길이는 110 mm이다.

바륨 티탄산염 같은 다결정 세라믹들 또한 변환기로서 사용된다. 다결정 세라믹들은 샌드위치 구조를 가지고, 길이는 75~100 mm이다. 전형적인 변환기(**그림 7.3**)는 고밀도 저부와 저밀도 재료의 블록 사이에 샌드위치된 세라믹 디스크들의 더미로 구성되고, 저밀도 블록은 변환기의 방사표면을 제공한다. 변환기의 작동은 운동량 보존으로부터, '속도와 진동의 진폭이 저밀도 재료에서 높다'라는 사실에 기초를 두고 있다. 이러한 변환기들은 96%의 효율로 전기 에너지를 진동 에너지로 변환시킬 수 있고, 결과적으로 냉각할 필요가 없게 된다.

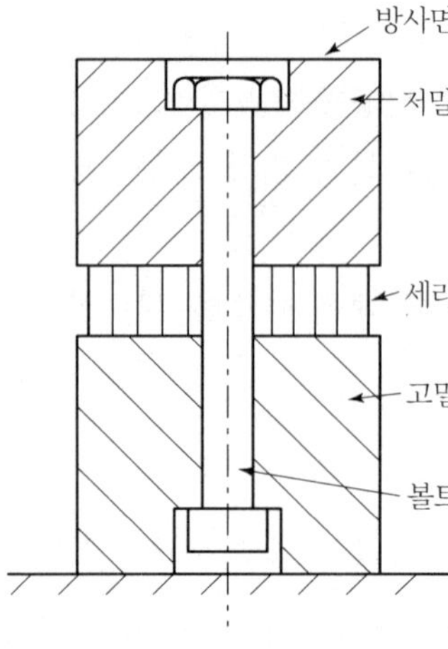

그림 7.3 압전 초음파 변환기

(2) 자기변형 변환기

니켈과 니켈합금과 같은 강자성의 재료들이 자력을 띠게 될 때 팽창이 발생한다. 재료주변의 코일에 전류를 교대로 적용함으로써 적용된 주파수 내에서 진동이 발생한다(**그림 7.4**). 자력을 띤 재료들은 맴돌이 전류의 소모를 줄이기 위해 적층판으로 만들어지지만, 에너지 전환 효율은 단지 20~35% 정도이다. 결과적으로, 변환기로부터 낭비되는 열을 제거하기 위해 물 냉각이 필요하다.

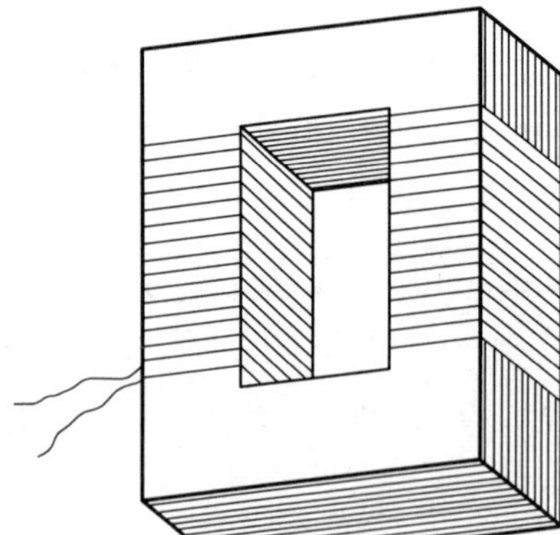

그림 7.4 자기변형 초음파 변환기

7.3.2 변압기(증폭기)와 공구 고정대

초음파 가공에서 변압기의 용도는 진동진폭을 증가시키는 것이다. 변압기의 길이는 변압기 재료 내에서의 음폭의 1/2이다. 단면적의 감소는 진동을 증폭시키고, 이것은 변압기의 위쪽과 아래쪽 끝 사이의 면적비율에 역비례적으로 증가한다. 진폭은 적당하게 모양을 만들게 되면 변압기에서 600%까지 증가될 수 있다. 공구면에서의 유사한 진폭 증가는 공구 고정대에서도 발생하고, 공구면에서의 최종 진폭은 일반적으로 0.013~0.1 mm이다.

7.3.3 공 구

공구의 형상은 침식시킬 오목형상의 반대모양이다. 공구마모를 최소화하기 위해 스테인리스강, 황동, 연강같은 비교적 연성의 공구재료들이 일반적으로 사용된다. 공구들은 일반적으로 나사모양으로 만들어서 결합하게 되면 피로 문제가 발생하기 때문에 공구 고정대에 경납된다.

7.3.4 연마 슬러리

슬러리는 중량으로 30~60%의 농도를 갖고 있는 연마입자들을 물이나 때때로 기름에 혼합한 연마입자액체나. 흔하게 사용되는 연마입자재료들로는 보론 탄화물(boron carbide), 실리콘 탄화물(silicon carbide)과 알루미늄 산화물(aluminum oxide)이 있다. 입자(grit) 크기는 보통 사용되고 있는 진폭과 동일하다.

7.3.5 적 용

초음파 가공은 전도체, 비전도체, 금속류, 세라믹류나 복합재료에 관계없이 대부분의 재료에서 오목형상을 만들기 위해 사용될 수 있다. 이런 초음파 가공은 경도가 H_RC 50 이상의 재료에 가장 효과적이다. 재료 제거율은 보통 1.5 cm^3/min 미만으로 낮다. 0.076 mm 정도로 작은 구멍이 가공이 가능하고 공동의 크기는 대략적으로 75 mm정도까지이다. 50 mm 이상의 깊이가 가공 가능하나, 실제적인 깊이는 보통 5 mm 미만이다. ±0.25 mm의 오차와 0.25 ㎛의 표면정도가 일반적으로 얻어질 수 있다.

7.4 워터제트 가공

7.4.1 개 요

워터제트 가공은 고속이며 지름이 작은 워터제트의 침식작용으로 재료를 제거한다[1, 5]. 이 가공법은 주로 박판이나 평판형태의 재료에 드릴링 작업과 슬리팅 작업에 주로 사용된다. 매우 좁은 커프 폭을 이용하여 복잡한 형상들을 쉽게 절삭될 수 있다. 워터제트 가공에 사용되는 장비들은 400 MPa까지의 압력으로 물을 공급할 수 있는 고압 증강장치와 펌핑유닛, 작업영역까지 고압의 물을 이송시키는 전달장치, 제트형태를 만드는 노즐, 절삭을 하기 위해 노즐이나 재료를 이동시키는 위치제어 장치로 구성되어 있다(**그림 7.5**).

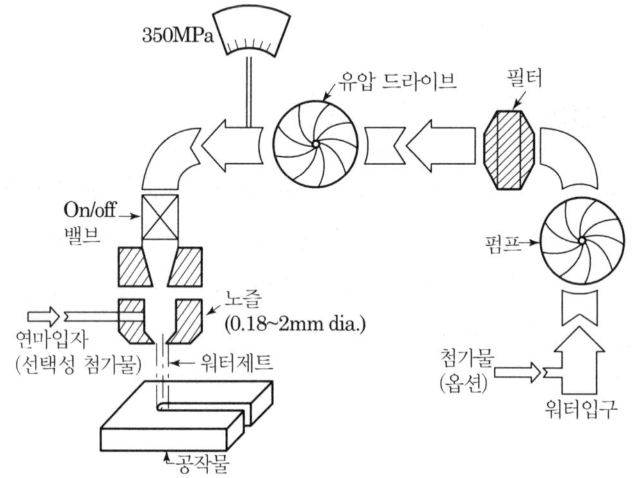

그림 7.5 워터제트와 입자 워터제트의 기본적인 유형

노즐은 통상적으로 마모를 견디기 위한 작은 지름의 제트를 형성하기 위하여 사파이어 인서트를 사용하나, 텅스텐 탄화물(초경)로 만들어진 금속노즐 인서트를 사용하기도 한다(**그림 7.6**)[2, 6]. 제트지름은 일반적으로 0.07에서 0.5 mm까지의 범위이고, 노즐 인서트의 일반적인 수명은 250~500시간이다. 공작물과 노즐 사이의 간격은 일반적으로 3~25 mm의 범위 내에 있다. 공구나 공작물을 위해 사용되는 위치제어 장치는 가공법의 적용에 따라 선택된다. 많은 경우에 노즐이나 공작물은 수동으로 움직이고, 이 때 가공법은 일상적으로 띠톱 가공과 유사하다. 또한 워터제트 절삭기는 수치제어 시스템이나 산업용 로봇으로 움직이는 노즐과 함께 사용 가능하다.

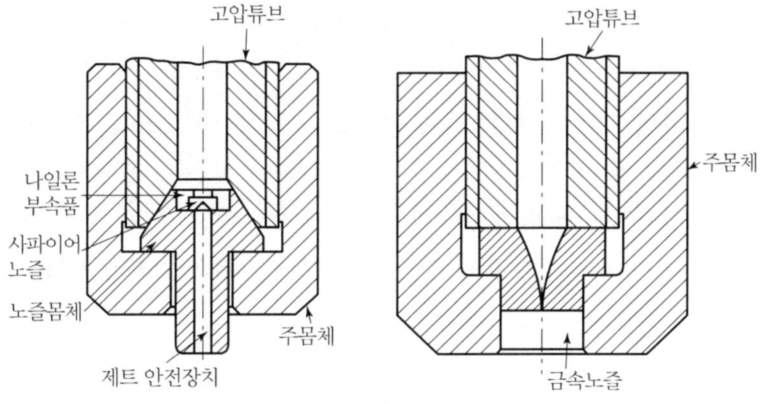

그림 7.6 워터제트 가공용 노즐

워터제트 가공은 주로 종이, 나무, 가죽, 기포 고무와 같은 부드러운 비철금속 재료를 가공하기 위해 사용된다. 공작물 재료에 어떤 열적 손상을 가하지 않고도 고절삭률이 가능하다. 고경도 재료의 가공을 가능하게 하는 기본적인 가공법의 변형 형태는 제트 후에 유체 안으로 연마입자를 첨가하는 것이다. 이 가공법은 입사워터제트 가공으로 불리기도 한다. 장비의 나머지는 근본적으로 워터제트 가공과 동일하다. 이러한 가공용으로 보통 사용되는 입자들은 석류석, 실리콘, 실리콘 탄화물 입자들이다.

7.4.2 적 용

워터제트 가공은 박판형태의 연한 비철금속 재료를 절삭하기 위해 사용되고, 종종 다층으로 이루어진 더미에서도 사용된다. **표 7.1**은 여러 재료에 따른 절삭률을 나타내고 있다. 공작물 상에서의 절삭력이 낮아서, 잘 부서지는 재료를 손상 없이 효과적으로 절삭할 수 있다. 커프 폭은 노즐지름보다 큰 약 0.28 mm이다. 구멍을 뚫기 위한 예비구멍 뚫기는 필요하지 않다. 제트는 어떤 위치에서도 재료를 뚫을 수 있고, 이 때 절삭은 어떤 방향에서도 이루어질 수 있다. 절삭된 가장자리의 표면정도는 좋으며, 버와 열적 손상이 전혀 없다. 허용오차는 재료유형과 두께에 의해 결정되고, 보통 ±0.1~0.2 mm이다.

입자 워터제트 가공은 기본 가공법에 비하여 상당한 발전을 이룬 것이며, 훨씬 다양한 재료의 절삭을 가능하게 한다. 사실상 모든 재료들은 경도, 반사율, 전도율에 관계없이 성공적으로 절삭될 수 있다. 대부분의 금속들은 10 mm 두께까지 쉽게 가공될 수 있다. **표 7.2**는 입자 워터제트 가공에 의해 가공된 다양한 재료들에 따른 몇몇의 절삭속도를 나열하고 있다. 커프 폭은 일반적으로 1.5~2.3 mm 사이이고, 절삭표면은 열적, 기계적 손상이 전혀 없다. 슬릿 폭의 테이퍼링 현상이 어느 정도 일어나고, 이것의 범위는 재료의 두께와 함께 증가한다. 아크릴, 흑연, 실리카유리 같은 취성재료들은 손상 없이 절삭될 수 있고, 절삭된 가장자리들은 크랙이 남아 있지 않게 된다. 콘크리트 같은 다공성의 재료들은 두께가 300 mm까지 절삭될 수 있다. 재료들이 절삭되는 동안 얇은 조각으로 갈라지지 않고, 거친 섬유들이 절삭된 날로부터 튀어나오지 않기 때문에 입자 워터제트 가공은 복합재료의 마름질 작업에 점점 많이 적용되고 있다.

표 7.1 워터제트 절삭률[1]

소 재	두께(mm)	압력(MPa)	노즐지름(mm)	속도(m/min)
ABS 플라스틱	2.2	379	0.15	1.0
	3.8	379	0.15	0.2
마분지	1.4	379	0.10	6.1
치즈	100	379	0.20	22.8
폼(foam)고무	76	207	0.10	300
가죽	1.5	275	0.13	76.2
플라스틱 유리	3	379	0.13	0.9
목재	3.2	379	0.13	1.0

표 7.2 입자 워터제트 절삭률[2]

소재	두께(mm)	압력(MPa)	노즐지름(mm)	속도(m/min)
아 크 릴	3.5	NA	NA	1200
	13	NA*	NA	460
알 루 미 늄	3.3	207	0.45/1.5	900
	25	207	0.45/1.5	51
	152	207	0.45/1.5	10
붕 소	0.33	207	0.33/1.2	305
주 철	8.1	207	NA	150
유 리	10	207	0.45/1.5	915
흑 연	51	NA	NA	125
강 철	20	207	0.45/1.5	51
티 타 늄	3.4	NA	NA	300

* NA, not available

7.5 입자제트 가공

7.5.1 개 요

입자제트 가공은 입자가 적재된 가스의 고속흐름의 침식작용으로 재료를 제거한다[7]. 입자제트는 비활성 가스흐름 안에 동반되어 있는 미세 연마입자들에 의해 형성되어, 0.7 MPa까지의 압력으로 작은 노즐을 통해 추진되며, 결과적으로 제트속도가 300 m/s까지 올라가게 된다. 재료는 유리, 실리콘, 텅스텐, 세라믹과 같은 고경도, 취성재료에 특히 효과적인 치핑운동에 의해 재료가 공작물로부터 제거된다.

입자제트 가공은 가스가 먼저 압축되어 혼합실 안에서 연마 분말가루와 혼합된다(**그림 7.7**). 혼합실은 수렴-발산 입구노즐과, 출구노즐을 통하여 공작물 표면에 내보내지기 전에 연마 분말가루가 가스흐름 안으로 삽입되는 방으로 구성된다. 텅스텐 탄화물이나 사파이어로 만들어진 전달노즐은 수명이 약 30시간 정도 되고, 제트지름은 일반적으로 0.12~1.25 mm이다. 가장 흔하게 사용되는 입자들은 입자크기가 10~50㎛인 알루미늄 산화물, 실리콘 탄화물, 나트륨 중탄산염이다.

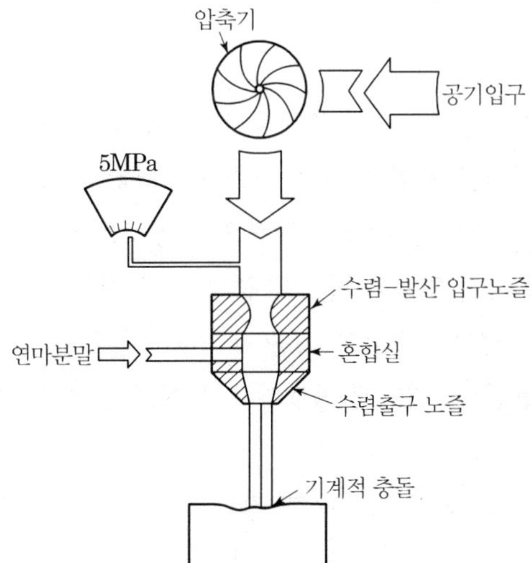

그림 7.7 입자제트 가공의 기본적인 유형

7.5.2 적 용

이 가공법은 전체적으로 생성되는 힘이 상대적으로 작기 때문에 취성재료의 복잡한 절삭, 드릴링, 폴리싱, 에칭작업에 사용될 수 있다. 가스흐름의 냉각작용은 공작물에 열적 손상이 전혀 없게 한다. 입자제트 가공이 절삭이나 드릴링 가공법이 아닌 경우에는 재료 제거율은 0.015 cm^3/min로 낮다. 폭이 0.12~0.25 mm의 작은 슬롯을 생성할 수 있다. 절삭과 드릴링 작업의 경우, 이 가공법은 금속박판, 박판의 세라믹과 유리로 제한된다. 허용오차는 ±0.12 mm로 유지되고, 표면정도는 0.25~1.25㎛이다. 앞으로 개발될 가공법은 디버링, 세척, 폴리싱, 에칭과 같은 미소입자 블라스팅(microgrit blasting) 적용일 것이다. 전형적인 적용분야는 절연체 내에서의 저항기 통로와 반도체 내에서의 패턴 같은 전자부품 내에서의 얕고, 복잡한 구멍의 에칭이다. 자동차 유리와 같은 강인한 유리 위에 문자를 새기는 것은 이러한 가공법의 중요한 적용분야이다.

7.6 화학적 가공

화학적 가공에서 강산이나 강알칼리성 용해물질은 재료를 선택적으로 용해시키기 위해 사용되고, 결과적으로 재료제거를 제어한다[1]. 마스크(mask)로 알려진 화학적으로 강한 코팅은 가공되지 않을 표면을 보호하기 위해 선택적으로 공작물에 적용된다. 화학적 가공은 두 개의 기본적인 가공법인 화학적 밀링과 화학적 블랭킹으로 분리될 수 있다. 화학적 밀링에서는 재료의 침식이 공작물 표면에서 포켓과 홈을 생성하거나, 공작물 표면의 넓은 영역에 걸쳐 재료를 제거하기 위해 사용된다. 화학적 블랭킹에서 재료를 관통하는 구멍과 슬롯은 일반적으로 박판에 만들어진다.

화학적 가공에서 다섯 개의 과정은 다음과 같다.

① 부품준비 : 세척

② 마스킹 : 화학적으로 강한 재료의 적용

③ 에칭 : 에칭 용액에 담그거나 뿌림

④ 마스크 제거 : 마스컨트(maskant)를 벗기고, 부품을 세척
⑤ 마무리 작업 : 점검과 기타 처리

사용되고 있는 세 가지 기본적인 마스크는 절단-박리 마스크, 스크린 내식피막 마스크 그리고 감광성 내식피막 마스크이다.

(1) 절단-박리 마스크

화학적으로 견디는 재료의 막은 담금, 뿌림, 유동 코팅에 의해 공작물에 코팅되어 두께 0.13 mm까지의 건식막을 생성한다. 가장 흔하게 사용되는 재료는 비닐, 스티렌, 부타디엔이다. 고무막은 자르고 선택적으로 벗겨진다. 마스크를 자르는 가장 흔한 방법은 형판을 사용하여 수작업으로 금긋기를 하는 것이나, 마스크 재료의 레이저 절삭을 포함한 다른 방법도 사용된다. 마스크 재료의 금긋기는 일반적으로 ±0.13~±0.75 mm의 정확성을 갖는다. 담금이나 뿌림에 의해 생성된 마스크는 두께 13 mm의 깊이까지 절삭 가능하게 한다.

(2) 스크린 내식피막 마스크

스크린 내식피막 마스크의 경우, 마스크 재료는 형판과 미세한 폴리에스테르나 스테인리스강 망사를 사용하여 인쇄작업에 의해 공작물 표면에 적용된다. 망사인쇄는 빠르고, 마스크 재료를 적용함에 있어 효과적인 방법이다. ±0.05~±0.18 mm의 오차를 유지하는 비교적 얇은 코팅들은 망사인쇄에 의해 얻어질 수 있다. 에칭깊이는 코팅이 얇게 이루어지기 때문에 약 1.5 mm로 제한된다.

(3) 감광성 내식피막(포토레지스트) 마스크

포토레지스트 마스크를 사용하는 화학적 가공은 아주 넓게 사용되고 있고, 종종 광화학 가공으로 불리기도 한다. 이러한 가공법은 빛에 의해 작용하는 내식피막 재료를 사용함으로써 복잡하고 세밀한 형상을 생성한다. 공작물은 포토레지스트 재료로 코팅되고, 자외선에 노출되는 동안 투명 마스터가 공작물 앞에 놓여진다(**그림 7.8**). 자외선은 마스터 네거티브에서 투명한 부분과 일치하는 영역 안의 포토레지스트 재료를 활성화한다. 네거티브 필름의 불투명한 부분에 해당하는 영역은 에칭작업을 하는 동안 용해되어 제거된다.

포토레지스트는 사용되는 마스킹 방법 중 가장 정확한 가공이고, ±0.025~±0.005 mm의 오차 안에서 형상들을 생성하기 위해 사용되나, 전형적으로 최소 배선 폭은 재료의 두께보다 작을 수 없다.

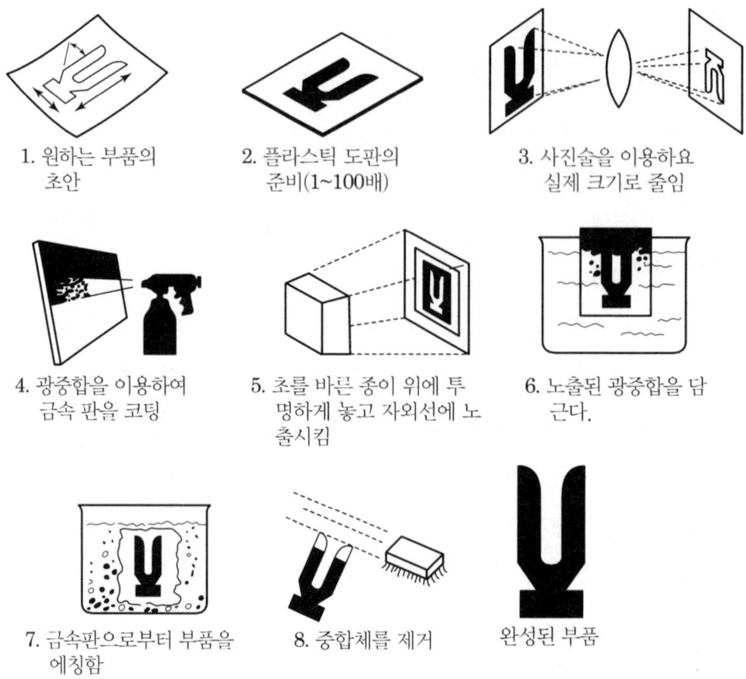

그림 7.8 광화학적 가공을 위한 공정단계

7.6.1 에칭용액

다양한 재료들이 공작물 재료를 용해시키기 위해 사용되고, 가장 적당한 화학용액의 선택은 다음과 같은 요소들에 의해 이루어진다[1, 8].

① 공작물 재료

② 마스크 재료

③ 필요한 에칭의 깊이

④ 필요한 표면정도(어떤 에칭용액은 재료의 입자경계를 침투하기 때문)

⑤ 필요한 소재 제거율

⑥ 재료의 열처리 조건

⑦ 공작물 재료의 손상과 금속학적 성질

⑧ 경제적인 고려

7.6.2 적 용

절단-박리 마스킹을 사용하는 화학적 가공은 일반적으로 대형 공작물에서 재료를 제거하는 용도로 사용된다(예 : 항공기의 날개패널과 구조재를 가볍게 하기 위해 선택된 영역 내에의 재료제거).

포토레지스트나 스크린-인쇄 마스크를 사용하고 있는 화학적 블랭킹은 얇은 재료 내의 섬세한 형상을 생성하기 위해 사용된다. **그림 7.9**는 광화학적 블랭킹에 의해 생성된 몇 가지 형태의 복잡한 부품을 보여 주고 있다. 이 가공법은 기존의 블랭킹 다이 비용이 매우 비싼 경우에 있어서 버가 없는 형상을 생성하기 위해 사용될 수 있다. 이 가공법의 또 다른 이점은 기존의 가공법에 의해 블랭킹될 수 없는 단단하고 취성인 공작물에 적용될 수 있다는 점이다. 박판 적용 이외에도, 광화학 가공은 기본적으로 프린트 회로기판의 생성에 사용된다. 비철기판 재료 위의 원하는 연결유형은 남겨 놓고, 판상의 원하지 않는 구리 침전물은 광화학적으로 제거된다.

그림 7.9 광화학적 블랭킹에 의해 생산된 부품들[1]

7.7 전해가공

전해가공(ECM)은 전해 작용이 금속 공작물을 용해하기 위해 활용된다는 점에서 금속제거 가공법으로 불린다. 사실상, 이것은 금속 도금법의 역이다. 이 가공법의 수정된 형태는 전해 연삭이고, 이것은 후에 논의될 것이다.

ECM 가공법은 **그림 7.10**에 나타나 있다. 전도체이어야 하는 공작물은 기계 테이블상의 탱크 안에 놓여지고, 고전류, 저전압의 직류전원의 양극단과 연결된다. 공작물 내에 필요한 공동을 만들기 위해 형상화된 공구전극은 전원의 음극에 연결된다. 전해액은 공구와 공작물 사이의 틈을 통해 흐르고 나서 필요에 따라 공구를 통해서나 외부적으로 작업지역으로 다시 주입된다.

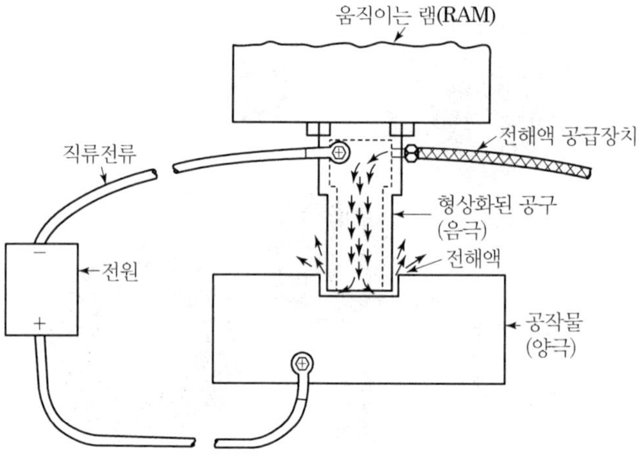

그림 7.10 전해가공의 개요도

전해액을 통해서 흐르는 전류의 작용은 양극산화, 즉 공작물에서 금속을 용해하는 것이다. 전기적 저항은 공구와 공작물이 가장 밀접해 있는 지역에서 최저이다(따라서 전류는 최고이다). 금속은 이 지역에서 가장 빠르게 공작물로부터 용해되기 때문에, 공구가 점진적으로 공작물을 향하여 이동함에 따라서 공구의 형상이 공작물 상에서 복제된다.

공작물과 공구 사이의 기계적인 접촉은 존재하지 않는다. 빠르게 유동하는 전해액은 공구(음극)상에 도금이 되기 전에, 용해되는 동안 도금된 재료를 제거한다. 그러므로 공구마모나 공구상에 공작물의 도금이 전혀 없기 때문에, 하나의 공구는 공구수명 동안 많은 부품들을 생성할 수 있다.

전해액은 ECM에서 두 가지의 중요한 기능을 한다. 첫째, 전해액은 전기분해를 발생시키는 매개체 역할을 한다. 둘째, 전해액은 전해액과 전극을 통한 고전류의 결과로써 작업지역에서 생기는 열을 제거한다.

가장 일반적으로 사용되는 전해액은 소금물이다. 여러 소금용액이 특정한 용도로 사용되어 왔다. 사용된 전해액의 부식속성으로 인해 전해액에 노출된 기계부품들은 스테인리스강이나 플라스틱으로 만들어지거나, 부식에 강한 페인트로 코팅되어야 한다.

7.7.1 금속 제거율

ECM에서 공작물로부터 재료가 제거되는 비율은 전해 상당량으로부터 예측될 수 있다. 금속 제거율은 다음과 같이 표현될 수 있다.

$$Z_{we} = \frac{\eta_e e I}{\rho} \tag{7·1}$$

단, Z_{we} = 전기분해에 의한 금속 제거율

e = 공작물 재료의 전해 상당량

I = 전류

η_e = 전류효율(전기분해에서 실제적으로 효과적인 전류의 비율)

ρ = 공작물 재료의 밀도

합금의 일반적인 구성요소인 코발트, 철, 니켈, 몰리브덴, 크롬, 텅스텐은 모두 32.5~37.4 p·m^3/As(0.119~0.137 in^3/min/1000A) 범위 내에서의 e/ρ의 값을 갖는다. 전류효율 η_e는 일반적으로 0.75~0.90의 등급상에 있으므로, ECM에 의한 금속 제거율의 근삿값은 27.3 p·m^3/As(0.1 in^3/min/1000A)이다[9].

식 (7·1)로부터 공구 이송속도는 다음과 같이 주어진다.

$$v_f = \frac{Z_{we}}{A} = \eta_e \frac{e}{\rho} \frac{I}{A} \tag{7·2}$$

단, v_f = 공구 이송속도

A = 전극에 노출된 공작물 표면의 면적

I/A = 전류밀도

그러므로 최고 가공률을 얻기 위해서는 최고허용 전류밀도가 사용되어야만 한다. 전류밀도는 가공재료, 공구재료, 전류를 운반하는 전해질의 용량뿐만 아니라 전원용량에 의해 제한된다. 전류는 공구와 공작물에 과도한 열을 발생시키거나 전기적 고장이나 전해액의 분해가 일어날 만큼 높지 않아야 한다. 종종 4.5 MA/m^2(3000 A/in^2)만큼 높은 전류밀도가 허용되기도 하지만, 1.5 MA/m2(1000 A/in^2)의 값이 일반적으로 안정적인 값으로 간주될 수 있다. 그러므로 최대가능 절삭률이 요구될 때는 특정작업에 있어서 최고허용 전류는 시험에 의해 결정되어야만 한다. **표 7.3**은 다양한 재료의 금속 제거율을 보여 준다[1].

만약 특정작업을 위한 허용 전류밀도가 전체전류를 기계와 전원용량보다 훨씬 낮은 수준으로 제한한다면, 두 개 이상의 조각들이 동시에 작업되어야 하는 가능성을 고려해야 할 것이다. 이러한 방법을 통하여 기계는 최대한 사용될 수 있고, 부품당 간접비는 낮게 유지될 수 있다.

표 7.3 ECM 제거율[1]

소 재	밀도(g/cm^3)	제거율(cm^3/min)
알루미늄	2.7	1.9
베릴륨	1.8	1.3
코발트	8.9	1.9
구리	8.9	3.9
철	7.8	2.1
납	11.3	5.0
몰리브덴	10.1	1.8
니켈	8.9	1.9
티타늄	4.5	1.9
텅스텐	19.3	0.8
우라늄	19.0	1.8
지르코늄	6.5	1.9

7.7.2 가공면의 성질

ECM에서 금속제거는 기계적 전단(기존의 가공과 같은)이나 금속의 증발과 용융(**7.9**절의 EDM과 같은)에 의해 이루어지지 않는다는 사실은 어떠한 열적 손상이나 잔류응력이 가공된 표면에 발생하지 않음을 의미한다. 이런 이유로, ECM은 종종 항공산업에서 높은 응력이나 피로에 민감한 적용분야에 사용된다. 발생되는 유일한 열은 전기적 저항에 의한 결과이고, 온도는 전해질의 끓는점 이상으로 올라갈 수 없다.

7.7.3 공구 이송속도와 공급전압이 정밀도에 미치는 효과

ECM에서 가장 전류흐름을 방해하는 것은 전해액이므로, 전류는 다음과 같이 표현될 수 있다.

$$I_c = \frac{V_s}{R_e} = \frac{A V_s}{r_e a_g} \qquad (7 \cdot 3)$$

단, V_s =공급전압

R_e =전해액의 저항

r_e =전해액의 비저항률

a_g =공구와 공작물 사이의 틈새

A =전극에 노출된 공작물 표면의 면적

틈새를 구하기 위한 표현은 식 (7·2)와 (7·3)으로부터 구해질 수 있다.

$$a_g = \frac{\eta_e V_s}{r_e \rho v_f} \qquad (7 \cdot 4)$$

식 (7·4)는 이송속도가 증가함에 따라 틈새는 감소함을 보여 주고 있다. 공구와 공작물 사이의 거리가 작을수록 공작물에 생기는 공구의 형상은 더 정확해질 것이다. 따라서 이송속도가 클수록(제거율이 클수록) 정확도는 더욱 더 높아진다.

식 (7·4)로부터, 적용된 전압 V_s가 증가할수록 틈새 a_g는 증가하고, 복세율의 정밀도는 감소함을 알 수 있다. 그러나 V_s가 주어진 이송속도 v_f와 함께 점진적으로 증가될 때(전류값이 상수일 때, 식 (7·2)에 의해), 거리 a_g의 증가는 저항이 증가하는 원인이 된다. 증가된 열발생으로 생기는 온도상승은 a_g와 V_s 사이의 선형관계가 더 이상 유지되지 않게 하기 위해 저항률 r_e의 증가를 이끌어 낸다. 이러한 비선형성의 효과는 일정한 v_f에서 V_s의 증가에 따른 a_g의 증가값을 감소하는 것이다. ECM에서 보통 사용되는 공급전압의 범위는 5~20 V이다. 정삭에 사용되는 값은 비교적 낮고, 황삭에 사용되는 값은 비교적 높다.

7.7.4 전해가공용 공구

ECM용 공구들은 전해액에 잘 견디고 비교적 가공하기 쉬운 재료들로 만들어진다. 보통 사용되는 재료들은 황동, 구리, 스테인리스강, 티타늄이다. 공구설계는 종종 가공경험에 기초를 두고 있다.

만약 수직측면 공구전극이 공작물 안에서 공동을 형성하기 위해 사용된다면, 생성된 공동의 측면들은 수직이 되지 않을 것이다. 이러한 현상(공구측면과 공동의 측면이 서로 일치하지 않는 현상)은 공구의 측면과 공동의 측면 사이에 흐르고 있는 전류 때문에 발생한다. 이러한 효과를 없애기 위해, 보통 절연재를 사용하여 공구의 측면을 피복한다[2]. 요구되는 공동의 측면들이 공구이송 방향과 평행하지 않을 때, 절연재는 불필요하게 될 것이다. 바람직한 공동 형상은 실제적인 시험으로부터 결정된 수많은 수정작업에 의한 올바른 공구의 선택이 이루어질 때 얻어질 수 있다.

ECM 공구설계에서 가장 중요한 요소는 틈새를 통해 전해액이 효과적으로 흐르게 하기 위하여 공구를 통한 적당한 통로의 준비와 정체영역을 방지하는 것이다.

7.7.5 적 용

ECM은 주로 고온상태에서 사용되는 난삭재에 복잡한 형상을 가공하는 데 적용된다. 그러한 재료의 제거율은 기존의 가공법이 사용될 수 있다면, 이 때 얻어지는 제거율보다 훨씬 더 높을 수 있다. 무르고 연성재료들에 있어서의 제거율은 기존의 가공법보다 제거율이 더 낮다. 그러나 이런 재료들에 있어서 ECM은 복잡한 형상을 정확하게 생성하는 데 유용하게 사용될 수 있다.

ECM 가공법은 다음과 같은 분야에 성공적으로 적용되어 왔다.

① 일반적으로 단면의 관통구멍의 가공

② 평행 측면을 가진 블라인드 홀(blind hole)의 가공

③ 성형된 공동의 가공(예, 단조금형)

④ 거대한 금속 슬러그의 와이어 절삭

⑤ 복잡한 외형의 가공(예, 터빈 블레이드)

7.8 전해연삭

전해연삭은 앞장에서 설명한 ECM 가공법의 변형된 형태이다[11]. 공구전극은 전기를 전도할 수 있는 회전하는 금속 결합제 다이아몬드 숫돌로 구성되어 있다. 전해액은 숫돌의 회전작용으로 작업표면을 지나도록 숫돌 원주의 운동방향으로 숫돌과 작업표면 사이로 이송된다. 연삭입자들은 숫돌과 공작물 사이의 거리를 일정하게 유지하도록 도와준다. 또한, 연삭입자들은 작업표면으로부터 전해액의 활동을 방해하는 경향이 있는 전기적인 저항막들을 계속적으로 제거한다(**그림 7.11**).

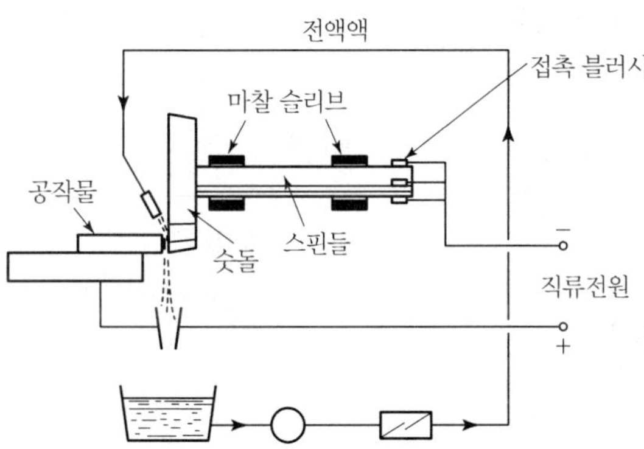

그림 7.11 전해연삭

그러므로 금속 제거율은 다음과 같이 표현될 수 있다.

$$Z_w = Z_{we} + Z_{wa} \qquad (7\cdot5)$$

단, Z_w =금속 제거율

Z_{we} =전기분해에 의한 금속 제거율

Z_{wa} =연마에 의한 금속 제거율

Z_{we}의 값은 전류흐름, 공작물 재료의 전해 상당량, 전류효율로부터 얻어질 수 있다. 전류밀도가 대략 1 MA/m(700 A/in^2)까지의 경우에, 전류효율은 1.00이 될 것이라 추측될 수 있다. 실제적으로 Z_{we}는 총금속 제거율 Z_w의 90%, Z_{wa}는 10%로 구성된다[12].

전해연삭에서, 전해작용의 탁월함으로 인해 숫돌마모는 무시할 수 있는 정도로 감소하고, 단단한 재료를 빠르게 연삭 가능하도록 한다. 더욱이 숫돌은 드레싱(dressing) 없이 장기간 동안 사용될 수 있다. 온도상승과 기계적 힘은 매우 작으므로, 기존의 연삭에서 흔히 발생하는 열적 손상과 표면크랙은 없다. 표면들은 또한 긁힌 자국과 버가 없다.

전해연삭을 적용함에 있어서 숫돌과 공작물 사이의 접촉면적이 가능한 크게 하는 방식으로 공정을 설계하는 것이 바람직하다[9]. 접촉면적을 크게 함으로써, 주어진 전류밀도에서 제거율은 최고가 되며, 사용 가능한 전류용량을 최대로 사용할 수 있다. 그러므로 기존에 여러 번의 연삭이 필요했던 작업들이 전해연삭에 의해 단일가공으로 이루어질 수 있다.

전해연삭은 전도되는 단단한 재료의 연삭작업에 매우 성공적으로 사용되어 왔다. 이 가공법의 가장 성공적인 적용 중의 하나가 초경공구 인서트의 연삭작업이며[1], 여기서 연삭된 팁은 연삭크랙이 없고 제거율이 높다. 숫돌마모가 적은 것도 경제적인 이점이다. 초경 인서트가 연삭될 때 0.1㎛(4μin)의 표면정도가 얻어진다.

7.9 방전가공

스파크 가공으로도 불리는 방전가공(EDM)은 공작물과 공구 사이를 흐르는 절연체와 함께 맥동하는 직류전원 장치로부터 반복되는 스파크 방전으로 재료를 제거한다.

EDM 가공법의 원리는 **그림 7.12**에서 개략적으로 보여 준다. 공구는 서보로 제어되는 이송 드라이브에 의해 제어되는 축에 부착되어 있는 척에 장착되어 있다. 공작물은 절연액으로 채워져 있는 탱크 안에 놓여 있다. 화재위험을 없애기 위해 공작물 표면 위에서 적어도 50 mm(2 in)의 깊이가 유지되어야 한다. 공구와 공작물은 맥동하는 직류전력 공급장치와 연결되어 있다. 절연액은 일반적으로 공구전극 내의 구멍(또는 구멍들)을 통하여 펌프에 의한 압력하에서 순환하게 된다. 대략 0.025~0.05 mm(0.001~0.002 in)의 스파크 틈이 서보모터에 의해 유지된다.

EDM용 전력공급시에, 입력전력은 먼저 재래식 반도체를 이용한 정류기에 의해 연속적인 직류전력으로 변환된다. 이러한 직류전력의 흐름은 디지털 다주파 발진기 회로에 의해 전환되는 전력 트랜지스터의 저장소에 의해 제어된다. 펄스형태의 고전력 출력은 재료를 제거하기에 적합한 스파크를 생성하여 공구와 공작물에 적용된다.

각 스파크는 인접한 부근에서 12,000℃의 집중된 고온을 발생한다. 이러한 열은 에워싸고 있는 절연액의 일부를 증발시킨다. 작업표면에 작은 분화구를 형성하기 위해 금속을 용융시키고 기화시킨다. 스파크는 항상 서로 공구와 공작물의 가장 근접한 점들 사이에서 발생하기 때문에, 공작물의 돌출된 장소들은 점진적으로 부식되어서 공구의 형상이 공작물 상에 복제된다. 가공하는 동안 형성되는 농축된 금속의 작은 방울들은 흐르는 절연액이 가지고 가서 필터에서 걸러진다. 금속이 부식됨에 따라, 공구는 서보로 제어되는 이송 메커니즘에 의해 공작물을 향하여 이송된다.

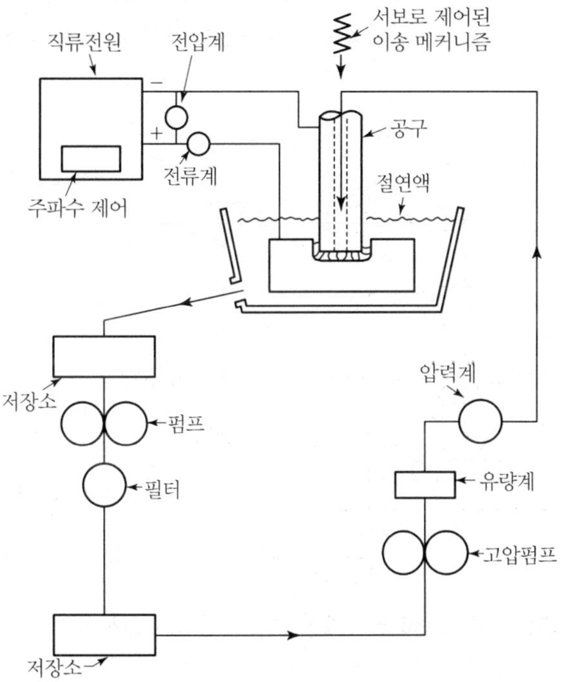

그림 7.12 방전가공의 기본적인 특징

EDM에서 각 펄스는 단지 수 μs 동안 주기적으로 지속된다. 초당 100,000까지의 속도로 반복되는 펄스들은 공작물과 전극으로부터 재료를 일정하게 침식시킨다. 가공이 진행됨에 따라, 전극은 마지막 공동이 생성될 때까지 공구와 작업표면 사이의 일정한 틈새거리를 유지하기 위해 공작물을 향하여 서보 드라이브에 의해 전진된다.

그림 7.13에서 볼 수 있듯이, 공작물 안으로 공구의 이송을 제어하는 서보 메커니즘은 콘덴서의 한쪽 끝(D)과 가변저항의 슬라이더(B) 사이에 연결된 반전 가능한 서보모터로 구성되어 있다. A와 C는 동일한 전위에 있다. 만일, 전압 V_c(**그림 7.13**)의 평균값이 A와 B 사이에 미리 설정된 전압과 같다면, B와 D에서의 전위들은 동일하고, 서보모터는 정지상태로 남아 있다. 그러나 만일, 틈새넓이의 변화로 인해 전압 V_c의 평균값이 변한다면, D에서의 전위는 변할 것이고, 서보모터는 원하는 틈새가 다시 얻어질 때까지 회전할 것이다. 이런 방법으로 서보시스템은 평균-틈새전압(틈새넓이)을 일정한 값으로 유지한다. 만약 틈새에 금속 부스러기가 축적되어서 서보 메커니즘이 과도하게 되거나 누전된다면, 공구가 뒤로 물러나게 되므로 모터는 반전될 수 있어야 한다. 약 0.025~0.05 mm(0.001~0.002 in)의 일정한 틈새가 일반적으로 유지된다. 정확한 틈새값은 가변저항의 세팅을 바꿈으로써 바꿀 수 있다. 실제적으로 사용되는 제어의 다른 형태는 일반적으로 틈새전압이나 틈새정전 용량의 감지에 의해 작동한다.

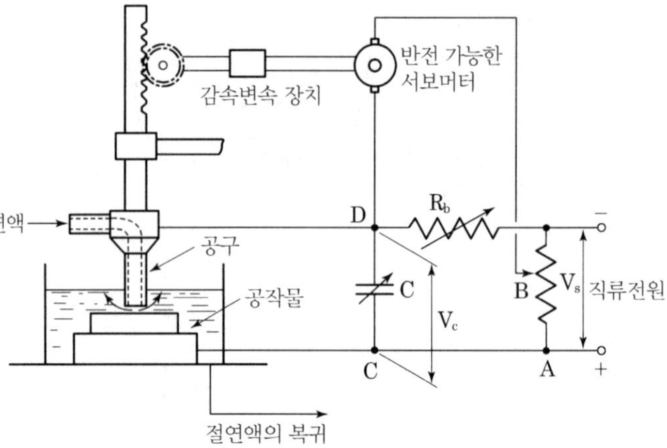

그림 7.13 EDM 공구의 이송제어 장치의 기본적인 유형

7.9.1 공구재료와 공구마모

EDM 전극의 형상은 공작물 안으로 함몰되는 구멍이나 공동의 형상을 결정한다. 많은 재료들이 EDM 전극으로서 사용되어 왔다. EDM용 공구재료의 주요 요구사항은 다음과 같다.

① 전기적으로 전도성이 있어야 한다.

② 마모율이 낮아야 한다.

③ 쉽게 가공할 수 있어야 한다.

④ 공작물상에 좋은 표면 마무리를 제공해야 한다.

각 스파크 방전은 공작물과 전극 양쪽으로부터 재료를 제거하고, 결과적으로 전극은 가공이 진행되는 동안 점진적으로 마모된다. 공작물로부터 제거된 금속의 체적에 의해 나누어진 공구로부터 제거된 금속의 체적의 비로 정의되는 마모율은 공구와 사용되는 공작물에 좌우된다. 예를 들어 황동 공구와 황동 공작물을 사용한 마모율은 대략 0.5이고, 반면에 황동 공구와 경화탄소강 공작물을 사용한 마모율은 대략 1이며, 황동 공구와 텅스텐 카바이드 공작물을 사용한 마모율은 3 정도로 높다. 적당하게 선택된 재료를 사용할 경우 0.1 정도로 낮은 마모율을 얻을 수 있다[1, 13].

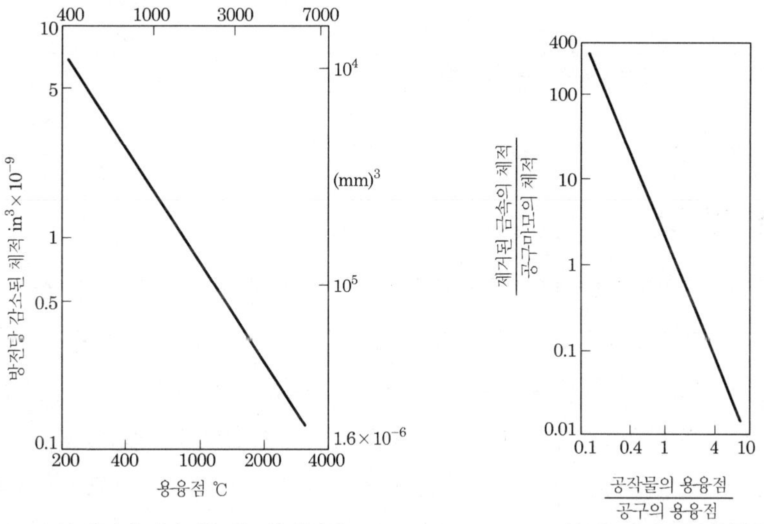

(a) 방전당 제거되는 재료의 체적과 재료의 용융점과의 관계

(b) 마모율과 공작물/공구 용융점비의 관계

그림 7.14 EDM 금속제거와 공구마모

방전당 제거되는 재료의 체적은 재료의 용융점이 증가함에 따라 빠르게 감소한다(**그림 7.14**). 그러므로 공작물의 용융점에 비하여 공구재료의 용융점이 높을수록 마모율도 높아진다. 흑연은 쉽게 가공될 수 있고, 대부분의 금속과 같이 매우 높은 온도에서 증발하기 때문에, 흑연전극의 마모율은 매우 낮다. 구리는 주로 전극재료의 전도율을 증가시키기 위해 흑연에 첨가되어 구리흑연을 형성한다. 구리와 황동도 역시 공구재료로 사용되지만, 비교적 마모율이 높게 나타난다. 구리 텅스텐은 상당히 향상된 마모율을 제공하나, 훨씬 가공하기 어렵다.

스파크 방전에 의한 충격파나 공작물과의 물리적인 접촉으로 발생되는 충격파로 인해 와이어가 휘게 되는 성질을 잘 견딜 수 있기 때문에 텅스텐 와이어는 지름이 작고 깊은 구멍을 뚫기 위해 종종 다른 재료보다 선호된다.

표 7.4 방전가공(EDM) 전극재료의 몇 가지 물리적 성질[13]

성 질	구리	흑연	텅스텐	철
용융점	1083	*	3395	1535
끓는점	2580	> 4000	> 5930	> 2800
실온에서 기화하기 위한 온도(cal/cm^3)	12740	약 20000	약 22680	약 16900
열전도율 A=100%	94.3	30.3	29.6	16.2
전기 전도율 Ag=100%	96.5	0.1	48.1	16.2
강도(N/mm^2)	241	34	4134	275
탄성계수($N/mm^2 \times 103$)	124	5.9	351	186

* 대기압에서 용융되기 전에 승화하거나 끓는다.

7.9.2 절 연 액

사용된 절연액은 방전이 발생할 때까지 부전도 상태로 남아 있어야 한다. 임계전압에 다다르게 될 때, 각 스파크가 방전됨에 따라 절연액은 빠르게 분해되고, 그 다음에 빠르게 탈이온화해야 한다. 절연액의 기화 잠복열은 높아야 하고, 이로 인해 단지 적은 양만 증발하며, 스파크 경로가 좁은 영역에서 제한되게 된다. 절연액은 쉽게 흐르고, 가공영역으로부터 금속의 작은 물방울들을 효과적으로 제거하기 위해 충분히 낮은 점성(도)을 갖고 있어야만 한다. 절연액은 또한 각 스파크로부터 발생되는 열을 제거하기 위해 냉각수로도 작용한다. 주로 사용되는 절연액으로는 파라핀 유와 트랜스포머 유가 있다. 이러한 절연액은 모두 탄화수소들이고, 이러한 절연액 내의 수소는 각 방전 후에 효과적인 절연체가 되기 위해 절연액에 필요한 탈이온화 작용을 제공한다는 사실이 알려져 있다[14].

절연액은 작업지역에 근접해 있는 노즐을 통하여 이송될 수 있으나, 특히 깊은 구멍을 가공할 때, 절연액은 공구자체를 통하여 흘러내리거나 이송된다. 전극설계에 있어, 공구와 공작물의 틈 사이로 절연액이 적당하게 흐를 수 있도록 하고, 회로가 단락될 수 있는 부스러기의 축적을 방지하기 위해 공구를 통한 충분한 통로를 제공할 필요가 있다. 절연액이 작업지역으로 재순환되기 전에, 가공에서 생기는 금속입자들을 제거하기 위한 여과장치가 필요하다.

7.9.3 가공변수

금속 제거율, 표면정도, 정밀도는 전기적인 변수들의 선택에 의해 주로 영향을 받는다. 전류가 증가함에 따라, 각 개별적인 스파크는 공작물에 보다 큰 분화구를 형성한다(**그림 7.15** (a)). 여기에서 금속 제거율이 증가하는 반면, 표면거칠기도 증가한다. 유사한 효과가 스파크 전압의 증가와 함께 일어난다. 다른 변수들이 일정하게 유지될 때, 스파크의 주파수가 증가함은 사용 가능한 에너지가 많은 스파크들 사이에서 분리되어, 비교적 작은 크기의 분화구들이 공작물의 표면에 생기기 때문에, 결과적으로 표면거칠기가 감소함을 의미한다(**그림 7.15** (b)). 최근 EDM 가공에서 사용되는 주파수의 범위는 180 kHz(황삭의 경우)에서 수백 Hz(미세한 마무리작업의 경우)까지이다. 스파크 주파수가 너무 높으면, 절연액은 충분히 높은 비율로 이온화할 수 없다. 그래서 가능한 주파수상에 상한이 존재한다. 체적 제거율은 0.001~0.1 cm^3/hr까지 다양하다[1].

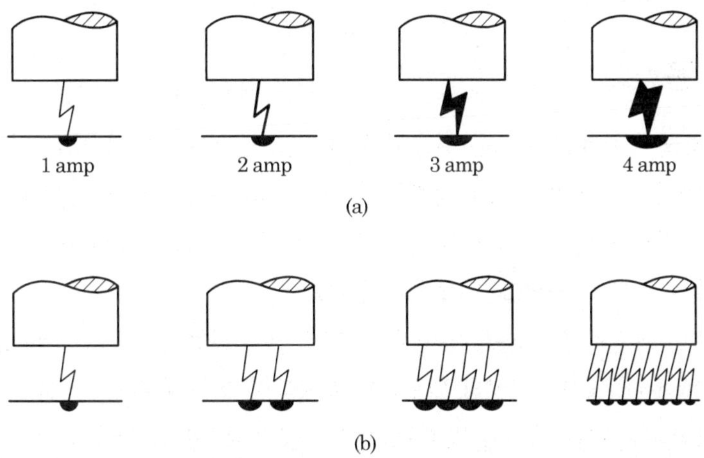

그림 7.15 금속 제거율과 표면거칠기에 영향을 미치는 전류와 펄스 주파수[1]

이 가공법의 정밀도는 스파크 틈새넓이와 밀접한 관계가 있다. 틈새가 작을수록 정밀도는 높으나, 작업에 사용되는 전압이 낮아지고, 제거율도 낮아진다. 그러므로 절충이 필요하다. 전형적인 스파크 틈새는 0.012~0.05 mm이다. 틈새가 감소할수록, 틈새의 효과적인 플러싱(flushing)을 보다 어렵게 한다.

이 가공법의 정밀도에 영향을 미치는 다른 요소들은 공구전극 자체의 정밀도와 스파크 틈새를 위한 간격오차이다. 깊고 평행한 측면 공동이나 구멍을 가공할 때, 정밀도가 떨어지는 것은 전극의 측면과 공동의 측면 사이에 발생하는 스파크에 의해 만들어지는 테이퍼 때문이다. 이런 현상은 전극과 공동의 측면들 사이로 지나가는 부식된 입자들에 의해 생기며, 절연액의 방전전압을 효과적으로 감소시킨다. 이런 방법으로 생성된 테이퍼는, 공동의 총 깊이에서 측면당 0.05 mm(0.002 in) 수준으로 작은 경사각이 필요한 금형, 블랭킹 다이 등과 같은 가공에서 이점이 된다[2]. 만약 테이퍼가 바람직하지 않다면, 공구형상은 공구의 팁 후미부문을 적당히 교정해 주면서 수정될 수 있다.

숏 블라스티드 표면과 유사한 알갱이 모양의 외형을 갖고 있는 방전가공된 표면은 금속이 개별적인 스파크에 의해 제거된 결과로서 생기는 매우 작은 구모양의 분화구로 구성되어 있다. 그러므로 마무리 표면은 방향성이 없고, 윤활유를 유지하는데 매우 적당하다. 0.25㎛(10 μin) 이상의 표면정도가 얻어져 왔다. 용해되고 재응고된 재료의 층(recast)이 EDM으로 생성된 표면상에 남아 있게 된다. 이러한 층은 매우 단단하고 취성이 강한 경향이 있다(경도가 65 Rc 이상). 이러한 층은 일반적으로 두께가 0.0025~0.05 mm이고, 만약 높은 피로 저항도가 필요하다면, 다른 가공법들에 의해 제거되어야 한다.

7.9.4 적 용

방전가공은 경도에 관계없이 모든 전도체에 사용될 수 있다. 이 가공법은 불규칙한 형상의 구멍, 슬롯, 공동의 가공작업에 가장 적합하다. 부서지기 쉬운 공작물들이 파손되지 않고 가공될 수 있다. 다양한 형태의 구멍들이 만들어질 수 있고, 공구이탈의 문제점 없이 곡선모양의 표면에서 작은 각도로 구멍을 만들 수 있다[1].

EDM 가공법은, 특히 프레스 공구, 압출다이, 단조다이, 금형의 생성과 같은 공구제조에서 현재 가장 많이 적용된다. 모형으로부터 밀링으로 복사되어 생성된 흑연전극들이 종종 사용된다.

EDM의 큰 장점은 공구나 다이가 경화된 후에 가공될 수 있고, 그래서 높은 정밀도를 얻을 수 있다. 소결초경 공구는 마지막 소결작업 후에 가공될 수 있어 중간의 불완전한 소결단계를 없앨 수 있다. 그러므로 구멍이나 슬롯 등이 가공된 후에 마지막 소결작업에 의해 발생되는 부정확성들이 없어진다[15].

방전가공은 지름이 작고 깊은 모양의 구멍들을 가공하는 데 효과적으로 사용될 수 있다. 두께가 20 mm 이상의 재료에서 지름이 0.3 mm 정도로 작은 구멍들이 쉽게 가공될 수 있다. 100 : 1 정도의 높은 비율로 이루어진 모양의 구멍들이 효과적인 플러싱에 의해 생성될 수 있다. 이 가공법은 단단한 연료분사 노즐의 지름이 매우 작은 구멍들을 생성하는 데 성공적으로 사용되어 왔다. 정확한 패턴 안에서 다양한 수의 구멍들이 주사기 끝 주변에서 뚫어질 수 있다[1].

7.10 와이어 방전가공

와이어 방전가공(wire-EDM)은 기본적인 EDM 가공을 응용한 가공법이고, 전도체를 통한 2~3차원적인 복잡한 형상들을 절삭하는 데 사용될 수 있다. 와이어 EDM은 전극으로 가늘고 연속적으로 움직이는 와이어를 활용한다(**그림 7.16**). 이것은 비교적 새로운 가공법이고, 특히 공구제조 분야에서 적용이 빠르게 성장하고 있다[16].

와이어 전극은 공급 릴로부터 뽑아내고, 감아올리는 릴 위에 모아진다. 이것은 연속적으로 작업영역에 새로운 와이어를 공급해 준다. 와이어는 사파이어나 다이아몬드 가이드에 의해 안내되며, 절삭된 면이 경사지지 않도록 하는데 중요한 높은 인장력에 의해 직선상태로 유지된다.

와이어와 공작물 사이의 좁은 틈새에서 스파크 방전이 일어나도록 고주파수의 직류펄스들이 와이어와 공작물에 공급된다. 절연액이 와이어와 공작물의 틈새 사이로 흐르게 하기 위해 절연액의 흐름은 일반적으로 와이어와 함께 동축상으로 향한다. 와이어 EDM용 전력공급 장치는 와이어의 전류 송전력이 전류를 20 A 이하로 제한하는 것을 제외하고는 본질적으로 기존의 EDM 방식과 동일하다. 가장 일반적으로 사용되는 전류는 10 A나 이보다 적은 양이다. 또한, 스파크 주파수는 공작물상의 표면정도를 미세하게 하기 위해 1 MHz 이상이다.

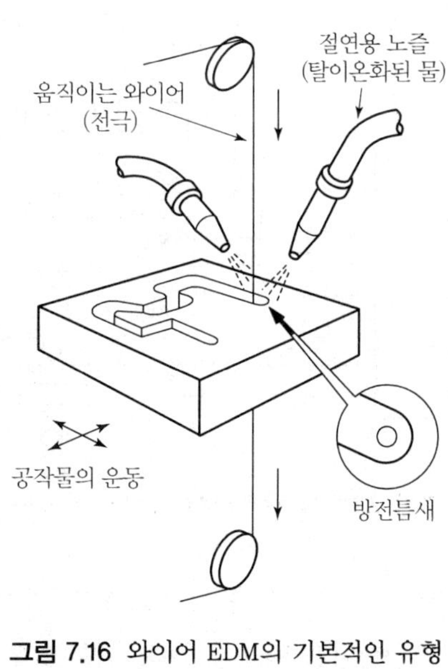

그림 7.16 와이어 EDM의 기본적인 유형

공작물은 와이어에 대하여 컴퓨터 수치제어(**그림 7.17**)하에서 움직이고, 이것은 박판이나 판재를 잘라내어 모양이 복잡한 프로파일을 절단할 수 있다. 많은 기계들은 절단된 표면상에서 다양한 경사각을 얻을 수 있도록 와이어의 각도조정이 가능하다. 틈새전압 감지를 기초로 하는 적응제어가 와이어와 공작물 사이의 접촉을 피하기 위해 필요하다. 회로의 단락은 반드시 감지되어야 하고, 와이어는 효과적인 절삭을 위해 정확한 틈새를 유지하도록 프로그램된다.

탈이온화된 물은 점도가 낮고 화재의 위험이 없으며, 결과적으로 냉각률과 재료의 제거율이 높기 때문에 와이어 EDM용으로 사용되는 절연액이다[1]. 낮은 점도는 플러싱의 효율을 확실히 하기 위해 와이어와 공작물의 틈새를 통하여 절연액이 적당히 흐르도록 하는데 중요한 역할을 한다. 구리와 황동 와이어들은 와이어 지름이 비교적 클 때(0.15~0.30 mm) 전극으로 흔하게 사용된다. 만약 매우 가는 와이어가 고정밀도를 요구하는 절삭작업(0.03~0.15 mm)에 필요하다면, 몰리브덴강 와이어가 강도 증가를 위해 필요하다. 와이어와 공작물 사이의 틈새는 일반적으로 0.025~0.05 mm 범위이고, 따라서 와이어 EDM에 의해 만들어진 절삭 커프폭은 와이어 지름+0.1 mm 이하이다.

와이어 EDM은 프레스 스탬핑 다이, 압출다이, 분말배합 다이, 프로파일 게이지와 형판의 생성에 가장 흔하게 사용된다.

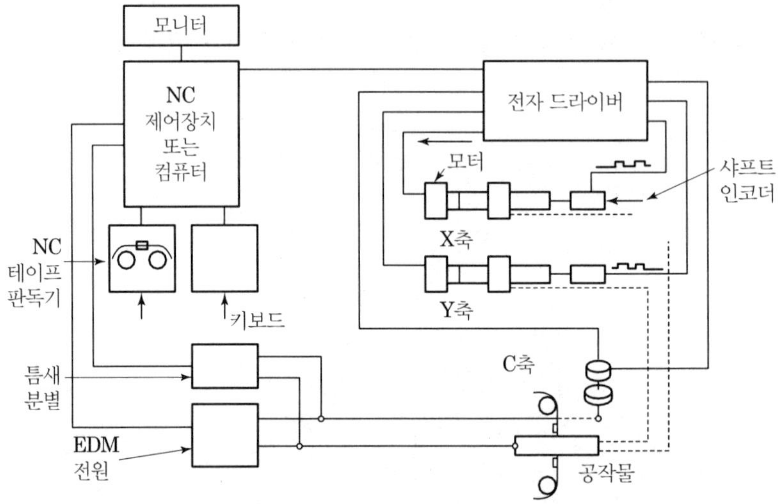

그림 7.17 와이어 EDM 장치의 개요도

고비용의 연삭작업이나 비싼 EDM 전극들을 사용할 필요 없이 난삭금속들의 복잡한 절단작업이 이루어질 수 있다. 선형 절삭률은 비교적 낮다. 예를 들어 두께가 25 mm인 강의 경우 절삭률 범위가 38~115 mm/hr이다. 그러나 선속도는 절삭형태가 아니라 절삭될 재료와 관계있다. 와이어 EDM이 상대적으로 느린 가공법이지만, 이 가공법은 복잡하고 정확한 프로파일의 절삭을 필요로 하는 작업에 유용하다. 와이어 EDM용 기계는 장시간 동안(종종 며칠 동안) 무인으로 작동되도록 설계된다.

와이어 EDM으로 통상 ±0.007 mm의 정밀도를 얻을 수 있고, 이러한 수치는 와이어 지름을 균일하게 하는 등의 특별한 주의를 기울임으로써 훨씬 더 감소될 수 있다. 가능한 최소 내부 날끝 반지름은 사용되는 와이어 지름에 의해 제한된다. 외부 모서리들은 반지름 범위가 0.038 mm 정도로 작게 생성될 수 있다.

7.11 레이저빔 가공

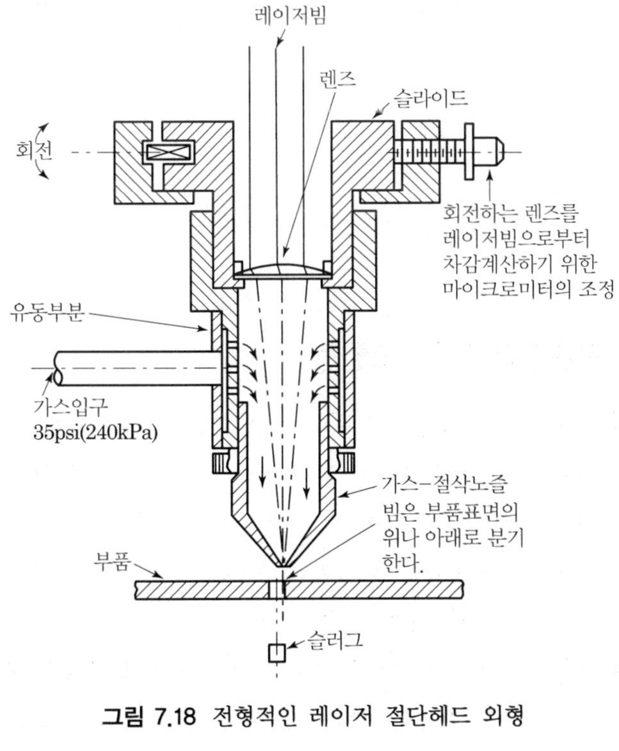

그림 7.18 전형적인 레이저 절단헤드 외형

레이저빔 가공은 대부분 재료들의 절단, 드릴링, 슬로팅, 조각용으로 사용될 수 있다. 재료는 단일파장인 빛의 고에너지 응집 빔에 의해 빠르게 제거된다. 전형적인 절단헤드 형태는 **그림 7.18**과 같다. 빔은 렌즈에 의해 절단헤드의 노즐로부터 단거리에 초점이 모아진다. 초점에서 고농축된 빛은 에너지 밀도가 106 W/mm^{2}만큼 높고, 출력이 100 W 미만인 레이저들은 대부분의 재료들을 기화시키거나 용융시킬 수 있다[1]. 절단과 드릴링 작업은 공작물에 어떤 절삭력을 가하지 않고, 단지 좁은 지역에 적용되는 열을 사용하여 이루어질 수 있다.

7.11.1 레이저의 유형

표 7.5는 드릴링과 절단에 사용되는 레이저의 유형들을 나열하고 있다. 그들은 출력과 사용된 빛의 파장에서 주로 다르다. 산업용으로는 70% 이상이 더 높은 가능출력 때문에 Nd : YAG나 CO_2를 사용한다. 더 높은 출력 레이저들은 펄스형식이나 연속적인 발생 모두를 할 수 있는 능력을 갖추고 있다. 고율의 펄스형식이나 연속적인 가동은 절단작업에 필요하다.

표 7.5 산업용 레이저의 특성[1]

레이저 유형	동작모드	전력(W)
루비	Pulsed	50
Nd : Glass	Pulsed	50
Nd : YAG	CW/pulsed	600
Alexandrite	CW/pulsed	100
이산화탄소	CW/pulsed	25000

7.11.2 작은 구멍들의 진동 드릴링

진동 드릴링은 작은 구멍들을 생성하기 위한 가장 간단한 기술이다. 레이저빔은 공작물의 표면 근처에 초점을 맞추고, 레이저로부터 짧게 지속되는 펄스로 인해 재료의 적은 체적이 용융되거나 부분적으로 증기로 만들어진다. 증기의 폭발적인 누출은 용융된 작은 물방울들의 분무형태로 대부분의 용융된 재료들을 제거한다. 다중펄스들은 하나의 펄스로 구멍을 뚫을 수 없는 두꺼운 재료들을 뚫는 데 사용될 수 있다.

이 가공법에 의해 생성된 구멍들은 일반적으로 경사를 이루고(**그림 7.19**), 단지 근사적으로 둥글지만, 구멍의 크기는 아주 반복적으로 생성된다. 생성된 구멍의 표면상에 생기는 층

(recast)의 깊이는 매우 작다. 구멍들은 재료의 두께에 따라 1 ms~2 s까지의 다양한 시간 안에 드릴링될 수 있다. 드릴링될 수 있는 최대 구멍지름은 약 1.3 mm이다. 1.3 mm 이상의 구멍들은 빔의 초점을 흐리게 함으로써 만들어질 수 있으나, 이런 가공법은 조명도를 감소시키고, 공작물을 불균일하게 용융시킨다.

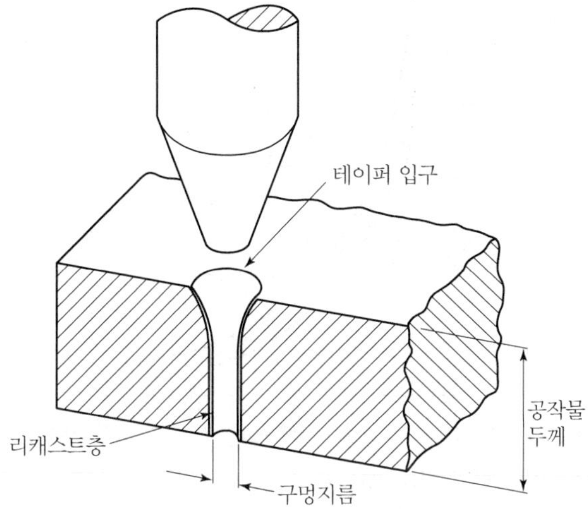

그림 7.19 레이저 진동 드릴링을 위한 구멍 외형

7.11.3 천공이나 절단작업

절단이나 천공작업에서, 레이저는 빠르게 펄스를 발생시키거나 연속적으로 작동하고, 가스 제트가 초점이 맞춰진 빔 주변의 절단헤드를 통해 들어온다(**그림 7.18**). 가스 제트는 재료를 용융시키는 데 도와줄 수 있고, 파편들에 의한 초점렌즈의 오염을 억제함과 동시에 절단작업으로부터 용융된 재료의 세척작업을 쉽게 해 준다. 가장 흔하게 사용되는 가스들은 산소, 공기, 아르곤이다. 산소는 탄소강과 같이 산화되는 재료들을 위해 사용된다. 특히, 얇은 재료의 경우에, 산소는 용융공정을 도와주고, 결과적으로 고절단속도를 가져온다(**그림 7.20**). 남겨진 절단면들은 산화되고, 심각한 열영향부를 갖는다.

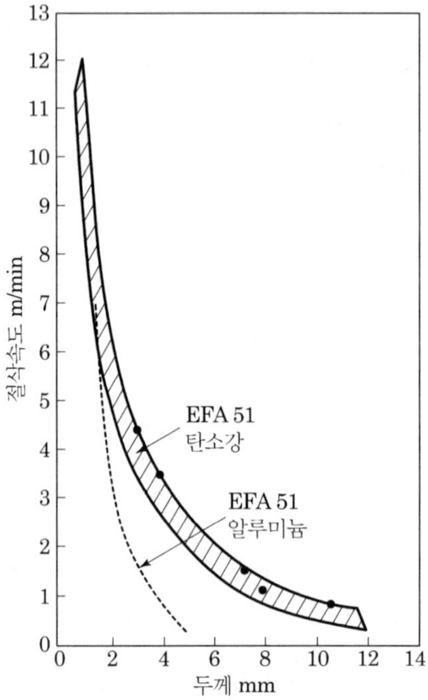

그림 7.20 100 W의 이산화탄소 레이저 사용 시 탄소강과 알루미늄의 절삭속도[1]

공기는 산소보다 훨씬 더 저렴하나, 훨씬 적은 산소 함유량으로 인해 절삭률은 감소된다. 절단면들이 산화되는 것을 막고자 할 때에는 아르곤이 사용되나, 공기를 사용할 때보다 약 25% 정도 절단속도가 낮아지는 결과를 초래한다.

레이저 절단기들은 종종 작업헤드에 대해 상대적으로 공작물을 움직이기 위해 수치제어 기능을 갖추고 있다. 이러한 기계들은 고정밀도와 고절단속도를 이용하여 복잡한 프로파일과 구멍들을 절단할 수 있다. 복잡한 툴링을 할 필요 없이, 얇은 재료에 0.64 mm 만큼의 작은 커프폭을 만들 수 있다.

7.11.4 적 용

레이저들은 다양한 드릴링과 절삭가공에 사용될 수 있다. 폭넓은 재료들이 고정밀도와 좁은 열영향부로 절단될 수 있다. 전형적인 드릴링 적용은 가스터빈 블레이드에 블레이드 표면을 통하여 냉각기류를 공급하는 작은 구멍들의 패턴을 형성하는 것이다. 지름이 작은 구멍들은 블레이드용으로 사용된 고내열재에 쉽게 생성된다. 더욱이, 다른 기계적 방법의 드릴링에서 나타날 수 있는 공구파손과 미끄러짐의 문제점 없이 표면에서 작은 각도로 구멍을 뚫을 수 있다.

레이저 절단기들은 현재 박판이나 판재에서 복잡한 프로파일을 절삭하기 위해 상당히 폭넓게 사용되고 있다. 단단한 재료들이 공구마모의 문제점 없이 절삭될 수 있다. 전형적인 적용은 판재로부터 방사상 톱날의 고속 블랭킹 작업이다. 이 가공은 복잡한 툴링의 필요성 없이 이루어질 수 있다. 다수의 다른 프로파일들이 CNC 위치제어 시스템에 저장될 수 있고, 필요에 따라 불러 쓸 수 있다[17].

7.12 전자빔 가공

전자빔 가공에서 재료는 공작물을 때리는 고속의 집중 전자빔에 의해 제거된다. 전자들의 운동 에너지는 공작물을 빨리 녹이고 증기로 만드는 데 충분한 열로 변환된다. **그림 7.21**에서는 전자빔 기계의 주요요소들을 예시한다. 전자빔의 분산을 제거하기 위하여, 작업은 고진공(10^{-5}수주 밀리미터) 챔버에서 행해진다.

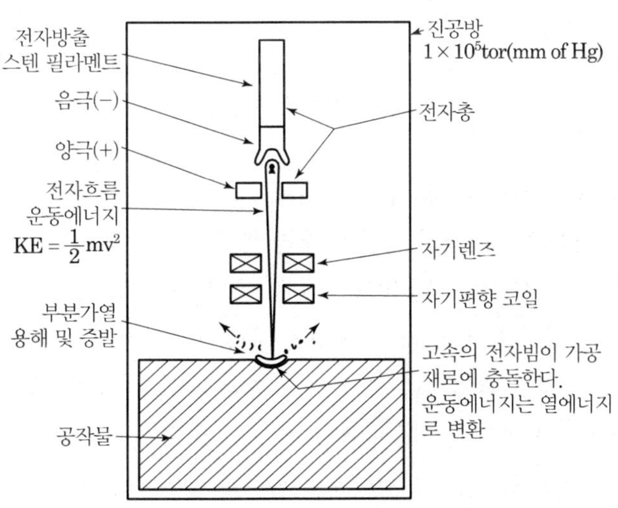

그림 7.21 전자빔 공작기계의 기본도

전자들은 양극과 음극 사이의 50 kV만큼의 높은 전압에 의해 전자총으로부터 방출되고 광속의 약 75%에 가까운 속도로 가속된다. 자기렌즈는 전자빔을 공작물 위에서 초점을 맞추고 어떤 재료라도 녹이고 증기로 만들 수 있는 10^8 W/cm^{2}에 이르는 에너지 밀도를 생성한다.

전자빔 드릴링의 동작이 **그림 7.22** [1]에 예시된다. 전자펄스로부터 집중된 빔은 공작물을 때리고 재료의 일부가 녹고 증기로 만들어진다. 방출되는 증기압력은 공작물에 미세한 모세관을 만들고 유지하기에 충분하다. 빔과 모세관은 유기 또는 합성 보조재료가 폭발적인 증기의 방출과 함께 빠르게 증발할 수 있을 때까지 공작물을 빠르게 파고든다. 비교적 높은 보조재료 증기의 증기압은 공작물 재료의 구멍에서 스파크가 튀어나오면서 녹은 물질을 밀어낸다. 한 번의 펄스는 하나의 구멍을 내는 데 종종 사용되지만, 두꺼운 재료에는 여러 번의 펄스가 필요하다. 초당 100펄스까지 가능하고 제어 프로그램은 어떤 형태의 구멍도 낼 수 있도록 빔을 움직이는 데 사용될 수 있다.

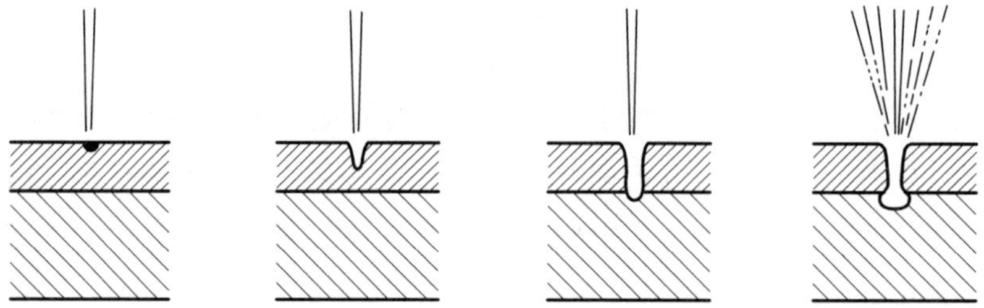

날카롭게 집중된 전자빔은 드릴링될 공작물 재료를 때리게 된다. 표면이 부분가 열되어 용융된다

높게 집중된 전자빔은 녹은 재료에 의해 둘러싸인 깊은 금속 증기 모세관을 생성한다.

전자빔은 드릴링 작업을 하여 가공재료를 보조재료의 두께까지 뚫고 통과한다.

보조재료의 높은 증기압력은 드릴링 가공된 녹은 재료를 분출시킨다.

그림 7.22 전자빔 드릴링의 작용

전자빔 가공으로 넓은 범위의 재료를 가공할 수 있다. 빔의 매우 높은 에너지 밀도와, 빔-공작물의 짧은 상호작용으로 인해 공작물에 대한 열영향은 깊이 0.025 mm를 거의 넘지 않는 열영향부로 제한된다. 높은 빔 파워 밀도는 종종 종횡 비가 15 : 1 크기의 구멍을 뚫을 수도 있게 해 준다. 예로 지름 0.1~1.4 mm의 구멍을 두께 10 mm까지의 재료에 뚫을 수 있다. 공작물에 아무런 힘을 가하지 않기 때문에 무르고 깨지기 쉬운 재료들을 균열 없이 가공할 수 있다. 필요하다면 공작물 표면에 20° 만큼 작은 각도로 구멍을 뚫을 수 있다. 구멍 사이의 최소간격은 구멍지름의 2배가 일반적이나 필요하다면 1 cm^{2}당 1000개의 구멍까지 허용된다.

주로 공작물에 단순한 구멍을 많이 뚫거나, 다른 가공법으로는 가공이 어렵고 힘든 재료에 구멍을 뚫는데 전자빔 가공이 가장 적합하다. 전자빔 가공의 전형적인 적용 예는 Cn-Nc-Co-Mo-W강으로 된 터빈엔진 연소실 통의 드릴링 가공이다. 이 부분은 벽 두께가 1.1 mm인데, 이곳에 지름 0.9 mm인 4000개의 구멍이 전자빔 가공에 의해 60분에 뚫어진다. 전자빔 가공의 장비는 매우 비싸고 진공상태에서의 작업 필요성은 공정마다 작업시간을 늘린다. 그러나 어떤 특별한 공작물에는 전자빔 가공이 유일하게 가능한 가공방법일 수 있다.

7.13 플라즈마-아크절삭

7.13.1 개 요

플라즈마-아크절삭은 주로 전도체 재료의 두꺼운 부분을 절단하는 데 사용된다. 높은 온도의 플라즈마 흐름은 공작물과 상호작용하여 공작물을 빠른 속도로 녹인다. 가스가 매우 높은 온도로 가열되면 자유전자, 이온, 중성자로 분리되는데, 이러한 상태를 플라즈마라 한다. 플라즈마 상태에서 재료는 전도성을 가지고, 그 상태는 전력의 적용에 의해 유지된다. 플라즈마-아크 토치의 기본적인 구성은 **그림 7.23**에 나타나 있다. 전도체 공작물은 양극을 띠게 되고, 전극은 음극을 띄게 된다. 전극과 공작물 사이에는 전기 아크가 유지된다. 동축을 흐르는 가스는 가열되어 최고온도가 거의 33,000℃에 이르는 플라즈마로 된다. 공기와 질소가 가장 흔히 사용되는 가스이다. 그 가스는 수백 m/s의 속도로 공작물을 향해 흐르는 플라즈마 흐름이 생성되도록, 1.4 MPa까지의 압력으로 노즐에 공급된다. 노즐 주변의 이차적인 가스의 흐름을 통해 플라즈마가 좁은 제트로 구속되도록 해 주고, 녹은 절삭면을 깨끗하게 해 준다. 주플라즈마 제트의 주위에 물을 쏘아 줌으로써 양질의 절삭을 얻을 수 있다. 물의 일부는 증기가 되어 플라즈마를 구속하는 얇은 스팀층을 형성한다. 이런 물 구속방법의 이점은 열의 영향을 받는 부분을 작게 하고 노즐의 수명을 연장해 준다.

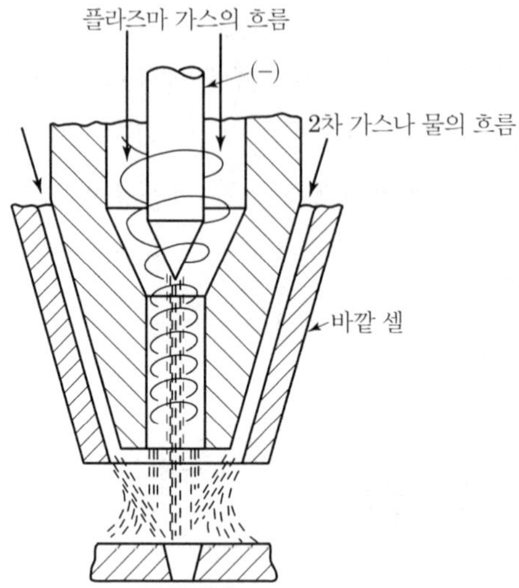

그림 7.23 플라즈마-아크공구의 기본도

7.13.2 적 용

플라즈마-아크절삭을 사용하면 두께 200 mm까지의 재료도 절삭할 수 있다. 그러나 실제적으로는 3~75 mm 두께의 재료에 사용된다. 절삭될 두께와 종류에 따라 비교적 높은 속도로 절삭할 수 있다. **표 7.6**에는 다른 재료에 대한 전형적인 절삭속도가 나타나 있다. 두께 25 mm 이하의 가공에서는 ±0.8 mm의 공차가 가능하고 더 큰 두께에서는 ±3 mm의 공차가 가능하다. 플라즈마-아크절삭에서 열영향부는 두께 0.7~5 mm 사이이다.

대부분의 플라즈마 절삭은 금속조립과 금속판 산업에 적용된다. 산소 아세틸렌 토치를 이용한 절삭보다 더 다양한 재료들을 절삭할 수 있다. 플라즈마-아크노즐은 수치제어나 광학적 제어를 가지는 기계에 장착될 수 있어서 비교적 복잡한 프로파일도 쉽게 절삭할 수 있다.

표 7.6 플라즈마-아크절삭 속도

공작물	두께(mm)	아크흐름(A)	절삭속도(mm/min)
스테인리스강	75	800	380
	130	1000	150
알루미늄	75	900	760
	180	1000	180
황동	13	400	1780
티타늄	13	400	2285

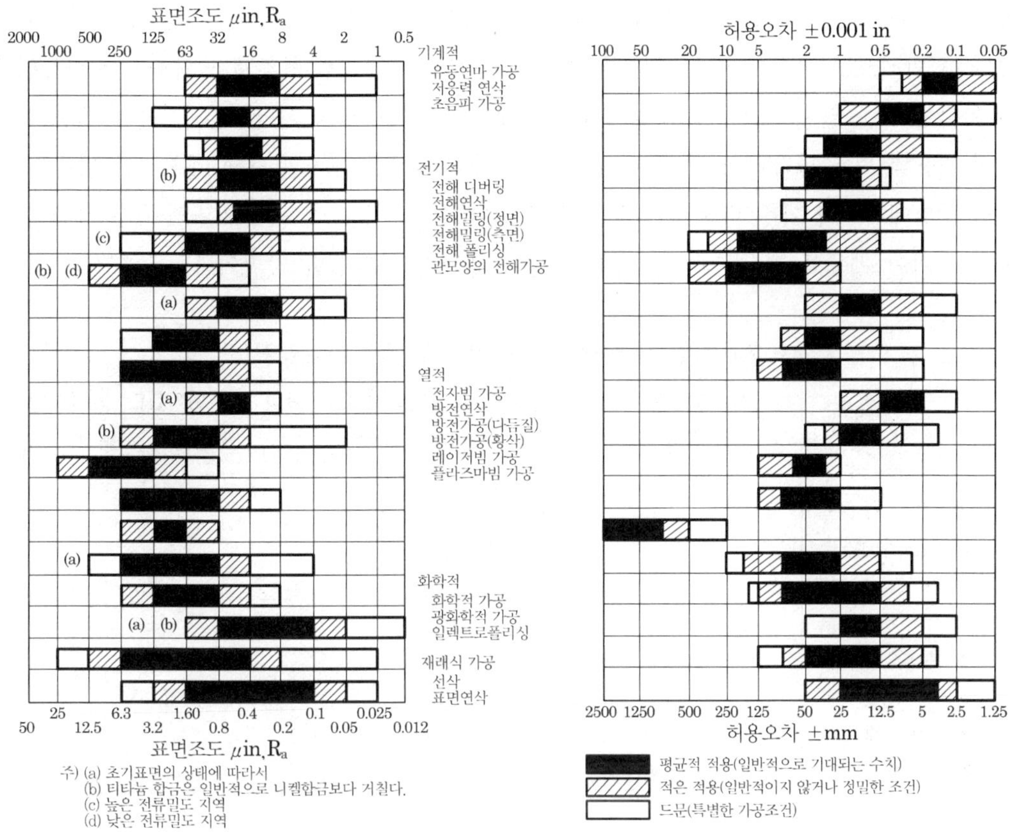

그림 7.24 다양한 재료제거 방법의 표면정도와 공차[13]

7.14 절삭공정의 성능비교

이 장에서 기술한 바와 같이 재래식 공구와 연마공정에 추가하여 다양한 절삭공정이 사용 가능하다. 이러한 공정 중 일부는 특정 공작물의 가공에만 적합하지만, 사용 가능한 공정들의 일반적인 상대적 성능비교는 유용하다.

그림 7.24에는 다양한 재료제거 공정시 얻을 수 있는 표면 마무리와 공차가 비교되어 있다. 그러나 재료의 제거율과 재료의 제거비용도 중요한 고려대상이다. **표 7.7**에는 사용 가능한

공정에 대한 전형적인 금속 제거율이 제거된 재료의 단위체적당 소비동력과 함께 비교되어 있다. 일반적으로 재래식 가공공정이 특수 가공공정보다 재료를 빠르게 제거하고 소비동력도 덜 든다는 것을 알 수 있다. 또한 **표 7.7**은 재래식 가공과 비교하여 금속 제거율에 대한 자본 장비 비용의 비가 나타나 있다. 특수 가공법에 의해 재료를 제거할 때의 제거자본 비용은 재래식 방법에서보다 아주 비싸다는 것을 다시금 알 수 있다. 그러나 대부분의 특수 가공법은, 특히 경화된 재료에 형상 특징을 생성하는 데 유일하게 가능한 방법이다.

표 7.7 다양한 가공법의 전형적인 제거율과 자본비용[18]

가공법	금속 제거율 (cm^3/s)	개략적인 단위동력 (비절삭 에너지, GJ/m^3)	단위 재료제거율당 상대적인 자본장비 비용
공구날 가공	14	3	1
연마가공	8	30	2
플라즈마 제트	1.5	10	–
ECM	1.0	500	60
EDM	0.10	150	40
초음파 가공	0.005	150	600
전자빔	0.001	1500	40000
입자제트	0.0001	10000	–
레이저	0.0001	150000	160000

연·습·문·제

1. 공급 가능한 전류가 5 kA일 때, 전해가공으로 지름 25 mm 구멍을 드릴 작업할 때 가능한 이송속도를 계산하여라. 작업금속의 전해 상당량은 0.2 m·g/As이고 그것의 밀도는 8 M·g/m^3, 80%의 전류효과가 있다고 가정한다.

2. 전해연삭 작업으로 15 mm의 정방형 초경 인서트의 표면으로부터 1 mm 연삭작업하는 데 걸리는 시간을 평가하여라. 전류효율은 0.95, 기계적으로 제거된 금속의 질량은 제거된 금속의 총질량의 10%, 전류밀도는 1 MA/m^3, 공작물 밀도에 대한 전해 상당량의 비는 26 p·m^3/As라고 가정한다.

참고문헌

1. Benedict, G. ; Nontraditional Manufacturing Processes, Marcel Dekker, New York, 1987.
2. Snoeys, R., I. Stuchens, and W. Dekeyser : Current trends in non-conventional material removal processes, Ann. CIRP, vol.35, no.2, p.467, 1986.
3. Bellows, G. and J. B. Kohls : Drilling without drills, Am. Mach., Special Report no.743, p.187, March, 1982.
4. Bradford, J. D., and D. B. Richardson : Production Engineering Technology, 3rd ed., Macmillan, London, 1980.
5. Hashish, M., and J. M. Reichmen : Analysis of Waterjet Cutting at High Traverse Rates, Proc. 5th International Symposium on Jet Cutting Technology, BHRA Fluid Engineering, Cranfield, England, p.57, 1980.
6. Koenig, W., and C. Wulf : Wasserstrahlschneiden, Ind. Anz., vol.106, no.92, 1984.
7. Dombrowski, T. J. : The how and why of abrasive jet machining, Modern Machine Shop, p.76, January, 1983.
8. Dini, J. W. : Fundamentals of chemical milling, Am. Mach., Special Report 7.68, 1984.
9. Williams, L. A. : How to apply electrolytic machining, Tool Eng., p.43, December, 1959.
10. Opitz, H. : Electrical Machining Processes, International Research in Production Engineering, 1963, p.225(presented at the International Production Engineering Research Conference, Pittsburgh, 1963).
11. Phillips, R. E. : Electrochemical grinding-What is it? how does it work?, SME Technical Paper, MR 85~383, 1985.
12. Krabacher, E. J., W. A. Haggerty, C. R. Allison, and M. F. Davis : Electrical methods of machining, International Research in Production Engineering, 1963, p.232(presented at the International Production Engineering Research Conference, Pittsburgh, 1963).
13. Kalpajian, S. : Manufacturing Processes for Engineering Materials, Addison-Wesley, Reading, Mass., 1984.
14. Rudorff, D. W. : Principles and applications of spark machining, Proc. IME, vol.171, p.495, 1957.
15. Spark Machining, Machinery Publishing Co., Brighton, England, 1960.
16. Foster, R. F. : Evolution of wire-EDM, Tooling Prod., p.90, March 1982.
17. Wilson, M. J. : Laser speeds saw cutting, Production, p.52, June 1984.
18. Wager, J. G. : New Metal Shaping Processes-Product Demands, Research Avenues and Assessment Criteria, Proc. 2nd International Conference on Production Research, Copenhagen, p.231, 1973.

CHAPTER 08 수치제어 공작기계

8.1 CNC 공작기계

1차 산업혁명 이후 공장 자동화에 있어서 가장 핵심적인 단위공작기계의 위치를 차지하고 있는 것이 CNC 공작기계이다. CNC는 Computerized Numerical Controller(컴퓨터화시킨 수치제어장치)의 약자로서 기존의 NC장치를 컴퓨터화하여 자료의 편집, 저장, 보상 등의 각종 역할을 수행할 수 있도록 한 장치이다. 수치제어장치(Numerical controller, 약칭하여 NC)는 수치와 부호로 구성된 지령으로 1대의 공작기계에 있어서 각 축의 동작을 제어하는 장치를 뜻한다. 따라서 CNC 공작기계란 기존의 범용공작기계에 CNC 장치와 구동장치를 부착하여 설계도면대로 가공 담당자가 원하는 형상으로 각 이송축을 자동으로 움직여서 가공하는 공작기계로 정의할 수가 있다.

이러한 의미에서 오늘날 CNC 공작기계는 선반, 밀링, 머시닝센터, 연삭기, 태핑머신, 드릴링머신, 방전가공기, 방전와이어 가공기, 레이저 가공기, 나사가공기, 펀칭기 등에 적용이 되고 있으며, 최근에는 동시제어축수의 확장으로 일반적인 공작기계 군분류에 적용하기 어려운 복합적인 가공이 가능한 다양한 형태의 CNC 공작기계가 출현하고 있다. 이러한 CNC 공작기계는 CIM(Computer Integrated Manufacturing) 시스템으로의 확장, 가공 생산성의 향상, 복잡한 형상 가공물의 가공, 가공 정밀도의 향상, 무인화 등의 요구와 함께 반도체 산업의 급격한 발전에 따라서 그 기술은 매우 발전할 것으로 기대된다.

8.1.1 NC의 역사

1947년 미국 Parson사의 John Parson이 항공기 부품을 가공하기 위하여 3축 동시가공이 가능한 NC의 개념을 선보인 후, 1949년 미국 공군으로부터 21개월간 $200,000의 연구계약을 위탁받았다. 그 이후 Parson은 MIT와 협력하였으며 동시에 MIT는 미국 공군으로부터 1951년 연구용역을 위탁받았다. 이것이 효시가 되어 1952년 미국의 메사추세츠공대(MIT)의 서보기구연구소는 250여개의 진공관을 이용하여 제작한 NC 장치를 수직형 밀링머신에 장착한 최초의 수직형 NC 밀링머신을 발표하게 되었다. 그 후 1960년대에 트랜지스터의 개발과 시기를 같이 하여 일본 FANUC사의 수치제어기가 전세계 시장을 점유하면서 NC장치는 무한한 성장을 이루었으며 1970년대 후반에 개인용 컴퓨터의 보급과 함께 CNC가 탄생하게 되었다. 이를 계기로 다양한 범용공작기계에 CNC 장치를 부착한 각종 CNC 공작기계가 선보이면서 기계가공공장에서 없어서는 안 되는 필수장비가 되었다.

한편 우리나라에서는 1974년경부터 외국에서 NC 공작기계가 도입되기 시작하였고, 1977년 KIST와 화천공업(주)가 제 1회 기계전시회에 WNCL-300 NC 국산 공작기계를 출품한 것이 효시이다. 그 이후 대우중공업(주), 대한중기(지금의 기아중공업(주)), 동양기계(주) 등이 계속하여 국산화된 CNC 공작기계를 개발하였으나 아직 CNC 장치는 외국의 기술에 계속 의존하고 있는 실정이다.

NC 공작기계는 처음에는 항공기의 부품과 같은 자유곡면을 갖는 복잡한 형상의 것을 절삭대상으로 개발되어 주로 항공기 부품 등의 가공에 사용되었으나 차츰 그 우수한 특성이 인식되어 선반이나 드릴링머신의 작업과 같이 간단한 형상의 가공기도 NC화가 되기 시작하였다. 또한 머시닝센터라는 새로운 개념의 가공기계를 개발함에 따라서 NC 공작기계는 단순한 절삭가공의 범위를 넘어서서 공구의 자동교환, 공작물의 자동교환 등을 NC지령에 의하여 무인자동으로 수행할 수가 있다. 따라서 머시닝센터는 CAD/CAM의 발전과 DNC 시스템의 개발과 함께 24시간 무인공장을 구상하는데 없어서는 안 되는 필수장비로 부상하게 되었다.

8.1.2 NC의 원리

수치제어란 수치와 부호로 구성된 지령으로 1대 또는 그 이상 기계의 동작을 제어함을 뜻하며 제어하는 양은 위치, 각도 등이다. 수치제어 공작기계에서는 가공하고자 하는 부품을 절삭하는데 필요한 공구경로의 기하학적 정보를 "0"이나 "1"로 2진법식으로 표시되는 수치로서 종이테이프나 카드에 천공(지금은 거의 사용하지 않음)하거나 자기 테이프, 컴퓨터 디스켓, 또는 보조 컴퓨터의 메모리에 기록된 가공 프로그램을 컴퓨터 통신 등으로 NC장치에 보내면 이 정보가 해독되어 공구와 공작물의 상대운동이 제어되고 기계는 자동운전이 되어 소요의 형상이 절삭된다.

범용의 수동공작기계에서는 기계의 동작을 작업자의 손으로 핸들을 돌려서 제어하는 대신 NC공작기계에서는 제어모터를 이용하게 된다. 예를 들어서 **그림 8.1**과 같은 스텝모터(stepping motor)로 이송핸들을 돌린다고 할 때, 스텝모터는 전기펄스를 받으면 모터축이 일정한 각도만큼 회전하기 때문에 테이블의 이송은 스텝모터에 입력되는 전기펄스의 개수에 따라 결정된다.

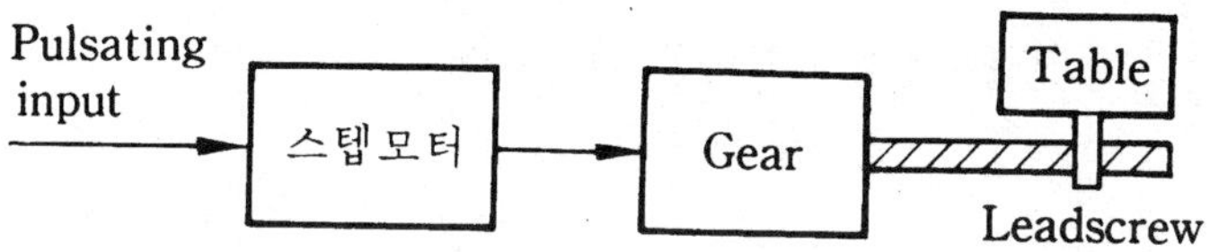

그림 8.1 NC제어 이송축의 구성

그림 8.1에서 하나의 전기펄스에 의해 스텝모터는 1°회전하고 이는 다시 테이블을 1㎛이송한다고 하면 이론적으로 수치제어에 의해 테이블이 이송되는 최소단위는 1㎛이 된다. 이와 같이 하나의 전기펄스에 의해 테이블이 이송되는 최소단위의 길이를 기본이송단위(BLU : basic length unit)라고 부른다. 본 예제의 경우 1BLU=1㎛인 셈이다.

이상과 같이 NC공작기계는 **그림 8.2**와 같이 움직이고 싶은 축에 대해 움직일 양을 수치와 미리 정해진 기호로 프로그램을 하고 이를 NC장치가 해독을 한 후 제어장치를 통해 제어를 하는 것이다.

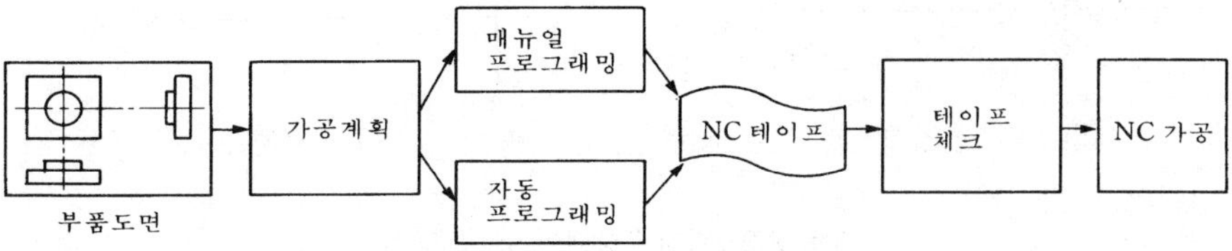

그림 8.2 NC가공에서 정보의 흐름

7.1.3 NC의 분류 및 제어방식

NC 시스템은 제어모드(위치결정제어 및 윤곽제어), 제어기의 구조(NC 및 CNC), 제어방법(개회로 및 폐회로) 등에 따라서 분류를 한다.

(1) 제어모드

① 위치결정제어(point to point control)

공구가 한 점에서 규정된 점으로 움직이는 동작으로서 드릴링, 보링, 리밍, 태핑 등 구멍을 가공하는 공정에 사용이 된다. 한 점에서 다른 한 점으로 찾아가는 경로는 **그림 8.3**에서 나타내는 것과 같이 축경로, 45°경로, 그리고 선형경로인 3가지 방식을 택할 수가 있으나, **그림 8.3**(c)의 경우는 X 및 Y축에 대해 동시 2축 제어를 하여야만 한다. **그림 8.4**는 대표적인 위치결정제어의 모습을 나타낸다.

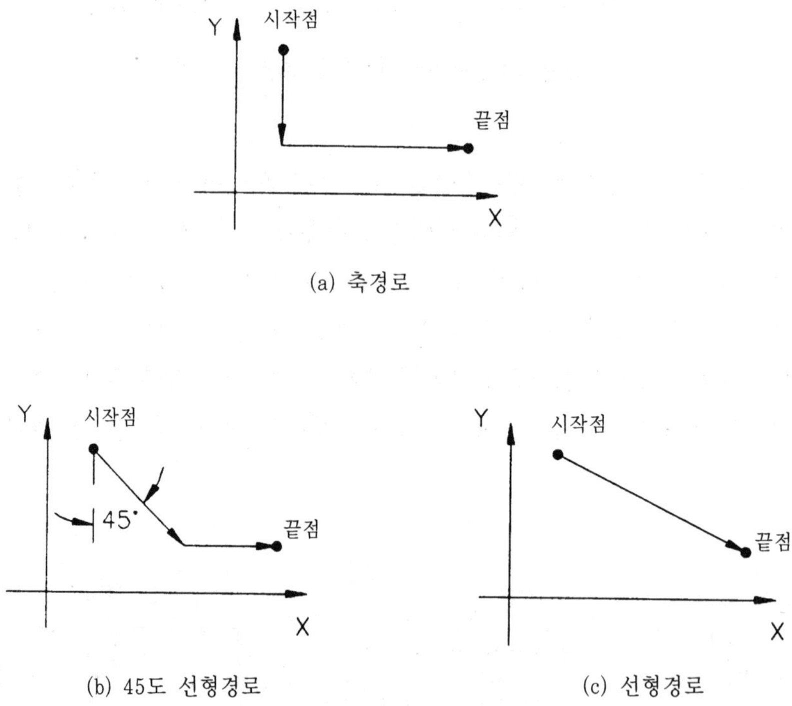

그림 8.3 위치결정제어 운동 형식

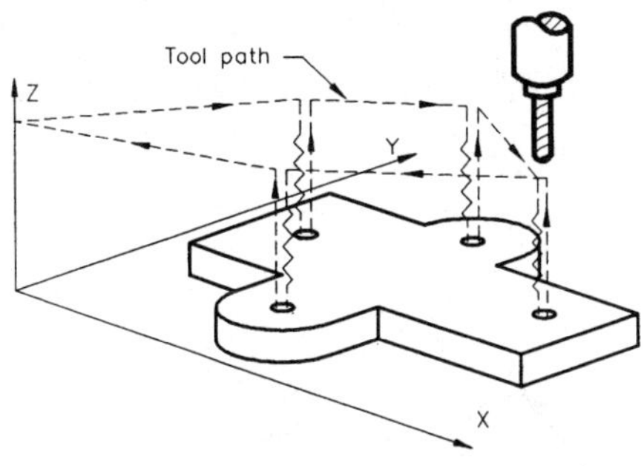

그림 8.4 위치결정제어

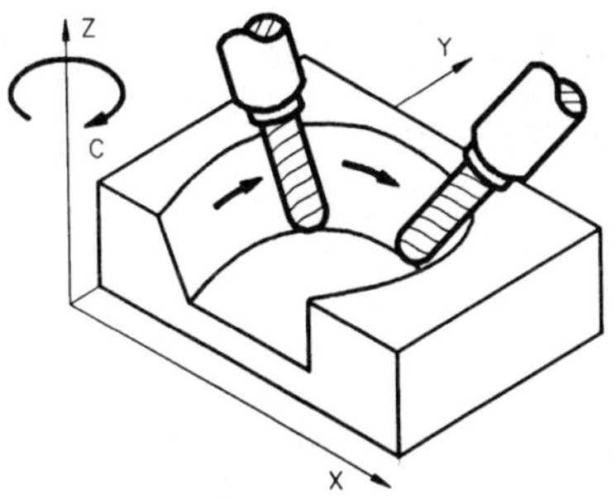

그림 8.5 4축 동시제어 윤곽가공

② **연속윤곽제어**

이 경우 미리 정해진 직선 또는 원호의 경로를 따라가기 위해 각 축의 운동을 동기화시켜야 한다. 연속윤곽제어시스템은 모터가 속도 및 위치를 각 축에 대해 독립적으로 제어를 하여야만 한다. 윤곽제어를 위해서는 최소한 2개의 축이 동시제어 가능하여야 하며, 대부분의 밀링계통 NC장비는 3축 동시제어를 기본으로 하고 있다. 그러나 때때로 항공기의 프로펠러와 같은 자유곡면을 가공하는데 있어서 효율적인 가공을 위해 3축 이상의 동시제어를 요구하는 경우도 있다. **그림 8.5**는 4축 동시제어축을 갖고서 윤곽가공을 하고 있는 모습이다.

(2) CNC 보간

보간기는 NC와 같이 하드웨어적인 보간과 CNC 시스템과 같이 소프트웨어적인 보간으로 나눈다. 보간은 정해진 이송속도로 움직이기 위해서 속도를 계산하고 프로그램된 경로를 따라 중간점을 생성한다. 보간에는 직선, 원호, 헬리컬, 포물선 그리고 cubic이 있으며, 최근에는 자유곡면의 고속가공과 더불어서 NURBS 보간법도 상용화되고 있다.

① **직선보간(Linear interpolation)**

직선보간에서 공구는 출발점에서 끝점까지 직선으로 움직이게 된다. 직선보간은 2축 이상의 축에 대해서도 적용이 가능하며, 출발점, 끝점, 그리고 속도에 대한 정보를 필요로 한다. 예를들어 **그림 8.6**의 3축 직선보간을 한다고 하자. 이 경우 보간기는 X, Y, Z방향의 증분값인 dx, dy, dz를 계산하여 직접적으로 위치제어회로에 사용하며, 동시에 속도제어회로에서 그 비에 해당하는 율로써 속도를 제어하게 되면 직선운동을 얻을 수가 있다. 직선보간은 직선, 원호, 곡선, 헬리컬 윤곽 등 모든 가공에 적용이 가능하지만, 원호를 직선보간으로 가공하려면 무수히 많은 점데이터로 가공프로그램을 작성하여야하는 단점이 있다. 오늘날 많이 사용되는 CAD/CAM 시스템은 대부분 자유곡면을 점 데이터로 모델링하고 있다.

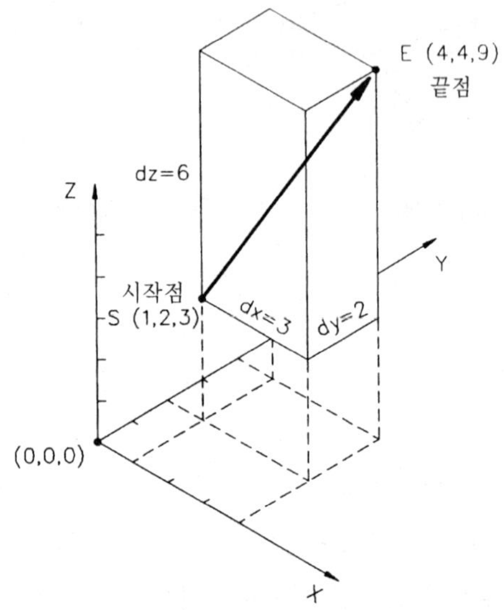

그림 8.6 3축 직선보간

② 원호보간(Circular interploation)

원호보간은 원호구간을 최소설정단위의 작은 직선운동의 연결로 분해한 것으로 볼 수가 있다. 즉, 보간기는 각 축에 대한 속도와 도달점까지 각축에 대한 펄스를 계산하여 제어하면 된다. 따라서 **그림 8.7**의 원호보간에 있어서 각 축의 속도는 다음과 같이 구할 수가 있다.

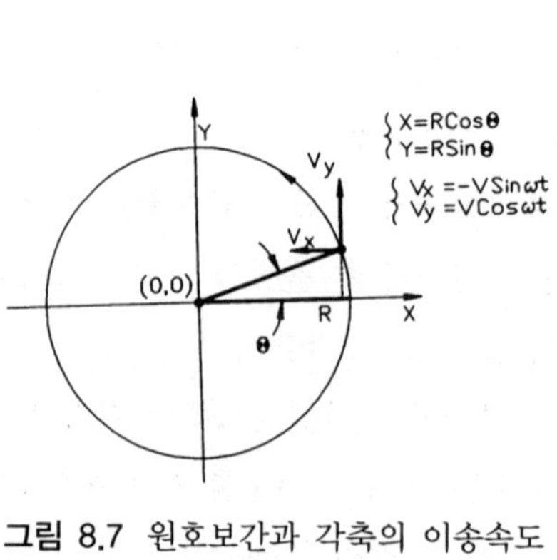

그림 8.7 원호보간과 각축의 이송속도

원호상의 한 점은 $x = R\cos\theta$, $Y = R\sin\theta$, 그리고 $\theta = \omega t$이다. 이 경우 축방향의 속도는 각각의 성분을 미분하여 제어하게 되면 원호를 얻을 수가 있다.

$$V_x = dX/dt = -R\omega\sin(\omega t) = -V\sin(\omega t)$$

$$V_y = dY/dt = R\omega\cos(\omega t) = V\cos(\omega t)$$

여기서 V는 $R\omega$이다. 원호보간의 장점은 직선보간에서는 매우 많은 데이터가 필요하지만 한 개의 블록으로 원호를 가공할 수 있다는 것이다.

이상과 같은 원리로 보간을 하게 되면 헬리컬, 포물선 등의 보간도 가능하다.

(3) 제어방법

NC 시스템은 각 축의 위치 및 속도를 제어하기 위해 서보 구동기를 필요로 한다. 각 축은 NC에서 주어진 명령대로 움직여야 하는데, 이 서보제어기는 개회로와 폐회로로 구성이 된다.

① 개회로 시스템

그림 8.8과 같이 NC장치에서 위치 및 속도에 대한 명령을 구동시스템인 스테핑 모터에 내리게 될 때, 아무런 되먹임을 하지 않는 경우를 개회로 시스템이라고 한다. 이 시스템은 가격이 폐회로보다는 저렴하다는 장점은 있으나 위치결정정밀도가 나쁘기 때문에 오늘날 대부분의 공작기계는 폐회로시스템을 채택하고 있다.

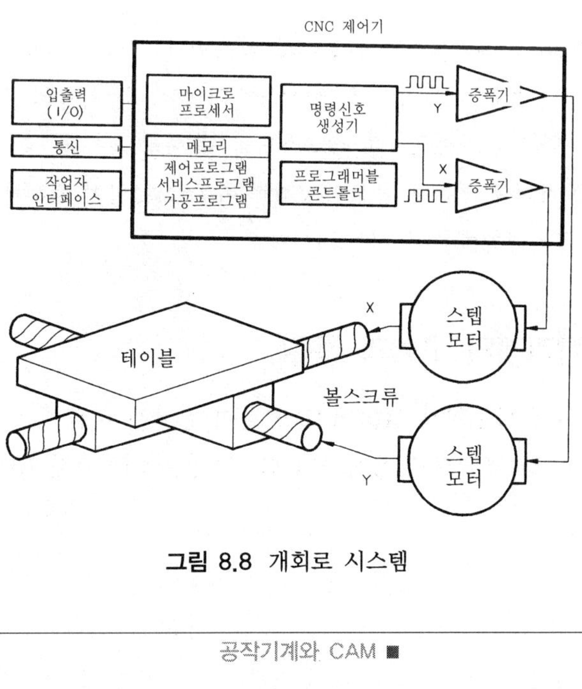

그림 8.8 개회로 시스템

② **폐회로 시스템**

그림 8.9와 같이 모터축에 연결된 Tachometer와 Encoder를 이용하여 주어진 명령대로 속도와 위치를 검출하여 그 차이를 제어할 수 있도록 한 것이 폐회로 시스템이다. 이 경우 출력을 센싱하기 위해서는 여러 형식의 센서가 사용이 되지만 대부분의 경우 **그림 8.9**와 같이 모터 축과 직결시키는 회전형 센서를 많이 사용한다. 이 경우 모터축의 회전은 볼스크류의 백래시, 피치오차 등으로 인하여 정확한 운동을 제어할 수가 없게 되며, 이러한 형태의 제어를 반폐회로제어(semi-closed loop control)라고 한다.

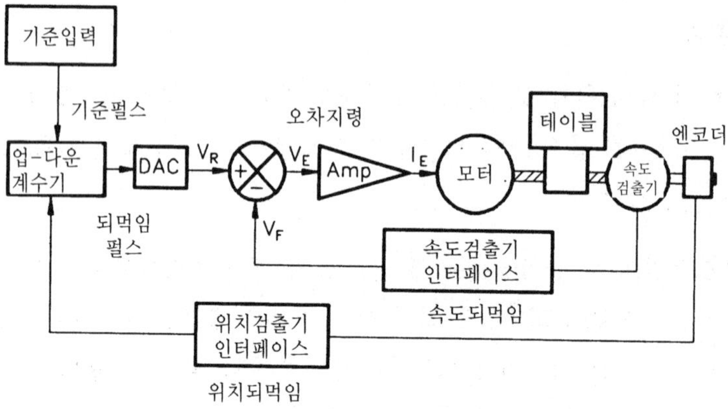

그림 8.9 폐회로 시스템

이 제어계를 full closed loop control로 하려면 테이블의 측면에 부착하여 최종적으로 운동을 센싱할 수 있는 직선형 센서를 사용하여야 하며, 이들의 종류에는 직선 엔코더, 인덕토신 스케일, 마그네 스케일, 그래스 스케일 등 여러 종류의 센서들이 사용된다. 그러나 이 시스템은 고가이고 제어계가 불안정해질 가능성이 있기 때문에 매우 정밀하게 제어를 하여야 하는 공작기계에 부착이 되고 있다.

8.1.4 NC 공작기계의 구성과 특징

CNC 공작기계는 크게 나누어서 **그림 8.10**과 같이 절삭을 위한 동작을 내는 공작기계 및 서보계와 공작기계를 프로그램대로 움직이게 할 수 있는 제어부인 NC장치로 나눈다.

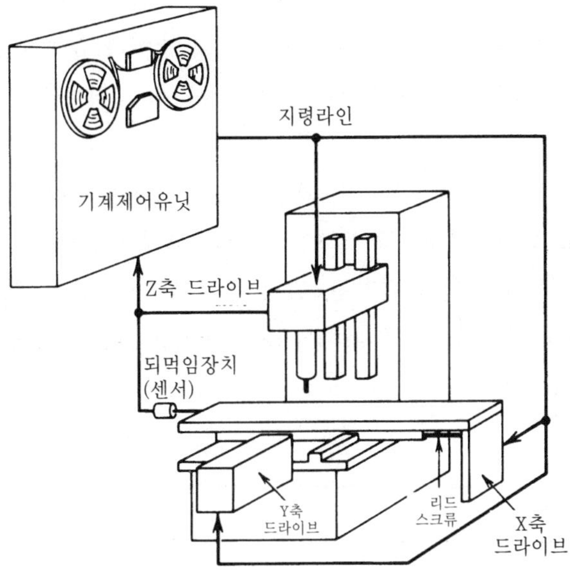

그림 8.10 CNC 공작기계의 구성요소

기계부는 통상 범용의 공작기계에 해당한다. 그러나 공작기계의 운동을 정확히 전달하기 위해서는 구동 메카니즘이 달라져야 하는데, 일반적으로 서보모터의 회전력을 직선운동으로 전환하는데 있어서 범용공작기계의 리드 스크류 대신에 마찰저항과 나사의 피치오차가 매우 적은 **그림 8.11**과 같은 볼 스크류를 사용한다.

그림 8.11 서보모터에 연결된 볼스크류

각 축의 이송 및 속도제어를 위해서는 강력하게 제어를 할 수 있는 모터 및 제어장치가 필요한데 이를 서보모터 및 서보 드라이드 유닛라고 한다. CNC 장치로부터 동작지령을 서보 드라이브 유닛에 **그림 8.10**에서 처럼 내리게 되면 서보 드라이브 유닛은 모터를 구동시키게 되고, 이 구동에 의해 각 축이 볼스크류의 회전에 의해 움직이게 된다.

이때 각축의 움직임이 해당 지령치에 대해서 얼마나 벗어나 있는가를 센서를 통해서 입력을 받게 되고 이 차이량에 따라서 CNC 장치는 다시 추가적인 지령을 반복하여 수행하는 구조로서 동작이 제어된다.

한편 CNC 공작기계의 가장 핵심적인 NC장치는 공작기계를 제어하는데 있어서 필요한 데이터의 입력, NC프로그램을 해석하고 필요한 연산과 보정 등을 하는 데이터 처리, 위치 및 이송속도 등을 지령하는 데이터 출력기능, 그리고 기계의 On/Off제어를 위한 기계 입출력 인터페이스 등을 담당하게 된다. 이를 위하여 CNC 장치는 **그림 8.12**와 같이 주요한 5가지의 부품으로 구성이 되어 있다.

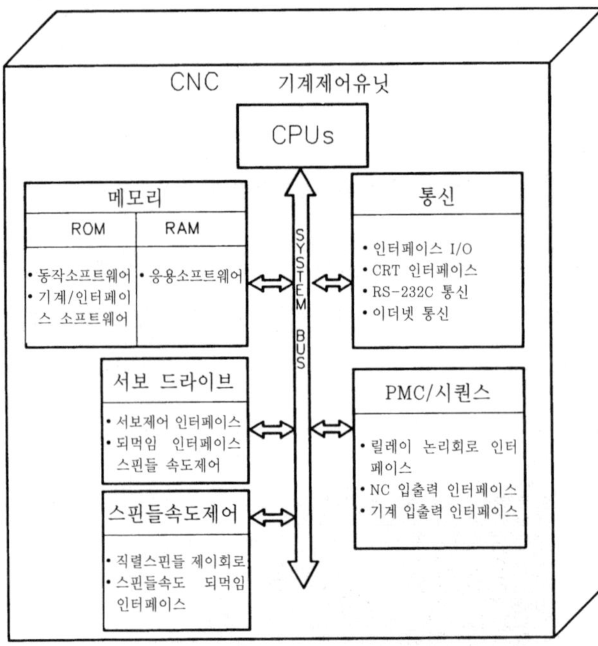

그림 8.12 CNC 장치

이 중에서 먼저 CPU는 CNC 장치의 핵심적인 역할을 하는데 시스템 버스를 통해서 필요한 모든 제어와 연산 그리고 순간적인 임시 메모리 역할을 한다. 한편 메모리부는 동작에 관련된 소프트웨어나 응용소프트웨어 등을 보관하는 역할을 한다. 통신부는 입출력을 제어하게 되며, PMC(Programmable Machine Controller)는 기계의 순차제어를 위한 릴레이 회로와의 인터페이스, 기계 입출력 인터페이스를 담당하는 구조로 되어 있다. 이러한 구조를 통하여

NC장치는 수치제어 및 기계의 순차제어 명령을 공작기계에 내리게 되고 공작기계는 이 지령에 따라서 동작을 수행한다.

8.1.5 가공 프로그래밍

공작물을 가공하기 위한 가공프로그램을 작성하기 위해서는 먼저 공작기계에 대해 좌표축 및 좌표계를 설정하여야 하며, 이어서 미리 규정된 문자나 기호를 이용하여 프로그래밍을 하여야 한다.

(1) 기계좌표축

직선운동을 하는 공작기계에서 주직선운동축은 X, Y, Z이며, 이들은 **그림 8.13**과 같이 오른손 법칙을 사용한다. 즉, 엄지, 인지, 중지를 이용하여 3개의 직교축을 정의하게 되는데, 가장 먼저 결정하여야 하는 축이 Z축이다. Z축은 공작기계의 주축이 가리키는 방향으로서, 중지로 나타낸다. 다음은 X축으로서 이 축은 움직이는 테이블 중에서 가장 이송이 긴 방향으로 한다. Y축은 X와 Z축이 결정되면 자동으로 결정이 되는 축으로서 테이블의 이송이 짧은 방향이다. 이때 양의 방향은 먼저 Z축에서 공구가 공작물과 멀어지는 방향이 양의 방향이 되며, 나머지 축의 양의 방향은 Z축에 의해 일의적으로 결정이 되어진다.

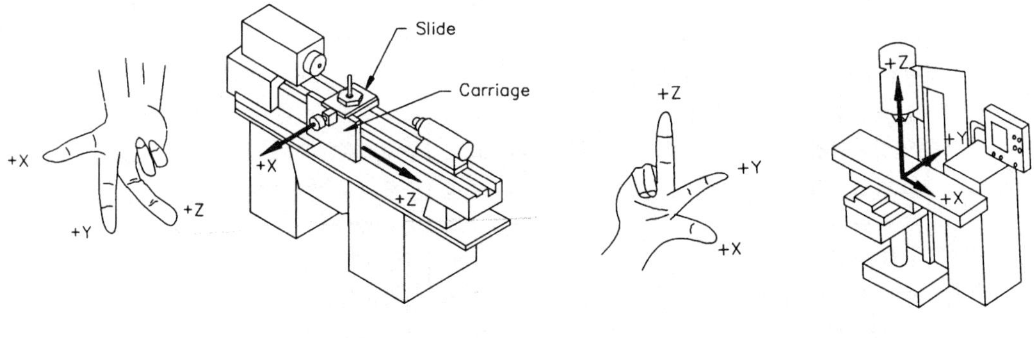

(a) 선반 (b) 수직형 밀링머신

그림 8.13 기계좌표축의 정의

한편 회전축의 경우는 **그림 8.14**와 같이 3개의 축이 정의되는데 이것이 U, V, W축이다. U, V, W축은 각각 X, Y, 및 Z축을 중심으로 회전하는 축이며, 그 방향은 오른손 법칙을 지배받는다.

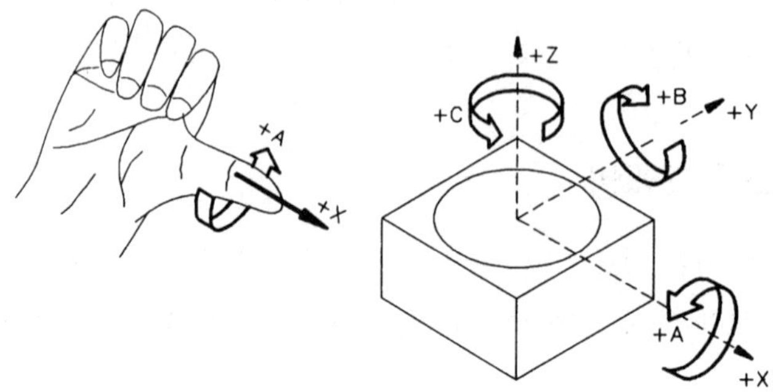

그림 8.14 오른손 법칙에 의한 회전축의 정의

(2) NC언어

NC언어는 기계작동을 제어하는 G코드와 작업중 필요한 부수작업을 하는데 필요한 보조기능인 M코드로 나눈다. **표 8.1**은 EIA표준으로 제정된 G 및 M코드의 기능에 대한 설명의 일부이다.

표 8.1 G 및 M코드의 기능(EIA standard RS-273)

코드	기 능	코드	기 능
G00	급속이송	G91	증분값 지령
G01	직선보간	G92	작업물 좌표계 설정(현 위치에서 작업물 좌표계 지정)
G02	원호보간(시계방향으로 원호보간)		
G03	원호보간(반시계방향으로 원호보간)	M00	Part program 정지(작업수행 끝)
G04	정지(지정된 시간만큼 정지)	M02	프로그램 끝(테이프 리딩 끝)
G17	XY평면선정(원호보간 기준면-2차원 밀링)	M03	주축회전(시계방향)
G18	ZX평면선정	M04	주축회전(반시계방향)
G19	YZ평면선정	M05	주축회전 정지
G20	인치 단위 입력	M06	공구교환명령
G21	메트릭 단위 입력	M08	절삭유 ON
G90	절대값 지령	M09	절삭유 OFF
		M30	테이프 읽음 완료 및 되감기

(3) 가공프로그램의 예제

NC프로그램은 통상 다음의 과정으로 작성이 된다.

① **수치단위의 결정**(G20, G21)

인치단위로 할것인가 또는 mm단위로 프로그램할 것인가를 지정한다.

② **좌표값 지정방식의 결정**(G90, G91)

기준 좌표계의 값을 지령할 것인가 또는 현재 좌표치로부터 증분값을 지령할 것인가를 지정한다.

③ **작업물 좌표계 설정 및 공구 출발점 지정**(G92)

작업물 좌표계의 원점을 기계좌표계에 상대적으로 정의하는 것으로, 공구의 현재 위치가 파트 프로그램의 출발점이 된다.

④ **물체의 윤곽을 따라서 절삭가공**(G01, G02, G03)

그림 8.15는 NC가공 프로그램의 예제이다.

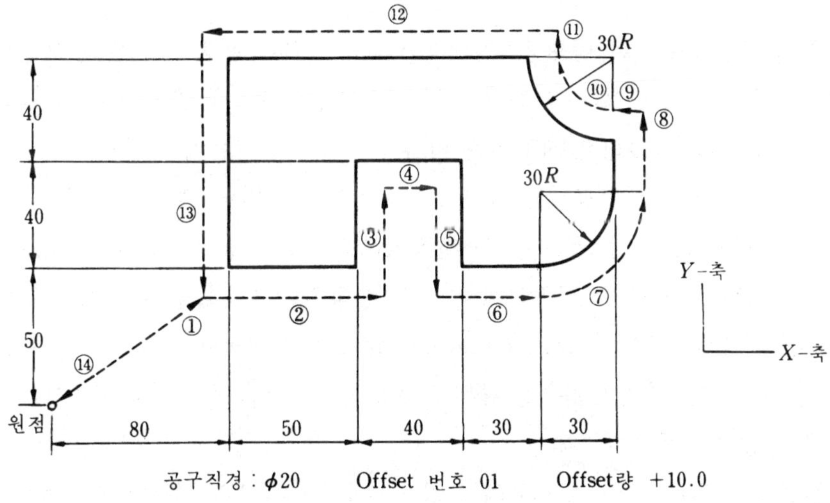


```
G91 G46 G00 X80.0 Y50.0 D01;
G47 G01 X50.0 F120;
Y40.0;
G48 X40.0;
Y-40.0;
G45 X30.0;
```

```
G45 G03 X30.0 Y30.0 J30.0;
G45 Y20.0;
G45 X0.0;
G46 G02 X-30.0 Y30.0 J30.0;
G45 G01 Y0.0;
G47 X-120.0;
G47 Y-80.0;
G46 G00 X-80.0 Y-50.0;
M02;
```

그림 8.15 NC프로그램의 예

8.1.6 각종 CNC 공작기계

CNC 장치의 보편화로 많은 범용공작기계가 NC화 되었다. 현재 가장 많이 보편화된 것은 **그림 8.16**과 같은 CNC 선반이다. **그림 8.17**은 CNC 밀링으로서 금형공장에서 금형의 가공에 널리 사용되는 장비이나, **그림 8.18**과 같은 머시닝센터로 그 기능이 대체되었다. 머시닝센터는 박스형의 사각 공작물을 가공하는 밀링계통의 기계로서 밀링, 보링, 드릴링, 리밍, 태핑 등의 공정을 공구를 교환할 수 있는 공구교환장치(ATC : Automatic Tool Changer)를 통하여 공구를 교환하면서 가공하는 공작기계이다. 또한 작업할 공작물을 자동으로 교체할 수 있는 공작물교환장치(APC : Automatic Pallet Changer)를 부착함에 의해 작업의 효율성을 높이기도 한다. 이 기계는 작업의 유연성 등의 이유로 공장자동화 시스템을 구축하는데 있어서 가장 핵심적인 장비로 두각되었다.

이러한 전형적인 CNC 공작기계 이외에도 CNC 방전가공기, CNC 와이어커팅머신, CNC 연삭기, CNC 펀치 프레스, CNC 삼차원측정기 등 많은 종류의 CNC 공작기계가 선을 보이고 있다.

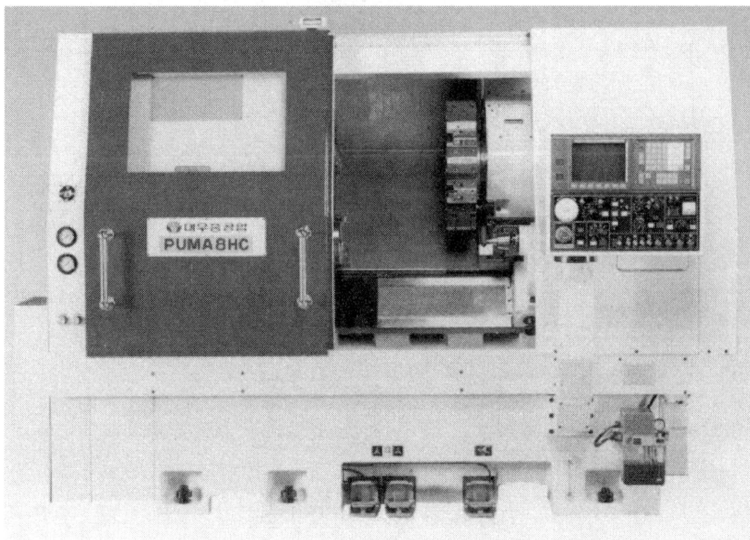

그림 8.16 CNC 선반

그림 8.17 CNC 밀링

그림 8.18 CNC 머시닝센터

8.2 공장자동화

오늘날의 산업은 국제적 경쟁속에 있다. 이러한 시장에서 경쟁력을 갖기 위해서는 생산에 있어서 효율성을 가져야 한다. 이러한 이유에서 많은 생산현장에서는 컴퓨터를 활용한 생산기술을 도입하고 있으며, 그 중에서 CAD/CAM, CIM 등의 기술을 활용하고 있다. 생산을 효율적으로 하기 위해서는 많은 요인들이 있겠으나, 그중에서 생산시설의 구축이 생산효율성 결정에 중요한 역할을 한다.

생산시설에 있어서의 효율은 생산비용, 생산성, 이익의 세 가지 기본 방법에 의해 측정된다. 그러나 생산비용, 생산성과 이익을 동시에 최적화할 수는 없다. 이러한 이유 때문에 공장의 설비를 어떻게 구축할 것인가는 그 공장이 생산하는 제품의 수량이나 성질에 따라서 결정이 되어져야 한다.

그림 8.19는 제품의 다양성과 생산수량에 따라서 경제적으로 생산을 하기 위하여 도입가능한 생산방법의 종류를 나타내고 있다. 예를 들어 다품종 소량생산의 경우에는 단위공작기계

를 활용하는 개별공작기계로 제품을 제작하여야 하며, 소품종 대량생산의 경우에는 전용공작기계의 하나인 트랜스퍼 라인을 구축하여야 함을 의미한다. 이러한 관점에서 이 장에서는 효율적인 생산 시스템의 구축과 자동화로 생산성을 향상시킬 수 있는 여러 가지 방법의 특징에 대해서 논의하고자 한다.

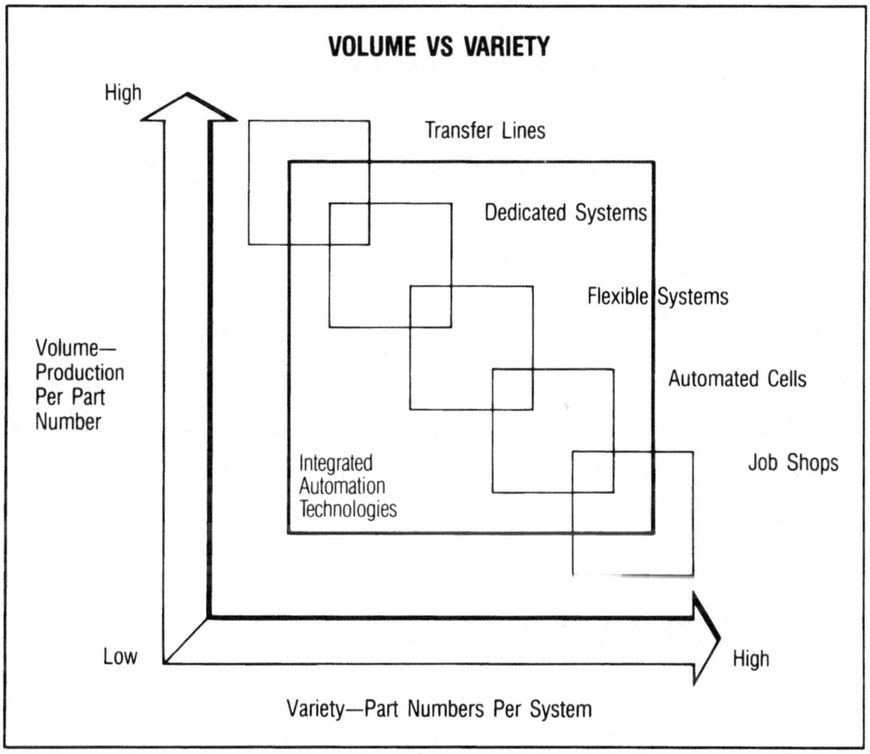

그림 8.19 경제적 생산을 위한 수량과 다양성 관계

8.2.1 생산의 종류

생산시스템, 즉 생산설비를 구축하기 위해서는 먼저 생산규모를 정의하여야 한다. 통상 생산규모는 대량생산, 대규모 배치생산과 소규모 배치생산의 세 가지로 나눈다. 대량생산은 연간 1백만개 이상의 생산품을 생산해내는 규모를 의미하고, 소규모 배치생산은 연간 몇 백개 이하의 생산품을 생산해내는 규모를 의미한다.

(1) 대량 또는 연속 생산 (Mass or Continuous Production)

대량생산은 수요가 상대적으로 일정하거나 예측 가능할 때 동일형상 부품을 대량생산하는 것이다. 여기에서 대량이란 생산장비를 오랜 기간 또는 연속적으로 작동할 수 있는 충분한 양을 말한다. 따라서 생산할 부품의 특성에 잘 맞는 전용기계나 공구를 사용한다. 이 경우 경제적으로 고도의 자동화를 이룰 수 있으며 높은 생산성을 달성할 수 있다.

(2) 대규모 배치생산 (Large-batch Production)

대규모 배치생산에서는 다량의 유사한 부품을 일괄적으로 생산한다. 기계는 많은 경우 유연성이 요구되지만, 장시간의 셋업시간이 필요한 경우는 전용기계나 공구를 사용할 수가 있다.

(3) 소규모 배치생산 (Small-Batch Production)

소규모 배치생산에서는 수요의 변동이 많은 다양한 종류의 부품을 생산한다. 특별한 부품을 위해 설계된 것이 아닌 범용의 기계를 사용한다. 이러한 기계는 다른 부품들을 가공하기 위해 자주 시스템을 바꾸어야 하므로 생산시간에 상당한 손실을 입게 한다. 이러한 생산에서 자동화를 달성하려면 운용에 있어서 유연해야 하며 다양한 부품에 맞게 쉽게 재프로그래밍(reprogramming)할 수 있어야 한다.

8.2.2 설비배치(facility layout)의 종류

생산설비를 배치하는 것은 생산품의 종류나 양에 따라 바뀌어야 한다. 이러한 배치에는 기능적으로 배치하거나 라인생산시스템, 또는 그룹으로 생산하는 시스템으로 나눌 수가 있다.

(1) 기능적 또는 공정 배치(Functional or Process Layout)

기능적 또는 공정배치는 전통적으로 배치생산방식에 사용된다. **그림 8.20**과 같이 공작기계는 선반부문, 밀링부문 등 비슷한 기계류끼리 부문으로 나누어 놓는다. 대부분의 부품은 여러 공정을 거쳐야 하기 때문에 부품은 한 개의 공정부문에서 다른 공정부문으로 자주 이송된다. 이러한 이유로 생산관리나 계획에 상당한 문제를 일으키며, 작업흐름이 순탄하지 않고 작업처리시간이 불확실 해진다. 그러나 기능적 또는 공정 배치는 변동하는 수요에 매우 유연하며 개개의 부문에서 비슷한 기술끼리 묶음으로써 상당한 이익을 얻을 수 있다.

(2) 라인 배치(Line Layout)

라인 배치에서는 기계가 공정 순서대로 작동순서에 따라 배열되어 있다. 이 경우 동일 공정으로 가공이 되는 부품의 수가 많아야 하기 때문에 흐름 라인(Flow Line)은 보통 대량 또는 다량생산에서는 제한되어 있다. 이러한 흐름 라인은 고도의 자동화와 관련 있다. 자동화된 흐름 라인은 높은 투자비와 설계 및 개발비용을 필요로 한다. 따라서 생산 시스템은 상대적으로 유연하지 않으며 생산품이 다양하거나 설계변경이 잦은 경우에는 일반적으로 부적합하다.

(3) 그룹 또는 셀 배치 (Group or Cellular Layout)

그룹 또는 셀 형태의 배치는 부품의 종류가 상대적으로 안정한 분포를 이룰 때 소규모 배치 생산에서 사용된다. 보통 공작기계, 유압펌프 등과 같이 특별한 생산공정을 갖는 회사에서 사용한다. 기계의 셀이나 그룹들은 다양한 순서이지만 비슷한 공정이 요구되는 관련 부분의 공정군(工程群)으로 형성되어진다.(**그림 8.20**) 가능하면 부품은 특별한 셀에서 완전하게 공정처리 되어야 한다. 기능적 배치에 비해서 셀 배치는 노동력 및 기계사용의 효율성을 높이고, 더불어 작업 흐름을 개선시키며 작업 처리 시간을 줄인다. 따라서 생산관리가 일반적으로 더욱 쉬워지며 진행중인 작업 수준을 감소시킨다.

표 8.2는 다양한 종류의 설비배치에 대한 일반적인 특성들을 요약하였다.

표 8.2 설비배치의 특성

특 성	기능적 배치	군배치	라인배치
규 격	공정에 따라서	부품 형태에 따라서	부품 형태에 따라서
소재 흐름	배치	준 연속	연속
소재처리시간	길다	짧다	짧다
공정중인 적채 작업량	높다	낮다	매우 낮다
품질 책임자	부품마다 많은 사람	1개의 부품에 1인	1개의 부품에 1인
납기 책임자	부품마다 많은 사람	1개의 부품에 1인	1개의 부품에 1인
특수공구에 대한 투자	높다	낮다	높다
건물투자	높다	매우 낮다	매우 낮다
소재흐름 관리	복잡	단순	매우 단순

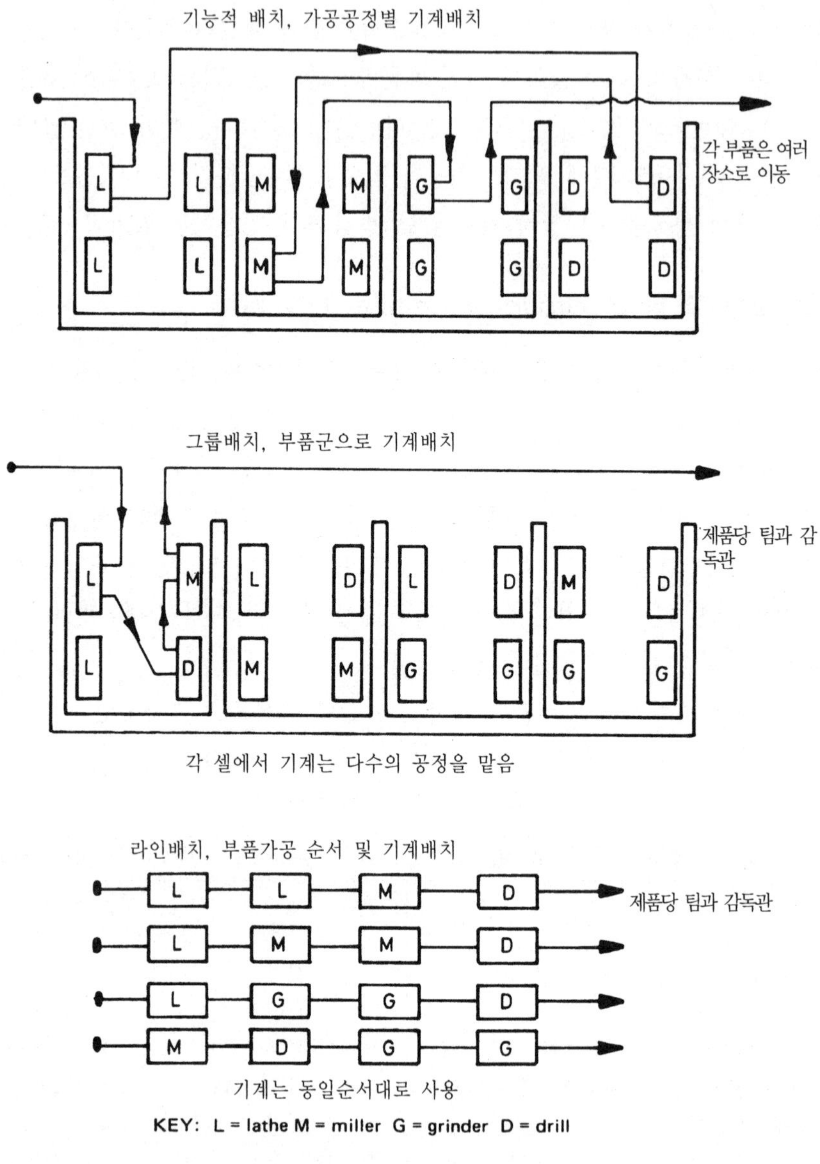

그림 8.20 기계 배치방법

8.2.3 자동화 종류

자동화는 단순히 작업자의 직접 노동비를 절감하는 효과뿐만 아니라 생산성의 향상, 품질의 균일화, 작업자의 보호 등 여러 면에서 이점이 있다. 생산에 이용되는 자동화는 고정자동화와 프로그램 가능한 자동화(Programmable Automation)의 2가지로 나누어진다.

(1) 고정자동화(Fixed Automation)

고정자동화는 특수한 일이나 어떤 제한된 일만 할 수가 있다. 캠과 같은 기구가 운동을 제어하는데 종종 사용된다. 이 형태의 자동화는 초기에 투자가 많이 들고 장치를 구성하는 시간이 필요하다. 보통 생산성을 높여야 할 대량생산에 사용된다. 장비가 상대적으로 유연하지 못하여 새로운 작업이나 새로운 생산품에는 쉽게 적용할 수가 없다. 트랜스퍼라인과 자동선반은 고정자동화의 예이다.

(2) 프로그램 가능한 자동화(Programmable Automation)

이 형태의 자동화는 장비를 쉽게 새로운 작업이나 새로운 생산품에 대해 재프로그래밍할 수 있기 때문에 소규모의 생산에 사용된다. 프로그램 가능한 자동화는 프로그램 순차제어와 수치제어로 나눈다.

① 프로그램 순차제어

프로그램 순차제어는 운동 또는 작업의 순서가 타이머, 릴레이, 프로그램가능한 제어기로써 제어한다. 실제운동은 미리 기계적인 스톱-리밋 스위치로 조절된다. 대부분의 터릿선반들은 플러그 보드와 마이크로프로세서를 이용한 제어기에 의해 프로그램된 순차제어를 사용한다.

② 수치제어

수치제어를 통하여 공작기계를 제어함으로써 임의 형상의 다양한 제품을 생산할 수가 있다.

8.2.4 트랜스퍼 기계(Transfer Machine)

트랜스퍼 기계는 동일하거나 또는 아주 비슷한 부품을 연속흐름으로 대량생산을 하기 위한 가장 적절한 방법이다. 트랜스퍼 기계는 기본적으로 부품이 하나의 머시닝 헤드(machining head)에서 다른 머시닝 헤드로 자동적으로 이송되는 특수 목적의 시스템이다.

트랜스퍼 기계에서 부품은 자동적으로 하나의 기계작동에서 다음 작동으로 회전분할테이블(**그림 8.21** (a)의 회전 이송시스템) 또는 컨베이어(**그림 8.21** (b)의 직선형 이송시스템)에 의해 이송된다. 직선형시스템에서 부품은 특수한 팰릿(pallet)이나 고정구로써 지지되고, 라인의 시작점에서는 빈 팰릿으로 되돌아오게 배열되어 있다.

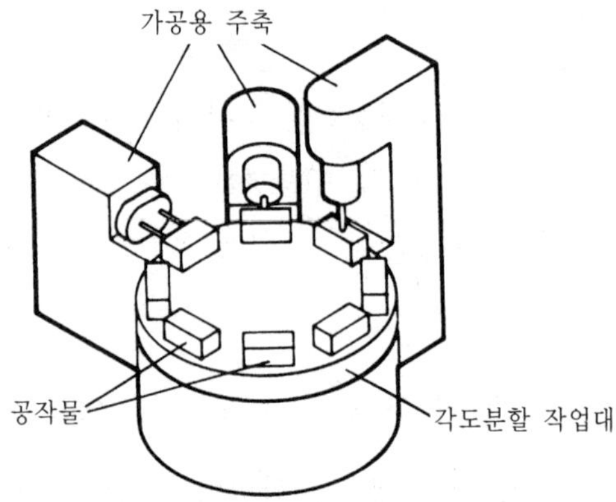

(a)

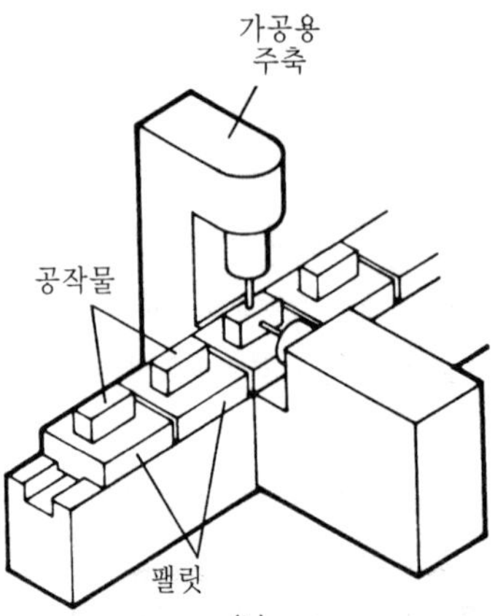

(b)

그림 8.21 트랜스퍼 기계 : (a) 회전형, (b) 직선형

트랜스퍼 기계는 종종 모듈형식으로 만들어진다. 드릴링, 보링 등의 머시닝 헤드는 표준항목이며 적당한 시스템 위치에 추가된다. 회전 트랜스퍼 기계(rotary-transfer machine)는 공간의 제약 때문에 보통 여섯 개 또는 더 적은 스테이션으로 구성되어 있다. 직선형 기계의 크기는 무제한이며, 직선형 기계는 예를 들면 자동차 엔진의 실린더 블록 가공작업을 수행하

기 위하여 사용된다. 가공작업과 더불어 이러한 시스템은 검사 및 조립작업 스테이션과도 통합된다.

8.2.5 자동기계(Automatic Machines)

트랜스퍼 기계가 오직 대량생산에만 사용되는 반면 "자동화"라고 불리는 공작기계 종류는 대량, 대규모 배치생산 둘 다에 적용된다. 가장 일반적인 기계는 자동선반으로서, 종종 "자동화"를 대표하는 기계로 언급된다.

봉재로부터 부품을 생산하기 위해 설계된 단축자동선반은 마모된 공구 교체와 봉재의 공급을 제외하고는 별 탈없이 부품을 연속적으로 생산할 수 있다. 가공된 부품이 잘려진 후에 봉재는 콜릿척의 내경을 통해 후방에서 이송이 된다. 기계화될 수 있는 공작기계의 또 다른 부류는 내면 또는 원통 연삭기이다. 이 기계에 자동 휠-드레싱 장치, 자동적으로 공작물을 적재하는 기구를 부착되면 계속해서 마무리된 부품을 생산할 수 있다. 이러한 자동기계를 보통 단위 공작기계의 자동화라고 말한다.

8.2.6 다양한 자동화시스템의 경제성 비교

자동화의 수준은 배치크기와 가공되어지는 부품의 다양성에 의해 결정된다. 즉, 어떤 부품에 대해 다른 형태로 구성한 자동화 시스템에 대해 경제성을 분석함으로써 설명할 수가 있다. **그림 8.22**는 전형적인 부품을 생산하기 위해 범용선반, 터릿선반, 수치제어 터릿선반의 사용을 비교한 결과이다.

고도로 자동화된 기계는 시스템 셋업과 프로그램 비용을 생산부품에 할당하여야 하기 때문에 소규모 배치생산에는 매우 비경제적이다. 그러나 배치 크기가 커짐에 따라 자동화된 설비는 사이이클 타임(생산시간)을 감소시켜 준비비용을 만회시켜준다. 즉, 수동기계는 단지 몇 개의 부품을생산할 때 가장 적절하고 수치제어기계는 중간규모의 배치량에 경제적이며 다량 생산에는 더욱더 전용 자동화가 요구된다는 것을 보여준다.

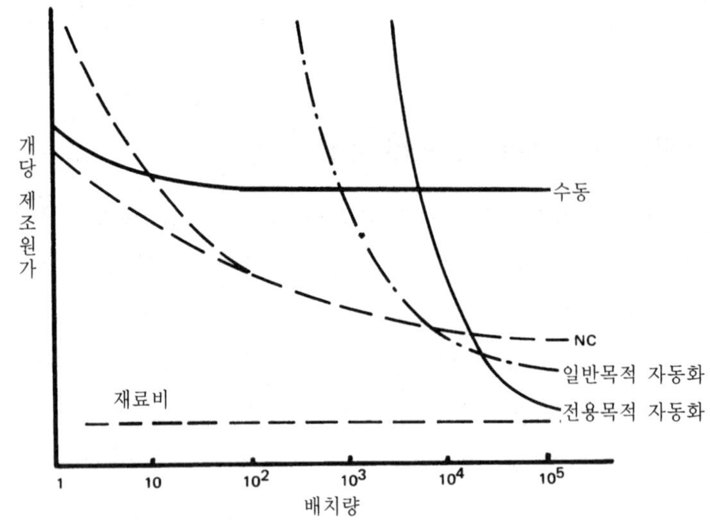

그림 8.22 배치크기에 따른 제조원가

8.2.7 배치생산에서 부품의 취급

배치생산에서는 중앙컴퓨터에 의해 제어되는 프로그램을 할 수 있는 장치를 사용함으로써만 자동화될 수 있다. 이런 장치중의 하나가 **그림 8.23**의 산업용 로봇이다. 이 로봇은 120kg의 하중을 취급할 수 있고 6축으로 움직인다. 이런 로봇은 공작기계 그룹에서 부품을 적재하고 이재하는데 적용된다.

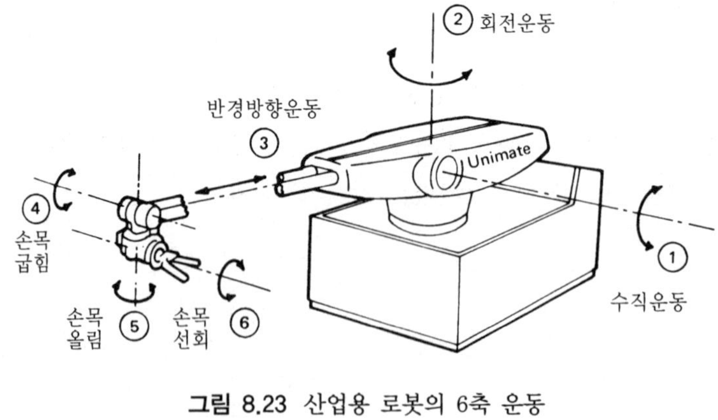

그림 8.23 산업용 로봇의 6축 운동

이러한 산업용 로봇을 가공라인에 적용한 예가 **그림 8.24**이다. 이 시스템은 로봇을 상용차량의 기어박스 부품생산에 사용한 작은 가공셀이다. 생산셀을 구성하는 기계군은 자동화 진직프레스, 2개의 CNC원통연삭기, 팰릿 셔틀시스템으로 구성되어 있다.

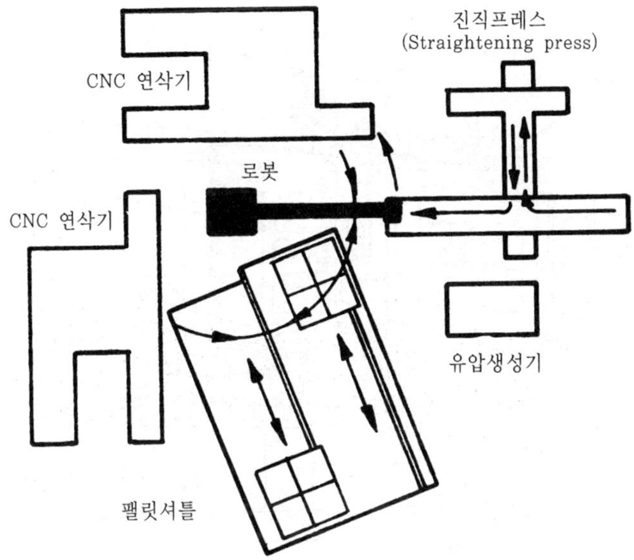

그림 8.24 로봇을 이용하여 부품을 취급하는 가공셀

8.2.8 유연 생산 시스템

수치제어 공작기계, 자동화 된 기구, 중앙집중식 컴퓨터 장치 등으로 구성되어 고도의 유연성을 제공하는 생산방식이 소위 유연생산시스템(FMS : Flexible Manufacturing System)이다. FMS에서 유연성(Flexibility)이란 말은 공구 시스템(Tooling)의 교체나 기계설치의 변경 없이 다양한 부품을 처리할 수 있는 능력을 말한다. 이러한 유연생산시스템은 시스템의 구성으로 볼 때 유연생산셀, 유연트랜스퍼라인, 유연생산시스템으로 분류를 할 수가 있다.

(1) 유연생산셀(Flexible manufacturing cell – FMC)

기본적으로 **그림 8.25**와 같이 팰릿 풀(pallet pool) 또는 팰릿 매거진이 머시닝센터에 부가된 구조이다. 이 시스템은 모든 팰릿위에 한 번의 부품 설치로 계속하여 기계를 연속운전하게 된다. 이를 위해 팰릿 위에 설치되어 가공이 완료된 부품은 자동화 기구에 의해 공작기계에서 반출되어야 하고, 가공될 부품이 자동으로 적재될 수가 있어야 한다. 이러한 셀은 15에서 500으로 커지는 소규모 배치생산에서 넓은 부품(40에서 800개)영역을 다룰 수 있는 작업에 매우 유연하다.

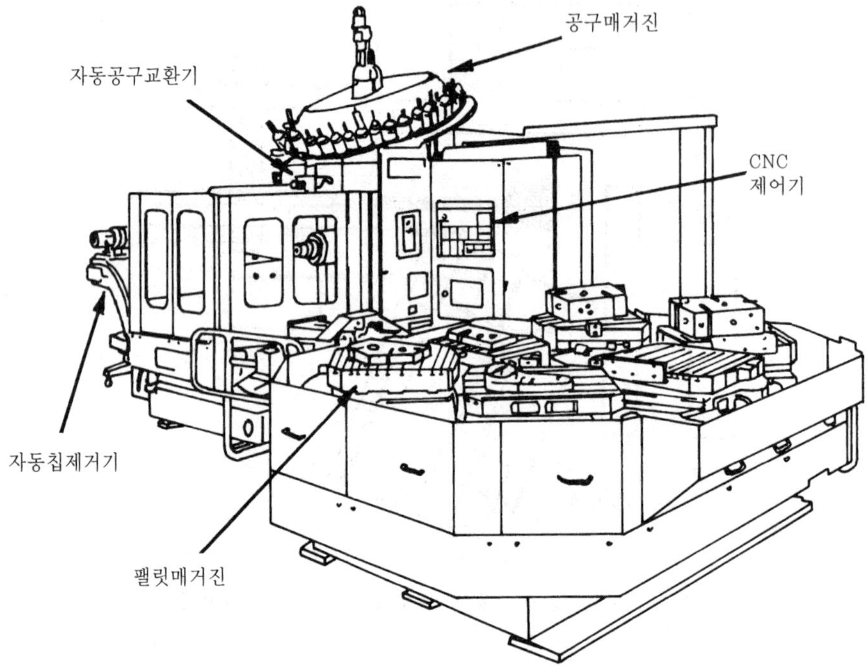

그림 8.25 머시닝센터를 기본으로 한 FMC

(2) 유연트랜스퍼라인(Flexible transfer line－FTL)

이 시스템은 자동으로 부품을 이송하는 시스템과 연계된 다수의 수치제어 또는 헤드가 교체 가능한 공작기계로 구성된다. 즉 전용의 트랜스퍼라인에 대해 유연성을 부가한 것이다. 이 시스템은 공작물이 움직이는 경로지정이 유연하지 못한 것을 제외하고는 다른 부품을 유연하게 가공할 수 있다. 전체 시스템의 유연성이 너무 낮아서 많은 부품들에 적응될 수 없기 때문에 부품군은 상대적으로 작으며(20개 미만) 부품은 다른 것과 매우 비슷해야 한다. 이런 이유 때문에 각 스테이션에서 작업 주기는 아주 잘 균형 잡혀 있다.

(3) 유연생산시스템(Flexible manufacturing system – FMS)

이 시스템에서는 유연한 경로지정과 자동공작물 적재 및 하역장치를 가지고 있어서 각 스테이션에서의 가공시간이 상당히 다를 수 있다. 이 시스템은 일반적으로 머시닝센터를 주축으로 공작물을 취급할 수 있는 장치를 구성하게 된다. 공작물의 취급은 견인차(Tow cart), AGV(Automatic Guided Vehicle), 레일 카트(rail cart), 롤러 콘 베이어 등으로 하게 된다.

FMS에서 공작기계의 배치는 워크스테이션에서 워크스테이션으로 공작물을 운송하기 위해 사용된 운용장치의 종류와 시스템의 범위에 달려 있다. **그림 8.26**은 견인차를 사용하는 전형적인 다중루프 배치를 보여주며, **그림 8.27**은 자동안내차량이 작업운용에 사용되는 전형적인 배치를 보여준다. 한편 **그림 8.28**은 현재 국내에서 설치되어 운용중인 엔진블럭을 가공하기 위한 FMS라인을 나타낸다.

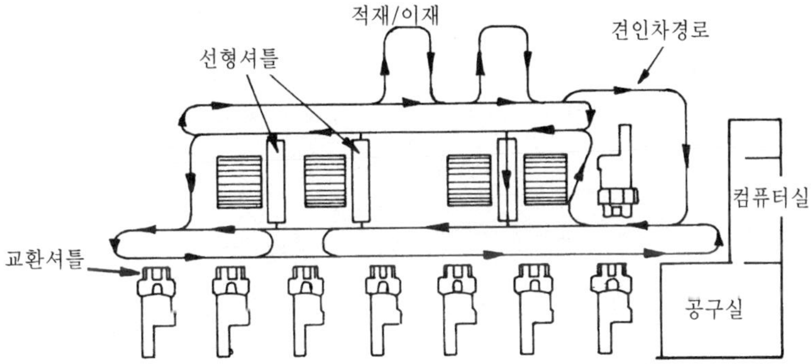

그림 8.26 견인차를 사용한 다중루프 방식의 FMS배치

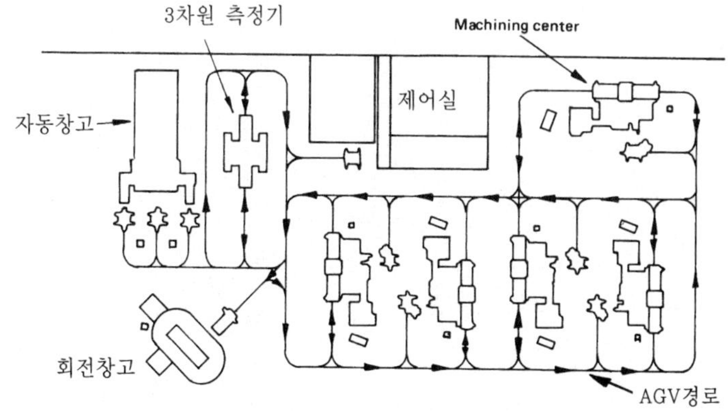

그림 8.27 AGV를 이용한 전형적인 FMS 시스템

그림 8.28 미션 케이스를 가공하는 유연생산시스템

CHAPTER 09 CAD

9.1 서 론

일반적인 제품 수명주기(product life cycle)를 간략하게 정리하면, 개념설계를 시작으로 상세설계, 공정설계, 제작, 검사, 출하, 사용, 폐기 및 재활용이다. 20세기 중반을 넘어서까지도 대부분의 제조 업무는 수작업으로 이루어졌으며, 계산기 정도의 도움이 최선이었다. 그러나 현재는, 개별 제조 과정에서 컴퓨터를 사용하지 않고 업무를 수행할 수 있는 경우는 (약간 과장하면) 전무하다고 할 정도로 제조업에서의 컴퓨터 활용은 당연한 일이 되었다.

1950년대 중반 SAGE(Semi-Automatic Ground Environment) Air Defense Command and Control System사는 레이더 정보를 CRT 화면에 컴퓨터 그래픽(CG : computer graphic) 처리하는 시스템을 개발하였으며, 비슷한 시기에 미국 MIT에서 수치제어(NC : numerical control) 장비를 개발하여 자동차 항공 산업의 자유곡면 가공에 적용을 시작하였다. 또한 Ivan Sutherland는 1963년 박사학위 논문을 통해 스케치 패드(sketch pad)를 제안함으로써 현대적 컴퓨터 그래픽의 이론적 토대를 제공하였다[1].

현재 컴퓨터를 응용하는(CA : Computer-Aided) 기술은 다양한 분야에 적용되고 있는데, 간단하게 다음과 같이 정리할 수 있다(**그림 9.1**). 또한 이를 통칭하여 **CAx 기술**이라고도 한다.

- CAS(Styling) : 제품 외형 디자인
- CAD(Design) : 제품 및 부품 3차원 모델링, 2차원 도면 작업
- CAM(Manufacturing) : 제조 공정계획, 가공데이터 생성, 제조 시뮬레이션, 신속 시작 등

- CAE(Engineering) : 강도 해석, 유동 해석, 기구학적 해석 등
- CAI(Inspection) : 제품 수치 검사, 형상 검사 등

최근 제조업에서 각광을 받는 컴퓨터 응용 기술은 제품 수명주기 관리(PLM : product life cycle management)와 디지털 생산(digital manufacturing)을 꼽을 수 있다. 지난 수십년 동안 컴퓨터 응용 기술은 하드웨어 발전과 더불어 눈부시게 성장하였으며, 현대 제조 업무에 필수적인 요소가 되었다. 아울러 제품 수명주기 관점에서 살펴보면, 생산 전반에 걸쳐 제조 업무 간의 상호보완적 협력은 요소 CAx 기술이 발전하는 것 못지않게 중요하다. 다시 말해 전체 업무 흐름을 파악하고, 업무 간 정보 전달, 제품 정보의 유지 관리 등이 필수적인 기술이라고 하겠다. 이를 위해 제품 수명주기 관리, 즉 PLM 기술이 발전하고 있다.

디지털 생산은 소위 디지털 공장(digital factory)라는 이름으로 1990년대 중반부터 DaimlerChrysler 사에서 시작되었다. 디지털 생산의 핵심은, 실제 생산을 시작하기 전에 모든 것 – 생산 장비, 생산 계획과 생산 업무흐름 –을 컴퓨터 소프트웨어로 모사(simulation)하여 문제가 없는지를 확인하고 개선할 수 있도록 하자는 것이다. CAx 기술의 발전에 따라 정교한 3차원 모델링, 업무흐름(work flow)의 모사 등이 원활하게 되었고, 결과 분석 및 개선을 통하여 실제 생산 시작까지의 시간과 비용을 크게 줄일 수 있다.

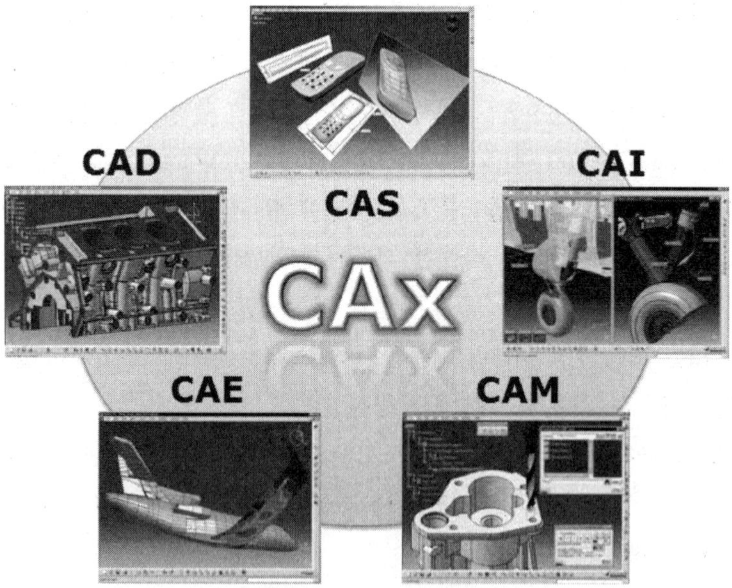

그림 9.1 CAx 기술

9.2 하드웨어 및 소프트웨어

9.2.1 CAx 하드웨어

CAx 기술과 관련된 하드웨어는 계산 장치, 입력 장치, 출력 장치 및 NC 장치로 구분할 수 있다.

(1) 계산 장치

계산 장치는 명령어를 처리하는 CPU 및 메모리를 포함하는 하드웨어로서, 일반적으로 컴퓨터 본체를 의미하며 다음과 같이 구분할 수 있다.

- 메인프레임(main frame)
- EWS(engineering workstation) 및 PC(personal computer)

메인프레임은 일종의 중앙집중식 계산 장치로서, 사용자는 메인프레임에 연결된 단말장치(terminal)를 이용해 작업을 수행한다. 작업 내용 및 결과는 메인프레임에 저장되고, 단말장치는 사용자 인터페이스만 제공한다.

EWS 및 PC는 개별 사용자가 독립적으로 사용하는 계산 장치로서, 일반적으로 EWS가 PC보다 성능과 안정성이 좋다고 본다. 그러나 최근에는 PC에서도 대부분의 CAx 소프트웨어를 원활하게 사용할 수 있다.

(2) 입력 장치

CAx 업무를 위해 다음과 같은 입력 장치를 들 수 있다.

- 키보드
- 마우스 및 타블렛(Tablet)
- USB
- Haptic device

Haptic device는 주로 가상현실(virtual reality) 기술에서 촉각을 구현한 장치라고 할 수 있으며, 가상공학(virtual engineering) 기술에 응용한다.

(3) 출력 장치

최상의 계산 장치가 있어도 계산 과정이나 결과를 볼 수 없다면 아무런 쓸모가 없다. 따라서 업무 내용 및 결과를 보여주는 출력 장치도 매우 중요하고, 다음과 같은 장치를 열거할 수 있다.

- 모니터
- 프린터 및 플로터
- HMD(head mounted display)

모니터는 크게 CRT(cathode ray tube) 원리를 이용하는 브라운관 방식과, 평판 디스플레이(FPD: flat panel display) 방식으로 구분할 수 있다. 대표적인 FPD 방식은 LCD(liquid crystal display), PDP(plasma display panel), LED(light emitting diode) 등을 들 수 있다. HMD는 머리에 고정하여 사용하는 개인용 모니터이다.

(4) NC 장치

현대 제조업에서 정밀한 제어가 필요한 장비는 대부분 수치제어(NC: numerical control) 장치이다. 대표적인 NC 장치는 다음과 같다(**그림 9.2**).

- 공작 기계
- 산업용 로봇
- 3차원 측정기

(a) 산업용 로봇

(b) 공작기계

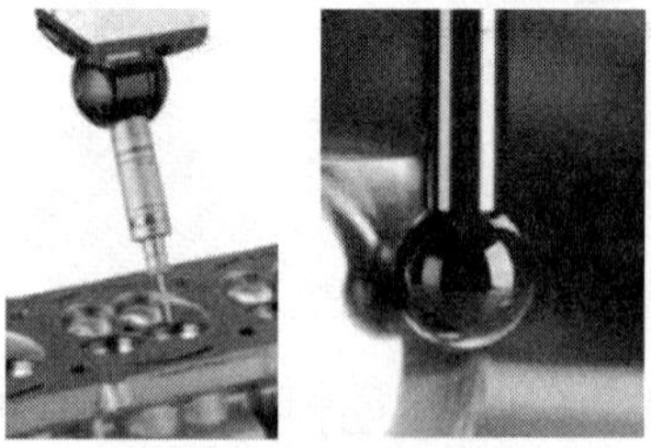

(c) CMM

그림 9.2 NC 장치 예

수치제어 장치는 일반적으로 서보모터(servo motor) 등을 이용하여 말단 장치(end effector)의 위치(position)를 제어하는 장치이다. 말단 장치는 기계 용도에 따라 절삭 및 연마 공구, 용접 장치(welding gun), 그립퍼(gripper), 측정용 탐침(probe) 등을 사용한다.

9.2.2 CAx 소프트웨어

설계, 제작, 검사 등의 CAx 업무에 사용하는 소프트웨어는, 특정 CAx 분야에서 사용하기 위해 특화된 전용 시스템과, 전반적인 CAx 분야에서 두루 활용하는 것을 목적으로 하는 통합형 시스템으로 구분할 수 있다.

대표적인 전용 시스템은 다음과 같다(주 : 워낙 다양한 시스템이 있기 때문에 모두 열거하지 못하였다). 참고로 제품 명 뒤에 제조/판매사를 명기하였다.

- CAD
  - AutoCAD(AutoDesk)
  - SolidEdge(Siemens)
  - SolidWorks(Dassault Systems)
- CAM
  - PowerMill(Delcam)
  - CAMTool(Graphic Products)
  - Vericut(CGTech)
- CAE
  - SIMULIA(Dassault Systems)
  - ANSYS(Ansys)
  - MSC NASTRAN(MSC)
  - Moldflow(AutoDesk)

대표적인 통합 시스템 및 디지털 생산, PLM 소프트웨어는 다음과 같다.

- CAD/CAM/CAE(통합형)
  - NX(Siemens)
  - CATIA V5(Dassault Systems)
  - Pro/Engineer(PTC)

- 디지털생산
  - Tecnomatix(Siemens)
  - DELMIA(Dassault Systems)
- PDM/PLM
  - Teamcenter(Siemens)
  - ENOVIA SmarTeam(Dassault Systems)
  - Windchill(PTC)

9.3 형상 모델링 개요

일반적으로 CAD 시스템은 3차원 형상 모델링 모듈 또는 2차원 도면 제작(drafting) 모듈을 구비하며, 통합형 CAD 시스템은 대개 두 가지 기능을 모두 갖추고 있다. 또한 과거에는 제품 설계 및 제작을 위해 우선 제품의 2차원 도면을 만든 후 3차원 형상 모델링을 수행하는 것이 일반적이었으나, 현재는 3차원 모델 데이터로부터 역으로 2차원 도면을 제작하기도 한다.

형상 모델링은 물체의 기하학적 형상 정보를 수학적으로 표현하는 방법을 다룬다. 특히 컴퓨터를 이용한 형상 모델링이란, 수학적으로 표현 가능한 도형을 컴퓨터 소프트웨어로 처리하여 표현하는 방법이다. 일반적인 CAD 시스템에서 다루는 수학적 표현으로는 해석적(analytic) 표현 및 매개변수형(parametric) 표현이 있는데, 자세한 내용은 뒤에서 다루기로 한다.

일반적으로 3차원 물체를 표현하는 방식은 와이어프레임(wire-frame) 모델, 곡면(surface) 모델, 그리고 솔리드(solid) 모델의 3가지가 있으며, 다음과 같은 특징을 가진다.

9.3.1 와이어프레임(wire-frame) 모델링

(1) 점(point)과 곡선(curve)으로 형상 특징을 표현한다.

(2) 단순한 자료구조를 가지며, 다른 모델에 비해 메모리 등의 부담이 적다.

(3) 설계자 의도와는 다른 형상으로 인식하는 경우가 발생 한다(모호한 형상 표현).

(4) 면(surface) 정보가 없으므로, 단순 해석모델 이외에 적용이 어렵다.

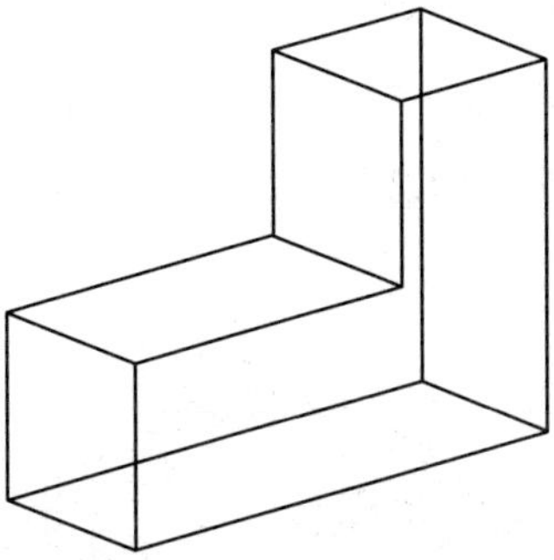

그림 9.3 와이어프레임 모델 예

9.3.2 곡면(surface) 모델링

(1) 점, 곡선, 그리고 곡면(surface)으로 형상을 표현한다.

(2) 곡면 정보를 이용하여 NC 가공데이터 생성, 컴퓨터 그래픽 등에 적용이 가능하다.

(3) 내부와 외부를 구분하는 추가 정보가 없을 경우에는 부피를 정의할 수 없으므로 질량 계산, 메시(mesh) 모델 생성 등의 적용이 어렵다.

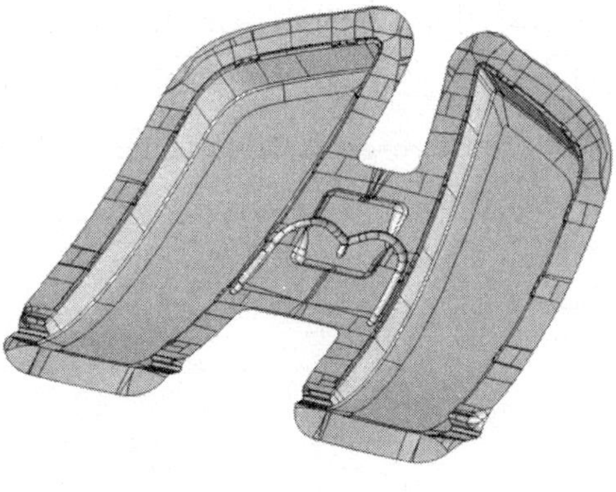

그림 9.4 곡면 모델 예

9.3.3 솔리드(solid) 모델링

(1) 곡면 모델에 곡면 간 연결 정보를 추가함으로써 내부와 외부를 구분할 수 있다.

(2) 닫힌 부피(closed volume) 모델이다.

(3) 다른 모델에 비해 더 실제적인 형상표현이 가능하다.

(4) 다른 모델에 비해 많은 입력 정보와 복잡한 자료구조가 필요하다.

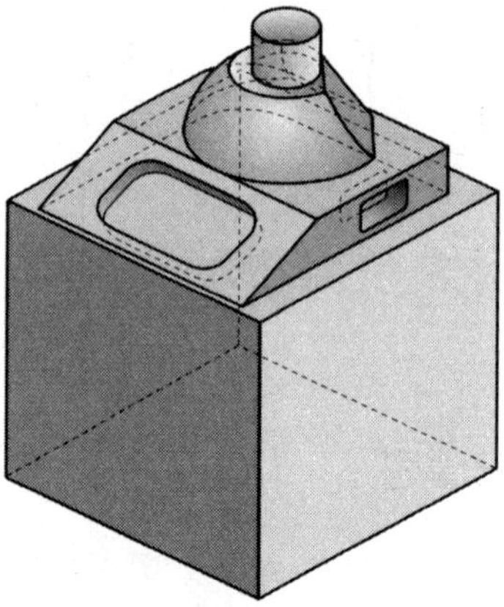

그림 9.5 솔리드 모델 예

현재 시판되는 대부분의 CAD 시스템은 솔리드 모델링 기능을 지원하며, 해석곡면(analytic surface) 뿐만 아니라 자유곡면(sculptured surface) 형상도 표현이 가능하다. 또한 실질적으로 솔리드 모델은, 곡면 모델의 기하학적 정보(geometry)에 곡면 간 연결정보(topology)를 추가한 모델이라 할 수 있다. 따라서 보다 현실적인 형상 표현이 가능하다. 참고로 **그림 9.6**은 곡면 모델링 시스템의 기하학적 요소(geometric element) 및 각 요소 간 모델링 기능을 개념적으로 보여준다[2].

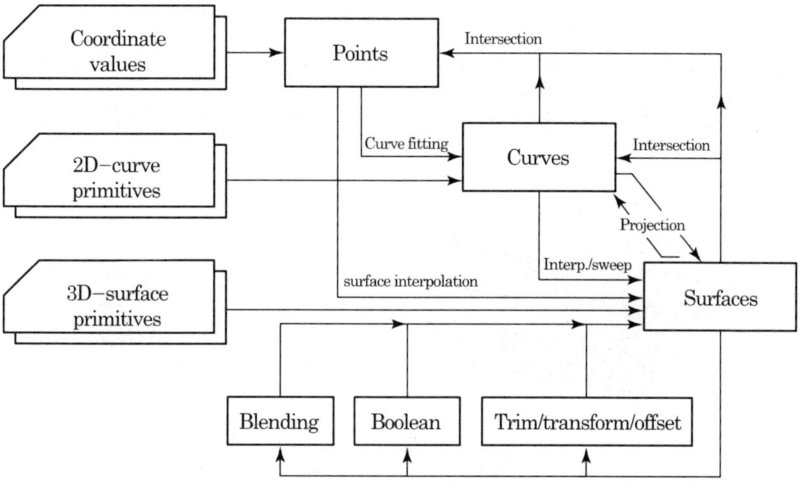

그림 9.6 곡면 생성방식

9.4 솔리드 모델링

9.4.1 자료구조

3차원 솔리드 모델을 표현하기 위한 대표적인 자료구조는 CSG(Constructive Solid Geometry) 트리 구조, 경계표현법(Boundary Representation : B-Rep), 그리고 분해모델(Decomposition model)이다.

CSG 트리 구조는 단위 형상 간의 불리언 연산(Boolean)을 통해 3차원 형상을 모델링하는 과정을 2진 트리(binary tree) 구조로 나타낸다. 기본 형상에서 출발하여 점차 복잡한 형상을 만들어 나가는 방식이며, 이때 사용하는 불리언 연산은 합집합(union), 교집합(intersection), 차집합(difference) 등이 있다.

경계표현법은 물체의 경계, 즉 솔리드의 표면 형상을 저장하는 방식이다. 기하학적 정보는 앞서 언급한 점(point), 곡선(curve), 곡면(surface) 요소를 이용한 곡면 모델로 표현한다. 또한 솔리드 모델의 닫혀진 부피(closed volume) 특성을 구현하기 위해 개별 구성요소 간의 연결 관계를 추가한다. 이러한 연결 관계를 토폴로지(topology)라고 하며, 3차원 모델의 꼭

지점(vertex), 모서리(edge), 면(face)의 상호 연결 관계를 저장한다.

분해모델은 정육면체 따위의 기본 형상으로 3차원 솔리드 형상을 근사적으로 표현하는 방법이다. 대표적인 분해모델로는 복셀(voxel), 옥트리(octree), 셀(cell) 표현법을 들 수 있다.

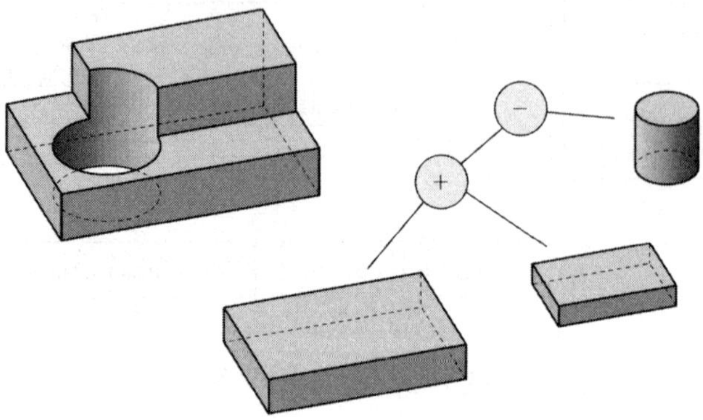

그림 9.7 CSG 트리 구조

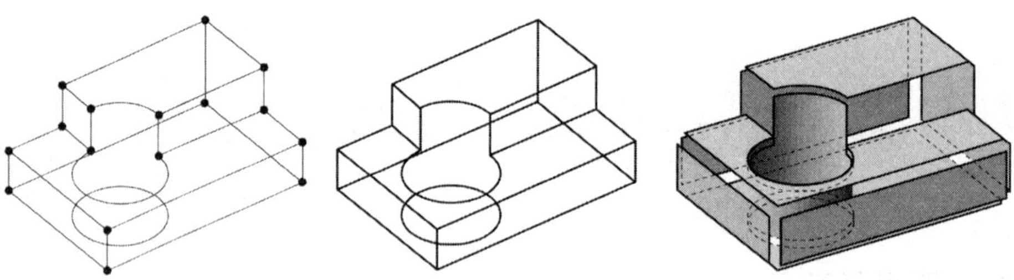

(a) Vertex (b) Edge (c) Face

그림 9.8 경계표현법

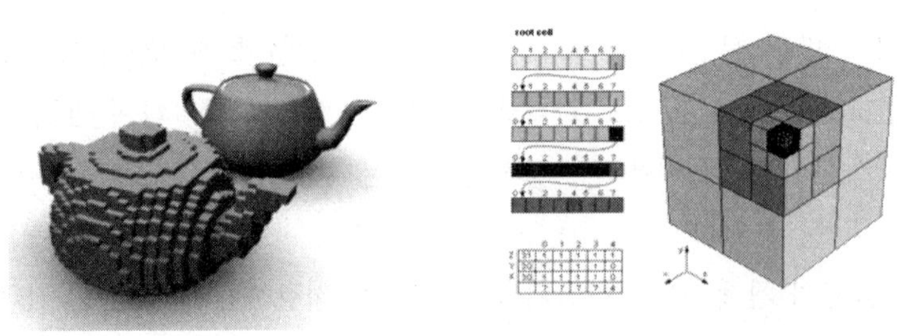

(a) Voxel (b) Octree

그림 9.9 분해모델

9.4.2 모델링 기능

(1) 기본형 모델링(primitive modeling)

해석식으로 정의되어 있거나, 흔히 사용하는 기본적인 물체 형상은 몇 개의 변수(parameter)로 간단하게 모델을 만들도록 하는 것이 효율적이다. 대부분의 형상 모델링 시스템은 직선, 원호, 타원 등의 2차원 형상과 직선, 평면, 구, 타원체, 실린더, 육면체 등의 3차원 형상의 기본형 모델링 기능을 제공한다.

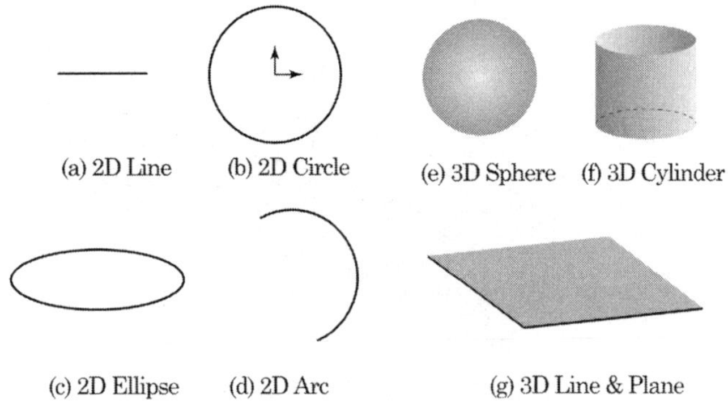

그림 9.10 기본형 모델 예

(2) 불리언 연산(Boolean operation)

3차원 물체 간의 합집합(union), 교집합(intersection), 차집합(difference) 연산을 통하여 형상을 모델링 하는 기능이다. 예를 들어 여의도 국회의사당 지붕 형상은, 육면체와 상반구(upper hemisphere)의 합집합으로 간단하게 모델링이 가능하다.

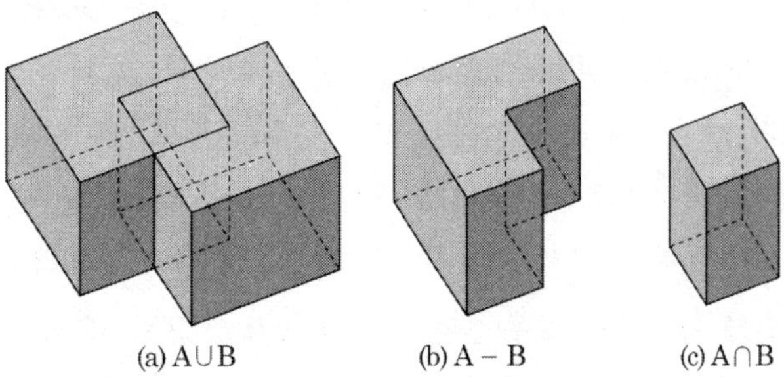

그림 9.11 불리언 연산을 통한 모델링

(3) 스위핑(sweeping)

3차원 공간에서 면(face)을 정의한 후, 이 면을 이동시킬 때 이 면이 휩쓸면서 만들어내는 부피(swept volume)를 솔리드 모델로 변환하는 기능이다. 면 대신 단면곡선(section curve)을 사용하면 곡면 모델을 얻을 수 있다. 건물 공기순환을 위한 덕트(duct) 따위가 스위핑에 의한 모델링의 예가 되겠다.

일반적으로 스위핑을 위한 면(face)은 generator surface, 면 이동을 위한 안내 곡선은 director curve(directrix)라고 칭한다.

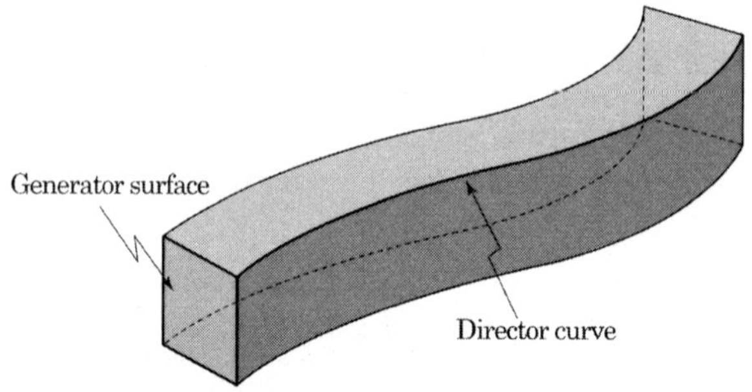

그림 9.12 스위핑을 이용한 모델링

(4) 변형(modification)

이미 모델링 되어 있는 솔리드의 형상 일부분을 변형하는 대표적인 기능은 블렌딩(blending)이며, 크게 모서리(edge) 블렌딩과 코너(corner) 블렌딩으로 나눌 수 있다. 모서리 블렌딩은 두 면이 공유하는 모서리를 변형하여 두 면을 부드럽게 연결시키는 연접면(blend face)으로 만드는 작업이다. 일반적으로 연접면의 기하학적 형상은, 공(ball)이 두 면에 동시에 접하면서 굴러갈 때 형성되는 곡면으로 정의한다. 공의 반경이 일정할 경우 constant radius blending, 반경이 변화할 경우 variable radius blending으로 구분한다.

코너 블렌딩은 여러 개의 모서리가 만나는 코너 부위를 부드러운 연접면으로 만드는 작업이다. 코너 꼭짓점과 만나는 각각의 모서리에 대해서는 모서리 블렌딩 처리를 수행하고, 꼭짓점은 하나의 면으로 변형하여 각각의 모서리 연접면을 부드럽게 모은다. 참고로 볼록한 모서리를 깎아내어 연접면을 형성하는 경우는 라운딩(rounding)으로, 오목한 모서리에 연접면을 덧붙이는 경우는 필렛팅(filleting)이라 칭하기도 한다.

이외에 솔리드의 한 면을 들어 올려 형상을 수정하는 리프팅(lifting)과, 모서리를 변형시켜 형상을 수정하는 트위킹(tweaking)이 있다.

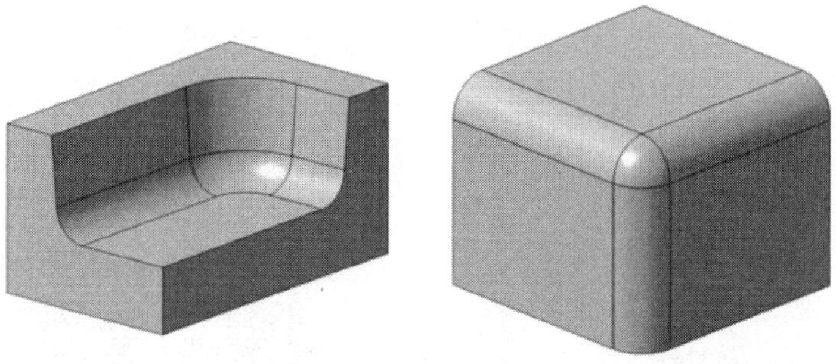

(a) Edge blending (b) Corner blending

그림 9.13 블렌딩

(5) 특징형상 기반 모델링(Feature-based modeling)

제품 모델링 측면에서 특징형상(feature)이란, 제품 모델링을 효과적으로 도와주는 일종의 기본형 모델링(primitive modeling)과 유사한 개념지만, 더 유연하고 보편적인 모델링 방식이다. 각 특징형상은 형태(shape)와 조작(operation)으로 정의된다. 여기서 형태란 보스(boss), 컷(cut), 구멍(hole) 따위의 2차원 스케치이고, 조작은 2차원 스케치를 3차원 형상으로 변환하는 작업을 의미한다. 예를 들어 압출(extrude), 회전(revolve), 모따기(chamfer), 스윕(sweep) 등이 조작에 해당한다[3].

설계 및 제조 관점에서 특징형상은 설계 의도(design intent)나 제작 의도(manufacturing intent)를 포함한다. 가령 제조 특징형상(manufacturing feature)은 제조 공정과 대응될 수 있는데, 구멍 특징형상과 드릴가공, 포켓 특징형상과 포켓팅 등을 예로 들 수 있다. 기하학적 성질 측면에서 본다면, 형상(form), 공차(tolerance), 조립(assembly) 관련 특징형상 등을 정의할 수 있다[3].

결국 특징형상 모델링이란, 단위 형상을 구축함에 있어서 모양뿐만 아니라 성격 등의 추가 정보가 부가된다. 이에 따라 특정한 특징형상의 존재 여부, 위치, 크기 등의 정보를 쉽게 파악할 수 있으므로, 컴퓨터 응용 공정계획(CAPP : computer-aided process planning)을 가능하게 한다.

대부분의 상업용 솔리드 모델링 시스템은 다양한 특징형상 모델링 기능을 제공한다. 시스템에 따라 차이는 있겠지만, CATIA V5의 Part Design 모듈에서 제공하는 sketch-based feature 항목의 경우 다음과 같은 특징형상을 지원한다(**그림 9.14**). 참고로 괄호는 유사하거나 더 일반적인 용어로 표현한 것이다.

- Pad(boss)
- Pocket
- Shaft
- Groove(cut)
- Hole
- Rib
- Slot

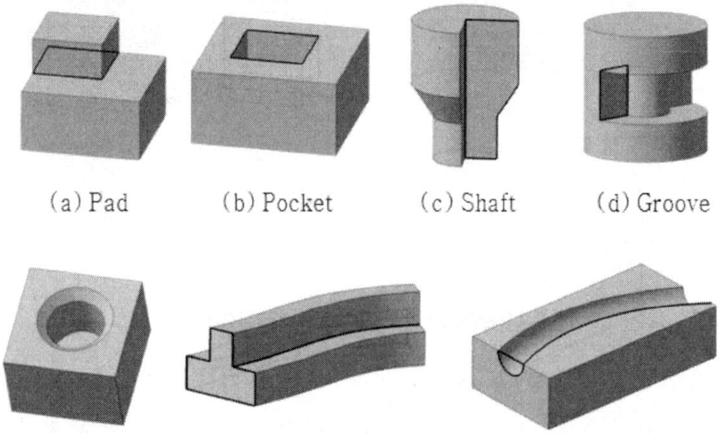

(a) Pad (b) Pocket (c) Shaft (d) Groove

(e) Hole (f) Rib (g) Slot

그림 9.14 Sketch-based feature(CATIA V5 R18)

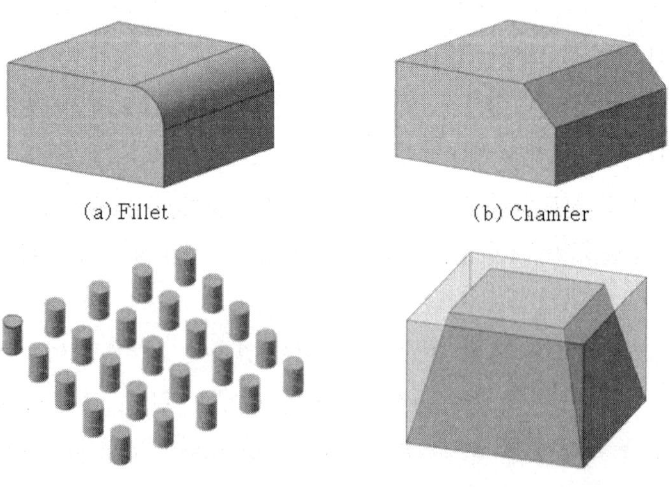

(a) Fillet (b) Chamfer

(c) Pattern (d) Draft angle

그림 9.15 특징형상 예

이러한 특징형상은 모두 단면(profile)을 정의한 후 압출, 회전, 스윕 등의 조작을 거쳐 만들어 진다. 이외에 형상 모델링에 사용되는 특징형상으로 fillet, chamfer, pattern, spiral, spring 등이 있다.

(6) 파라메트릭 모델링(Parametric modeling)

제품 제조과정에서 여러 가지 이유로(예: 설계 최적화 단계, 제조 과정의 변경 등) 설계 변경이 발생하며, 이에 따른 형상 모델의 수정이 요구된다. 파라메트릭 모델링은 형상 모델의 수정을 쉽게 하기 위한 방법으로서, 형상을 매개변수(parameter)로 정의한 후 매개변수 값(dimension)을 조정함으로써 형상을 수정하는 방법이다. 여기서 매개변수는 일종의 형상 구속조건(예: 평행, 수직, 수평, 동심 등), 값은 특정 치수로 생각하면 되겠다. 매개변수로 정의한 모델은 매개변수화(parameterization) 되었다고 표현한다.

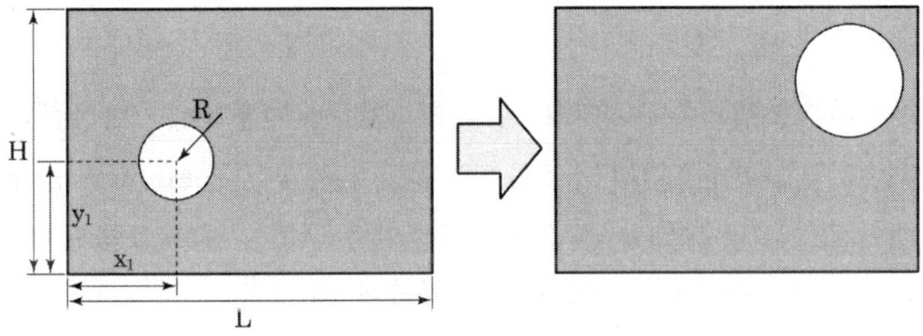

(a) 매개변수화 (b) 설계 변경

그림 9.16 파라메트릭 모델링 예

정리하면, 파라메트릭 모델링 방식을 이용한 형상 모델링은 우선 스케치를 통해 2차원 형태를 만들고, 형상 및 치수 조건을 입력하여 매개변수화 한다. 다음으로 매개변수의 치수를 입력하여 형상을 재생성(regenerate) 한다. 이후 2차원 형상을 이용하여 스위핑(sweeping) 따위의 조작으로 3차원 형상을 생성한다. 이때 스위핑 조작에서도 필요한 경우 치수 조건을 부여함으로써 3차원 형상을 쉽게 수정할 수 있도록 한다.

9.4.3 조립체 모델링

(1) 모델링 기능

대부분의 제품(product)은 2개 이상의 부품(part)을 결합하여 만든 조립체(assembly)이며, 대표적인 예는 자동차와 항공기라 할 수 있다. 이러한 제품은 수만~수십만 개에 이르는 부품이 필요하고, 부품들이 결합되어 만든 부분 조립체(subassembly)들로 최종 조립체를 구성하게 된다. 따라서 CAD 시스템의 조립체 모델링 기능은 다음과 같은 측면을 고려하여야 한다.

- 복잡한 조립체 구조를 이해하기 쉽게 표현한다.
- 조립체 탐색, 부분 조립체 및 부품 리스트 작성이 편리하다.
- 구성인자 간의 다양한 결합을 편리하게 모델링 한다.
- 동일한 부품에 대한 효율적인 모델링 방법을 제공한다.
- 조립 상태에서 구성인자 사이의 간섭 확인이 가능하다.
- 설계 변경에 쉽게 대응한다.

부품들이 모여 부분 조립체를 구성하고, 부분 조립체들과 부품들이 결합하여 전체 조립체를 완성하는 체계는 부품 → 부분조립체 → 조립체로 올라가는 계층 구조(hierarchical structure)로 표현하는 것이 가장 효과적이다. 조립체에 대한 계층 구조의 예를 **그림 9.17**에 나타내었는데, 동일한 조립체라도 여러 가지 계층구조로 나타낼 수 있다.

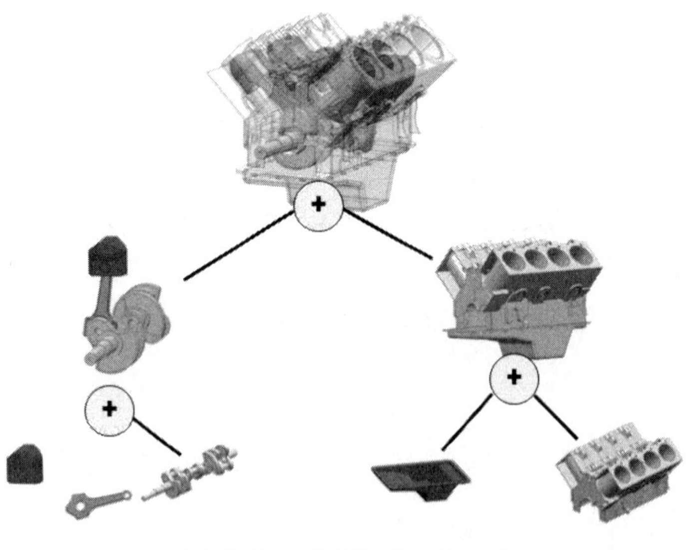

그림 9.17 조립체의 계층 구조 예

조립체 모델링을 지원하는 대부분의 CAD 시스템은 조립체 수형도(assembly tree)를 제공함으로써 조립체 탐색을 쉽게 해준다. 부분 조립체와 전체 조립체를 구성하는 부품의 종류와 개수 또한 이러한 수형도를 통해 효율적으로 제공하기 때문에, 자재명세서(BOM : bill of material) 작성을 도와주는 역할을 한다.

조립체 모델링에서 가장 기본적인 기능은 역시 조립체 구성인자(부품, 부분 조립체) 간의 결합을 모델링하는 일이다. 부품 간 결합 조건(mating condition)을 표현하는 다양한 방법을 제공하는 것이 필요하다. 일반적인 결합 조건으로는 일치(coincidence), 동심(concentric), 접함(tangent), 동일평면(coplanar), 평행(parallelism), 직교(perpendicular) 등을 들 수 있으며, 대체로 어떤 솔리드의 면(face)과 다른 솔리드의 면 간의 관계로 정의하도록 하고 있다. 예를 들어 CATIA V5 R18에서 제공하는 조립체 모델링의 결합 조건을 **그림 9.18**에 나타내었다.

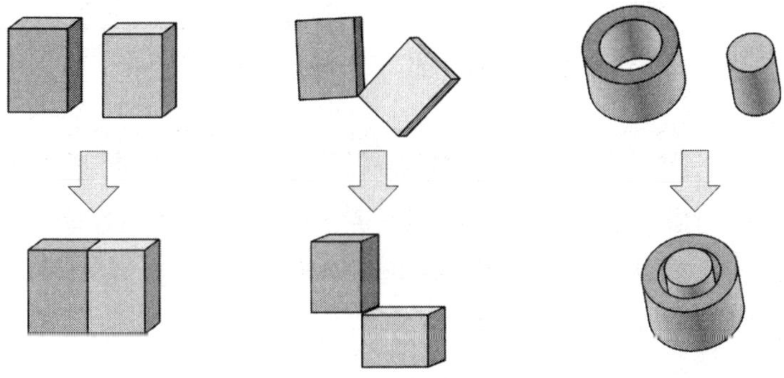

(a) Coincidence (b) Perpendicular (c) Concentric

그림 9.18 조립체 결합 조건 예(CATIA V5 R18)

조립체를 구성하는 여러 개의 부품 중 동일한 부품이 여러 개 존재할 때는, 하나의 부품 모델을 만든 후 각 부품의 위치만 지정하는 방식으로 모델링하는 것이 효과적이다. 일반적으로 이러한 기능을 인스턴싱(instancing)이라 칭한다.

조립체 모델링에서 자주 겪는 어려움 중에, 결합 과정에서 구성인자 사이의 간섭(interference)이 발생하여 이를 수정하는 일이다. 여기서 간섭이란 3차원 물체들 간에 서로 교차하는 공간이 생기는 것을 의미한다. 부품 및 부분 조립체 간의 간섭을 시각적으로 확인하는 일은 매우 번거로운 일이다(상황에 따라서는 거의 불가능하다). 따라서 조립체 구성인자 사이의 간섭을 자동으로 검사하고 알려주는 기능이 필요하다(**그림 9.19**).

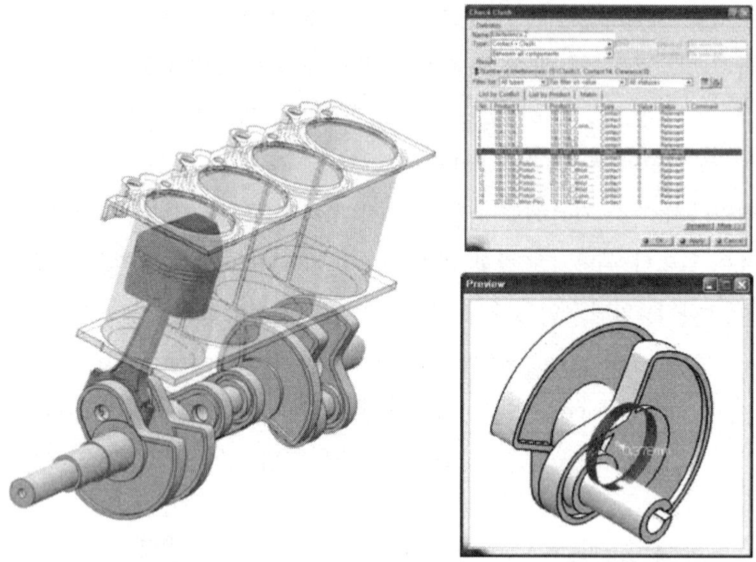

그림 9.19 조립체 간섭 검사 예(CATIA V5 R18)

마지막으로 앞서 언급한 파라메트릭 모델링 기능과 유사하게, 설계 변경이 발생하였을 때 쉽게 수정하기 위한 방법이 필요하다. 이를 위해 각 구성인자 간의 결합 조건, 치수 등을 매개변수화 하여 모델링을 하고, 이후 어떤 부품의 치수를 변경하였을 때 이와 결합된 부품들이 구속 조건에 따라 자동으로 변경되도록 한다.

(2) 모델링 방법론

조립체 모델링을 위한 방법론으로는 크게 다음과 같은 방식이 있다[3].

- Bottom-up approach(상향식 방법)
- Top-down approach(하향식 방법)
- Combination of both(상하향식 조합)

상향식 방법은 전통적인 조립체 모델링 방법이라 할 수 있다. 제품 설계가 완료된 후 개별 부품 설계정보로부터 부품 모델을 만들어 결합시켜나가는 방식이다. 이 방법은 부품 설계정보를 입수할 수 있을 경우 효과적인 접근 방식이다.

하향식 방법은 부품 개수가 많은 복잡한 조립체 모델링에 적합한 접근 방식이다. 상향식 방법이 나무를 구한 후 숲을 만들어가는 방식이라면, 하향식 방법은 먼저 숲의 모양을 계획하여 필요한 나무를 구해 심어가는 방식에 비유할 수 있겠다. 하향식 방법은 우선 전체 조립체 얼개를 구상한다. 이 계획을 assembly layout sketch라고 하며[3], 조립체 구성품 정보, 개략적인 뼈대모델(skeleton model), 구성인자 간 관계 따위를 담고 있다. 이 스케치를 점차 구체화시켜 개별 부품 설계까지 완성하여 나가는 과정이 설계 단계 전반에 걸쳐 실행된다.

하향식 방법은 개념설계부터 상세설계에 이르기까지 일관된 체계로 작업을 할 수 있고, 설계 단계에서 설계 정보 교환 및 설계 변경에 대응하기 쉽다는 장점을 가진다. 특히 부품 및 부분 조립체 개수가 많은 대형 조립체에 대해서는 하향식 방법을 사용하는 것이 매우 효과적이다.

9.5 좌표변화 및 벡터함수

9.5.1 좌표계 및 벡터 연산

(1) 좌표계

2차원 평면 및 3차원 공간에서 기하학적 성질을 정의하기 위한 좌표계가 필요하다. 간단하고 유용한 좌표계는 3개의 직교축을 이용한 직교좌표계(Cartesian coordinate system)이며, 일반적으로 CAD 시스템에서는 직교좌표계를 사용한다. 그 밖에 2차원 극좌표계(polar coordinate system)와 3차원 원통좌표계(cylindrical coordinate system), 구면좌표계(spherical coordinate system) 등이 있는데, 적용 분야에 따라 적합한 좌표계를 활용한다.

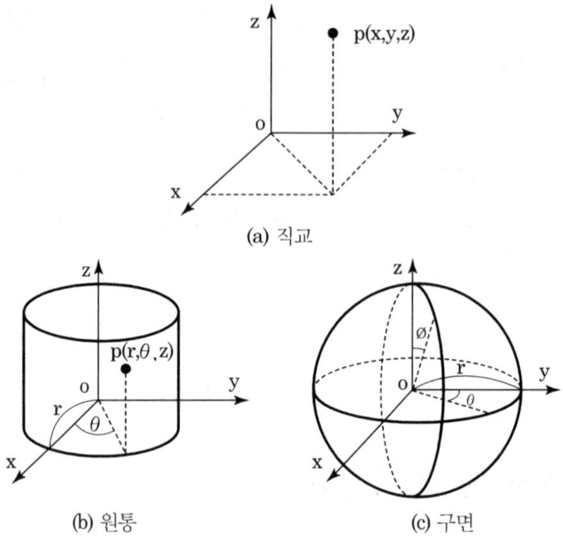

그림 9.20 좌표계 종류

(2) 벡터

벡터(vector)는 크기와 방향을 가지는 물리량을 표현하는 수학적 정의이고, 형상 모델링에서 다루는 곡선과 곡면의 기하학적 성질을 표현하는데 유용하게 사용된다. 예를 들어 도로 위를 달리는 자동차가 특정 위치에서 가지는 순간 속도, 곡선의 한 점에서의 접선벡터 등이 벡터로 표현된다. 3차원 공간에서 벡터는 $\mathbf{a}=(a_x, a_y, a_z)$ 로 표현하며, 이때 벡터의 성분 a_x, a_y, a_z 는 각각 x, y, z 방향의 변위(displacement)를 의미한다. 또한 위치벡터(position vector)는 시작점이 원점인 벡터로서, 공간 내 위치(position)를 나타낸다. **그림 9.21**은 벡터(a)와 위치벡터(b) 예를 보여준다.

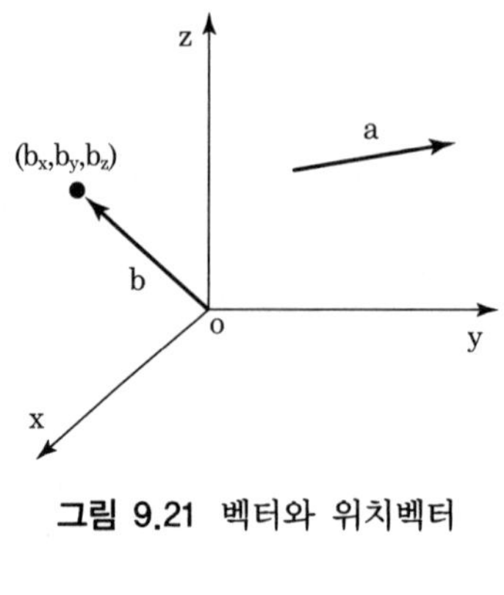

그림 9.21 벡터와 위치벡터

3차원 벡터 a의 크기는 다음과 같은 식으로 계산한다.

$$|\mathbf{a}| = \sqrt{a_x^2 + a_y^2 + a_z^2} \tag{9·1}$$

또한 벡터 **a**의 단위벡터(unit vector)는 **a**/|**a**|이다. 특별히 3차원 직교좌표계에서 x, y, z 축을 나타내는 단위 벡터를 **i**, **j**, **k**라 하며 다음과 같이 표현한다.

$$\mathbf{i}=(1,0,0);\quad \mathbf{j}=(0,1,0);\quad \mathbf{k}=(0,0,1) \tag{9·2}$$

따라서 3차원 벡터 $\mathbf{a}=(a_x,a_y,a_z)$는 다음과 같이 표현할 수 있다.

$$\mathbf{a}= a_x\mathbf{i} + a_y\mathbf{j} + a_z\mathbf{k} \tag{9·3}$$

(3) 벡터 연산

① 벡터 내적

두 벡터 $\mathbf{a}=(a_x,a_y,a_z)$, $\mathbf{b}=(b_x,b_y,b_z)$에 대해 스칼라 곱(scalar product) 또는 내적(dot product)은 다음과 같이 정의한다.

$$\mathbf{a}\cdot\mathbf{b} = |\mathbf{a}||\mathbf{b}|\cos\theta \tag{9·4}$$

여기서 θ는 두 벡터의 끼인각을 의미하고, $0 \le \theta \le \pi$ 범위이다.

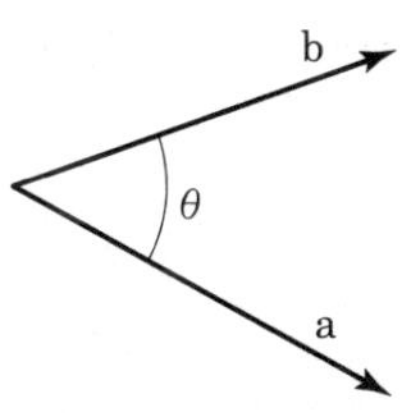

그림 9.22 벡터 내적

벡터 내적을 활용하면, 두 직선 사이의 각도를 계산하거나(즉, $\theta = \cos^{-1}(\mathbf{a}\cdot\mathbf{b}/|\mathbf{a}||\mathbf{b}|)$), 어떤 벡터가 직선에 투영되었을 때 크기를 계산할 수 있다. 투영하고자 하는 벡터를 **a**, 직선의 방향을 나타내는 단위 벡터를 **b**/|**b**|라고 하면, 투영된 벡터의 크기 p는 다음과 같다.

$$p = \frac{\mathbf{a}\cdot\mathbf{b}}{|\mathbf{b}|} = |\mathbf{a}|\cos\theta \tag{9·5}$$

② 벡터 외적

벡터 곱(vector product) 또는 외적(cross product)은 다음과 같이 정의되는 벡터이다. 여기서 θ는 두 벡터의 끼인각이며, $0 \le \theta \le \pi$ 범위이다. 그리고 벡터 **n**은 **a**, **b**로 정의된 평면에 수직하는 벡터이다.

$$\mathbf{a} \times \mathbf{b} = (|\mathbf{a}||\mathbf{b}|\sin\theta)\mathbf{n} \qquad (9 \cdot 6)$$

두 벡터의 외적의 크기는 두 벡터로 만든 평행사변형의 면적이 되며, 두 벡터로 만든 삼각형의 면적은 당연히 외적의 크기의 절반이다. 참고로 다음과 같은 triple product는 벡터 **a**, **b**, **c**로 형성되는 평행육면체(parallelopiped)의 부피가 된다.

$$V = |\mathbf{a} \cdot (\mathbf{b} \times \mathbf{c})| \qquad (9 \cdot 7)$$

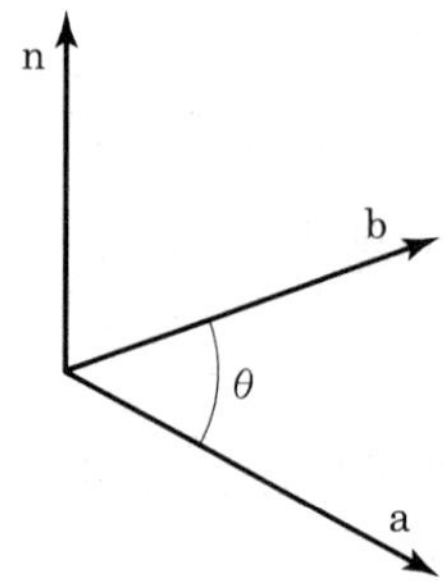

그림 9.23 벡터 외적

9.5.2 좌표변환

(1) 2차원 좌표변환 및 동차좌표계

2차원 평면에서 정의하는 대표적인 좌표변환은 평행이동(translation), 회전이동(rotation), 확대/축소(scaling)가 있으며, 점 P(x, y)에 대한 좌표변환 결과 P'(x', y')는 다음과 같은 식으로 나타낸다.

평행이동: $x' = x + a,\ y' = y + b$ (9·8)

회전이동: $x' = x\cos\theta - y\sin\theta,\ y' = x\sin\theta + y\cos\theta$ (9·9)

스케일링: $x' = x \cdot s_x,\ y' = y \cdot s_y$ (9·10)

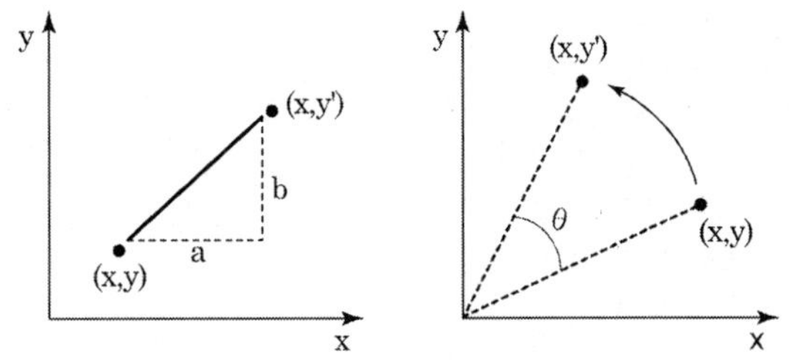

(a) 평행이동　　　　(b) 회전이동

그림 9.24 2차원 좌표변환

여기서 회전이동 및 스케일링 변환을 2차원 행렬(matrix) A를 이용하여 다시 표현하면 P' =AP의 형태로 다음과 같이 나타낼 수 있다.

$$\begin{pmatrix} x' \\ y' \end{pmatrix} = \begin{pmatrix} \cos\theta & -\sin\theta \\ \sin\theta & \cos\theta \end{pmatrix} \begin{pmatrix} x \\ y \end{pmatrix} \tag{9·11}$$

$$\begin{pmatrix} x' \\ y' \end{pmatrix} = \begin{pmatrix} s_x & 0 \\ 0 & s_y \end{pmatrix} \begin{pmatrix} x \\ y \end{pmatrix} \tag{9·12}$$

다만 평행이동의 경우는 P'=AP 형태로 표현하기에 어려움이 있다. 평행이동을 포함하는 모든 좌표변환을 P'=AP 형태로 나타내기 위하여 동차좌표계(homogeneous coordinate)를 도입하는 것이 필요하다.

동차좌표계는 기존의 직교좌표계에 실수 성분을 추가한 형태로서 2차원 및 3차원 직교좌표와 이에 대한 동차좌표는 다음과 같은 관계를 가진다.

2차원 좌표 (x, y) ↔ 동차좌표 (x*, y*, h)

3차원 좌표 (x, y, z) ↔ 동차좌표 (x*, y*, z*, h)

추가된 성분 h≠0인 경우, 동차좌표 (x*, y*, z*, h)에 대응하는 직교좌표는 (x*/h, y*/h, z*/h)이다. 또한 직교좌표 (x, y, z)와 동차좌표 (x, y, z, 1)는 같은 좌표값을 나타냄을 알 수 있다.

2차원 평행이동 및 회전이동을 동차좌표계를 이용하여 나타내면 다음과 같다.

$$\text{평행이동: } \begin{pmatrix} x' \\ y' \\ 1 \end{pmatrix} = \begin{pmatrix} 1 & 0 & a \\ 0 & 1 & b \\ 0 & 0 & 1 \end{pmatrix} \begin{pmatrix} x \\ y \\ 1 \end{pmatrix} \tag{9·13}$$

$$\text{회전이동: }\begin{pmatrix} x' \\ y' \\ 1 \end{pmatrix} = \begin{pmatrix} \cos\theta & -\sin\theta & 0 \\ \sin\theta & \cos\theta & 0 \\ 0 & 0 & 1 \end{pmatrix} \begin{pmatrix} x \\ y \\ 1 \end{pmatrix} \qquad (9\cdot14)$$

$$\text{스케일링: }\begin{pmatrix} x' \\ y' \\ 1 \end{pmatrix} = \begin{pmatrix} s_x & 0 & 0 \\ 0 & s_y & 0 \\ 0 & 0 & 1 \end{pmatrix} \begin{pmatrix} x \\ y \\ 1 \end{pmatrix} \qquad (9\cdot15)$$

결국 동차좌표계를 이용하면 다양한 좌표변환을 통합된 형식, 즉 P'=AP의 형태로 표현할 수 있게 된다. 이때 행렬 A는 동차변환행렬이라고 한다.

(2) 3차원 좌표변환

3차원 좌표계에서 점 P→P'으로의 좌표변환을 4×4 동차변환행렬 A를 이용하여 P'=AP 형태로 나타내면 다음과 같다.

$$\text{평행이동 : }\begin{pmatrix} x' \\ y' \\ z' \\ 1 \end{pmatrix} = \begin{pmatrix} 1 & 0 & 0 & a \\ 0 & 1 & 0 & b \\ 0 & 0 & 1 & c \\ 0 & 0 & 0 & 1 \end{pmatrix} \begin{pmatrix} x \\ y \\ z \\ 1 \end{pmatrix} \qquad (9\cdot16)$$

$$\text{회전이동(x축 중심) : }\begin{pmatrix} x' \\ y' \\ z' \\ 1 \end{pmatrix} = \begin{pmatrix} 1 & 0 & 0 & 0 \\ 0 & \cos\theta & -\sin\theta & 0 \\ 0 & \sin\theta & \cos\theta & 0 \\ 0 & 0 & 0 & 1 \end{pmatrix} \begin{pmatrix} x \\ y \\ z \\ 1 \end{pmatrix} \qquad (9\cdot17)$$

$$\text{회전이동(y축 중심) : }\begin{pmatrix} x' \\ y' \\ z' \\ 1 \end{pmatrix} = \begin{pmatrix} \cos\theta & 0 & \sin\theta & 0 \\ 0 & 1 & 0 & 0 \\ -\sin\theta & 0 & \cos\theta & 0 \\ 0 & 0 & 0 & 1 \end{pmatrix} \begin{pmatrix} x \\ y \\ z \\ 1 \end{pmatrix} \qquad (9\cdot18)$$

$$\text{회전이동(z축 중심) : }\begin{pmatrix} x' \\ y' \\ z' \\ 1 \end{pmatrix} = \begin{pmatrix} \cos\theta & -\sin\theta & 0 & 0 \\ \sin\theta & \cos\theta & 0 & 0 \\ 0 & 0 & 1 & 0 \\ 0 & 0 & 0 & 1 \end{pmatrix} \begin{pmatrix} x \\ y \\ z \\ 1 \end{pmatrix} \qquad (9\cdot19)$$

이와 같은 동차 변환행렬은 다음과 같은 행벡터(column vector)의 배열로 생각할 수 있다. 이때 [n o a]는 회전이동을 표현하는 3×3 변환행렬이고, p는 평행이동을 나타낸다.

$$A = \begin{pmatrix} n_x & o_x & a_x & p_x \\ n_y & o_y & a_y & p_y \\ n_z & o_z & a_z & p_z \\ 0 & 0 & 0 & 1 \end{pmatrix} = [\mathbf{n\,o\,a\,p}] \qquad (9\cdot20)$$

여기서 $\mathrm{n}=\begin{pmatrix} n_x \\ n_y \\ n_z \\ 0 \end{pmatrix}$, $\mathrm{o}=\begin{pmatrix} o_x \\ o_y \\ o_z \\ 0 \end{pmatrix}$, $\mathrm{a}=\begin{pmatrix} a_x \\ a_y \\ a_z \\ 0 \end{pmatrix}$, $\mathrm{p}=\begin{pmatrix} p_x \\ p_y \\ p_z \\ 0 \end{pmatrix}$.

이러한 동차 변환행렬의 역행렬은 다음과 같이 간단하게 계산할 수 있다.

$$A^{-1}=\begin{pmatrix} n_x & n_y & n_z & -\mathrm{n}\cdot\mathrm{p} \\ o_x & o_y & o_z & -\mathrm{o}\cdot\mathrm{p} \\ a_x & a_y & a_z & -\mathrm{a}\cdot\mathrm{p} \\ 0 & 0 & 0 & 1 \end{pmatrix} \tag{9·21}$$

9.5.3 벡터 함수 및 미분

실수를 정의구역(domain)으로 가지는 벡터 함수를 다음과 같이 정의하자.

$$t \rightarrow \mathrm{r}(t)$$

3차원 공간의 경우 $\mathrm{r}(t)=[f(t),\ g(t),\ h(t)]$이며, $(x,\ y,\ z)$ 성분은 실수 t의 식으로 나타낸다. 예를 들어 3차원 공간의 점 P_1, P_2를 지나는 직선을 표현하는 벡터 함수를 생각하자.

여기서 점 $P_1=(x_1,\ y_1,\ z_1)$, $P_2=(x_2,\ y_2,\ z_2)$는 위치벡터 r_1, r_1로 나타낸다. 이 직선 위의 점 P를 위치벡터 r이라 하면, 벡터 $\mathrm{r}-\mathrm{r}_1$은 $\mathrm{r}_2-\mathrm{r}_1$와 평행하여야 하므로 다음 관계가 성립한다.

$$\mathrm{r}-\mathrm{r}_1=t(\mathrm{r}_2-\mathrm{r}_1)\ ;\quad t=\text{실수}$$

$$\mathrm{r}=\mathrm{r}_1+t(\mathrm{r}_2-\mathrm{r}_1)=(1-t)\mathrm{r}_1+t\mathrm{r}_2 \tag{9·22}$$

따라서 직선 위의 점 P는 다음과 같이 실수 t의 벡터 함수로 나타낼 수 있다.

$$\begin{aligned}\mathrm{r}(t)&=(1-t)\mathrm{r}_1+t\mathrm{r}_2\\ &=[(1-t)x_1+tx_2,\ (1-t)y_1+ty_2,\ (1-t)z_1+tz_2]\end{aligned} \tag{9·23}$$

이러한 형태를 직선의 매개변수식(parametric equation)이라 하며, 곡선 및 곡면의 수학적 표현에 일반적으로 사용하는 형식이다. 참고로 매개변수 t의 범위가 정해지면(예를 들어 $0 \le t \le 1$), 직선의 시작점 및 끝점은 각각 $\mathrm{r}(0)$, $\mathrm{r}(1)$이다.

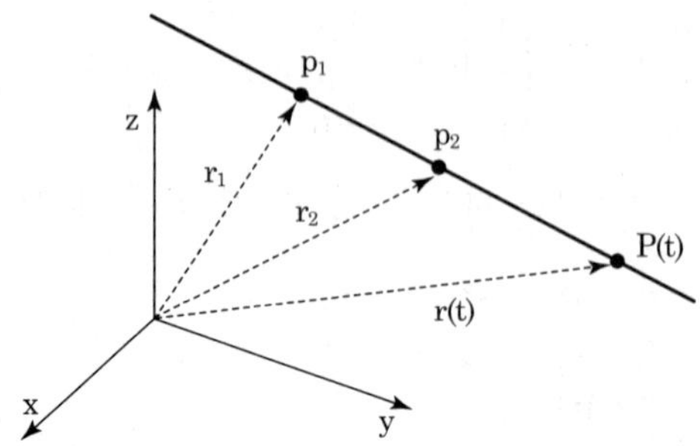

그림 9.25 두 점(P_1, P_2)을 지나는 3차원 공간의 직선

이번에는 벡터함수의 매개변수가 2개인 경우를 예로 살펴보도록 하자. 우리가 살고 있는 지구를 반지름 R의 구(sphere)라고 가정하자. 직교좌표계 원점은 구의 중심에 있고, x축 및 y축은 적도를 지나도록 한다. 지구 표면의 어떤 위치는 경도 및 위도로 표현할 수 있고, 동시에 직교 좌표값으로 표현할 수도 있다. 여기서 경도 및 위도를 u, v라 하고, 직교좌표값을 u, v의 벡터함수 r(u, v)로 표현한다면 다음과 같다.

$$\mathrm{r}(u,v) = (R\cos u\cos v, R\sin u\cos v, R\sin v) \qquad (9 \cdot 24)$$

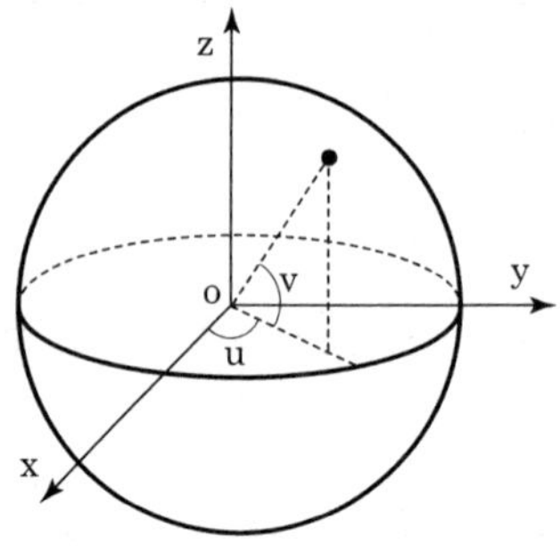

그림 9.26 구(sphere)의 벡터함수 표현

벡터함수의 미분(differentiation)은 개별 성분을 미분하는 것으로 충분하다. 즉 벡터 함수 r(t)=(f(t), g(t), h(t))의 t에 대한 n차 미분은 다음과 같다.

$$\frac{d^n\mathrm{r}}{dt^n} = \left(\frac{d^n f}{dt^n}, \frac{d^n g}{dt^n}, \frac{d^n h}{dt^n}\right) \qquad (9 \cdot 25)$$

예를 들어 직선 $\mathrm{r}(t)=(1-t)\mathrm{r}_1+t\mathrm{r}_2$의 1차 미분은 $\mathrm{r}'(t)=\mathrm{r}_2-\mathrm{r}_1$이 된다.

9.6 곡선 모형

9.6.1 곡선, 곡면의 수학적 표현 방법

형상 모델링에서 곡선(curve) 및 곡면(surface)을 수학적으로 표현하는 방법은 크게 해석식(analytic equation) 또는 매개변수식(parametric equation)의 두 가지로 구분할 수 있으며, 직교좌표계에서 다음과 같이 정리할 수 있다.

• 해석식에 의한 표현

$y = f(x)$ 또는 $g(x,y) = 0$ 2차원 곡선

$z = f(x, y)$ 또는 $g(x, y, z) = 0$ 3차원 곡면

• 매개변수식에 의한 표현

$\mathrm{r}(t) = (x(t),\ y(t))$ 2차원 곡선 (매개변수: t)

$\mathrm{r}(t) = (x(t),\ y(t),\ z(t))$ 3차원 곡선 (매개변수: t)

$\mathrm{r}(u,\ v) = (x(u,\ v),\ y(u,\ v),\ z(u,\ v))$ 3차원 곡면 (매개변수: u, v)

많은 기계 부품 형상은 해석식에 의해 표현하고 있다. 특히 2차식으로 표현되는 원호, 타원, 포물선, 쌍곡선 등의 원추단면곡선(conic section curve)[2]이 많이 사용된다. 다음은 대표적인 원추단면곡선의 식이다.

직선 : $ax + by - c = 0$ (9·26)

원 : $x^2 + y^2 - r^2 = 0$ (9·27)

타원 : $\dfrac{x^2}{a^2} + \dfrac{y^2}{b^2} - 1 = 0$ (9·28)

쌍곡선 : $\dfrac{x^2}{a^2} - \dfrac{y^2}{b^2} - 1 = 0$ (9·29)

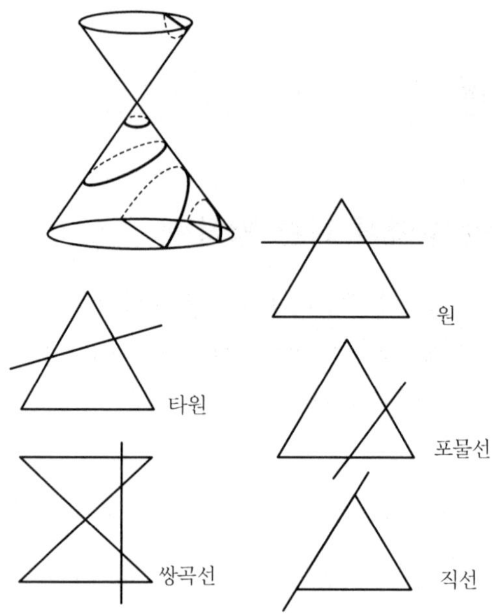

그림 9.27 원추단면곡선

곡면의 대표적인 해석적 표현 예는 평면 및 2차 곡면(quadric surface)을 들 수 있다.

평면 : $ax+by+cz-d=0$ (9·30)

구 : $x^2+y^2+z^2-r^2=0$ (9·31)

타원체 : $\frac{x^2}{a^2}+\frac{y^2}{b^2}+\frac{z^2}{c^2}-1=0$ (9·32)

매개변수식 표현은 매개변수의 벡터 함수로 곡선 및 곡면을 표현한다. 곡선의 경우 1개의 매개변수로 표현하고, 곡면의 경우 2개가 필요하다.

해석적 표현과 매개변수 형 표현을 간단하게 비교해 보자. 예를 들어 타원의 매개변수형 표현은 다음과 같다. 여기서 매개변수는 θ이고, 타원 중심에서 $\mathrm{r}(\theta)$를 잇는 직선과 x축이 이루는 각도를 의미한다.

해석식 : $\frac{x^2}{a^2}+\frac{y^2}{b^2}-1=0$ (9·33)

매개변수식 : $\mathrm{r}(\theta)=(a\cos\theta, b\sin\theta);\ 0\le\theta\le 2\pi$ (9·34)

구의 경우는 다음과 같이 표현할 수 있다.

해석식 : $x^2 + y^2 + z^2 - r^2 = 0$ (9·35)

매개변수식 :

$$\mathrm{r}(u,v) = (r\cos u\cos v,\ r\sin u\cos v,\ r\sin v);\ 0 \le u \le 2\pi,\ -\pi/2 \le v \le \pi/2 \quad (9\cdot 36)$$

매개변수식 표현은 해석식 표현에 비해 통일된 형태임을 알 수 있다. 즉 2차원 및 3차원 곡선, 3차원 곡면 모두 벡터함수 형식으로 표현된다. 따라서 좌표변환을 적용하기가 수월하다. 또한 단일 해석식을 이용하여 3차원 공간 곡선을 나타내는 것은 어렵기 때문에 두 해석곡면의 교선으로 정의하는 수 밖에 없다. 예를 들어 3차원 공간의 직선은 두 평면의 교선으로 정의하여야 한다. 반면 매개변수식을 사용하면 $\mathrm{r}(t)=(x(t),\ y(t),\ z(t))$로 간단하게 나타낼 수 있다. 마지막으로, 순차적으로 곡선이나 곡면위의 곡선을 따라가는 작업이 쉽다(즉, 매개변수 값을 증감).

해석식에 의한 형상 표현은 미리 정의된 형상을 나타내는 데는 매우 유용하지만, 심미적(aesthetic) 형상을 표현하기에는 다소 부족한 측면이 있다. 특히 자유곡선(free-formed curve) 또는 자유곡면(sculptured surface) 형상 표현은 좀 더 융통성 있는(flexible) 표현 방식을 요구한다. 벡터 함수를 사용하는 매개변수식 표현은 이러한 요구의 훌륭한 대안으로 오랫동안 형상모델링에서 사용되었으며, 현재 CAx 시스템에서 가장 많이 사용된다.

9.6.2 곡선의 기하학적 성질

곡선의 대표적인 기하학적 성질에는 접선벡터(tangent vector), 곡률(curvature), 그리고 곡률반경(radius of curvature) 등이 있다.

(1) 접선벡터

매개변수형 곡선 $\mathrm{r}(t)=(f(t),\ g(t),\ h(t))$의 1차 미분은 다음과 같은 벡터이며, 일반적으로 접선벡터(tangent vector)라고 한다.

$$\dot{\mathrm{r}}(t) = dr(t)/dt = (df/dt, dg/dt, dh/dt) \quad (9\cdot 37)$$

여기서 $|\dot{\mathrm{r}}(t)|$는 곡선의 유속(flow rate)이다[2]. 곡선을 자동차 도로에 비유하면 유속은 자동차의 순간속력에 해당한다. 그리고 접선벡터는 순간속도에 비유할 수 있다. 만약 매개변수 t가 곡선의 호길이(arc length)일 경우 자연매개변수 곡선(naturally parameterized curve)

이 되며, 유속은 항상 1이다.

예를 들어 부산에서 서울까지 고속국도를 매개변수형 곡선으로 나타내고, 부산에서 $t=0$ 일 때 자동차가 출발하여 이 도로를 따라 이동 한다고 하자. 그리고 어떤 순간 $t=t_i$에서 이 자동차의 위치는 $\mathrm{r}(t_i)$로 나타내자. 어떠한 물리적 성질을 매개변수로 삼을 때 가장 정확하고 자연스럽게 자동차의 위치를 알려주겠는가. 만약 출발점에서 현재 위치까지의 경과시간을 사용할 경우, 자동차의 매 순간 속력이 일정하지 못한 이유 때문에 경과 시간만으로 정확한 위치를 알기 어렵다. 반면 누적거리(arc length)를 이용할 경우, 매 순간 속력에 관계없이 누적거리로 정확한 위치를 알 수 있다. 또한 그 반대의 경우도 마찬가지임을 알 수 있다.

따라서 매개변수형 곡선 모델에서 가장 자연스러운 매개변수는 곡선의 호길이(arc length)임을 알 수 있다. 그러나 자유곡선 모델링의 경우 호길이를 사전에 알 수 없는 경우가 대부분이므로 (즉 닭과 달걀의 관계와 유사하게), 호길이 대신 곡선 시작점과 끝점의 직선거리(chord length)를 곡선의 전체 호길이로 가정하는 방안을 사용하기도 한다.

단위접선벡터(unit tangent vector)는 다음과 같이 정의한다.

$$\mathrm{T}=\dot{\mathrm{r}}(t)/|\dot{\mathrm{r}}(t)| \qquad (9\cdot 38)$$

만약 자연매개변수 곡선인 경우에는 다음과 같이 정의됨을 알 수 있다 [2].

$$\mathrm{T}=d\mathrm{r}/ds \qquad (9\cdot 39)$$

$$\text{Arc length } s=\int_0^s |\dot{\mathrm{r}}(t)|dt \qquad (9\cdot 40)$$

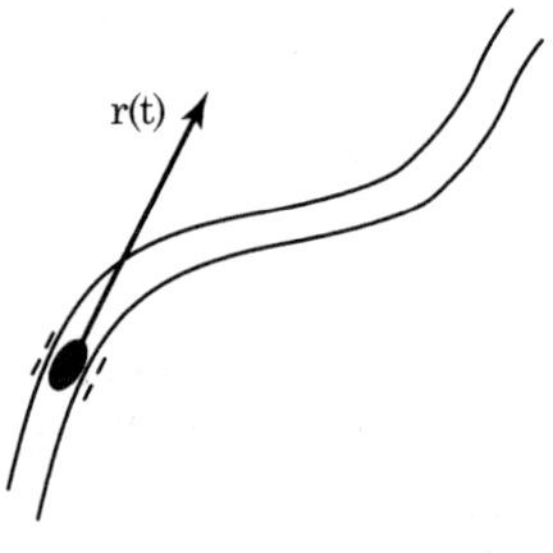

그림 9.28 접선벡터의 기하학적 의미

(2) 곡률 및 곡률반경

자동차의 입장에서 보면 현재 달리고 있는 도로가 얼마나 굽어 있는지(이때 도로 자체는 평면에 존재한다고 가정하자)를 정량적으로 표현하는 양이 곡률에 해당한다. 수학적으로는 단위 호길이에 대한 단위접선벡터의 변화량으로 표시한다. 다시 말하면 일정한 거리를 이동하였을 때 방향의 변화가 클수록 곡률은 크다.

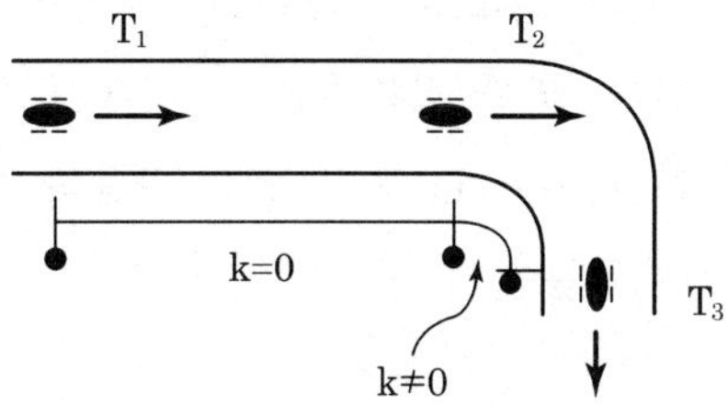

그림 9.29 곡률의 기하학적 의미

매개변수형 곡선의 곡률을 수학적으로 정의하면 다음과 같다[2].

$$\kappa = \left|\frac{d\mathrm{T}}{ds}\right| = \left|\frac{d\mathrm{T}}{dt}\frac{dt}{ds}\right| = \left|\frac{\dot{\mathrm{T}}}{\dot{\mathrm{r}}}\right|, \text{ 여기서 } \dot{\mathrm{T}} = d\mathrm{T}/dt,\ \dot{\mathrm{r}} = d\mathrm{r}/dt \qquad (9\cdot41)$$

또는

$$\kappa = \frac{|\dot{\mathrm{r}} \times \ddot{\mathrm{r}}|}{|\dot{\mathrm{r}}|^3} \qquad (9\cdot42)$$

로 표현할 수 있다. 곡률반경은 곡률의 역수로서, $\rho = 1/\kappa$로 나타낸다.

예를 들어 다음과 같이 반지름이 a인 원 $\mathrm{r}(t) = (a\cos t, a\sin t)$의 곡률 및 곡률반지름을 구해보면 더 확실하게 의미를 알 수 있을 것이다.

$$\mathrm{r}(t) = (a\cos t, a\sin t)$$

$$\dot{\mathrm{r}}(t) = d\mathrm{r}(t)/dt = (-a\sin t, a\cos t)$$

$$\mathrm{T} = \dot{\mathrm{r}}(t)/|\dot{\mathrm{r}}(t)| = (-\sin t, \cos t),\ \dot{\mathrm{T}} = (-\cos t, -\sin t)$$

$$\kappa = \left|\frac{d\mathrm{T}}{ds}\right| = \left|\frac{\dot{\mathrm{T}}}{\dot{\mathrm{r}}}\right| = \frac{\sqrt{\cos^2 t + \sin^2 t}}{a} = \frac{1}{a}$$

$$\rho = 1/\kappa = a$$

(3) 주법선벡터, 꼬임률

곡선위의 한 점 $\mathrm{r}(t)$에서 주법선벡터(principal normal curvature)는 단위접선벡터 T로부터 다음과 같이 정의한다[2]. 이때 두 단위 벡터 T와 N은 서로 직교하고, 이 두 벡터는 접촉

평면(osculating plane)을 형성한다.

$$N = (dT/dt)/|dT/dt| \tag{9·43}$$

곡선위의 한 점 $r(t)$에서 접촉원(osculating circle)을 정의할 수 있는데, 이때 원의 반지름은 점 $r(t)$에서의 곡률반경과 같다. 또한 접촉원은 그 점에서 정의된 접촉평면위에 놓인다.

곡선위의 한 점에서 종법선벡터(binormal vector)는 다음과 같이 정의한다. 기하학적으로 종법선벡터는 접촉평면의 법선벡터임을 알 수 있다.

$$B = T \times N \tag{9·44}$$

곡선의 기하학적 성질 중 꼬임률(torsion)은 두 벡터 B, N에 의해 다음과 같이 정의한다[2].

$$\tau = -(dB/ds) \cdot N \tag{9·45}$$

기하학적으로는 곡선 상에서 접촉평면의 변화율을 나타내며, 곡률 $\kappa \neq 0$인 곡선은 꼬임률 $\tau = 0$일 경우 평면곡선이 됨을 알 수 있다.

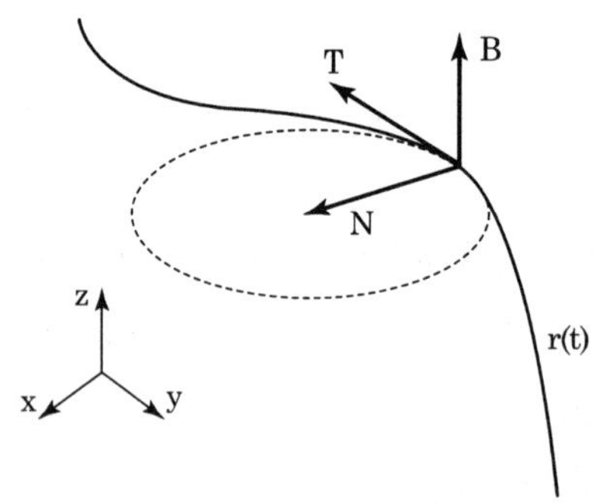

그림 9.30 주법선벡터, 종법선벡터, 접촉평면, 접촉원

(4) 연속 조건 및 복합 곡선

2차원 좌표평면에서 정의된 함수 $f(x)$와 $g(x)$에 대해, $x = a$에서 다음과 같은 연속 조건(continuity condition)을 생각할 수 있다(**그림 9.31**).

$$f(a) = g(a),\ f'(a) = g'(a),\ f''(a) = g''(a),\ \cdots,\ f^{(n)}(a) = g^{(n)}(a)$$

여기서 $f^{(n)}(a) = d^n f/dx^n(a)$

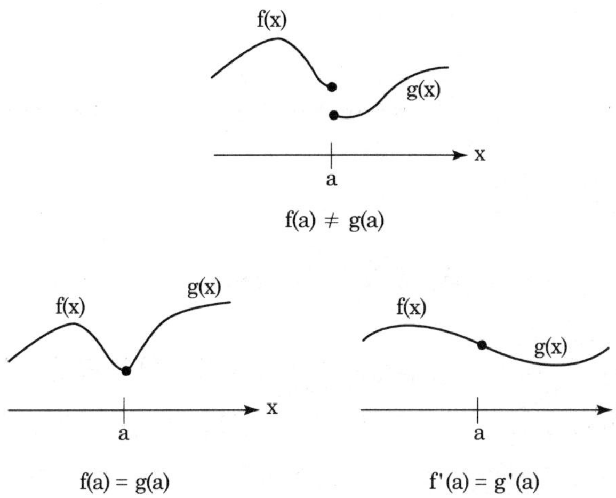

그림 9.31 함수 $f(x)$와 $g(x)$의 연속

이러한 연속조건을 일반적으로 위치 연속, 1차 미분 연속, 2차 미분 연속, ..., n차 미분 연속이라고 한다. 그래프를 그렸을 때, 연속 조건을 만족하는 n 값이 클수록 $x=a$에서 부드럽게 만남을 짐작할 수 있다.

마찬가지로, 두 벡터 함수 $\mathbf{r}_1(t)$와 $\mathbf{r}_2(t)$에 대해서도 다음과 같이 연속 조건을 생각할 수 있다.

$$\mathbf{r}_1(a)=\mathbf{r}_2(a),\ \mathbf{r}_1{}'(a)=\mathbf{r}_2{}'(a),\ \mathbf{r}_1{}''(a)=\mathbf{r}_2{}''(a)\ ,\ \cdots,\ \mathbf{r}_1{}^{(n)}(a)=\mathbf{r}_2{}^{(n)}(a)$$

여기서 $\mathbf{r}^{(n)}(a)=d^n\mathbf{r}/dt^n(a)$

매개변수의 벡터 함수로 표현되는 두 곡선이 한 점에서 만나고 n차 미분 연속을 만족하는 경우, 이를 C^n 연속이라고 부른다. 곡선의 차수(degree)가 높을수록 n 값이 높아질 수 있는데, 일반적인 형상 모델링은 C^2 연속을 만족하면 문제가 없다고 본다.

그런데 접선 연속에서 접선 방향만 일치하는 경우는 특별히 G^1 연속이라고 하는데, 예를 들어 실제 도면에서 직선과 원호가 만나는 지점의 경우가 그러하다. 이 점에서는 곡률값 또한 당연히 일치하지 않음을 알 수 있다.

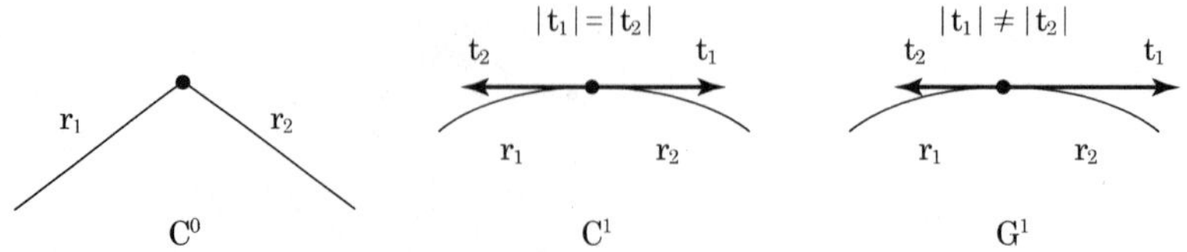

그림 9.32 곡선의 연속 조건

두 개 이상의 곡선 $r_1(t)$, $r_2(t)$, ..., , $r_n(t)$이 연결되어 하나의 곡선 형상을 표현할 때, 이를 복합곡선(composite curve)라고 한다. 일반적으로 복잡한 자유곡선을 표현할 때에는, 곡선의 차수(degree)를 증가시켜 하나의 곡선으로 표현하거나, 또는 여러 개의 3~5차 곡선 조각(curve segment)들을 결합시켜 표현한다. 차수를 증가시키는 방법은 원치 않은 진동 등의 발생이 우려되고 식이 복잡해지는 문제가 있으므로, 대부분의 CAD 시스템은 복합곡선 방식을 적용한다. 연속 조건은 결국 이러한 복합곡선 모델링에서 매우 중요한 부분이 되는 것이다.

9.6.3 매개변수형 곡선 모델

형상 모델링에서 사용하는 곡선 모델은 해석적(analytic) 표현 및 매개변수형(parametric) 표현이 대표적이다. 매개변수형 모델은 **9.6.1**에서 서술한 장점 덕분에 CAx 시스템 개발에 널리 활용되고 있다. 특히 매개변수의 다항식(polynomial)로 표현하는 곡선 모델이 유용한데, 이러한 매개변수형 곡선 모델은 다음과 같이 구분할 수 있다[2].

- 표준 다항식(standard polynomial) 모델
- 퍼거슨(Ferguson) 모델
- 베지어(Bezier) 모델
- NURBS(Non-Uniform Rational B-Spline) 모델

(1) 표준 다항식 곡선

매개변수형 곡선 $\mathbf{r}(t) = (x(t), y(t), z(t))$을 표준다항식(standard polynomial) 모델로 표현하면 다음과 같다.

$$x(t) = a_0 + a_1 t + a_2 t^2 + \ldots$$

$$y(t) = b_0 + b_1 t + b_2 t^2 + \ldots \qquad (9 \cdot 46)$$

$$z(t) = c_0 + c_1 t + c_2 t^2 + \ldots$$

즉, 개별 성분을 매개변수 t의 다항식(polynomial equation)으로 표현하고 있다. 3차 다항식 모델을 예로 들어 다시 정리하면,

$$\mathrm{r}(t) = \begin{pmatrix} x(t) \\ y(t) \\ z(t) \end{pmatrix} = \begin{pmatrix} a_0 + a_1 t + a_2 t^2 + a_3 t^3 \\ b_0 + b_1 t + b_2 t^2 + b_3 t^3 \\ c_0 + c_1 t + c_2 t^2 + c_3 t^3 \end{pmatrix} \tag{9·47}$$

또는

$$\mathrm{r}(t) = \begin{pmatrix} a_0 \\ b_0 \\ c_0 \end{pmatrix} + \begin{pmatrix} a_1 \\ b_1 \\ c_1 \end{pmatrix} t + \begin{pmatrix} a_2 \\ b_2 \\ c_2 \end{pmatrix} t^2 + \begin{pmatrix} a_3 \\ b_3 \\ c_3 \end{pmatrix} t^3 \quad ; \; 0 \le t \le 1 \tag{9·48}$$

$$= \mathrm{a}_0 + \mathrm{a}_1 t + \mathrm{a}_2 t^2 + \mathrm{a}_3 t^3 = \sum_{i=0}^{3} \mathrm{a}_i t^i$$

이 모델은 초창기 CAD/CAM 시스템에서 채택되었으며, 계산 속도가 빠르다는 장점을 가지는 반면, 계수 벡터 a_i의 기하학적 의미를 파악하기 어렵다(즉, 계수 변화에 따른 곡선 모양의 변화를 예측하기 어렵다).

이 곡선의 계수 벡터를 결정하면 곡선 식을 완성하게 되며, 임의의 t에 대해 곡선 상의 점 $\mathrm{r}(t)$, 접선벡터 $\mathrm{r}(t)'$ 등의 기하학적 성질을 계산할 수 있다(시작점은 $\mathrm{r}(0)$, 끝점은 $\mathrm{r}(1)$). 만약 3차 곡선이라면, 곡선이 지나가야 하는 4개의 데이터 점(data point)를 주어 계수 벡터를 결정할 수 있다.

(2) 퍼거슨(Ferguson) 곡선

1964년 퍼거슨은 표준 다항식을 변형하여 직관적인 곡선 모델을 제안하였는데, 퍼거슨 곡선은 곡선 양 끝점(end point)의 위치 및 접선벡터 정보를 이용하여 다음과 같은 3차식으로 곡선을 표현한다.

$$\mathrm{r}(t) = (1 - 3t^2 + 2t^3)P_0 + (3t^2 - 2t^3)P_1 + (t - 2t^2 + t^3)\mathrm{t}_0 + (-t^2 + t^3)\mathrm{t}_1 \tag{9·49}$$

$$= H_0^3(t)P_0 + H_1^3(t)\mathrm{t}_0 + H_2^3(t)\mathrm{t}_1 + H_3^3(t)P_1; \quad 0 \le t \le 1$$

여기서 $H_0^3(t) = (1 - 3t^2 + 2t^3)$,
$H_1^3(t) = (t - 2t^2 + t^3)$,
$H_2^3(t) = (-t^2 + t^3)$,
$H_3^3(t) = (3t^2 - 2t^3)$.

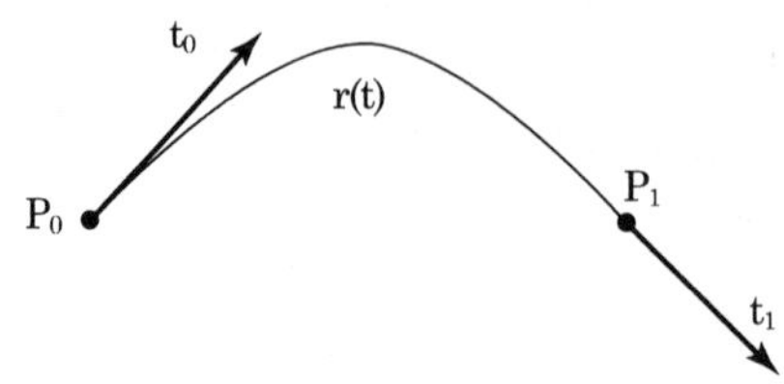

그림 9.33 퍼거슨 곡선 모델

표준 다항식 곡선 모델로부터 퍼거슨 곡선 식을 구하는 방법은, 표준 다항식의 계수벡터를 새로운 입력 정보(P_0, P_1, t_0, t_1)로 표현하면 된다. 즉 다음과 같은 연립방정식을 풀면 된다.

$$P_0 = \mathrm{r}(0) = \mathrm{a}_0, \quad (9 \cdot 50)$$
$$P_1 = \mathrm{r}(1) = \mathrm{a}_0 + \mathrm{a}_1 + \mathrm{a}_2 + \mathrm{a}_3,$$
$$\mathrm{t}_0 = \dot{\mathrm{r}}(0) = \mathrm{a}_1,$$
$$\mathrm{t}_1 = \dot{\mathrm{r}}(1) = \mathrm{a}_1 + 2\mathrm{a}_2 + 3\mathrm{a}_3.$$

이 식에서 $H_i^3(t)$는 매개변수 t의 다항식으로서, 허미트 블렌딩 함수(Hermite blending function)라고 한다. 베지어, B-Spline 곡선 등도 고유의 블렌딩 함수를 가진다. 블렌딩 함수는 문자 그대로, 주어진 입력정보를 적절하게 섞어서 곡선의 모양 및 기하학적 성질을 결정해 주는 역할을 한다. 다시 말해 블렌딩 함수는 곡선의 시작점~끝점 구간에서 4가지 재료(P_0, P_1, t_0, t_1)의 가중치(weight)를 나타내며, 매개변수의 함수이기 때문에 곡선상의 위치(t값)에 따라 4가지 재료의 영향력이 달라지도록 되어있다(**그림 9.34**). 정리하면 퍼거슨 곡선의 모양은 4가지 재료의 가중평균으로 결정된다.

예를 들어 곡선 시작점($t=0$)과 중간 지점($t=0.5$), 끝점($t=1$)에서 블렌딩 함수값을 살펴보면 다음과 같다. 즉 곡선 시작점(또는 끝점)에서는 P_0(또는 P_1) 이외에는 곡선의 기하학적 성질에 영향을 미치는 요소가 없으며, 중간 지점에서는 각각 아래와 같은 가중치를 가짐을 알 수 있다.

$$H_0^3(0) = 1;\ H_1^3(0) = 0;\ H_2^3(0) = 0;\ H_3^3(0) = 0;$$

$$H_0^3(1) = 0;\ H_1^3(1) = 0;\ H_2^3(1) = 0;\ H_3^3(1) = 1; \quad (9 \cdot 51)$$

$$H_0^3(0.5) = 0.5;\ H_1^3(0.5) = 0.125;\ H_2^3(0.5) = -0.125;\ H_3^3(0.5) = 0.5;$$

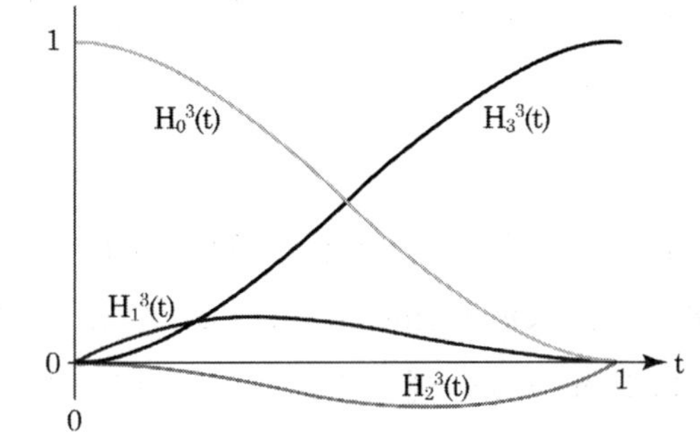

그림 9.34 Hermite 블렌딩 함수 그래프

블렌딩 함수 이외에 접선벡터의 방향과 크기 또한 곡선의 모양에 많은 영향을 미친다. **그림 9.35**에 도시하였듯이 접선벡터의 크기가 작을 경우는 곡선이 바람 빠진 풍선처럼 주저앉는 형상이 되며, 반대로 지나치게 클 경우에는 꼬이는 현상이 발생한다. 따라서 적절한 크기와 방향을 정해 주어야 한다. 이상적인 접선벡터의 크기는 곡선의 호길이(arc length)이지만, 호길이는 접선벡터 등의 정보가 주어졌을 때 계산할 수 있으므로 대개는 양 끝점 사이의 직선 길이인 현길이(chord length)를 접선벡터의 크기로 준다. 다음으로 접선벡터 방향은 이 곡선에 연결되는 다른 도형 요소의 끝점 조건에 따라 결정하면 된다.

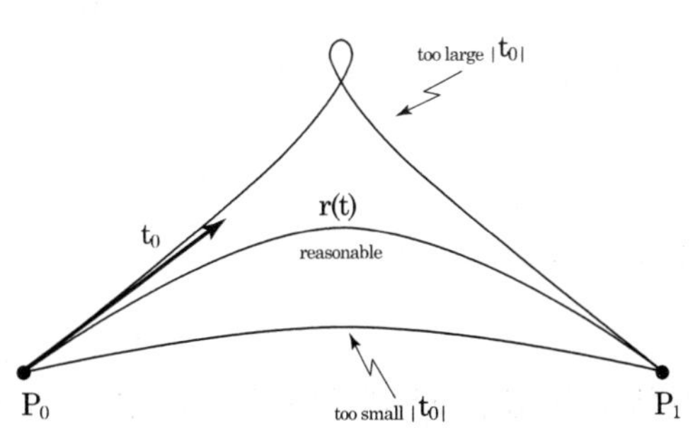

그림 9.35 접선벡터와 곡선 형태

(3) 베지어(Bezier) 곡선

베지어 곡선은 프랑스 사람인 베지어(Bezier)가 제안했으며, 조정점(control point) 데이터 및 Bernstein 블렌딩 함수를 이용하여 곡선을 표현한다. 우선 n차 Bernstein 다항식은 다음과 같다.

$$B_i^n(t) = \frac{n!}{(n-i)!i!} t^i (1-t)^{n-i} \qquad (9 \cdot 52)$$

이제 n차 베지어 곡선은 조정점 데이터(V_i)와 함께 다음과 같이 정의한다.

$$\mathrm{r}(t) = \sum_{i=0}^{n} B_i^n(t) V_i, \quad 0 \le t \le 1 \qquad (9 \cdot 53)$$

베지어 곡선의 차수(degree)가 n일 경우 조정점의 개수는 n+1이다. 여기서 조정점으로 이루어지는 다각형을 특성 다각형(characteristic polygon) 또는 조정점 다각형(control polygon)이라고 한다. **그림 9.36**에 3차 베지어 곡선의 경우를 나타내었다.

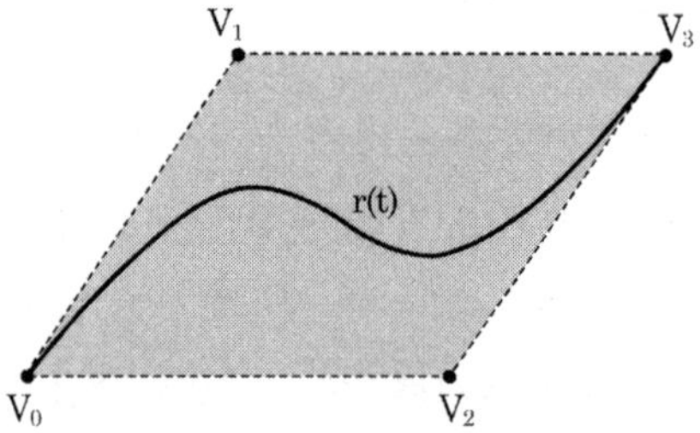

그림 9.36 3차 베지어 곡선과 특성 다각형

일반적인 n차 베지어 곡선은 시작점($t=0$) 및 끝점($t=1$)에서 다음과 같은 성질을 가진다[2]. 시작점 및 끝점은 시작 조정점 및 끝 조정점과 일치하고, 접선벡터는 조정점을 잇는 선분과 평행하다(접선벡터의 크기는 선분의 n배가 된다).

$$\begin{aligned} \mathrm{r}(0) &= V_0, \\ \mathrm{r}(1) &= V_n, \\ \dot{\mathrm{r}}(0) &= n(V_1 - V_0), \\ \dot{\mathrm{r}}(1) &= n(V_n - V_{n-1}) \end{aligned} \qquad (9 \cdot 54)$$

다음은 3차 베지어 곡선식과 양 끝점에서의 위치 및 미분을 보이고 있다. 3차 베지어 곡선의 Bernstein 블렌딩 함수의 그래프를 **그림 9.37**에 나타내었다.

$$\begin{aligned} \mathrm{r}(t) &= \sum_{i=0}^{3} B_i^3(t) V_i \\ &= B_0^3(t) V_0 + B_1^3(t) V_1 + B_2^3(t) V_2 + B_3^3(t) V_3 \\ &= (1-t)^3 V_0 + 3t(1-t)^2 V_1 + 3t^2(1-t) V_2 + t^3 V_3 \end{aligned} \qquad (9 \cdot 55)$$

$$\begin{aligned} r(0) &= V_0, \\ r(1) &= V_3, \\ \dot{r}(0) &= 3(V_1 - V_0), \\ \dot{r}(1) &= 3(V_3 - V_2). \end{aligned} \quad (9.56)$$

선형(1차) 베지어 곡선의 식은 더욱 간단한데, 벡터 함수에서 살펴본 직선 식과 동일함을 알 수 있다.

$$r(t) = (1-t)V_0 + tV_1 \quad (9\cdot57)$$

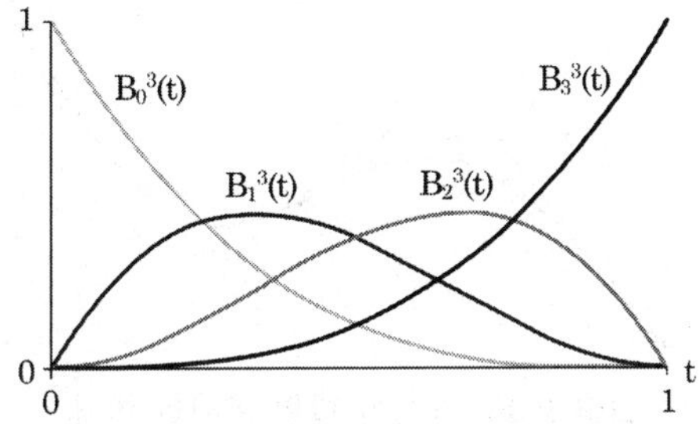

그림 9.37 3차 Bernstein 블렌딩 함수 그래프

베지어 곡선은 몇 가지 특성을 가지는데, 다음과 같이 정리할 수 있다.

① 곡선은 양 끝점은 특성 다각형의 끝점과 일치한다.

② 특성 다각형의 첫 번째 선분은 시작점의 접선벡터와, 마지막 선분은 끝점에서의 접선벡터와 평행하다.

③ 볼록껍질 성질(convex hull property) – 곡선은 특성 다각형이 만드는 볼록껍질 내부에 존재한다(**그림 9.38**).

④ 대칭성(symmetry) – 조정점 순서를 반대로 하여도 곡선의 모양은 같다.

⑤ 좌표변환의 편리성 – 조정점을 좌표변환 하면 곡선도 좌표변환 된다.

n차 베지어 곡선을 이용하여 복잡한 형태의 곡선을 모델링할 때는, 여러 개의 단위곡선(curve segment)을 이어 붙이는 것이 필요하다(**그림 9.39**). 이때 두 단위곡선 간의 연속 조건(C^0, G^1 등)은 조정점을 이용한다.

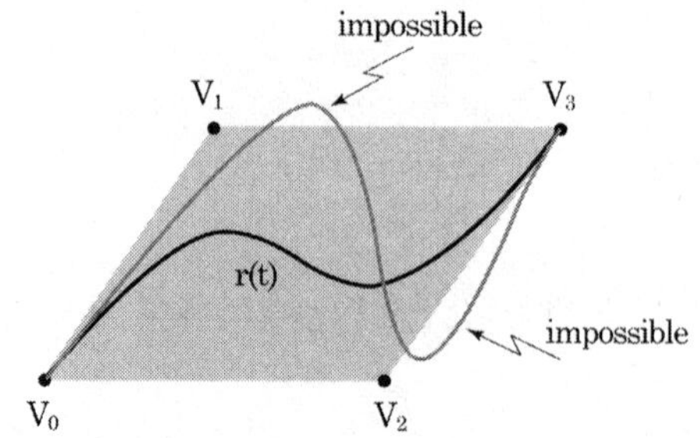

그림 9.38 베지어 곡선의 볼록껍질 성질

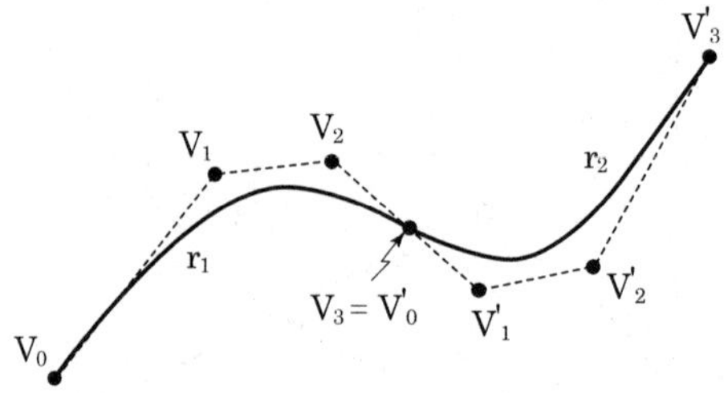

그림 9.39 베지어 단위 곡선의 연결

(4) NURBS 곡선

NURBS(Non-Uniform Rational B-Spline)라는 말을 풀어보면, (a)non-uniform(규칙적이지 아니한) (b)rational(유리 다항식의), (c) B-Spline 곡선이라는 뜻이다.

우선 (a)는 앞선 곡선 모델들과 달리 매듭값(knot value)이라는 추가 정보와 관련이 있는데, 매듭값의 간격이 일정하지 않다는 의미이다. 다음으로 (b)는 어떤 조정점이 곡선 형상에 미치는 영향력을 조절한다는 의미이다. 마지막으로 B-Spline 곡선은 곡선의 연결성과 수정의 편리함을 추구하는 곡선 모델로서[4], 참고로 베지어 곡선과 비교해 보도록 하자.

베지어 곡선은 다양한 장점을 가지지만, 곡선의 차수(degree)와 조정점 개수가 직접적으로 관계가 있기 때문에 아래와 같은 단점을 지니고 있으며, B-Spline 곡선은 이러한 단점을 극복하기 위한 좋은 대안이다.

① 단위곡선(curve segment) 간 연속조건을 맞추는 일이 까다롭다.

② 복잡한 형상의 곡선 모델링 시 많은 수의 조정점이 필요하고, 차수가 증가하는 등의 어려움이 발생한다.

③ 곡선 형상을 국소적으로(locally) 수정하는 작업이 쉽지 않다.

B-Spline 곡선의 블렌딩 함수 또는 기반함수(basis function)는 다음과 같이 정의되는 재귀함수(recursive function)이다[5]. 여기서 k는 차수, U는 매듭벡터(knot vector), t_i는 매듭값(knot value), $t_{i+1}-t_i(t_{i+1} \geq t_i)$는 매듭간격(knot span)이라고 한다. 퍼거슨이나 베지어 곡선 모델과는 달리 매듭값에 따라 블렌딩 함수 값이 달라진다. 기반 함수 $N_{i,1}(t) \sim N_{i,3}(t)$의 그래프를 **그림 9.40**에 보이고 있다.

$$N_{i,0}(t) = \begin{cases} 1 & if\ t_i \leq t \leq t_{i+1} \\ 0 & otherwise \end{cases} \tag{9·58}$$

$$N_{i,k}(t) = \frac{t-t_i}{t_{i+k}-t_i} N_{i,k-1}(t) + \frac{t_{i+k+1}-t}{t_{i+k+1}-t_{i+1}} N_{i+1,k-1}(t)$$

$$U = \{t_0, ..., t_m\}$$

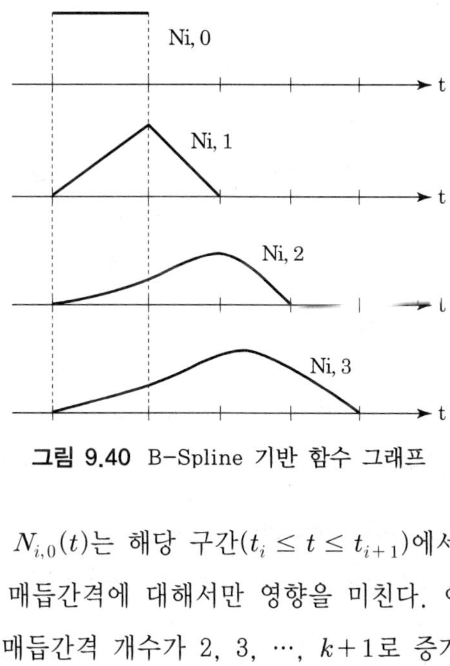

그림 9.40 B-Spline 기반 함수 그래프

그림 **9.40**에서 보듯이, $N_{i,0}(t)$는 해당 구간($t_i \leq t \leq t_{i+1}$)에서만 값을 가지는 단계함수(step function)이고 1개 매듭간격에 대해서만 영향을 미친다. 이후 $N_{i,1}(t)$, $N_{i,2}(t)$, ⋯, $N_{i,k}(t)$는 영향을 미치는 매듭간격 개수가 2, 3, ⋯, $k+1$로 증가함을 알 수 있다. 따라서 3차 곡선의 기반함수 $N_{i,3}(t)$는 모두 4개 매듭간격 구간에 걸쳐 영향을 주고, 1개 매듭간격 구간($t_i \leq t \leq t_{i+1}$)에서 0이 아닌 기반함수는 4개($N_{i-1,3}$, $N_{i,3}$, $N_{i+1,3}$, $N_{i+2,3}$)가 된다.

B-Spline 블렌딩 함수를 이용하여 k차 B-Spline 곡선을 정의하면 다음과 같다.

$$\mathrm{r}(t) = \sum_{i=0}^{n} N_{i,k}(t)\, V_i \qquad a \leq t \leq b \tag{9·59}$$

$$U = \{a, \ldots, a, t_{k+1}, \ldots, t_{m-k-1}, b, \ldots, b\}$$

이때 처음 $k+1$개 매듭값은 같은 값으로서, 매듭간격이 0이므로 매듭값이 중첩(duplication) 되었다고 한다. 이러한 경우를 비주기(non-periodic) B-Spline이라고 한다. 반면 시작 및 끝의 k개 매듭간격을 0이 아닌 값으로 설정하는 경우를 주기적(periodic) B-Spline이라고 한다. 또한 모든 매듭간격이 일정한 경우를 uniform B-Spline으로 부른다.

예를 들어 1개의 단위곡선으로 이루어진 3차 B-Spline 곡선은 다음과 같다. 이때 곡선 형상에 영향을 미치는 매듭간격은 [0,1]이고, 처음 4개 매듭값은 중첩되어있다. 이 식을 정리하면 3차 베지어 곡선과 동일한 식이 된다.

$$\mathbf{r}(t) = \sum_{i=0}^{3} N_{i,3}(t) V_i \qquad 0 \le t \le 1 \tag{9·60}$$

$$U = \{0,0,0,0,1,1,1,1\}$$

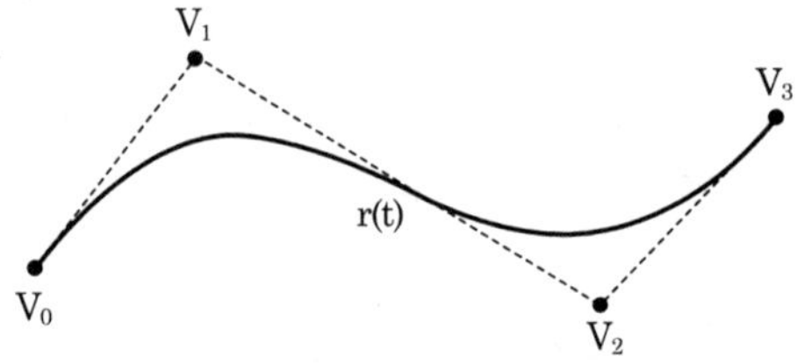

그림 9.41 3차 B-Spline 곡선 예

B-Spline 곡선은 베지어 곡선에 비해 단위 곡선(segment) 간의 연속성이 잘 보장된다는 장점을 가진다. 더 상세한 B-Spline 곡선의 특징에 대해서는 별도 Piegl[5]을 참조하도록 한다.

◆ 유리다항식(rational polynomial)

유리다항식(rational polynomial)으로 표현하는 완전한 NURBS 곡선식은 다음과 같다.

$$\mathbf{r}(t) = \frac{\sum_{i=0}^{n} N_{i,k}(t) w_i V_i}{\sum_{i=0}^{n} N_{i,k}(t) w_i} \tag{9·61}$$

식 (9·59)와 비교할 때 각 조정점에 가중치(w_i)가 추가되는 유리함수가 된다는 차이가 있다. 가중치가 1인 경우는 일반 B-Spline 곡선과 차이가 없다. **그림 9.42**에서 보듯이, 어떤 조정점의 가중치가 증가할수록 곡선은 해당 조정점으로 끌려간다.

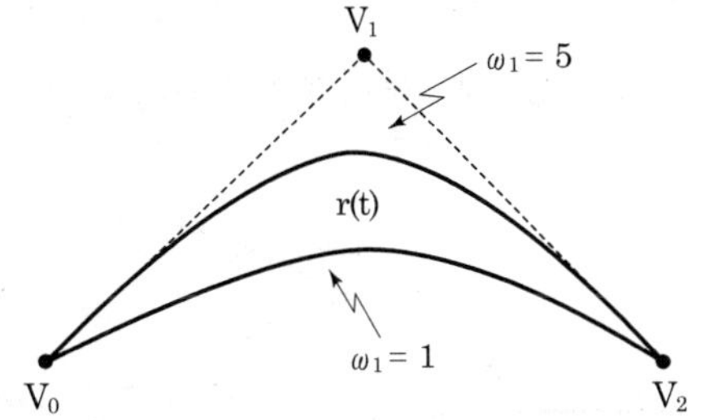

그림 9.41 3차 B-Spline 곡선 예

유리다항식 곡선은 원, 타원, 포물선 등의 2차 해석 곡선을 정확하게 표현할 수 있다는 큰 장점을 가진다. 즉 비유리(non-rational) 다항식 곡선의 경우는 차수를 아무리 높여도 2차 해석 곡선을 정확하게 표현하지 못한다. 반면 2차 유리다항식 곡선식을 사용하면 근사 오차(approximation error) 없이 정확한 표현이 가능하다.

이상과 같이 설명한 여러 가지 장점 때문에 대부분의 CAD 시스템이 NURBS 모델을 일종의 표준 모델로 채택하였다. 곡선 뿐 아니라, NURBS 곡면 모델도 곡선과 동일한 특징 및 장점을 가진다.

9.7 곡면 모형

9.7.1 곡면의 기하학적 성질

매개변수형 곡면 $\mathbf{r}(u, v)$은 2차원 (u, v) 정의역(domain)에서 3차원 공간으로의 대응(mapping)으로 정의할 수 있다. 즉 (u, v) 정의역의 개별 점은 3차원 공간의 점으로 대응된다. 또한 (u, v) 정의역에서 2차원 곡선 $\mathbf{u}(t)=(u(t), v(t))$를 정의한다면, $\mathbf{u}(t)$의 대응 결과는 다음과 같이 곡면 $\mathbf{r}(u, v)$ 상의 3차원 곡선이다[2].

$$\begin{aligned}\mathbf{r}(t)&=\mathbf{r}(u(t),\ v(t)) \\ &=(x(u(t),\ v(t)),\ y(u(t),\ v(t)),\ z(u(t),\ v(t)))\end{aligned} \tag{9·62}$$

곡선 $\mathrm{u}(t)=(u(t),\ v(t))$의 특별한 경우를 생각해 보자. 즉 $u(t)=t$, $v(t)=v^*$(일정)이거나, 혹은 $u(t)=u^*$(일정), $v(t)=t$일 때, 등매개변수(isoparametric) 곡선이라고 한다.

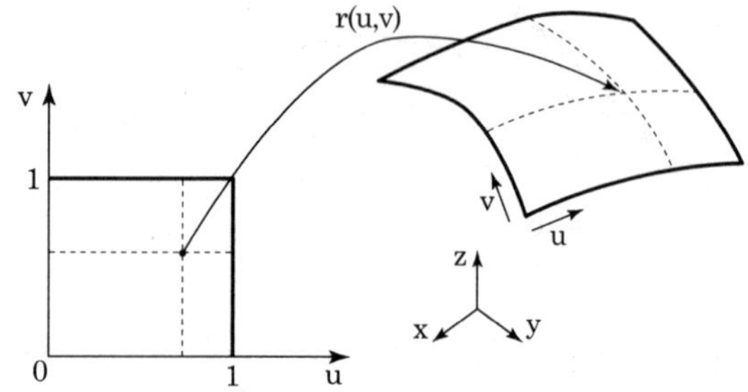

그림 9.43 매개변수형 곡면의 개념

(1) 접평면 및 법선벡터

매개변수형 곡면 $\mathrm{r}(u,\ v)$에 대해 다음과 같이 u, v방향의 편미분을 생각하자.

$$\mathrm{r}_u = \partial\mathrm{r}/\partial u;\ \mathrm{r}_v = \partial\mathrm{r}/\partial v; \tag{9·63}$$

곡면 상의 한 점 $\mathrm{r}(u,\ v)$ 및 그 점에서의 편미분 벡터 r_u, r_v에 의해 정의되는 평면을 접평면(tangent plane)이라고 한다(**그림 9.44**). 접평면에 수직하는 벡터를 법선벡터(normal vector)라고 하며, 단위 법선벡터(unit normal vector)는 다음 식으로 표현한다.

$$\mathrm{n} = \mathrm{r}_u \times \mathrm{r}_v / |\mathrm{r}_u \times \mathrm{r}_v| \tag{9·64}$$

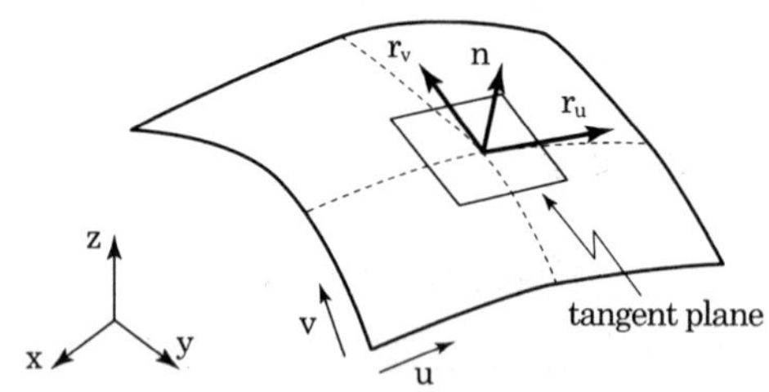

그림 9.44 접평면과 법선벡터

곡면의 법선벡터는 유용한 곡면 성질로서, 예를 들어 옵셋 곡면(offset surface)은 수학적으로 다음과 같이 표현된다. 이때 R은 옵셋 양이다.

$$\mathrm{r}^o(u,v) = \mathrm{r}(u,v) + R\mathrm{n}(u,v) \tag{9·65}$$

곡선상의 한 점에서 정의되는 접선벡터는 한 개를 정의할 수 있지만, 곡면에서는 특정 방향을 지정할 때만 접선벡터를 정의할 수 있다. 대표적인 방향은 (u, v) 정의역의 u 또는 v 방향이 있으며, r_u 또는 r_v 벡터가 이 방향으로의 접선벡터이다. 곡면상의 곡선 $\mathrm{r}(t)=\mathrm{r}(u(t), v(t))$가 주어질 때, 곡면상의 임의 방향 접선벡터는 다음과 같이 정의할 수 있다[2].

$$\dot{\mathrm{r}} = d\mathrm{r}/dt = \frac{\partial \mathrm{r}}{\partial u}\frac{du}{dt} + \frac{\partial \mathrm{r}}{\partial v}\frac{dv}{dt} = \mathrm{r}_u \dot{u} + \mathrm{r}_v \dot{v} \tag{9·66}$$

(2) 곡률

곡면에서 정의되는 대표적인 곡률은 법곡률(normal curvature)과 주곡률(principal curvature)이 있다. 법곡률은 곡면위의 한 점에서 정의되는 곡률이며, 다른 곡률은 법곡률 값으로부터 얻어지는 곡률이다. 우선 법곡률의 기하학적 의미를 알아보자.

곡면위의 한 점 $\mathrm{r}(u, v)$에서 단위 법선벡터 $\mathrm{n}(u, v)$ 및 단위 접선벡터 T에 의해 한 평면을 정의하고, 이 평면으로 곡면을 절단하였을 때 얻어지는 곡선의 곡률이 법곡률이다(**그림 9.45**).

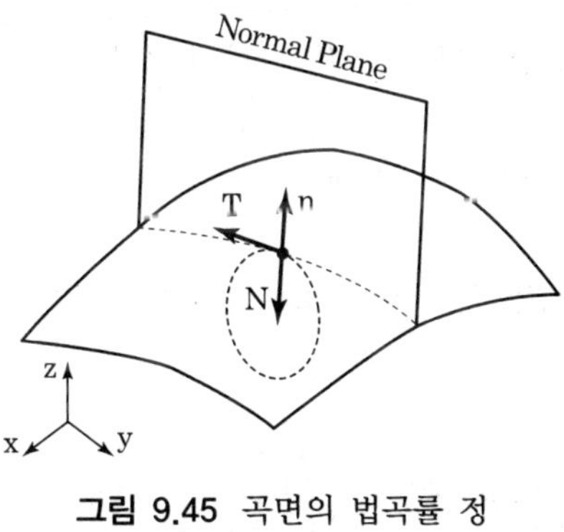

그림 9.45 곡면의 법곡률 정

이때 접선벡터는 방향을 주어야만 결정할 수 있으므로, 곡면의 법곡률은 방향에 따라 달라질 수 있음을 알 수 있다. 예를 들어 반지름 R의 원통형상(cylinder)위의 한 점에서, 어떤 방향으로의 법곡률은 0이지만, 어떤 방향으로는 1/R이다. 법곡률의 계산식은 Choi[2]를 참고하기 바란다.

곡면위의 모든 점에서 계산한 법곡률의 극대 및 극소값을 주곡률이라고 한다. 예를 들어 반지름 R의 원통형상의 주곡률은 0과 1/R이 되겠다.

9.7.2 매개변수형 곡면 모델

형상 모델링에서 사용하는 곡면 모델은 해석적(analytic) 표현 및 매개변수형(parametric) 표현이 대표적이다. 곡선 모델과 마찬가지로 매개변수형 곡면 모델은 다양한 장점 덕분에 CAx 시스템 개발에 널리 활용되고 있다. 특히 매개변수의 다항식(polynomial)로 표현하는 곡면 모델이 유용한데, 이러한 매개변수형 곡면 모델은 다음과 같이 구분할 수 있다.

- 표준 다항식(standard polynomial) 모델
- 퍼거슨(Ferguson) 모델
- 베지어(Bezier) 모델
- NURBS(Non-Uniform Rational B-Spline) 모델

이러한 매개변수형 곡면 모델은 앞서 다룬 매개변수형 곡선 모델의 확장으로 이해하면 된다. 예를 들어 2차원 좌표평면의 x축을 $\mathrm{r}(u)=(x(u),\ y(u),\ z(u))$로 표현되는 직선이라고 한다면, xy 좌표평면은 $\mathrm{r}(u,\ v)=(x(u,\ v),\ y(u,\ v),\ z(u,\ v))$로 표현할 수 있다.

(1) 표준 다항식 곡면 모델

앞서 표준 다항식으로 표현한 3차 곡선은 다음과 같은 식으로 표현하였다.

$$\mathrm{r}(t)=\mathrm{a}_0+\mathrm{a}_1t+\mathrm{a}_2t^2+\mathrm{a}_3t^3=\sum_{i=0}^{3}\mathrm{a}_it^i \tag{9·67}$$

정의역 $(u,\ v)$에 대해 정의한 양 3차(bicubic) 표준 다항식 곡면은 다음과 같다.

$$\begin{aligned}\mathrm{r}(u,v)&=\sum_{i=0}^{3}\sum_{j=0}^{3}\mathrm{a}_{ij}u^iv^j \qquad 0\le u,v\le 1\\&=\begin{bmatrix}1\ u\ u^2\ u^3\end{bmatrix}\begin{bmatrix}\mathrm{a}_{00}&\mathrm{a}_{01}&\mathrm{a}_{02}&\mathrm{a}_{03}\\\mathrm{a}_{10}&\mathrm{a}_{11}&\mathrm{a}_{12}&\mathrm{a}_{13}\\\mathrm{a}_{20}&\mathrm{a}_{21}&\mathrm{a}_{22}&\mathrm{a}_{23}\\\mathrm{a}_{30}&\mathrm{a}_{31}&\mathrm{a}_{32}&\mathrm{a}_{33}\end{bmatrix}\begin{bmatrix}1\\v\\v^2\\v^3\end{bmatrix}\end{aligned} \tag{9·68}$$

또는 행렬 형식으로 표현한다면 다음과 같다.

$$\begin{aligned}\mathrm{r}(u,v)&=UAV^T\\&\quad where\ U=\begin{bmatrix}1\ u\ u^2\ u^3\end{bmatrix},\ V=\begin{bmatrix}1\ v\ v^2\ v^3\end{bmatrix}\\&\quad A=\begin{bmatrix}\mathrm{a}_{00}&\mathrm{a}_{01}&\mathrm{a}_{02}&\mathrm{a}_{03}\\\mathrm{a}_{10}&\mathrm{a}_{11}&\mathrm{a}_{12}&\mathrm{a}_{13}\\\mathrm{a}_{20}&\mathrm{a}_{21}&\mathrm{a}_{22}&\mathrm{a}_{23}\\\mathrm{a}_{30}&\mathrm{a}_{31}&\mathrm{a}_{32}&\mathrm{a}_{33}\end{bmatrix}\end{aligned} \tag{9·69}$$

(2) 퍼거슨 곡면 모델

퍼거슨 곡선 모델은 곡선의 양 끝점과 접선 벡터 정보로 정의하였다. 퍼거슨 곡면의 경우는 (u, v) 두 방향에 대한 정보가 필요하다고 보면 되므로, 다음과 같은 경계조건을 고려한다[2]. 여기서 $\mathrm{r}(i,j) = P_{ij}$ for $i,j = 0,1$, $\mathrm{r}_u(u,v) = \partial \mathrm{r}/\partial u$, $\mathrm{r}_v(u,v) = \partial \mathrm{r}/\partial v$, $\mathrm{r}_{uv}(u,v) = \partial^2 \mathrm{r}/\partial u \partial v$ 이다.

P_{ij} : 4개 모서리 점(corner point) $\mathrm{r}(i,\ j)$,

s_{ij} : P_{ij}에서 u-방향 접선벡터 $\mathrm{r}_u(i,\ j)$,

t_{ij} : P_{ij}에서 v-방향 접선벡터 $\mathrm{r}_v(i,\ j)$,

x_{ij} : P_{ij}에서 트위스트 벡터 $\mathrm{r}_{uv}(i,\ j)$.

이 정보를 이용하여 퍼거슨 곡면은 다음 식으로 표현한다.

$$\mathrm{r}(u,v) = UAV^T = UCQC^TV^T, \quad \text{where } U = [1\ u\ u^2\ u^3],\ V = [1\ v\ v^2\ v^3], \tag{9·70}$$

$$C = \begin{bmatrix} 1 & 0 & 0 & 0 \\ 0 & 0 & 1 & 0 \\ -3 & 3 & -2 & -1 \\ 2 & -2 & 1 & 1 \end{bmatrix},\ Q = \begin{bmatrix} P_{00} & P_{01} & \mathrm{t}_{00} & \mathrm{t}_{01} \\ P_{10} & P_{11} & \mathrm{t}_{10} & \mathrm{t}_{11} \\ \mathrm{s}_{00} & \mathrm{s}_{01} & \mathrm{x}_{00} & \mathrm{x}_{01} \\ \mathrm{s}_{10} & \mathrm{s}_{11} & \mathrm{x}_{10} & \mathrm{x}_{11} \end{bmatrix}$$

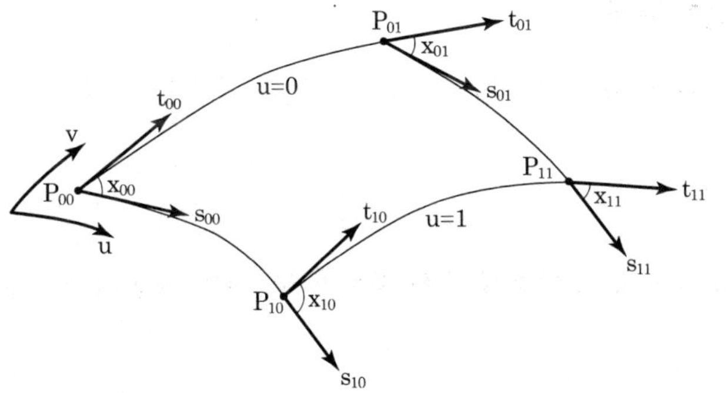

그림 9.46 퍼거슨 곡면 모델

(3) 베지어 곡면 모델

매개변수 u, v방향에 대해, 차수(degree)가 각각 m, n인 베지어 곡면의 블렌딩 함수는 다음과 같이 정의한다.

$$B_i^m(u) = \frac{m!}{(m-i)!i!}u^i(1-u)^{m-i}; \quad B_j^n(v) = \frac{n!}{(n-j)!j!}v^j(1-v)^{n-j} \tag{9·71}$$

따라서 조정점 $\{V_{ij} : i=0\sim m,\ j=0\sim n\}$가 주어지면, $m\times n$차 베지어 곡면은 다음 식으로 표현 한다.

$$\mathbf{r}(u,v) = \sum_{i=0}^{m}\sum_{j=0}^{n} B_i^m(u)B_j^n(v)V_{ij} \tag{9·72}$$

만약 $m=n=3$인 양 3차(bicubic) 곡면이라면 모두 16개 조정점이 필요하다.

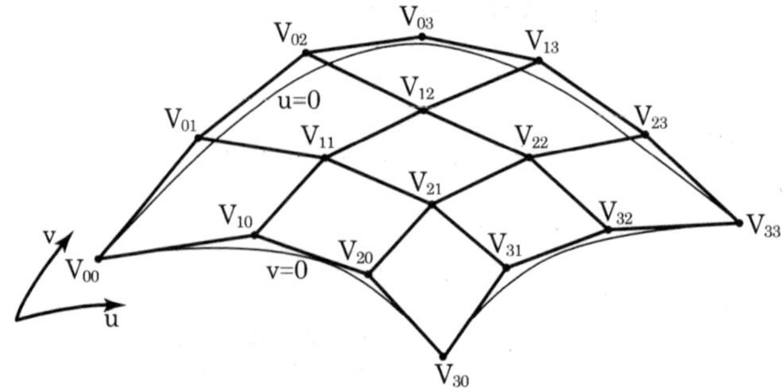

그림 9.47 양 3차 베지어 곡면 모델

(4) NURBS 곡면 모델

앞서 보았듯이 차수가 m인 B-Spline 곡선의 식은 다음과 같다.

$$\mathbf{r}(t) = \sum_{i=0}^{m} N_{i,k}(t)V_i \tag{9·73}$$

B-Spline 곡면의 경우 u, v방향에 대해 차수가 m, n인 곡면의 경우는 다음 식으로 표현할 수 있다.

$$\mathbf{r}(u,v) = \sum_{i=0}^{m}\sum_{j=0}^{n} N_{i,p}(u)N_{j,q}(v)V_{ij} \tag{9·74}$$

일반적인 NURBS 곡면의 경우는 조정점에 대한 가중치(weight)를 추가하여 다음과 같은 유리다항식으로 표현한다.

$$r(u,v) = \frac{\sum_{i=0}^{m}\sum_{j=0}^{n} N_{i,p}(u) N_{j,q}(v) w_{ij} V_{ij}}{\sum_{i=0}^{m}\sum_{j=0}^{n} N_{i,p}(u) N_{j,q}(v) w_{ij}} \quad (9 \cdot 75)$$

NURBS 곡선이 2차 식으로 표현되는 곡선(예 : 원, 타원 등) 형상을 정확하게 나타낼 수 있듯이, NURBS 곡면은 구, 타원체, 포물면 등의 2차 곡면 형상을 정확하게 표현한다.

9.7.3 유용한 곡면 표현

(1) 룰드 곡면(ruled surface)

두 개의 경계곡선 사이를 선분으로 연결한 곡면으로서, 단순한 형태의 비행기 날개에서 찾아볼 수 있다. 경계곡선을 각각 $r_0(u)$, $r_1(u)$로 표현하면 곡면의 식은 다음과 같다.

$$r(u,v) = (1-v)r_0(u) + v r_1(u) \qquad 0 \le u,v \le 1 \quad (9 \cdot 76)$$

첨언하면, 동일한 매개변수 u값에 대한 두 경계곡선의 위치 $r_0(u)$, $r_1(u)$를 직선으로 연결하는 과정을 되풀이 하는 것이다. 이 식을 다시 정리하면, 다음과 같이 기준곡선 $r_0(u)$ 위에서 $t_0(u)$로 표현되는 룰링 벡터(ruling vector)를 움직이는 형태로 표현할 수 있다[2].

$$\begin{aligned} r(u,v) &= r_0(u) + v(r_1(u) - r_0(u)) \quad (9 \cdot 77) \\ &= r_0(u) + v t_0(u) \end{aligned}$$

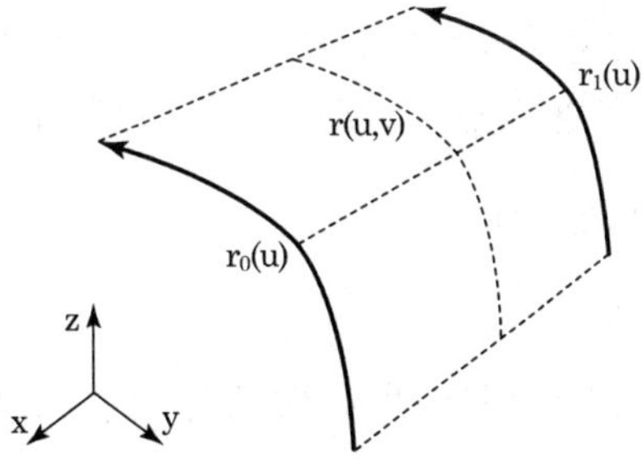

그림 9.48 Ruled surface

(2) 스윕 곡면(sweep surface)

전통적으로 자유곡면 모델링에서 많이 활용하는 방법으로, 기준곡선을 따라 단면곡선을 움직일 때 만들어지는 형상을 표현하는 방식이다. 기준곡선 및 단면곡선의 개수, 동기화(synchronization) 방식 등에 따라 다양한 모델링이 가능하다.

간단한 스윕 곡면 모델링은 다음과 같이 표현할 수 있다[2].

$$\mathbf{r}(u,v) = \mathbf{g}(u) + \mathbf{d}(v) - \mathbf{d}(0) \qquad 0 \le u,v \le 1 \tag{9·78}$$

여기서 $\mathbf{g}(u)$는 단면곡선(generator curve), $\mathbf{d}(v)$는 기준곡선(director curve), 그리고 $\mathbf{d}(0)$는 기준곡선의 시작점이다.

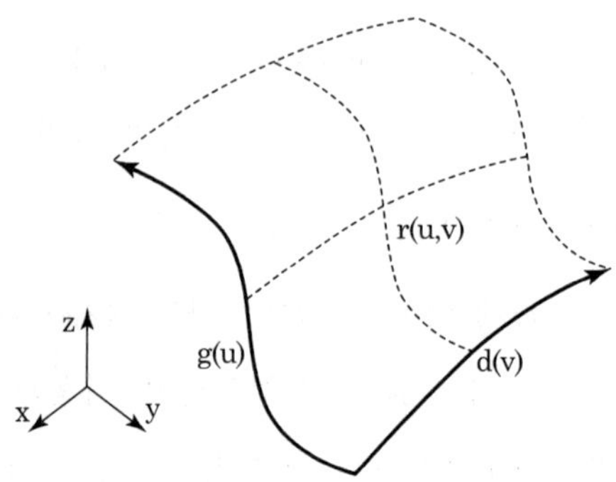

그림 9.49 Sweep surface

(3) 비매개변수형 스윕 곡면(nonparametric sweep surface)

비매개변수형 곡면 표현은 $x(u,\ v) \equiv u$, $y(u,\ v) \equiv v$로 주어질 때, 다음과 같이 표현된다[2]. 이 식은 해석식에 의한 곡면 표현 $z = f(x,\ y)$와 동일하다.

$$\begin{aligned} \mathbf{r}(u,v) &= (x(u,v), y(u,v), z(u,v)) \\ &= (u,v,z(u,v)) \\ &= (x,y,z(x,y)) \end{aligned} \tag{9·79}$$

2차원 xy 좌표평면을 정의역으로 하는 비매개변수형 곡면 표현에 일반적인 스윕 곡면 모델링 방식을 적용하였을 때, 이를 비매개변수형 스윕 곡면이라고 한다. 여기서 기준곡선 및 단면곡선은 아래와 같이 비매개변수형 곡선식으로 표현한다.

$$\begin{aligned} z &= g(x) \quad x_0 \le x \le x_1 \\ z &= d(y) \quad y_0 \le y \le y_1 \end{aligned} \tag{9·80}$$

곡면식을 정리하면 다음과 같다.

$$z(x,y) = g(x) + d(y) - d(0) \qquad x_0 \le x \le x_1,\ y_0 \le y \le y_1, \tag{9·81}$$

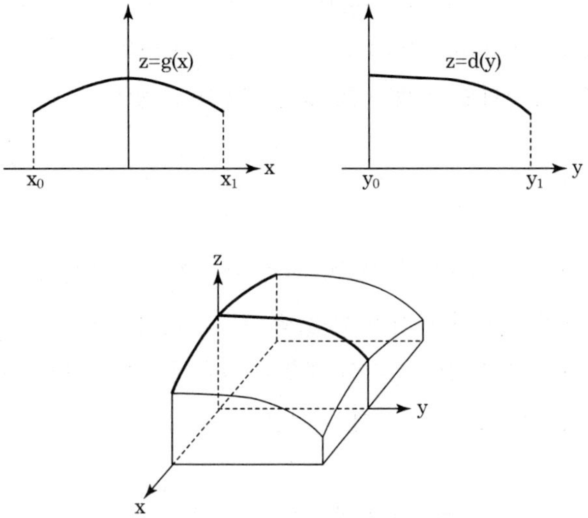

그림 9.50 Non-parametric sweep surface

9.8 CAD 데이터 교환

현대의 생산 활동은 제품의 설계부터 제작에 이르기까지 다양한 업무를 포함하고, 이데 따라 다양한 기능의 CAx 시스템을 필요로 한다. 3차원 형상 모델링, 구조해석, 유동해석, NC 데이터 작성 등이 대표적인 예라 하겠다. 현실적으로 모든 CAx 업무를 원활하게 처리할 수 있는 소프트웨어도 찾기 어렵거니와, 여러 가지 이유로 피치 못하게 상이한 CAx 시스템을 사용하게 된다. 심지어는 한 부서 내에서도 그럴 수 있다.

이때 발생하는 문제가 CAx 시스템 간의 데이터 주고받기(exchange)인데, 특히 개발자가 다른 시스템 간의 모델 데이터는 특별한 경우를 제외하고 직접 읽고 쓰는 것이 매우 어렵다.

따라서 상이한 CAx 시스템 사이에 모델 등의 제품설계 데이터를 주고받을 수 있는 방법이 필요하였고, 일반적으로는 개별 시스템과 무관한 표준 규격의 중립파일(neutral file) 형식으로 데이터를 읽고 쓰는 방법을 채택하고 있다. 대표적인 표준규격으로 IGES(Initial Graphics Exchange Specification)과 STEP(Standard for the Exchange of Product model data)이 있으며, DXF(Drawing Exchange Format)의 경우는 AutoDesk사의 AutoCAD 시스템의 데이터 파일 포맷이지만 중립파일 포맷처럼 많이 사용하고 있다.

9.8.1 IGES

IGES 파일은 80문자로 한 줄이 구성되며, 5개 섹션으로 이루어진다. 1 줄은 1~72열까지 데이터를 기입하고, 73열은 섹션 표시 알파벳(S, G, D, P, T), 74~80열까지는 섹션 별 일련번호를 기입한다. 각 섹션의 표시와 간략한 정보는 다음과 같다. 실질적으로 형상을 정의하는 부분은 D 및 P로 표시되는 DE 섹션과 PD 섹션이다.

표 9.1 IGES 파일의 구성 섹션

섹션 명칭	표시	설 명
START	S	파일 시작 표시
GLOBAL	G	• 파일 개요 • 제품 명칭, 파일 이름, CAx 시스템 명칭, 단위, …
DE(Directory Entity)	D	• PD 섹션의 인덱스 역할 • 도형요소 번호(entity type), PD 섹션의 데이터 시작 위치, …
PD(Parameter Data)	P	• 도형요소 데이터를 기술 • 도형요소 번호, 도형의 수치적 데이터
TERMINATE	T	S, G, D, P 섹션의 줄 수

도형요소 번호(entity type)은 IGES에서 지원하는 도형요소 종류를 의미한다. 곡선, 곡면 모델링의 주요한 도형요소와 번호는 다음과 같다.

- 100 Circular arc
- 102 Composite curve
- 108 Plane
- 110 Line
- 112 Parametric spline curve

- 114 Parametric spline surface
- 116 Point
- 124 Transformation matrix
- 126 Rational B-spline curve
- 128 Rational B-spline surface
- 142 Curve on a parametric surface
- 144 Trimmed surface

IGES가 지원하는 요소는 1xx, 2xx, 3xx, 4xx의 4가지 그룹으로 구분된다. 1xx는 기하학적 도형요소를, 2xx는 주로 치수기입 관련 내용, 3xx는 선 모양이나 단위 등을, 4xx는 인스턴스 등의 정보를 취급한다. 개별 요소에 대한 상세한 내용 및 예제는 별도 자료를 참조 하도록 한다[6].

```
START RECORD GO HERE.                                                    S      1
1H,,1H;,20HCNEXT-IGESPRODUCT,7Hkey.igs,44HIBMCATIAIGES-CATIAVers         G      1
ion5Release18,27HCATIAVersion5Release18,32,75,6,75,15,5HPart1,           G      2
1.0,2,2HMM,1000,1.0,15H20081120.193700,0.001,10000.0,13HAdministrator,5HG      3
SHLEE,11,0,15H20081120.193700,;                                          G      4
     110       1       0       0       0       0       0        001010001D      1
     110       0       0       1       0                                OD      2
     110       2       0       0       0       U       0        001010001D      3
     110       0       0       1       0                                OD      4
  < 중간 생략 >
110,0.0,0.0,10.0,0.0,0.0,11.0,0,0;                                      1P      1
110,15.0,-25.98076211,0.0,15.0,-25.98076211,20.0,0,0;                   3P      2
  < 중간 생략 >
S      1G      4D      108P      58                                      T      1
```

그림 9.51 IGES 파일 예

9.8.2 DXF

DXF 파일은 AutoCAD 시스템의 자료 형식이지만, 세계적으로 많이 사용하고 있기 때문에 실질적인 중립파일 역할을 한다. 총 4개 섹션으로 구성되며, 간략한 설명을 다음에 나타내었다. **그림 9.52**는 DXF 파일의 예를 보이고 있다.

표 9.2 DXF 파일의 섹션 구성

섹션 명칭	표 시	내 용
HEADER	HEADER … ENDSEC	• 그래픽과 관련된 변수 설정값 표시 • AutoCAD 버전 번호 등
TABLE	TABLES … ENDSEC	Line type, layer, text style 등을 표시
BLOCK	BLOCKS … ENDSEC	여러 개의 도형을 모아서 하나의 이름으로 지정함
ENTITY	ENTITIES … ENDSEC	도형 요소(line, point, circle, arc 등)의 상세 데이터 기술
EOF	EOF	End Of File (파일 끝) 표시

```
  0
SECTION
  2
HEADER
  9
$ACADVER
  1
< 중간 생략 >
ENDSEC
  0
SECTION
  2
TABLES
  0
TABLE
  2
VPORT
  5
8
330
0
100
< 중간 생략 >
  0
ENDTAB
  0
ENDSEC
  0
SECTION
  2
BLOCKS
  0
BLOCK
  5
20
330
1F
100
< 중간 생략 >
  0
ENDSEC
  0
SECTION
  2
ENTITIES
  0
LWPOLYLINE
  5
F4
330
1F
100
< 중간 생략 >
  0
ENDSEC
  0
SECTION
  2
OBJECTS
  0
DICTIONARY
  5
C
330
0
100
< 중간 생략 >
  0
ENDSEC
  0
EOF
```

그림 9.52 DXF 파일 예

9.8.3 STEP

STEP의 정식 명칭은 "Industrial automation system - Product data representation and exchange - ISO 10303"로서, 제품 데이터 표현 및 교환을 위한 표준 규격이다. 즉설계, 제조 등의 제품 수명주기 전반에 관련된 데이터를 전달하기 위해 제정된 규격이다. 참고로 IGES나 DXF 파일은 주로 제품 형상 데이터 표현에 중점을 두기 때문에, 제품의 전체 주기를 지원하는 제품 데이터 표현에는 역부족이다.

기본적으로 STEP은 EXPRESS라는 언어를 이용하여 데이터의 종류 및 구조를 표현한다. **그림 9.53**는 STEP 파일의 예를 나타내고 있다. STEP 파일 구조 및 관련 내용은 다음 주소에 상세히 소개되어 있다[7].

```
ISO-10303-21;
HEADER;
FILE_DESCRIPTION(('CATIA V5 STEP Exchange'),'2;1');

FILE_NAME('C:₩₩Documents          and          Settings₩₩Administrator.CAD-037E933CDFD₩₩₩X2₩BC14D0D5₩X0₩
₩X2₩D654BA74₩X0₩₩₩test.stp','2008-11-20T10:40:32+00:00',('none'),('none'),'CATIA Version 5 Release 18 GA
(IN-10)','CATIA V5 STEP AP203','none');

FILE_SCHEMA(('CONFIG_CONTROL_DESIGN'));

ENDSEC;
/* file written by CATIA V5R18 */
DATA;
#5=PRODUCT('Part3','','',(#2)) ;
#1=APPLICATION_CONTEXT('configuration controlled 3D design of mechanical parts and assemblies') ;
#14=PRODUCT_DEFINITION(' ',' ',#6,#3) ;
#16=SECURITY_CLASSIFICATION(' ',' ',#15) ;
#47=CARTESIAN_POINT(' ',(0.,0.,0.)) ;
#52=CARTESIAN_POINT('Axis2P3D Location',(-0.660000190885,-16.1963431109,0.)) ;
#61=CARTESIAN_POINT('Vertex',(-14.,-25.1963431109,1.10214571844E-015)) ;
< 중간 생략 >
#41=(LENGTH_UNIT()NAMED_UNIT(*)SI_UNIT(.MILLI.,.METRE.)) ;
#42=(NAMED_UNIT(*)PLANE_ANGLE_UNIT()SI_UNIT($,.RADIAN.)) ;
#44=(NAMED_UNIT(*)SI_UNIT($,.STERADIAN.)SOLID_ANGLE_UNIT()) ;
#46=(GEOMETRIC_REPRESENTATION_CONTEXT(3)GLOBAL_UNCERTAINTY_ASSIGNED_CONTEXT((#45))GLOBAL_UNIT_ASSIGNED_CONT
EXT((#41,#42,#44))REPRESENTATION_CONTEXT(' ',' ')) ;
ENDSEC;
END-ISO-10303-21;
```

그림 9.53 STEP 파일 예(EXPRESS 언어 사용)

연·습·문·제

1. 제품의 수명주기 전반에 걸쳐 사용되는 컴퓨터 응용 기술(CAx Technology)을 열거하고 개략적인 업무를 기술하시오.

2. 제조업에서 사용하는 대표적인 수치제어(NC) 장비를 열거하고, 주요 응용 분야를 적으시오.

3. 형상모델링 시스템에서 와이어프레임 모델, 곡면 모델, 솔리드 모델의 특징과 장단점을 기술하시오.

4. 솔리드 모델의 자료구조 중 CSG 트리 구조와 경계 표현법의 특징을 기술하시오.

5. 특징형상 기반 모델링의 특징을 기술하시오.

6. 파라메트릭 모델링의 특징을 기술하시오.

7. 조립체 모델링의 상향식(bottom-up) 접근방식과 하향식(top-down) 접근방식을 비교하여 설명하시오.

8. 곡선 또는 곡면의 해석식(analytic) 표현 매개변수식(parametric) 표현의 특징 및 장단점을 비교 설명하시오.

9. 곡선의 접선, 곡률 및 곡률반경, 꼬임률의 물리적 의미를 설명하시오.

10. 곡선의 연속 조건 중 C0, C1, C2, G1 연속 조건의 의미를 설명하시오.

11. 매개변수형 다항식 곡선 모델의 종류를 열거하고 특징을 기술하시오.

12. NURBS 곡선 모델의 장점을 설명하시오.

13. 곡면의 한 점에서 정의되는 접평면과 법선의 관계를 설명하시오.

14. 곡면의 한 점에서 법곡률을 계산하는 방법을 설명하시오.

15. IGES 파일과 STEP 파일의 차이점을 설명하시오.

참고문헌

1. Amirouche, F. : Principles of Computer-Aided Design and Manufacturing, Pearson Education Inc., 2004.
2. Choi, B. K. : Surface modeling for CAD/CAM, Elsevier, 1991.
3. Zeid, I. : Mastering CAD/CAM, McGrawHill, 2005.
4. 이철수 : CAD/CAM 형상모델링에서 가공까지, 터보테크출판부, 1997.
5. Piegl, L. : The NURBS Book, Springer, 1997.
6. IPS(The IGES 5.x Preservation Society), http://www.iges5x.org/onetwo, 2008.
7. KSTEP, http://www.kstep.or.kr, 2008.

CHAPTER 10 CAM

10.1 서 론

제품 설계 단계의 출력인 설계 데이터는 제작 단계의 입력으로서, 소위 무엇(what)을 만들어야 하는지는 결정되었다. 다음은 이것을 어떻게(how) 만드는지에 관한 내용이 우리의 관심사가 된다. 제품에 따라서는 유일한 방법만 있을 수도 있고, 여러 가지 방법이 있을 수도 있다. 중요한 점은 거의 대부분의 방법은 컴퓨터를 활용함으로써 매우 효율적으로 제작이 가능하다는 점이다.

제품의 제작은 우선 어떻게 만들 것인지에 대한 계획인 '공정계획'을 세우고, 계획된 가공 공정을 거쳐 제작된다. 현대 제조업의 가공 공정은 매우 다양하다. 자동차 부품 및 금형 가공을 예로 들자면, 주물, 단조, 절삭, 용접, 소성변형, 조립 등이 대표적인 공정이다. 이러한 공정은 거의 모두 컴퓨터를 활용하고 있다. 그 중에서도 절삭 가공은 20세기 중반 수치제어(NC : numerical control) 장비 개발 이후 매우 효과적으로 컴퓨터를 활용하는 제조 공정이라 할 수 있다.

일반적으로 절삭 가공을 위한 수치제어 가공 기계를 NC 공작기계(예 : 밀링, 선삭, 연삭, EDM, 레이저 등)라고 부르지만, 산업용 로봇 또한 로봇 프로그램을 작성하여 수치제어를 통해 작업을 수행한다는 점에서 넓은 의미의 NC 공작기계라고 할 수 있다. 본 장에서는 컴퓨터를 활용하는 NC 절삭 가공을 중심으로 공정계획, 공구경로 생성, NC 프로그래밍, 모의가공, 5축 가공 등을 살펴보도록 한다.

10.2 공정계획

10.2.1 개요

제품의 설계부터 출하까지의 전 과정을 제품생산주기(product lifecycle)라고 하며, 대략적인 과정은 다음과 같이 정리할 수 있다.

개념설계 → 상세설계 → 공정계획 → 가공 및 조립 → 품질검사 → 출하

제품 설계가 완료되면 제조 부서에서는 제품의 설계데이터를 바탕으로 작업 지시서(worksheet)를 작성한다. 작업지시서는 초기 피삭재로부터 시작하여 단계별 가공을 거쳐 조립까지의 제작 과정을 담고 있다. 이러한 작업지시서를 작성하는 행위를 공정계획이라고 한다. 즉 공정계획은 제작을 위한 공정(process), 작업조건(parameter), 기계(machine), 공구(tool), 고정구(jig/fixture) 등을 결정하는 과정이다.

NC 작업 공정 SHEET

금형 번호	MP09-03IR00	품명	NF-C-FL H/L LENS	부품명	UPPER CAVITY PLATE	담당자	김병우	작지번호	M09E0258

NO	공정	DATA명	T NO	공구	공구길이	척선길이 (수해량)	SLEEVE	길이	HOLDER	Z Min	가공여유	절삭폭	절삭깊이	이송속도 (mm/min)	회전수 (rpm)	가공시간	검증	비고
1	황삭 (TU18)	RR1		63R6	300	200-T90		0	A6-48-FH48-100	122.2	0.5	40.	5.	1000	1500	22:23	0	3축가공
2	중삭 (TU18)	RR2		10R	200	200-T90		0	A6-25-CH62-105	87.3	0.3	1.		1000	1500	17:06	0	3축가공
3	중삭 (TU18)	FPD1		25F	145	144-T90		0	A6-25-CH62-105	151.5	0			1000	1500	6:27	0	3축가공
4	정삭 (TU18)	FPD2		25F	145	144-T90		0	A6-25-CH62-105	151.	0	10.		500	1500	0:07	0	3축가공
5	정삭 (TU18)	FPD3		25R1	145	144-T90		0	A6-25-CH62-105	151.5	0			1000	1500	6:35	0	3축가공
6	구석살 (TU18)	FPD4		10R	115	50-T90		0	A6-25-CH62-105	116.8	0	0.89		1500	2200	0:59	0	3축가공
7	구석살 (TU18)	FPD5		10R	80	50-T90		0	A6-25-CH62-105	88.8	0	0.7		1500	2200	0:31	0	3축가공
8	구석살 (TU18)	FPD6		8R	80	50-T90		0	A6-20-CH50-120	117.2	0	0.8		1000	2400	0:53	0	3축가공
9	구석살 (TU18)	FPD7		8R	75	50-T90		0	A6-20-CH50-120	84.7	0	0.7		1000	2400	0:23	0	3축가공
10	구석살 (TU18)	FPD8		8R	75	50-T90		0	A6-20-CH50-120	90.	0	0.8		1000	2400	0:05	0	3+2축

2/ 7 A4(297×210) 모조지

그림 10.1 금형가공 공정계획 작업지시서 예

사출금형의 절삭가공을 예로 들어 본다면, 초기 피삭재(raw stock)를 시작으로 황삭(rough cut), 중삭(semi-finish cut), 정삭(finish-cut), 잔삭(clean-up cut), 그리고 방전가공(EDM: Electric Discharge Machining)을 거쳐 최종 형상을 어떻게 만들어갈 것인가를 계획

하는 작업이다. 이러한 공정계획은 설계와 제작 과정을 연결하는 매우 중요한 역할을 하며, 뒤에 설명하는 자동공정계획은 설계와 제조의 통합을 자동화하는 필수 요소이다[1]. **그림 10.1**은 사출 금형 가공업체에서 작성한 가공 작업지시서 예를 보이고 있다.

10.2.2 공정계획 수립

공정계획(process planning)을 수립하는 방식은 크게 수작업(manual approach), 컴퓨터를 활용하는 변형법(variant approach) 및 생성법(generative approach)이 있다.

(1) 수작업

숙련된 기술자가 제품 설계데이터(예 : 도면, 3차원 CAD 모델 등)를 살펴보고 본인의 경험에 근거하여 작업지시서를 작성하는 방식으로서, 일반적으로 다음과 같은 과정을 거친다[1].

① 부품의 전체 모양을 살핀다.
② 최적의 원자재 형상을 결정한다.
③ 가공 기준면을 정하고, 장착할 부위를 결정한다.
④ 부품의 특징형상을 정의한다.
⑤ 고정방법에 따라 부품의 특징형상을 그룹화한다.
⑥ 작업 순서를 결정한다.
⑦ 각 작업에 필요한 공구를 선정 한다.
⑧ 각 고정방법에 대해 고정구를 선정하거나 설계한다.
⑨ 공정계획을 확인하고 최종 계획서를 작성한다.

(2) 변형법

가공하고자 하는 제품과 동일하거나 유사한 제품을 가공한 적이 있을 경우, 컴퓨터에 저장해둔 해당 표준 공정계획을 편집하여 활용하는 방식이다. 이 방식은 기존의 공정계획을 변형하는 방식이기 때문에 시간을 절약할 수 있고, 수작업보다 체계적일 수 있다. 이때 가공대상 제품은 GT(group technology) 개념을 적용하여 형상에 따라 적절한 그룹으로 분류하고 해당 그룹의 표준 공정계획을 활용한다. 만약 해당 그룹이 존재하지 않으면 새로운 표준 공정계획을 수립한다. GT에 대한 상세한 내용은 Lee[1]를 참조하도록 하자.

(3) 생성법

생성법은 제품 설계정보로부터 자동으로 공정계획을 생성하는 방식으로서, 설계정보는 형상 이외에 재질 등의 정보도 포함된다. 이 방식은 제품 형상정보로부터 구멍, 포켓 등의 가공 특징형상(feature)을 추출하고, 각 특징형상에 대해 가공조건에 적절한 가공 데이터를 생성하는 방식이다. 현재 많은 CAD 시스템이 특징형상 기반의 모델링을 지원한다고는 하지만, 재질이나 공차 등의 정보를 모두 포함하지는 않으므로 완전한 자동화는 쉽지 않다[1].

10.2.3 절삭가공

현대 제조업은 다양한 제조공정을 활용하는데, 절삭가공은 대표적인 공정이다. 자동차, 가전 등의 주요 산업분야에서 대량생산에 필수적인 금형(프레스 금형, 사출 금형) 가공이나 각종 부품의 가공은 대부분 절삭가공이 필요하다.

참고로 가공기계 별로 절삭가공을 분류하면 다음과 같다[2].

- 선삭(lathing) : 선반을 이용한 절삭가공
- 밀링(milling) : 밀링 기계를 이용한 절삭가공
- 방전가공(EDM, Wire-EDM): 방전 가공기를 이용한 절삭가공
- 기타 : 레이저, 펀치 프레스 기계 등을 이용한 절삭가공

또한 대부분의 공작기계가 서보모터를 이용한 수치제어(NC : numerical control) 방식을 이용하는데, 가공 축(axis) 개수에 따라서 다음과 같이 분류할 수 있다[2].

- 2축 가공 : 선반(X, Z축), 밀링(X, Y축), Wire-EDM(X, Y축)
- 3축 가공 : 밀링(X, Y, Z축), 선반(C축 부가)
- 4축 가공 : 밀링(A 또는 B축 부가), Wire-EDM, 선반(C, Y축 부가)
- 5축 가공 : 밀링(A, B, C축 중 2개 축 부가)

일반적으로 금형 등의 자유곡면 밀링 가공에서 많이 사용하는 절삭공구는 엔드밀(end milling cutter)로서 형상은 다음과 같이 구분하며, 형상의 주요 치수는 **그림 10.2**에서 보이고 있다.

- 볼 엔드밀((ball end mill): 코너 반경=공구 반경,
- 라운드 엔드밀(rounded end mill): 0<코너 반경<공구 반경,
- 평 엔드밀(flat end mill): 코너 반경=0.

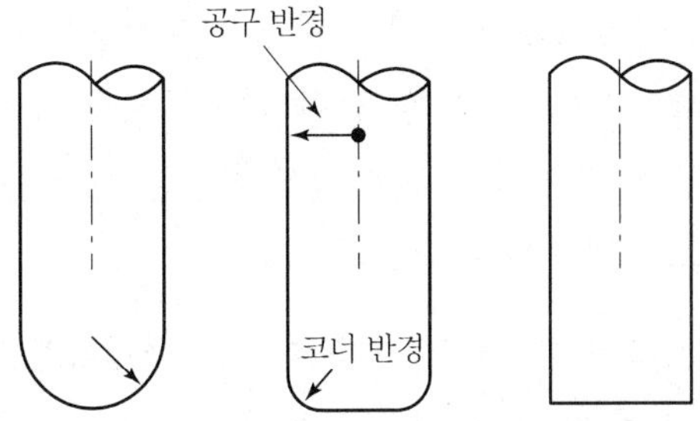

그림 10.2 엔드밀 형상

절삭가공이란 절삭공구를 이용하여 초기 피삭재(raw stock)를 깎아내어 설계 형상(design shape)을 만드는 과정이다. 금형의 경우 피삭재 재질은 주철(cast iron)이나 강철(steel)이므로 여러 단계에 걸쳐 절삭을 수행하여야 한다. 참고로 절삭가공의 기본 개념인 피삭재여유(stock allowance), 절삭깊이(cutting depth), 가공여유(uncut allowance) 등의 의미를 **그림 10.3**에 보이고 있다. 피삭재를 절삭하는 깊이를 절삭깊이, 가공 후 설계형상과의 차이를 가공여유라 한다. 각 가공단계 별로 절삭깊이 및 가공여유를 적절하게 결정하는 일이 매우 중요하다.

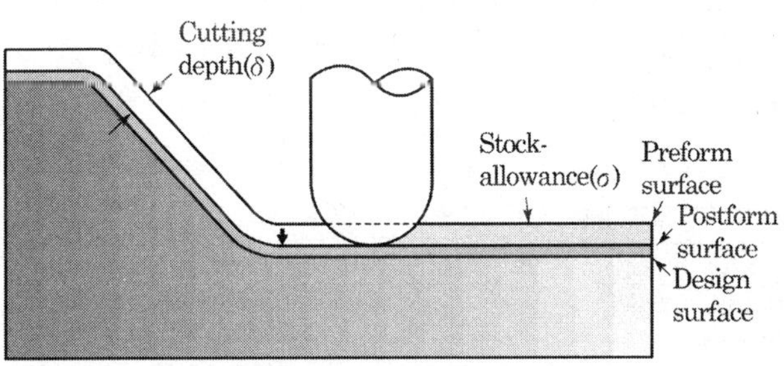

그림 10.3 절삭가공 개념

일반적으로 금형 등의 절삭가공 공정은 다음과 같이 구분하여 진행한다. 이때 초기 피삭재(raw stock) 형상 및 재질에 따라 공정의 변화가 필요하다.

- 황삭가공(rough cut) : 큰 공구로 가능한 많은 살을 제거한다. 절삭깊이와 가공여유가 크다.
- 중삭가공(semi-finish cut) : 황삭과 정삭가공의 중간 단계로서, 정삭가공을 위한 가공여유를 남긴다.

• 정삭가공(finish cut) : 가공여유를 남기지 않고 설계형상을 따라가는 가공을 수행한다.
• 잔삭가공(clean-up cut) : 정삭가공 후 남아있는 부위를 제거한다.
• 방전가공(EDM) : 날카로운 오목한 모서리 형상 따위는 반대형상(reverse shape)의 전극(electrode)을 만들어 방전가공을 수행한다.

참고로 곡률반경이 R인 오목한 모서리 형상을 가지는 설계형상을 정삭가공 단계에서 모두 처리하려면 절삭공구의 코너 반경≤R 이어야 하는데, 만약 R 값이 작을 경우에는 지나치게 작은 공구로 인해 매우 많은 가공시간이 필요하게 된다. 따라서 적당하게 큰 공구(예 : 직경=30mm)로 정삭가공을 수행한 후, 정삭가공 공구의 곡률반경보다 작은 곡률반경을 가지는 오목한 부위는 더 작은 공구로 잔삭가공을 수행한다.

또한 날카로운 오목한 모서리 형상은 가공시간 및 품질(가공조도) 측면에서 평엔드밀 공구로 가공하는 것 보다는 흑연(graphite) 또는 구리 재질의 전극을 제작하여 방전가공으로 처리하는 것이 필요하다.

이와 같은 자유곡면 가공공정을 계층적 구조로 체계적으로 표현한 연구를 **그림 10.4**에 나타내었다[3]. 초기 피삭재에 대해 황삭~방전가공까지의 모든 절삭가공 공정(SSM : sculptured surface machining process)이 완료되면 최종형상(finished part)이 완성된다. 또한 각각의 가공공정은 복수개의 단위가공(UMO : unit machining operation)으로 구성되는데, 단위가공은 단일 공구로 지정된 영역을 가공하는 작업이다. **그림 10.5**는 사출금형을 가공하기 위한 공정계획 예를 보이고 있다[3].

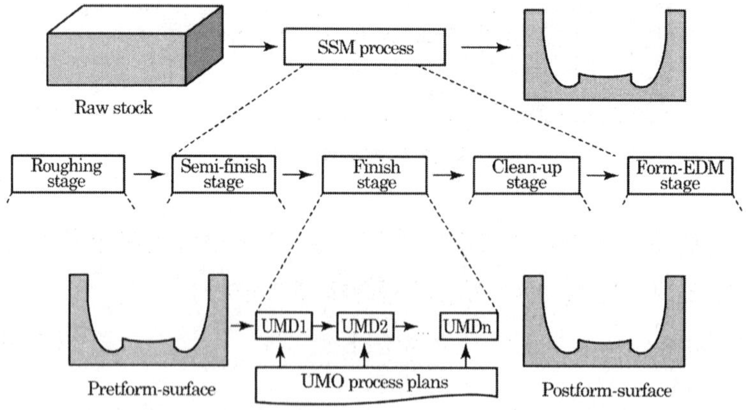

그림 10.4 Hiearchical model of SSM-process

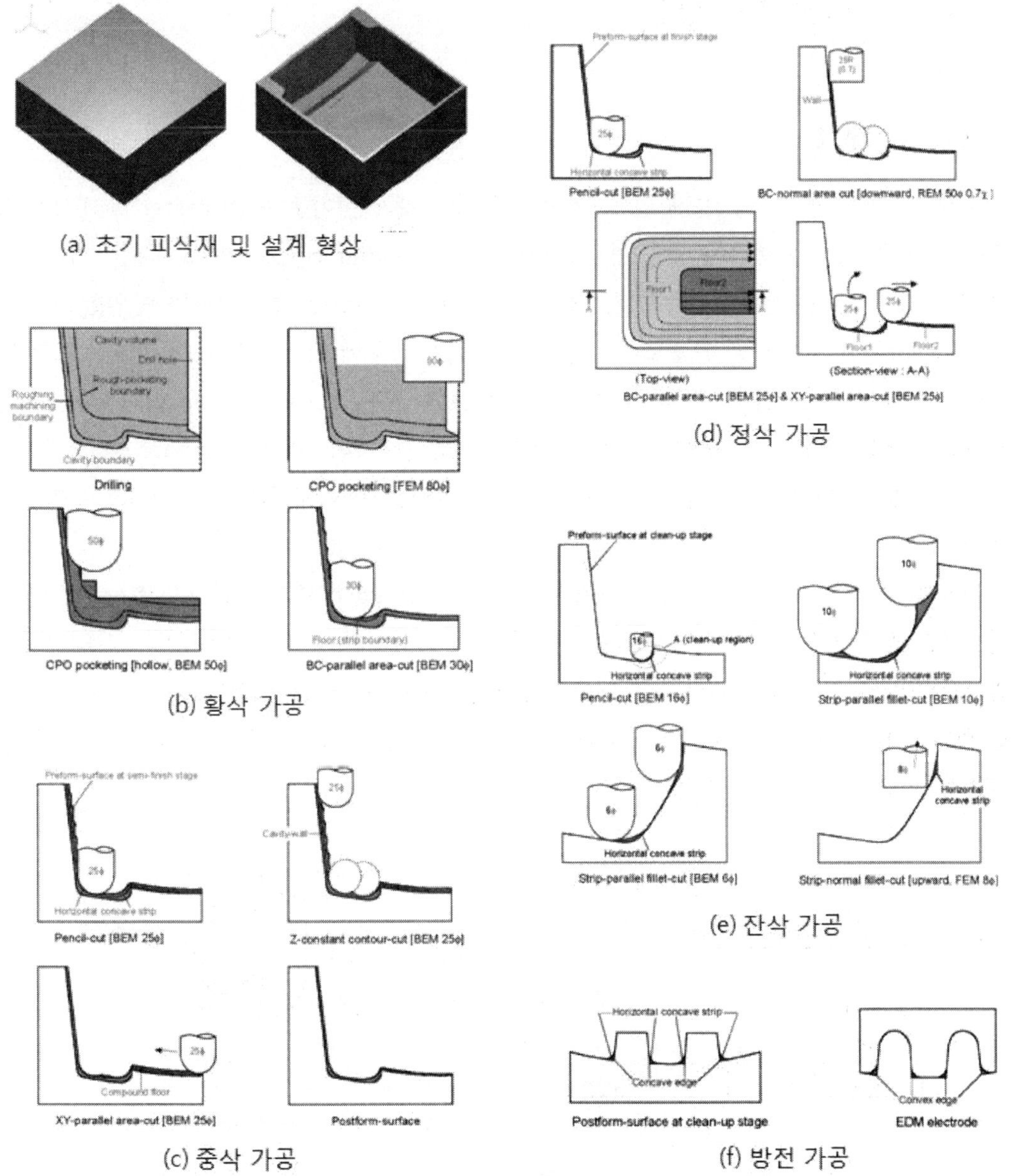

그림 10.5 사출 금형의 절삭가공 공정 예

10.3 공구경로 생성

10.3.1 개요

절삭공구에 의한 절삭을 통해 설계형상을 만들기 위해서는 기준 형상(master model)이 필요하다. 기준 형상의 종류는 실물 기준모형(physical master model) 또는 디지털 기준모형(digital master model)이 가능하다. 모방가공(copy milling)은 절삭공구와 동일한 형상의 스타일러스(stylus)가 실물 기준모형 형상 표면에 접한 상태에서 움직일 때, 절삭공구 또한 연동하여 동시에 움직이면서 피삭재를 가공하는 방식이다. NC(numerical control) 가공은 실물 기준모형 대신 디지털 기준모형을 사용하는 개념이다. 즉 수학적 곡면식(surface equation)으로 기준모형을 표현하고, 절삭공구 형상이 곡면을 따라갈 때 공구 위치를 수학적으로 계산하게 된다.

가공대상 곡면에 공구가 접촉한 상태에서 CC(cutter contact) 데이터와 CL(cutter location) 데이터를 정의한다. CC 데이터는 공구와 접촉하는 곡면상의 점(공구접촉점)과 그 점에서의 법선벡터(normal)를 의미한다. CL 데이터는 공구기준점과 공구축벡터(cutter axis vector)를 의미한다. 일반적으로 엔드밀 공구의 공구 바닥 중심점을 공구기준점으로 설정하며, 공구기준점은 NC 프로그램 위치점이 된다.

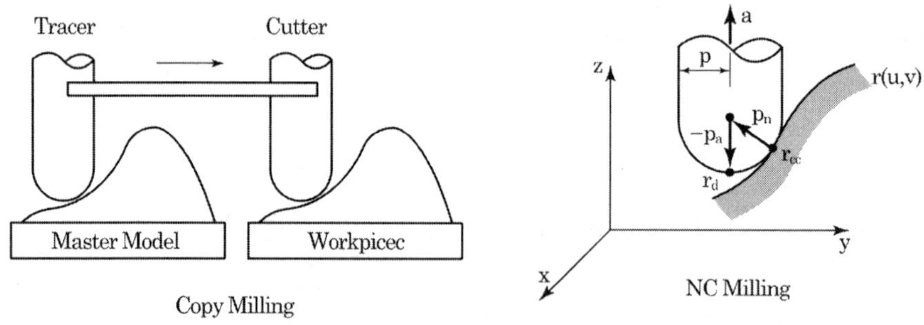

그림 10.6 모방가공 대 NC 가공 개념

참고로 다음은 절삭가공과 관련된 몇 가지 특성으로서, 상세한 내용은 일반적인 절삭가공 문헌을 참고하도록 한다.

• 상향절삭(up-milling) 및 하향절삭(down-milling)
• 상방향절삭(upward milling), 하방향절삭(downward milling)

10.3.2 CL 데이터 계산

CL 데이터 계산을 위해 가공대상 곡면을 매개변수형 곡면 $\mathbf{r}(u, v)$로 표현하고 단위법선벡터는 $\mathbf{n}$으로 표현하자. 곡면위의 한 공구접촉점 $\mathbf{r}_{cc}$에서 볼엔드밀 공구에 대한 공구기준점(CL 데이터) $\mathbf{r}_{CL}$은 다음 식으로 계산한다. 이때 벡터 $\mathbf{a}$는 공작물 좌표계에 대한 공구축 벡터(cutter axis vector)이며, 일반적인 3축 밀링 가공은 좌표계 z축에 평행하므로 $\mathbf{a}=(0,0,1)$이다.

$$\mathbf{r}_{CL} = \mathbf{r}_{CC} + R(\mathbf{n} - \mathbf{a}) \tag{10·1}$$

여기서 R=공구반지름, $\mathbf{n} = \mathbf{r}_u \times \mathbf{r}_v / |\mathbf{r}_u \times \mathbf{r}_v|$, $\mathbf{a}$=공구축벡터

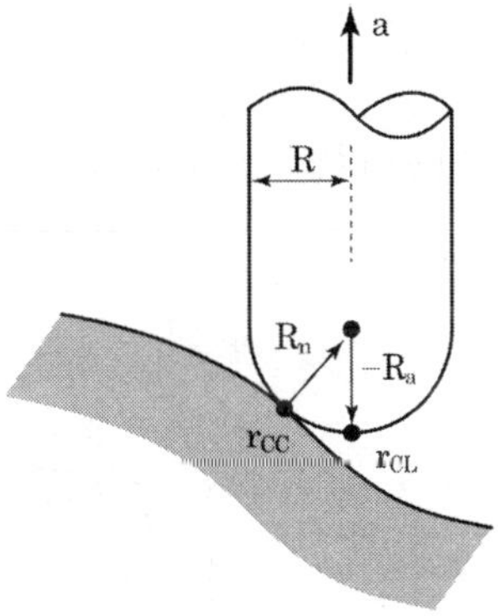

그림 10.7 볼엔드밀의 CL 데이터 계산

다음으로 라운드 엔드밀 공구의 CL 데이터는 다음 식으로 계산한다[3]. 여기서 r은 공구의 코너 반경이고, 벡터 $\mathbf{f}$는 공구진행방향 벡터이다. 이때 $\alpha = \mathbf{a} \cdot \mathbf{n}$에 따라 두 가지 경우로 구분하여 계산하는데, 식 (10.2)는 일반적인 경우이고($\alpha \neq 1$) 식 (10·3)은 공구축벡터가 법선벡터와 평행한 경우이다($\alpha = 1$). 참고로 $R = r$인 경우 볼엔드밀과 같은 결과를 보임을 알 수 있다.

$$\mathbf{r}_{CL} = \mathbf{r}_{CC} + r(\mathbf{n} - \mathbf{a}) + (R - r)(\mathbf{n} - \alpha\mathbf{a}) / \sqrt{1 - \alpha^2}, \quad \text{if } \alpha \neq 1 \tag{10·2}$$

$$\mathbf{r}_{CL} = \mathbf{r}_{CC} + (R - r)\mathbf{f}, \quad \text{if } \alpha = 1 \tag{10·3}$$

여기서 $\alpha = \mathrm{a} \cdot \mathrm{n}$.

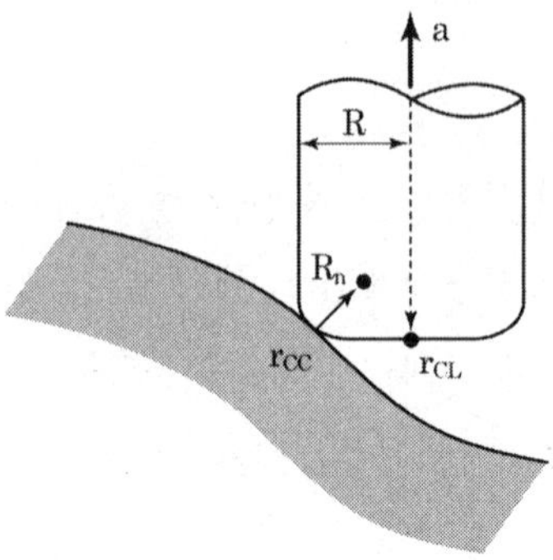

그림 10.8 라운드 엔드밀의 CL 데이터 계산

평엔드밀은 라운드 엔드밀 공구의 코너 반지름 $r=0$인 경우이며, 다음과 같은 식으로 표현할 수 있다.

$$\mathrm{r}_{CL} = \mathrm{r}_{CC} + R(\mathrm{n} - \alpha \mathrm{a}) / \sqrt{1-\alpha^2}, \quad \text{if } \alpha \neq 1 \tag{10·4}$$

$$\mathrm{r}_{CL} = \mathrm{r}_{CC} + R\mathrm{f}, \quad \text{if } \alpha = 1 \tag{10·5}$$

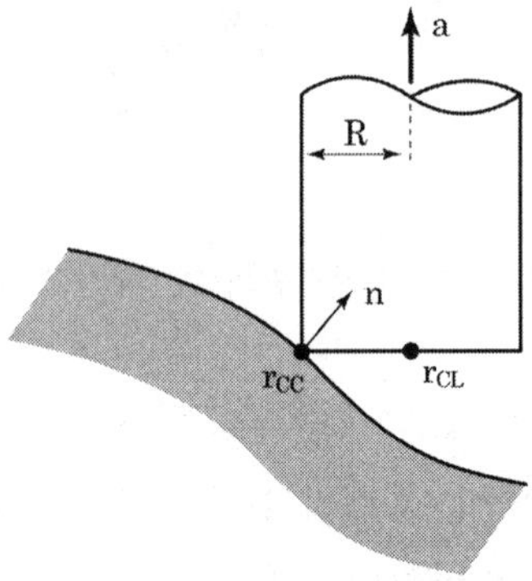

그림 10.9 평엔드밀의 CL 데이터 계산

10.3.3 공구경로

(1) 공구경로 형식

피삭재를 절삭하여 설계형상을 얻기 위해서는 공구가 효율적으로 피삭재를 제거하도록 공구 움직임을 제어하여야 한다. 공구가 이동하는 경로를 공구경로(tool-path)라고 하며, 최종적으로 공구경로는 NC 데이터로 변환되어 NC 공작기계로 전달된다.

3차원 곡면의 절삭가공에 사용되는 공구경로 형태(tool-path topology)는 매우 다양한데, 기본적으로는 가공대상물의 특징 형상에 따라 적절한 형태를 적용하는 것이 좋다. 전통적으로는, 다음과 같은 두 가지 형태의 공구경로를 들 수 있다.

- 등매개 곡선 방향 공구경로(Isomparametric tool-path)
- 직선 방향 공구경로(Cartesian tool-path)

등매개 곡선 방향 공구경로 형태는, 곡면의 등매개 곡선(isoparametric curve)을 따라 공구가 이동하는 방식으로서, 매개변수형 곡면의 형상 경향을 따라 가공이 이루어진다는 장점이 있다. 프로펠러, 터빈 블레이드와 같이 몇 개의 곡면으로 설계형상이 구성되는 경우에 많이 적용한다. 반면 직선 방향 공구경로 형태는, xy 평면에 수직하는 평면과 가공대상 곡면과의 교선을 공구이동 경로로 삼는다. 이러한 방식은 특히 설계형상이 수백~수천 개의 곡면으로 구성되는 금형 곡면 가공에 효과적이다. 즉 넓은 가공 영역을 각각의 곡면 경계와 상관없이 전체적으로 가공하는 경로를 생성할 수 있다는 장점이 있다.

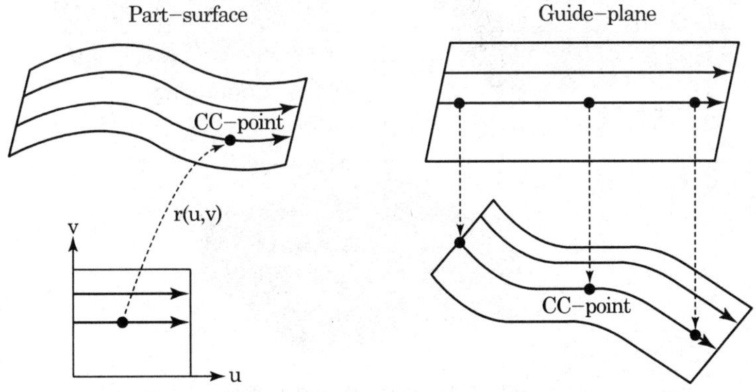

(a) 등매개곡선 방향 경로 (b) 직선 방향 경로

그림 10.10 대표적인 공구경로 형태

일반적으로 절삭가공 대상물은 다양한 가공 형상(특징형상)을 포함하며, 각각의 특징형상에 적절한 공구경로를 생성하는 것도 중요하다. 여기서는 금형 가공에 많이 사용하는 몇 가지 공구경로를 살펴보도록 하자.

① 포켓 가공(pocketing)

평탄한 곡면에 폐곡선을 정의하고, 영역 내부를 일정 깊이만큼 파낸 형상을 포켓이라고 한다. 포켓 형상을 가공하는 일반적인 가공경로는 폐곡선을 일정 간격으로 옵셋하여 얻어진다.

② 숄더링(shouldering)

포켓과는 반대로 평탄한 곡면위에 튀어나와 있는 형상을 만들기 위한 가공이다.

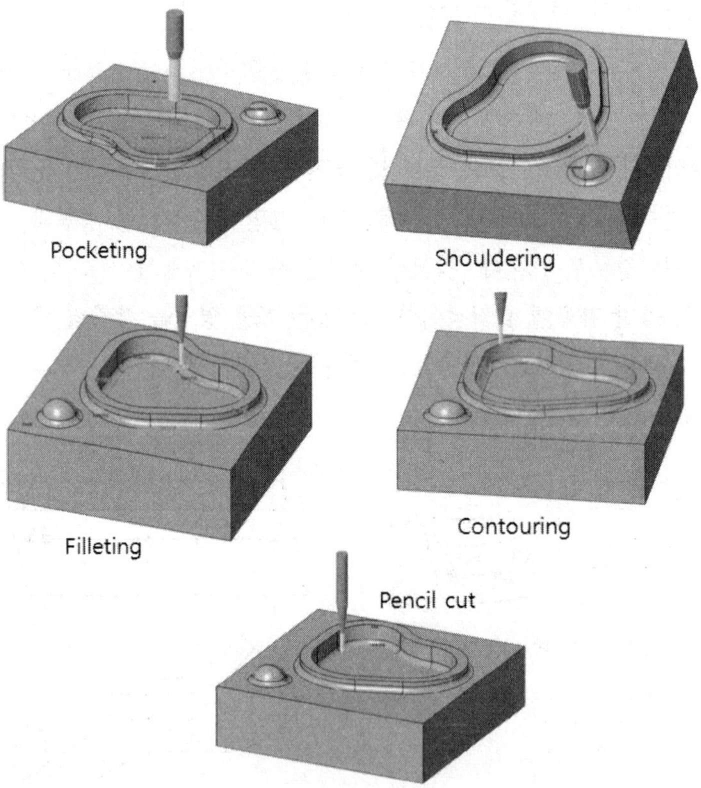

그림 10.11 주요 공구경로 형태

③ **필렛가공(fillet machining)**

오목한 부위의 블렌딩 형상을 필렛이라고 하며, 필렛 형상을 가공하는 가공경로이다. 필렛 형상이 모서리 곡선을 따라 구성되는 일종의 띠(strip)와 같은 형상인데, 모서리와 나란한 방향으로 공구를 이동시키는 strip-parallel 가공과, 이와 직교하는 방향으로 공구를 이동시키는 strip-normal 가공이 가능하다.

④ **윤곽 가공(profiling) 또는 곡선 가공**

2차원 또는 3차원 윤곽(profile)을 형성하기 위한 가공으로서, 공구가 윤곽 곡선(profile curve)을 따라가는 가공이다.

⑤ **등고선 가공(contouring)**

측벽 부위나 돌출부위 형상의 측벽을 가공하기 위해 등고선(contour line)을 따라 가공하는 방식이다. 일반적인 등고선 가공은 등고선을 따라 일정 높이값을 유지하는 절삭가공을 수행한다. 이 경우 다음 가공경로(아래쪽 등고선)로 이동할 때만 공구 높이값이 변경된다. 한편 고속가공(high speed machining)을 위해서는 공구경로의 급격한 꺾임 현상을 피하기 위해 나선 경로(helical path)를 따라가는 나선 가공을 선호한다.

⑥ **펜슬가공**

펜슬가공은 오목한 모서리(concave edge)를 따라 곡선가공을 수행하는 가공이다. 일반적으로 볼엔드밀 공구를 사용한다. 펜슬가공의 주 용도는 황삭가공과 잔삭가공이다. 황삭가공의 경우, 오목한 모서리 부위의 소재를 미리 제거함으로써 가공 부하를 줄여준다. 잔삭가공은 정삭가공 후에 오목한 부위 - 즉, 정삭가공에서 사용한 공구 반경보다 작은 곡률반경을 가지는 오목한 부위에 남아있는 피삭재 소재를 제거하는 것이 목적이다. 일반적으로 오목한 부위의 곡률반경을 고려하여 몇 단계로(반경이 다른 공구로) 펜슬가공을 적용한다.

(2) 추가 고려사항

공구경로 생성과 관련하여 추가로 고려할 사항을 다음과 같이 정리하였다.

① **단방향(oneway), 양방향(zigzag)**

단방향은 이웃하는 절삭 경로의 방향이 항상 한 방향인 경우이고, 양방향은 방향이 번갈아 바뀌는 경우이다. 일반적으로 단방향 가공이 곡면 거칠기(roughness) 측면에서 더 좋다. 양방향 가공의 경우, 하향절삭(down milling)과 상향절삭(up milling)이 번갈아 실행되면서 가공 결과의 차이가 현격하게 나타나게 되는 단점이 있다.

② 경로 간 연결(path link)

한 경로의 가공이 완료되면 이웃하는 다음 경로의 가공 시작점으로 이동하게 되는데, 두 경로를 연결하는 방법은 일반적으로 직접 연결(direct), 점프 연결(jump), 그리고 상대 연결(relative)이 있다. 직접 연결은 공구가 다음 가공 위치까지 직접 이동하는 경우인데, 두 연결점 사이에 공구 이송으로 인한 과절삭(overcut)이 없을 때에만 활용이 가능하다. 점프 연결은 공구가 일정높이까지 올라간 후, 다음 가공시작점까지 이동한 후 내려가는 방법이다. 상대 연결은 두 연결점 중 더 높은 점의 높이로 이동 후 다음 점으로 연결하는 방법이다.

③ 공구 접근(approach), 공구 빠짐(retract)

가공 대상 피삭재는 설계형상에 가공여유가 더해져 있는 상태이므로, 절삭 시작점으로 들어갈 때는 약간 떨어진 위치에서부터 절삭 가능한 이송속도(feedrate)로 접근하여야 한다. 마찬가지로 절삭 끝점에서 빠져 나올 때에도 약간 떨어진 위치까지 절삭 모드로 이동 후 다음 절삭 위치로 연결되도록 한다. 3차원 곡면 가공의 경우 이러한 접근 및 빠짐 방법으로 ① z축 방향, ② 접선 방향, ③ 법선 방향, ④ 기타 방향 등이 있다.

④ 안전 높이(safety height, relief)

절삭가공 중 일정 높이로 공구를 이동하여 신속하게 원하는 위치로 이동시키는 경우에 대비하여 설정한 높이 값이다. 일반적으로 절대 높이와 상대 높이로 구분하여 설정할 수 있다. 절대 높이는 공작물 좌표계에서 설정된 고정 높이값으로서, 대개 설계형상의 최고점 높이에 일정 여유를 더한 값이다. 상대 높이는 현재 위치에서 다음 위치로 이동할 때, 이동 중 공구와 간섭이 발생할 수 있는 형상의 높이값을 고려하여 설정한다.

⑤ 진행 거리(step length), 경로 간격(path interval)

진행 거리는 공구경로상의 한 점에서 다음 점까지의 직선거리이며, 경로 간격은 이웃하는 다음 경로와의 거리를 의미한다. 진행 거리와 경로 간격은 가공 정밀도에 따라 달라지며, 자세한 내용은 다음 절에서 다룬다.

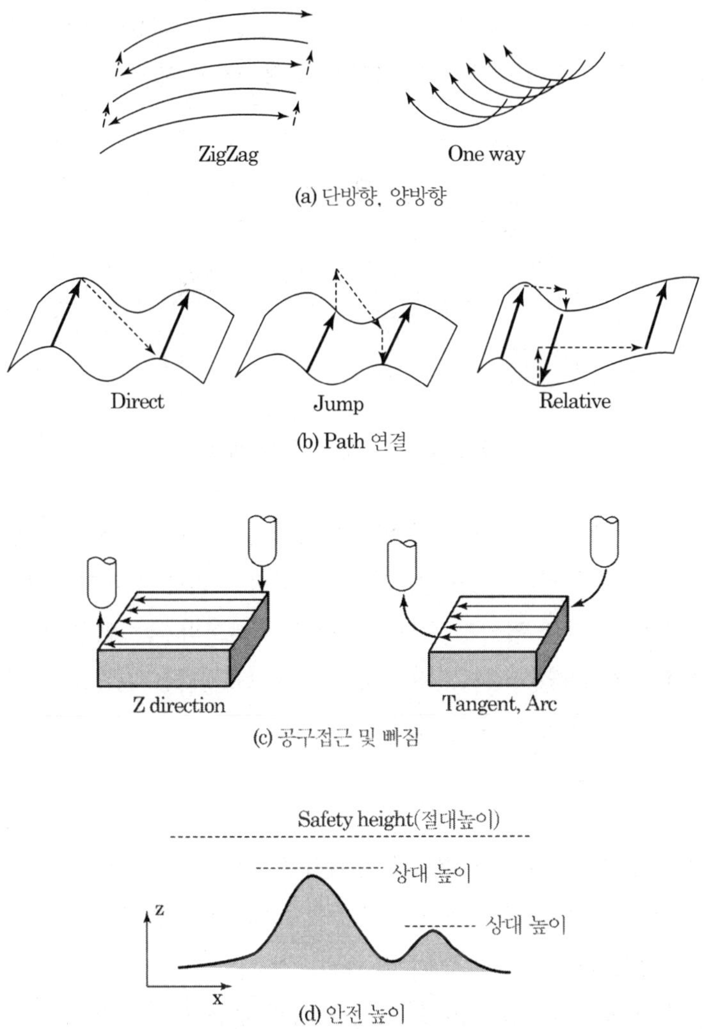

그림 10.12 공구경로 생성시 고려 사항

10.3.4 진행거리와 경로간격

(1) 진행 거리(step length)

자유곡면의 NC 가공을 위한 공구경로는 ①짧은 선분의 연속, ②원호 또는 NURBS 곡선 보간으로 구성되는데, 일반적으로 짧은 선분의 연속으로 이루어진다. 이러한 방식은 원호 등의 부드러운 곡선을 짧은 선분으로 구성되는 다각형곡선(polyline)으로 근사하는 것에 비유할 수 있으며, 근사 정밀도에 따라 선분의 길이(l)가 결정된다(**그림 10.13**). 이때 국소적으로는 곡선 형상을 원호로 가정하여 선분의 길이를 결정하기도 한다.

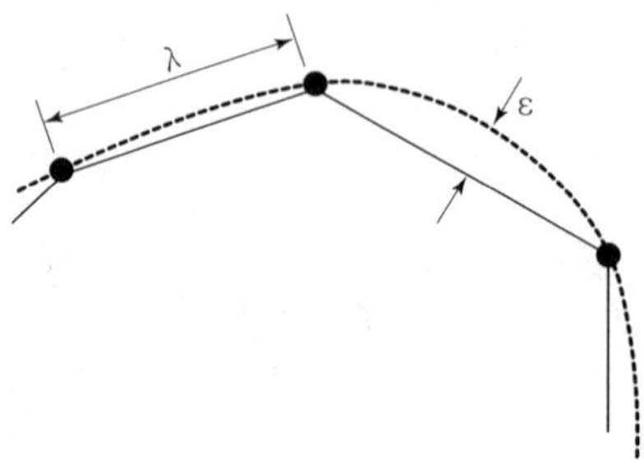

그림 10.13 곡선의 근사 개념

공구경로가 자유곡면 위의 곡선으로 주어진다면, 공구는 이 곡선에 접촉한 상태로 이동하고 이 곡선을 CC 곡선이라 하자. 공구의 크기를 고려하지 않은 상태에서 가공 정밀도는 CC 곡선의 근사 정밀도와 동일한 의미가 된다. 즉 현재 점에서의 국소적인 곡선 형상을 원호로 가정할 경우, 현재 점에서 다음 점까지의 직선길이(λ_{CC})는 다음 식으로 구할 수 있다. 이때 R은 곡률반경이고, ε은 오차값(tolerance)이다.

$$\lambda_{CC} = 2\sqrt{2R\varepsilon - \varepsilon^2} \tag{10·6}$$

하지만 실제 절삭공구는 부피를 가지는 물체이므로, 위 식으로 진행거리를 계산할 경우 볼록한 부분은 더 많이 깎여 나가고 오목한 부분은 더 많이 남게 될 것이다. 따라서 공구 형상을 고려한 계산이 필요하다.

볼엔드밀 공구로 볼록한 형상을 가공할 경우 다음과 같은 계산식을 사용할 수 있다[3]. 여기서 R는 공구반경이고, τ_i는 깎아내는 허용치(in-tolerance)이다(**그림 10.14**).

$$\lambda_{CC} = 2R\sqrt{1 - [(R+\rho-\tau_i)/(R+\rho)]^2} \tag{10·7}$$

이 식은 $R=0$, $\tau_i = \varepsilon$으로 두었을 때 앞서의 식이 됨을 알 수 있다. 또한 볼엔드밀 공구의 중심점을 기준으로 진행거리를 계산한다면 다음과 같은 식이 된다.

$$\lambda_{CL} = 2\sqrt{2\tau_i(R+\rho) - \tau_i^2} \tag{10·8}$$

만약 볼엔드밀이 오목한 영역을 가공한다면 이들 계산식은 R의 부호를 변경하여 다음과 같은 식이 된다[3]. 이때 τ_0는 남기는 허용치(out-tolerance)이다.

$$\lambda_{CC} = 2R\sqrt{1-[(R-\rho-\tau_o)/(R-\rho)]^2} \tag{10·9}$$

$$\lambda_{CL} = 2\sqrt{2\tau_o(R-\rho)-\tau_o^2} \tag{10·10}$$

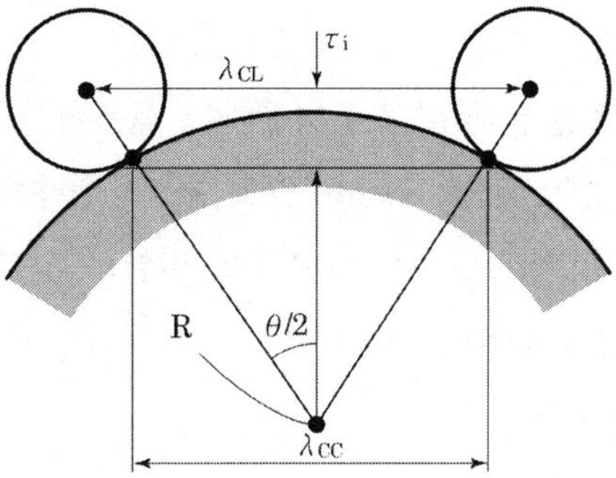

그림 10.14 진행거리 계산

(2) 경로 간격(path interval)

경로 간격이란 이웃하는 두 경로간의 직선거리로 정의한다. 경로 간격을 결정하는 기준으로는 커습 높이(cusp height)를 많이 사용한다. 참고로, 커습 높이는 곡면 거칠기(roughness)와 직결되는 수치이므로, 많은 CAM 시스템은 커습 높이를 사용자 입력으로 받아 처리하기도 한다.

경로 간격 w로 볼엔드밀 가공을 할 경우, 국소적인 가공곡면 형상을 평면으로 근사할 때, 커습 높이 h는 다음 식으로 나타난다[3].

$$\eta = \rho - \sqrt{\rho^2-(\omega/2)^2} \tag{10·11}$$

따라서 이 식을 정리하여 경로 간격 w는 다음 식으로 표현된다(**그림 10.15**).

$$\omega = 2\sqrt{\eta(2\rho-\eta)} \tag{10·12}$$

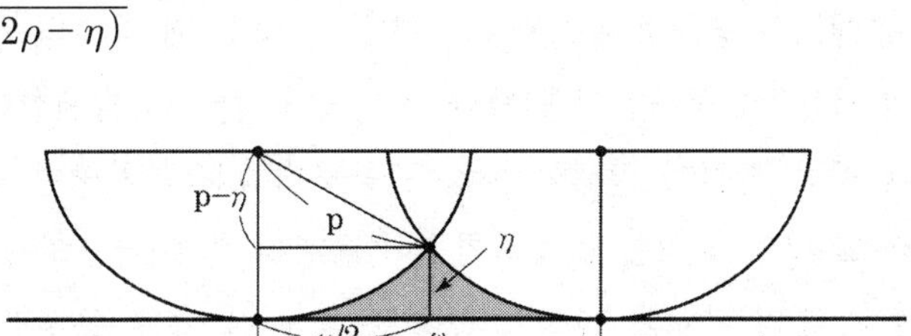

그림 10.15 경로 간격 계산

볼엔드밀 공구 접촉점의 국소적인 곡률반경을 고려하는 경로간격 계산은 Choi[3]를 참고하도록 한다. 또한 볼엔드밀이 아닌 경우는 해석적인 방법이 적절하지 않기 때문에 여기서는 다루지 않기로 한다.

10.3.5 간섭

피삭재를 가공할 때 기계적인 문제 이외에 발생하는 대표적인 문제점들은 다음과 같다. 이러한 문제들을 통칭하여 간섭(interference)이라고 하고, 현재 상업용 CAD/CAM 시스템은 어느 정도까지는 간섭 현상을 제거한 NC 데이터를 만들고 있다.

- 공구 간섭(gouging 또는 concave gouging)
- 볼록 간섭(convex gouging)
- 충돌(collision)
- 축값 벗어남(stroke-over)

공구 간섭(gouging)은 공구접촉점(CC point)에 공구가 접촉한 상태에서 공구형상이 설계형상을 침범하는 경우를 의미한다. 이에 반해 볼록 간섭이란, 연속된 공구접촉점 사이의 공구이동에 의해 설계형상이 다치는 경우를 의미한다. 이 두 가지 간섭현상은 통칭하여 과절삭(overcut)이다. 또한 공구 간섭과 볼록 간섭은 공구 절삭날 부위와 설계형상 간의 간섭이 발생하는 경우이고, 충돌은 절삭날 이외의 공구 몸통(shank) 및 홀더(holder)와 설계형상 및 피삭재 간의 간섭현상을 의미한다. 마지막으로 '축값 벗어남' 이란, 어떤 공구접촉점을 가공하기 위한 공구 CL 데이터가 NC 공작기계의 허용 축값 범위를 넘어 가공이 불가능한 경우를 이름이다.

(1) 공구 간섭

기하학적으로는, 볼엔드밀 공구로 부드러운 곡면을 가공할 때 곡면의 최대 법곡률(normal curvature)이 공구의 곡률(=1/공구반지름)보다 크면 공구 간섭이 발생한다고 할 수 있다. **그림 10.16**에서 보듯이 공구 간섭이 발생하는 경우 공구접촉점의 가공이 불가능하므로, 공구 간섭이 발생하지 않도록 공구 위치를 변경시켜주어야 한다. 3축 가공의 경우 간섭이 없을 때까지 공구 축 방향으로 올려주거나, 여의치 않을 경우 아예 해당 공구접촉점을 제외하기도 한다. 어떤 경우라도 미가공 상태로 소재를 남기게 될 것이고, 이런 부위는 잔삭가공 단계에서 더 작은 반경의 공구로 가공하게 된다.

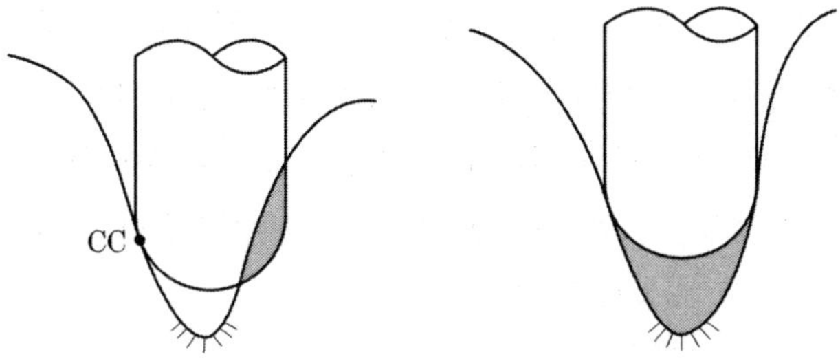

그림 10.16 공구 간섭 및 회피

(2) 볼록 간섭

연속된 공구접촉점 사이에서 절삭공구가 이동할 때, 공구형상의 움직임으로 만들어지는 형상(tool swept volume)이 설계형상을 침범하는 경우이다. **그림 10.17**에서 보듯이 두 CC 점 사이의 곡면 형상이 볼록할 경우 발생한다. 만약 오목한 경우라면 소재를 남기게 될 것이다. 볼록 간섭을 피하기 위해서는 두 CC 점 사이에 CC 점을 추가하는 방법이 있는데, 상세한 계산은 Choi[3]를 참고하도록 한다.

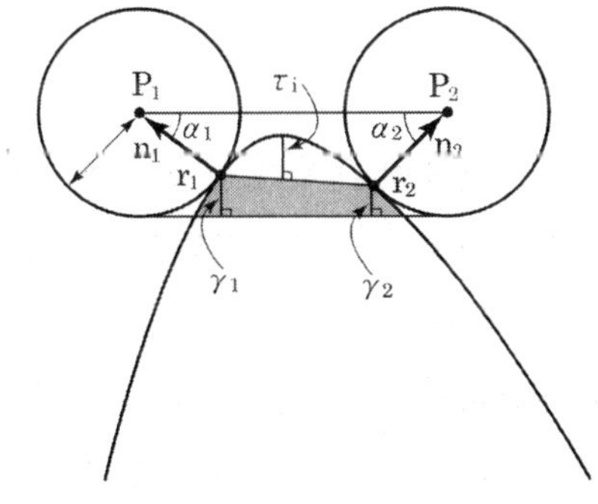

그림 10.17 볼록 간섭

(3) 충돌

NC 가공 중 피삭재 및 고정구(fixture)와 충돌이 발생할 수 있는 주요한 물체로는, 스핀들, 공구 홀더, 공구 등이 있다. 가공 형상에 깊은 측벽부위(cavity 따위)가 있다면 충돌 가능성을 염두에 두고 주의하여 가공 데이터를 생성하여야 한다. 특히 동시 5축 가공의 경우는 절삭 중 공구 축벡터의 변화가 있기 때문에 주의하여야 한다.

이상적인 CAM 시스템은 가공 데이터 생성 시 모든 물체간의 충돌을 확인하여야 하지만, 과다한 계산시간이나 정확한 모델링 어려움 등의 이유로 결코 쉬운 일이 아니다. 일반적인 CAM 시스템은 공구 홀더 및 공구와 피삭재 간의 충돌 검사를 수행하며, 특별한 경우(예: 전용 가공기와 전용 CAM 시스템 개발) 정밀한 충돌 검사를 실시한다. 이때 공구는 절삭날 이외의 부위(즉 shank)를 검사 대상으로 한다.

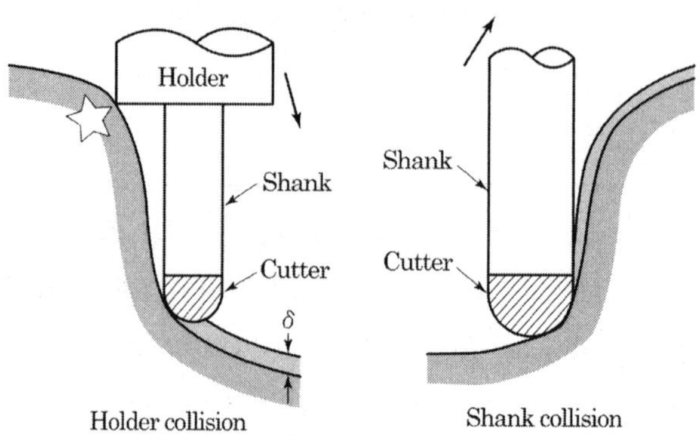

그림 10.18 충돌

(4) 축값 벗어남

일반적인 3축 가공에서는 공작물 좌표계 내에서 가공 영역의 xyz 범위를 확인할 수 있으므로 가공 가능한 공작기계를 미리 선택할 수 있다. 따라서 작성한 가공 데이터가 기계의 허용 축값을 벗어나는 경우가 드물다. 그러나 4축 또는 5축 가공과 같이 회전축(A, B, C축)을 포함하면서 회전축의 허용 축값이 제한되어 있을 경우, CL 데이터 계산 시 축값을 벗어나는지 여부를 검사하여 축값 범위 내의 CL 데이터를 얻어야 한다. 5축 가공기에서 CL 데이터(p, a)에 대한 기계 축값을 계산하는 과정은 역기구학(inverse kinematics) 모델링을 활용하면 된다. 5축 가공에 대해서는 뒤에서 상세하게 다루기로 한다.

10.4 NC 프로그래밍

10.4.1 개요

설계형상을 가공하기위한 NC 프로그램을 파트 프로그램(part program) 또는 간단하게 NC 데이터라고 한다. NC 기계 중앙연산장치는 이 프로그램을 처리하여 지령 위치로 공구를 이동시키거나 기계의 부가적인 기능을 수행한다. 마치 BASIC 따위의 컴퓨터 프로그래밍 언어를 작성하여 우리가 원하는 작업을 수행하는 것과도 유사하다.

NC 프로그램을 작성하는 방법은 사람이 직접 NC 코드를 입력하는 수동 프로그래밍과, 입력받은 설계형상 및 가공 조건으로부터 컴퓨터 소프트웨어가 자동으로 NC 데이터를 생성하는 자동 프로그래밍이 있다. 매우 단순한 형상을 가공하는 간단한 NC 작업은 수동 프로그래밍이 효율적일수도 있겠지만, 일반적인 자유곡면의 3차원 절삭가공은 자동 프로그래밍이 절실히 요구된다.

10.4.2 프로그램 형식

NC 프로그램은 기본적으로 두 가지 성격의 명령어로 구성되는데, ① 공구 움직임(즉 공구 기준점의 위치와 방향)을 제어하기 위한 명령어, ② 기계 장치의 On/Off를 제어하는 명령어로 나눌 수 있다. 하나의 NC 프로그램은 일련의 NC 블록(block)으로 구성되며, 한 NC 블록은 몇 개의 NC 워드(word)로 구성된다. 또한 한 워드는 영어 알파벳(NC address)과 숫자로 구성된다. 다음은 NC 블록의 예를 보이고 있다.

```
G01 X0.123 Y0.456
```

(1) NC 어드레스

NC 프로그램에서 사용하는 어드레스는 용도에 따라 다음과 같이 구분할 수 있다[4].

표 10.1 NC 어드레스

기 능	어드레스	의 미
프로그램 번호	O	
문 번 호	N	NC 블록 일련 번호
좌 표 값	X Y Z A B C I J K R	좌표값 기계 회전축 각도 원호의 중심점 좌표 벡터 원호의 반지름
이 송 속 도	F	이송 속도 (mm/min, inch/min)
주축 회전 속도	S	주축 회전 속도 (rpm)
공 구 번 호	T	공구 번호
준 비 기 능	G	동작 모드 지정
보 조 기 능	M	기계 제어 (On/Off)
옵 셋 번 호	D H	옵셋 레지스터 번호

직교좌표계 내에서 지령하고자 하는 공구 위치가 (a, b, c)일 때, NC 코드 지령은 다음과 같다.

```
Xa Yb Zc
```

이때 좌표값 a, b, c의 표기는 NC 기계의 BLU(basic length unit: 최소설정단위)에 따라 차이가 있는데, BLU=0.001이고 (a, b, c)=(10.0, 20.1, 30.234)이라 가정하면,

```
X10. Y20.1 Z30.234
```

또는

```
X10000 Y20100 Z30234
```

로 표기한다. 소수점의 유무에 따라 제어기가 해석하는 좌표값이 달라짐에 유의하여야 한다.

공구 이송속도는 F 코드로 지령하며, 단위는 mm/min 또는 inch/min이다. 주축 회전속도는 S 코드로 지령하며, 단위는 rpm이다. 예를 들어 주축 회전수 5000rpm, 이송속도 1000mm/min로 (a, b, c) 위치로 공구를 이동시키고 싶다면 다음과 같이 지령한다.

```
Xa Yb Zc F1000 S5000
```

ATC(automatic tool changer)를 이용하여 자동으로 공구교환을 할 경우, 공구를 지정하는 방법은 다음과 같이 해당 공구가 저장된 Tool magazine 번호(예: 49)를 지정하는 것이다.

```
T49
```

(2) M 코드

M 코드는 NC 기계의 On/Off 제어에 사용된다. 주요 M 코드는 아래 표와 같다[4].

표 10.2 M 코드와 기능

구분	M 코드	기능
프로그램 끝	M00	프로그램 정지
	M02, M30	프로그램 완료 및 재 수행 준비
주축 회전	M03	시계방향으로 주축 회전
	M04	반 시계방향으로 주축 회전
	M05	주축 회전 정지
공구 교환	M06	공구 교환 명령
절 삭 유	M08	절삭유 ON
	M09	절삭유 OFF

(3) G 코드

G 코드는 공구 이송의 성격을 알려주는 어드레스이다. 주요 G 코드는 아래 표에 정리되어 있다[4]. G 코드는 해당 블록에서만 유효한 경우(one shot)와, 다른 값으로 바뀔 때까지 다음 블록에서도 계속 유효한 경우(modal)로 구분되는데, 표에서 (*) 표시가 되어 있는 코드는 one shot 코드이다.

표 10.3 G 코드와 기능

구분	G 코드	기능
공구 이동 형태	G00	급속 이송 (위치 제어)
	G01	직선 보간 (주어진 속도로 직선 이동)
	G02	원호 보간 (CW: 시계 방향)
	G03	원호 보간 (CCW: 반시계 방향)
공구 일시 정지(*)	G04	지정된 시간 만큼 공구 이동 정지
평면 설정	G17	XY 평면
	G18	ZX 평면
	G19	YZ 평면
좌표값 입력 단위	G20	inch 입력
	G21	mm 입력

표 10.3 계속

구 분	G 코드	기 능
공 구 반 경 보 정	G40 G41 G42	반경 보정 취소 공구 진행 방향의 왼쪽으로 보정 공구 진행 방향의 오른쪽으로 보정
공 구 길 이 보 정	G49 G43 G44	길이 보정 취소 더하기 보정 빼기 보정
좌표값 입력 형태	G90 G91	좌표의 절대값 입력 좌표의 증분값 입력
공작물 좌표계 설정(*)	G92	공작물 좌표계 설정

10.4.3 수동 프로그래밍

(1) 공작물 좌표계 설정

NC 공작기계와 관련된 좌표계는 기계 좌표계와 공작물 좌표계가 있다. 기계 좌표계는 기계 원점을 기준으로 설정된 좌표계이며, 밀링 기계의 경우 일반적으로 공구 회전 중심축(스핀들 중심축)을 z축으로, 앞에서 보아 기계 베드 좌우 방향을 x축으로, 그리고 직교좌표계 규칙에 따라 y축을 설정한다. 공작물 좌표계는 가공 형상을 위한 좌표계로서, 원점 및 좌표축은 NC 프로그래머가 가공을 염두에 두고 설정한다. 대체로 기계 베드 상에 공작물을 고정하였을 때 기계좌표계와 동일한 방향이 되도록 공작물 좌표계를 설정하는 것이 여러모로 편리하다. **그림 10.19**는 2차원 윤곽 가공을 위한 공작물 좌표계 설정 예를 보이고 있다.

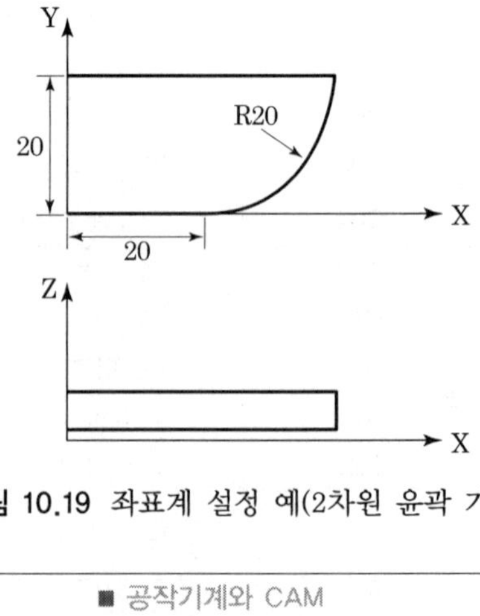

그림 10.19 좌표계 설정 예(2차원 윤곽 가공)

(2) 좌표값 입력 설정

좌표값 입력 단위(mm 혹은 inch), 입력 형태(절대값 혹은 증분값)를 지정한다. 일반적인 mm 단위에 좌표의 절대값 입력 방식인 경우 다음과 같이 지령한다.

```
G21 G90
```

(3) 공구 출발점 지정

NC 프로그래머는 가공 대상물에 대해 설정한 공작물 좌표계를 알고 있지만, 이 정보를 NC 기계에도 입력해 주어야 올바른 가공이 가능하다. 앞서 언급하였듯이 공작물 좌표계의 x, y, z축은 기계 좌표계의 직교 축과 일치하도록 하였으므로, 공작물 좌표계 원점이 어디인지 알려주는 지령이 필요하다.

일반적인 방법은, 공작물 좌표계를 알고 있는 위치에 공구 기준점을 위치시킨 후 다음과 같은 지령을 주는 것이다. 예를 들어 공구 출발점이 공작물 좌표계로 (0,0,50)이라고 할 때, 실제 공구(기준점)도 그 위치에 있어야 한다. 이 블록의 실행 이후에는 공구 위치 지령값은 모두 공작물 좌표계 값으로 인식하게 된다.

```
G92 X0.0 Y0.0 Z50.0
```

(4) 급속 이송

현재 점에서 (a,b,c) 위치까지 신속하게(기계가 낼 수 있는 최대 속도로) 이동할 경우, 다음과 같이 G00 코드를 사용한다. 이때 실제 공구 이송 경로는 직선 보간을 수행하지 않기 때문에, 결과적인 이송 경로는 현재 점과 이 점을 잇는 선분이 아닐 수 있다.

```
G00 Xa Yb Zc
```

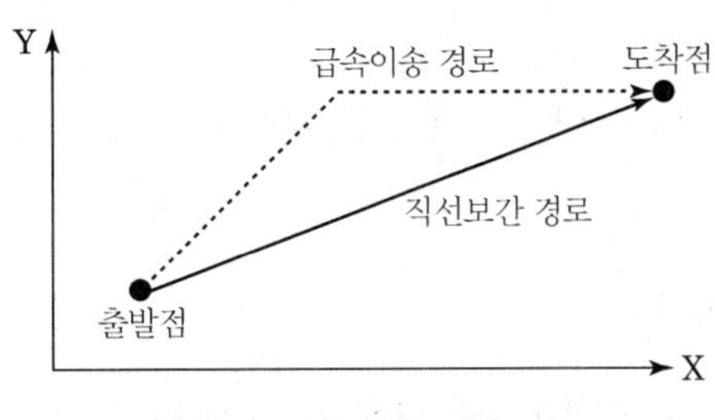

그림 10.20 급속 이송 예

(5) 절삭 이송 (직선/원호 보간)

현재 위치에서 (a, b, c) 지점까지 절삭가공을 수행하는 이송 방법은 두 가지가 있다. 직선으로 속도와 경로를 제어하며 이동하는 직선 보간(linear interpolation)이 있고, 원호를 따라 이동하는 원호 보간(circular interpolation)이 있다. 직선 보간은 G01 코드를 이용하여 다음과 같이 지령한다.

```
G01 Xa Yb Zc
```

원호 보간을 위해서는 원호가 놓이는 평면, 원호의 방향, 원호 중심점 정보를 지령하여야 한다. 다음과 같은 원호 보간 코드를 살펴보자.

```
G17 G02 Xa Yb Ii Jj
```

G17은 원호 보간이 xy 평면 상에서 진행됨을 알려준다. 만약 zx, yz 평면인 경우라면 G18, G19 코드를 사용한다. 여기서 Z 좌표값 지령은 필요없으므로 생략한다. G02 코드는 현재 점에서 시계 방향으로 원호를 따라가라는 의미이다. 반시계 방향으로 보내고자 한다면 G03 코드를 지령한다. 다음으로 I, J 코드는 현재점에서 원호 중심점까지의 벡터 성분이 (i, j)임을 알려준다. 이 코드는 절댓값/증분값 지령 모드(G90, G91)에 관계없다.

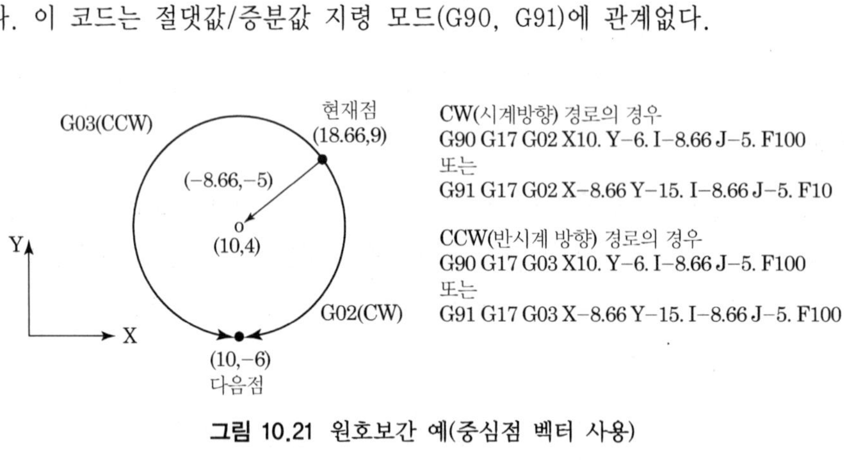

그림 10.21 원호보간 예(중심점 벡터 사용)

원호 보간을 지령하는 또 다른 형식은 중심점 벡터 대신 원호 반지름을 지령하는 방식으로서, 다음과 같은 형식이다.

```
G17 G02 Xa Yb Rr
```

이 방식을 사용하면 동일한 진행방향에 대해 두 가지 다른 경로를 구별해 주어야 한다. 이를 위해 반지름 값(r)의 부호를 활용한다. 참고로 360도 원호의 경우는 현재 위치를 지령 위치로, IJK 벡터 방식으로 지령한다.

r ≥ 0 : 180° 이하의 원호

r < 0 : 180° 이상의 원호

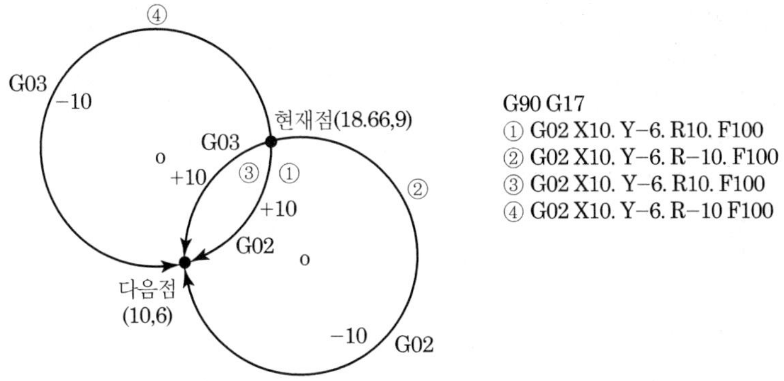

그림 10.22 원호보간 예(원호 반지름 사용)

(6) NC 프로그래밍 예

그림 10.23과 같은 윤곽곡선 바깥을 직경 20mm 엔드밀로 가공하는 프로그램을 만들어 보자. 공구 출발점은 (-20, -20, 50), 이송속도 200mm/min, 주축회전 속도 1000rpm이고 반시계 방향으로 가공하기로 한다. 공작물 좌표계 원점은 그림과 같으며, 절삭가공 시 공구기준점 z값은 0으로 한다.

이와 같은 가공을 위한 NC 프로그램은 다음과 같다. 공구위치를 지령하는 좌표값은 공구 중심점의 이동 경로를 나타내며, 특히 원호 보간 지령에서 반지름이 30임을 주의해야 한다. 참고로 NC 프로그램에서도 주석문(comment)을 사용하는데, “( )” 를 활용한다.

```
O0001
(CUTTER = DIA 20)
G21
G40 G90 G17
G92 X-20. Y-20. Z50.
F200 S1000 M03
G00 Z0.
X-15. Y-10.
G01 X20.
G03 X50. Y20. R30.
G01 Y30.
X-10.
Y-10.
G00 Z50.
X-20. Y-20.
M00
%
```

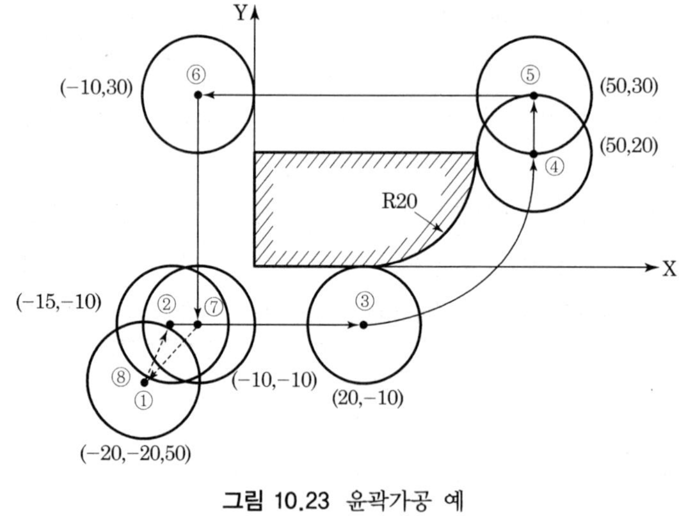

그림 10.23 윤곽가공 예

(7) 공구반경 보정

앞서 살펴본 예와 같이 실제 공구 중심점이 이동하는 경로를 구하여 프로그램을 작성할 경우, 공구 중심점 경로를 계산하기 위해 공구 반지름만큼 윤곽 곡선을 옵셋하여 좌표값을 계산하는 등의 번거로운 작업이 필요하다. 또한 사용하고자 하는 공구 반지름을 미리 알고 있어야 한다. 만약 현장에서 해당 공구를 찾을 수 없다면 프로그램을 다시 작성하여야 한다. 이러한 문제를 해결하기 위하여 공구반경 보정 기능을 활용한다.

공구반경 보정(cutter radius compensation)이란, 공구 반지름을 0으로 두고 프로그램을 작성하되 공구가 윤곽곡선의 어느 쪽(진행방향의 오른쪽 혹은 왼쪽)을 가공할 지 지정하는 방식으로 지령한다. 따라서 공구 경로 좌표값은 윤곽곡선의 좌표값을 그대로 사용하면 된다. NC 제어기는 공구반경 보정 코드가 지령되면 프로그램 경로(윤곽곡선 좌표값)를 공구 반지름만큼 옵셋하여 실제 공구경로로 삼는다. 이때 공구 반지름값은 옵셋 레지스터(D 코드로 지정)에 저장된 값을 사용한다. 결국 프로그래머가 수행해야 했던 옵셋 작업을 NC 제어기가 대신하는 것으로 이해하면 되겠다.

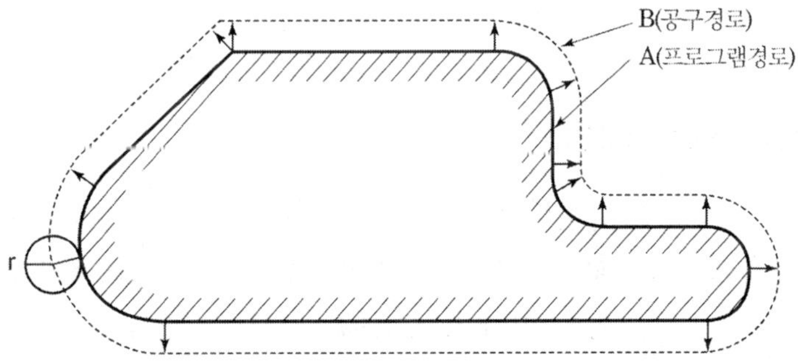

그림 10.24 공구반경 보정에 의한 공구경로

G41 코드는 공구 진행방향의 왼쪽으로 옵셋, G42 코드는 오른쪽으로 옵셋한다. 공구 반경 보정을 취소할 때에는 G40 코드를 사용한다. 예를 들어 공구가 (a, b, c) 위치부터 진행방향의 오른쪽으로 공구반경 보정을 이용하여 절삭가공을 시작하고, 공구 반지름은 옵셋 레지스터 1번에 저장된 값을 사용할 경우 다음과 같은 코드를 지령한다.

```
G42 D01 G01 Xa Yb
```

앞서 공구 중심점 경로를 계산하여 작성했던 NC 프로그램에 대해, 공구반경 보정 기능을 사용하여 다시 프로그램을 만들면 다음과 같다. 도면의 윤곽곡선 치수값을 그대로 사용하였음에 주의하라.

```
O0001(Tool Radius Compensation Example)
(CUTTER = D01)
G21
G40 G90 G17
G92 X-20. Y-20. Z50.
F200 S1000 M03
G00 Z0.
G42 G01 X0. Y0.
X20.
G03 X40. Y20. R20.
G01 X0.
Y0.
G00 Z50.
G40 X-20. Y-20.
M00
%
```

10.4.4 자동 프로그래밍

복잡한 2차원 윤곽가공이나 3차원 자유곡면 가공을 위한 NC 프로그램은 수작업으로 작성하기 어렵기 때문에, CAD/CAM 소프트웨어를 이용하여 자동으로 NC 프로그램을 생성한다. 이를 위해 NC 프로그래머는 황삭~잔삭 및 EDM에 이르는 공정 별 단위 가공(UMO : unit machining operation) 계획을 수립한 후, 각 UMO에 대한 NC 프로그램을 생성한다. CAD/CAM 시스템에서 NC 프로그램을 생성하기 위한 입력 데이터는 일반적으로 다음과 같다.

① 설계 형상 정보 : CAD 모델을 준비한다.

② 피삭재 형상 정보 : CAD 모델을 준비하다.

③ 영역 정보

- 일부 영역만의 가공데이터 생성: area 지정
- 일부 영역을 제외한 가공데이터 생성: island 지정

④ 공구경로 형식 : 매개변수형, 직선형, 포켓팅, 등고선, 펜슬가공 등

⑤ 가공 방식 : 3축, 4축, 고정형 5축, 동시 5축 등

⑥ 공구 정보

- 공구 형태(볼/라운드/평엔드밀/기타), 크기(직경, 코너반경, 길이)
- 공구 홀더 정보

⑦ NC 기계 및 제어기

- 제어기 형식(FANUC, Heidenhain 등)
- 허용 축값 범위(4~5축 가공의 경우)

⑧ 가공 조건

- 급속 이송속도(rapid feedrate)
- 절삭 이송속도(cutting feedrate)
- 스핀들 회전속도(rpm)
- 가공 여유(절삭 깊이)
- 공구 접근 및 빠짐(길이, 방향 등)
- 안전 높이(절대 높이, 상대 높이)
- 가공 정밀도(커습 높이 등), 진행 거리, 경로 간격
- 공구 출발점 좌표

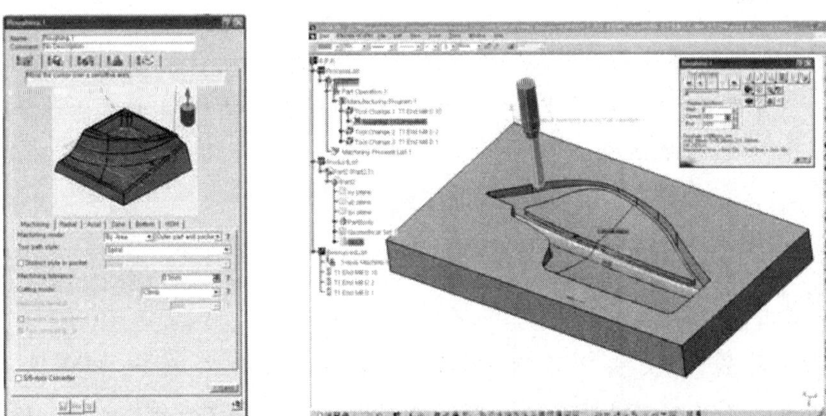

Parameter setting　　　　　CL data generation

그림 10.25 NC 프로그램 생성을 위한 CAM 시스템 사용 예(CATIA V5 R18)

피삭재 형상 정보는 반드시 필요한 것은 아니며, 뒤에서 설명할 모의가공 및 검증(cutting simulation & verification) 기능이 있을 경우 유용하게 사용된다. 영역 정보는 area와

island로 구분하는데, 일정 영역만 가공할 때는 그 영역을 area로 지정하고, 일정 영역만 제외하고 가공할 때는 그 영역을 island로 지정한다. 가공 방식 중 고정형 5축 및 동시 5축은 뒤에서 자세하게 설명하기로 한다.

NC 제어기 정보는 후처리(post-process) 작업을 위해 필요하다. 대부분의 CAM 시스템은 나름의 형식(format)으로 공구경로 데이터(CL 데이터)를 생성한 후, 지정된 NC 제어기가 처리할 수 있는 형식의 NC 데이터로 출력하는 과정을 거친다. 이를 '후처리'라고 하며, NC 데이터 생성 후 기계 및 제어기가 변경되면 후처리 과정을 다시 거쳐서 해당 형식의 NC 데이터를 생성해야 한다.

10.5 모의 가공 및 검증

10.5.1 개요

절삭가공이란, 피삭재를 깎아서 설계형상을 만드는 과정이며, 가공 문제가 발생할 경우 소재 낭비, 재가공에 따른 시간 허비 등이 뒤따른다. 기계 고장을 제외하고 가공 중 발생하는 대표적인 문제는 다음과 같다.

- 과절삭(overcut) 및 미절삭(uncut)
- 충돌(collision)
- 절삭 불량

이러한 문제의 원인으로는, 가공 데이터가 잘못된 경우(오류)와 가공 작업자의 실수를 들 수 있다. 따라서 가공 데이터의 오류를 미리 확인하는 일은 중요한 절차라 아니할 수 없다. 가공 데이터의 오류는 다시 기하학적(geometric) 오류와 물리적(physical) 오류로 구분하여 생각할 수 있다.

기하학적 오류란, 공구의 동력학적 성질은 고려하지 않고 순수하게 기하학적으로 공구 이동에 의한 부피(tool swept volume)가 설계형상을 침범하는 경우(즉 과절삭), 또는 스핀들이나 공구홀더 등의 이동 부피가 피삭재와 충돌하는 경우를 의미한다. 물리적 오류는, 실제 가공 시 발생할 수 있는 공구 휨(deflection)이나 떨림(chattering) 등으로 인한 과절삭이나,

이송속도 또는 스핀들 회전속도 등의 가공조건이 적절하지 아니하여 발생하는 절삭 불량 등이 대표적이다.

이러한 문제를 실제 가공 전에 확인할 수 있는 도구로서 모의가공(cutting simulation)은 매우 유용한 방법이다. 모의가공은 설계형상, 소재형상, NC 데이터, 공구 등의 가공조건을 입력으로 받은 후 절삭 가공을 모사(simulation)한다.

기하학적 모의가공은 기계와 공구의 이동을 기하학적 모델로 근사(approximation)하고, 이 근사 모델과 피삭재 모델간의 불리언 연산으로 절삭 가공을 모사한다. 일반적으로 절삭 중 충돌 발생 여부, 각 NC 블록의 MRV(material removal volume), 절삭 후 가공 형상 등의 정보를 얻을 수 있다.

물리적 모의가공은 일반적으로 공구를 적절한 모델로 근사하여 절삭 가공 중 발생하는 절삭력(cutting force) 등의 물리량을 계산함으로써 공구의 휨이나 떨림 등을 모사하는 방법이다. 이 방법의 상세한 내용은 Choi[3]를 참조하기 바라며, 여기에서는 다루지 않기로 한다.

10.5.2 기하학적 모의가공의 원리

모의가공의 핵심은, 각 NC 블록에 대한 공구 이동의 수학적인 모델을 만들어, 피삭재 형상 모델과 불리언 연산을 하는 과정이다. 각 NC 블록에 대한 공구 이동은 직선 운동(3축 가공) 또는 직선 및 회전 운동의 조합(4~5축 가공)으로 표현한다. 공구 이동으로 인해 형성되는 부피를 TSS(tool swept surface)라 칭하며, TSS는 해석식이나 **그림 10.26**과 같이 분해모델(decomposition model)로 표현한다. 피삭재 형상 모델은 **그림 10.27**에서 보듯이 z-map, dexel, discrete vector, voxel 모델 등이 있다[3]. 기본적으로 TSS 모델과의 불리언 연산을 통해 형상을 갱신함으로써 절삭 가공을 모사한다.

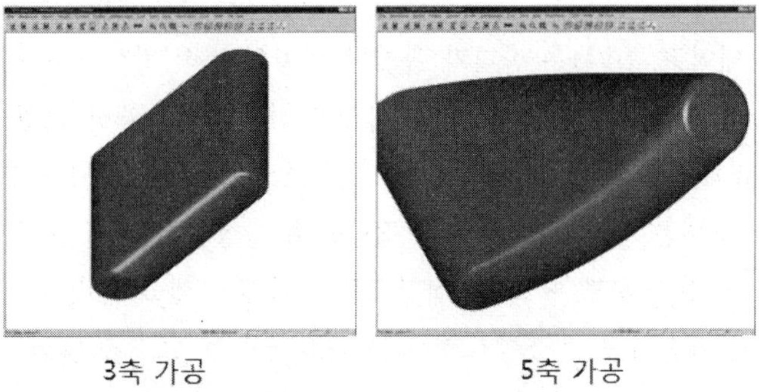

그림 10.26 공구 TSS 모델링 예

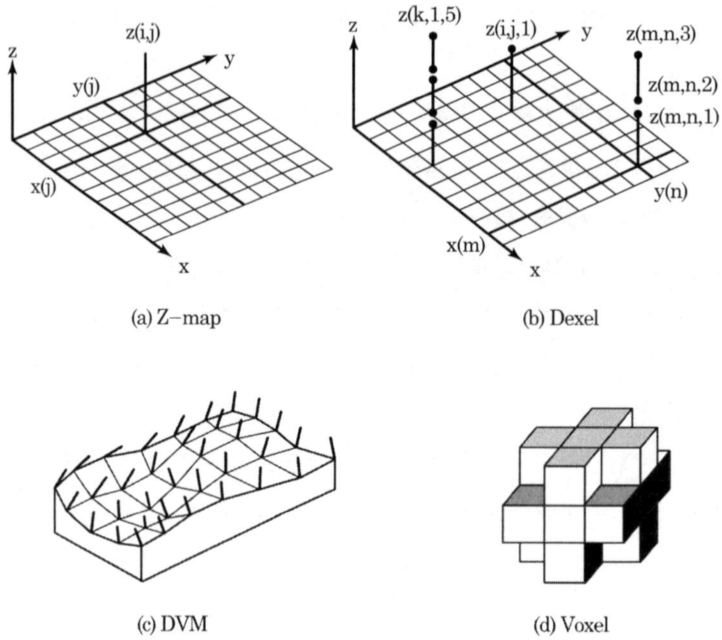

(a) Z-map (b) Dexel

(c) DVM (d) Voxel

그림 10.27 모의가공을 위한 피삭재 형상 모델 구조

각 피삭재 모델은 나름대로 특성을 가지는데, 우선 z-map은 xy 평면에 일정한 간격으로 높이값을 저장하는 2차원 실수 배열(array) 자료구조를 가진다. 계산 시간이나 자료 구조 단순성 측면에서 장점을 가지지만, 정밀도 증가에 따른 메모리 요구, 역구배(overhang) 형상, 수직벽, 꺾인 모서리 표현의 어려움 등은 단점으로 꼽을 수 있다. 역구배 형상을 표현하기 위해서는 동일한 xy 위치에서 여러 개의 높이 값을 저장할 수 있어야 한다. 이를 위해 z-map을 변형한 모델이 dexel이다.

다음으로 DVM(discrete vector model)은 곡면의 법선 방향으로 일정 길이만큼 선분을 붙여놓은 모델이다. 모의가공을 잔디 깎는 작업에 비유한다면, z-map은 모든 잔디가 수직방향으로 솟아 있는 상태이고, DVM은 잔디가 돋아난 위치의 법선 방향으로 잔디가 솟아 있다고 보면 된다. DVM은 상대적으로 형상 표현의 제약이 적은 반면, 계산 시간은 많이 소요된다. 필요에 따라 z-map과 DVM을 혼용하는 혼성모델(hybrid model)을 활용하는 것도 가능하다. 마지막으로 voxel 모델은 미소 정육면체의 집합으로 형상을 근사하는 방법이다.

선분 또는 미소 체적(즉 모델 요소)의 집합으로 피삭재 모델을 준비하고 각 NC 블록에 대한 공구 TSS 모델을 계산하면, TSS에 포함되는 피삭재 모델 요소를 탐색하고 불리언 작업을 수행하게 된다. 공구 이외에 공구 홀더, 스핀들 따위와 피삭재 간의 충돌 검사 또한 유사한 방법으로 수행한다.

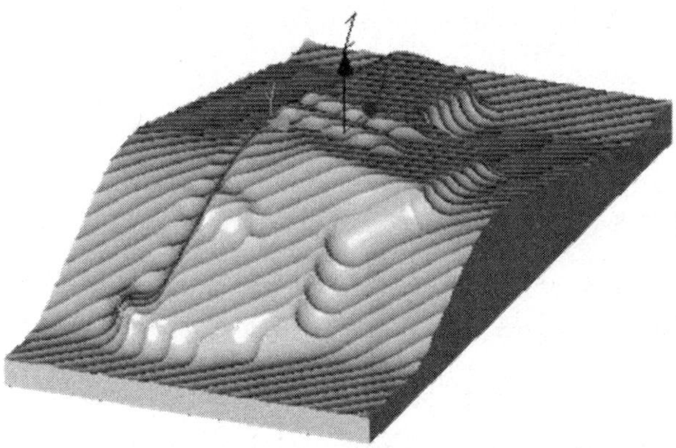

그림 10.28 Z-map을 이용한 모의가공 예

10.5.3 검증(verification)

모의가공을 이용하여 확인 또는 활용할 수 있는 사항은 다음과 같다.

① 가공 형상의 렌더링 : 가공 도중 또는 가공 완료 후 형상을 눈으로 확인한다.

② 설계 형상과의 차이 검사(gouge check) : 설계 형상의 3차원 모델과 가공 형상 모델간의 불리언 연산을 통해, 과절삭 및 미절삭 부위를 육안으로 확인하거나, 과/미절삭 양을 수치적으로 확인한다.

③ 피삭재 형상과의 충돌 여부 검사(collision check) : 공구 생크나 홀더 부위와 피삭재 형상 간의 충돌 여부 및 충돌 부위를 확인한다.

④ 가공부하 계산 및 이송속도 조정 : 공구 TSS 모델과 피삭재 모델 간의 불리언 연산을 통해 MRV(material removal volume) 및 MRR(material removal rate)을 계산함으로써 가공 부하(cutting load)를 계산할 수 있다. 또한 각 NC 블록의 가공 부하를 일정하게 유지하도록 공구 이송속도를 조정할 수 있다(AFA : automatic feed adaptation).

10.6 5축 가공

10.6.1 개요

NC 밀링 공작기계의 3축 가공은 공구기준점의 위치(position)를 제어하여 절삭가공을 수행한다. 이때 공구의 방향(orientation)은 고정된 상태이며, 일반적인 공구 축벡터 **a**는 공작물 좌표계의 z축 방향과 일치하도록 **a**=(0,0,1)이다.

이에 반해 5축 가공은 절삭 중 공구 방향 변경이 가능하다는 특징이 있다. 다시 말해 어떤 공구접촉점에서 원하는 방향으로(물론 간섭이 없어야 함) 공구 축벡터를 결정함으로써 보다 효율적인 가공이 되도록 한다.

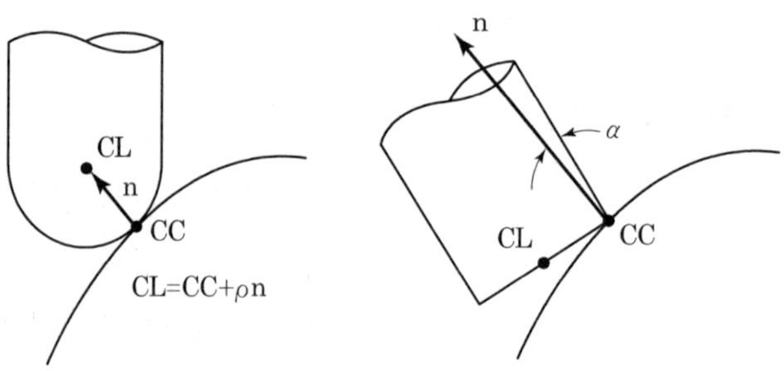

(a) Three axis (b) Five axis

그림 10.29 3축 가공과 5축 가공의 차이

하지만 이러한 유연성(flexibility)이 복잡도를 증가시키는 원인이 되기도 한다. 예를 들어 3축 가공에 비해 가공 데이터 계산이 어렵고, 기계적 제어도 복잡해진다. 그러나 가공성(machinability)을 향상시킬 수 있고, 가공 시간을 단축할 수 있는 등의 장점 덕분에 점차 적용 범위가 넓어지고 있다. **그림 10.30**에 5축 가공의 장점을 정리하였다.

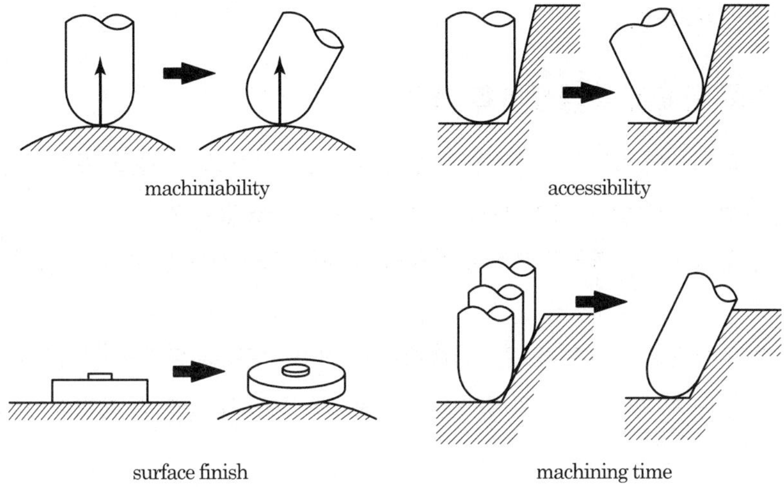

그림 10.30 5축 가공의 장점

전통적인 5축 가공은 프로펠러, 터빈 블레이드, 임펠러, 항공기 부품 등의 제품을 전용 가공기에서 가공하는 것이었으나, 최근 범용 가공기를 이용한 금형 가공에도 활발하게 적용이 되고 있다.

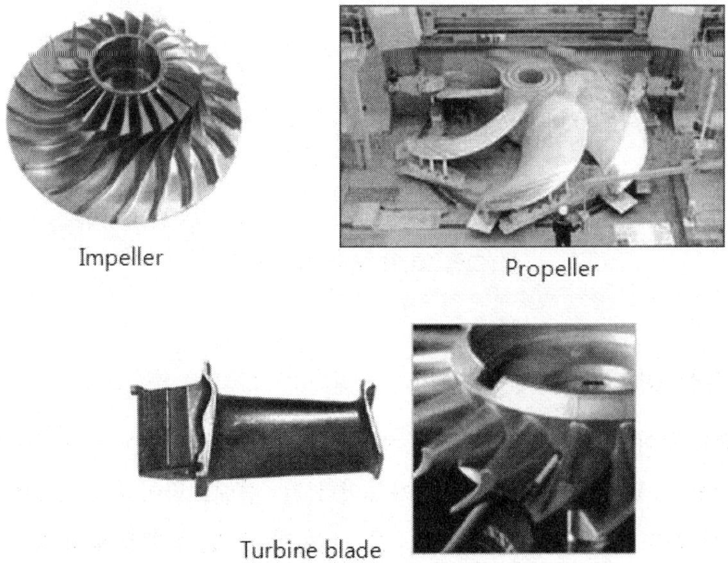

그림 10.31 전통적인 5축 가공 대상 제품

10.6.2 5축 가공 방식

(1) 동시 5축 가공과 고정형 5축 가공

일반적으로 5축 가공기계는 동시에 5개 축을 제어함으로써 공구 위치 및 방향(tool position and orientation)을 제어하며, 전통적인 5축 가공 방식이다. 경우에 따라서는 공구 방향을 고정한 상태로 5축 가공기계에서 가공을 수행하기도 하는데, 이를 고정형 5축 가공이라고 한다.

동시 5축 가공은 기본적으로 각 공구접촉점에서 최적 공구 축 방향을 설정하고, 절삭 가공 중 연속적으로 공구 위치 및 방향을 변경함으로써 5축 가공의 장점을 최대한 살리는 가공방식이다.

고정형 5축 가공은 소위 attach 가공(3축 가공기계에서 universal adaptor를 이용하여 임의의 공구 축 방향으로 가공하는 방식, 단 절삭가공 중에는 방향이 고정됨)과 동일한 가공 방식이지만, 신속하고 정확하게 공구 축 방향을 변경하여 가공을 할 수 있다는 특징이 있다. 예를 들어 금형 가공 시, 여러 개의 영역에 대해 영역 가공을 하면서 영역 별로 가장 좋다고 판단되는 공구 축 방향을 적용하여 고정형 5축 가공을 실시하는 경우도 있다.

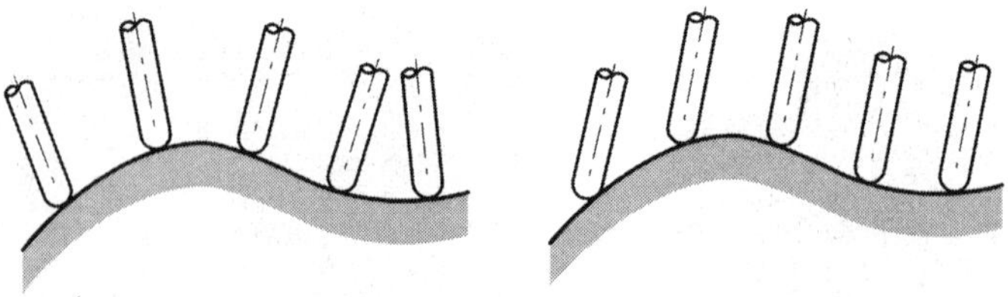

(a) 동시 5축 가공 (b) 고정형 5축 가공

그림 10.32 5축 가공 방식

(2) 5축 가공 UMO

5축 가공에서 많이 사용하는 가공 형태는 **그림 10.33**에 보이듯이 공구 진행방향으로 일정 각도만큼 공구를 기울여 가공하는 Sturz 가공이다[3]. 평엔드밀이나 페이스엔드밀 가공에 적용할 경우 절삭 유효반경(effective radius)을 크게 할 수 있기 때문에 효과적이며, 볼엔드밀의 경우에도 좋은 절삭성을 유지할 수 있는 가공 형태이다.

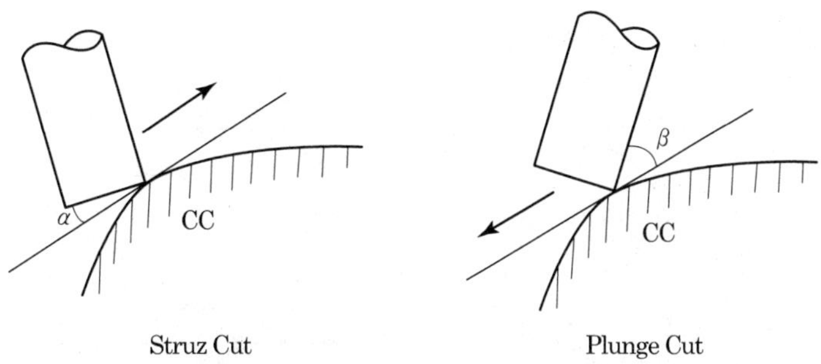

그림 10.33 엔드밀 공구의 5축 가공 UMO

사이드밀링(side milling) 공구를 사용할 경우에는 **그림 10.34**에 보이는 가공 형태를 적용할 수 있다[3]. 특히 룰드 밀링(ruled milling)은 포락가공(envelope cut)이라고도 하며, 5축 가공의 장점을 잘 살리는 가공 형태이다.

그림 10.34 사이드밀 공구의 5축 가공 UMO

10.6.3 CL 데이터 계산 및 최적화

CL 데이터는 공구기준점 위치 p와 공구 축벡터(방향) a로 정의하고, (p, a)로 표현하자. 5축 가공의 특징은 공구접촉점에 공구가 접촉한 상태에서 공구 축벡터 a를 자유롭게 설정할 수 있다는 점이다. 3축 가공의 경우 공구 축벡터가 고정되어 있지만, 5축 가공은 먼저 공구 축벡터를 결정하여야 한다. 이를 위하여 공구접촉점에서 국소 좌표계를 정의하도록 하자.

공구접촉점을 c, 단위 법선벡터를 n, 진행방향 단위벡터를 f, $t = n \times f$일 때, $C = (c, n, f, t)$로 국소좌표계를 정의하고, C를 5축 가공의 CC 데이터로 정의하자(**그림 10.35**). 여기에서 2개의 공구 회전각 (α, β)를 정의한다. 공구가 c에 접촉한 상태에서 공구는 바닥면을 들거나($\alpha > 0$), 법선벡터를 중심으로 회전한다($\beta \neq 0$). 결국 자유도 2개를 추가한 셈이고, 공구 회전각 (α, β)로부터 5축 가공의 공구 축벡터는 다음 식으로 계산한다.

$$a = \cos\alpha n + \sin\alpha(\cos\beta f + \sin\beta t) \quad (10 \cdot 13)$$

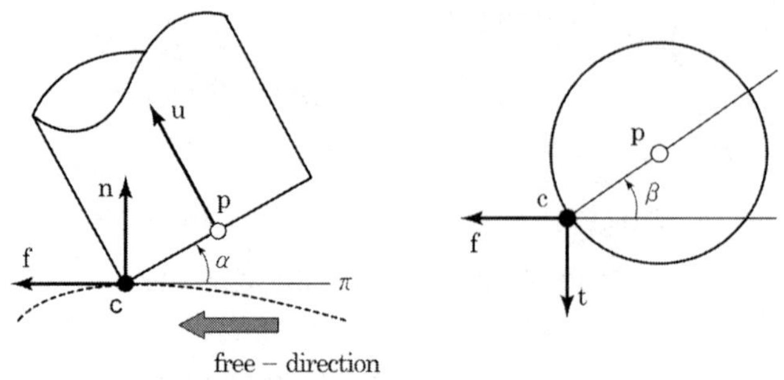

그림 10.35 CC 데이터 및 공구회전각

이제 라운드엔드밀 공구의 공구기준점 p는 다음과 같이 계산한다.

$$p = c + r(n - a) + (R - r)(n - \lambda a)/\sqrt{1-\lambda^2}, \quad \text{if } \lambda \neq 1 \quad (10 \cdot 14)$$

$$p = c - (R - r)(\cos\beta f + \sin\beta t), \quad \text{if } \lambda = 1 \quad (10 \cdot 15)$$

여기서 $\lambda = a \cdot n$

공구 축벡터가 법선벡터와 평행한 경우($\lambda = 1$, $\alpha = 0$)는 공구 회전각 β를 이용하여 표현하고, 그 이외의 경우는 3축 가공과 동일한 식으로 표현된다. 참고로 볼엔드밀이나 평엔드밀의 경우는 $r=0$으로 놓으면 된다.

다음으로 CC 데이터 (c, n, f, t)에서 최적으로 5축 가공 CL 데이터 (p, a)를 구하는 문제를 생각해 보자. 일단 (p, a)는 공구 회전각 (α, β)의 함수이므로, 결국 최적 (α, β)를 얻는 문제가 된다. 3축 가공의 경우 공구 축벡터 a가 고정되어 있으므로 a에 대응하는 유일한 공구 회전각 $(\alpha, \beta)_a$가 존재하고, $(\alpha, \beta)_a$에서 공구간섭, 충돌, 축값 벗어남 등의 간섭 발생 여부만 결정할 뿐 최적화 과정은 필요 없다.

그러나 5축 가공의 경우 일정한 공구 회전각 범위 내에서($\alpha_0 \leq \alpha \leq \alpha_1$, $\beta_0 \leq \beta \leq \beta_1$) 간섭이 없는(feasible) 공구 회전각이 여러 개 존재할 경우 이 중에서 가장 좋다고 판단되는 공구 회전각을 결정해야 한다. 이를 위해 이른바 C-space를 이용하는 방법을 소개한다.

C-space는 로봇 공학에서 경로 계획을 위해 제안된 개념으로서, 공구 회전각 (α, β)의 2차원 영역에서 간섭이 없는 영역(feasible space)을 표시한 것이다. **그림 10.36**에 5축 가공의 C-space 예를 보이고 있다. 이제 간섭이 없는 영역 내에서 최적 공구 회전각을 탐색하는 일이 필요한데, 라운드엔드밀 또는 평엔드밀 공구의 경우는 공구 진행방향에서 볼 때 유효반

경(effective radius)이 최대가 되는 공구 회전각을 최적값으로 삼을 수 있다. 참고로 $(\alpha, \beta)=(0, 0)$일 때 유효반경이 최대가 되지만, 실제 가공에서는 뒷날 간섭을 막기 위해 $\alpha=0$인 경우는 거의 사용하지 않는다.

정리하면, $(\alpha_0 \le \alpha \le \alpha_1,\ \beta_0 \le \beta \le \beta_1)$ 범위의 공구 회전각 영역에서 간섭이 없는 영역을 구하고, 적절한 기준에 의해 최적 공구 회전각을 탐색한다. 일반적으로 최적 공구 회전각은 그 영역의 경계에 존재한다. 더 상세한 내용은 Park[5]을 참고하도록 하자.

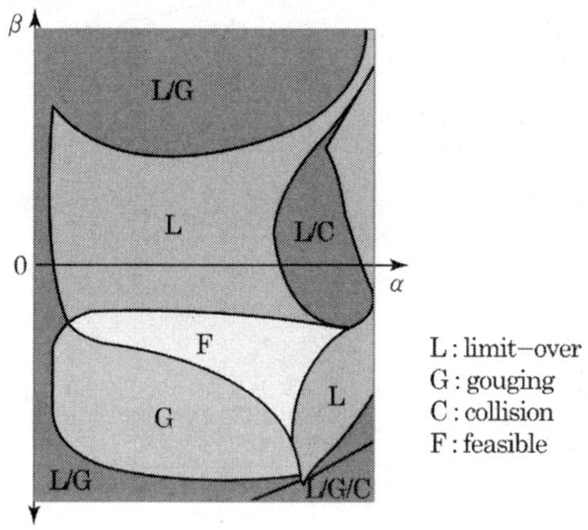

그림 10.36 C-space 예

10.6.4 5축 가공기계 및 기구학 모델링

(1) 가공 기계

5축 NC 가공 기계는 용도에 따라 크게 전용 기계(dedicated machine)와 범용 기계(general purpose machine)로 구분할 수 있다. 전용 기계는 특정 형상 제품을 효율적으로 가공하기 위해 제작되었으며, 프로펠러 가공기, 터빈 블레이드 가공기 등을 예로 들 수 있다. **그림 10.37**은 선박용 대형 프로펠러를 가공하기 위한 전용 가공기 구조를 나타낸다. 이에 반해 범용 기계는 금형이나 일반 기계 부품 가공에 적용할 수 있도록 제작되었으며, 일반적으로 3축 가공 기계에 2개 회전축을 덧붙인 구조가 많다. 즉 X, Y, Z 3개 직진 축에 A, B, C 중 2개 회전축을 추가하는 구조로서, **그림 10.38**과 같이 6개 형식으로 구분할 수 있다(물론 이러한 기본 구조에서 변형된 구조를 가지는 기계도 다양하다)[3].

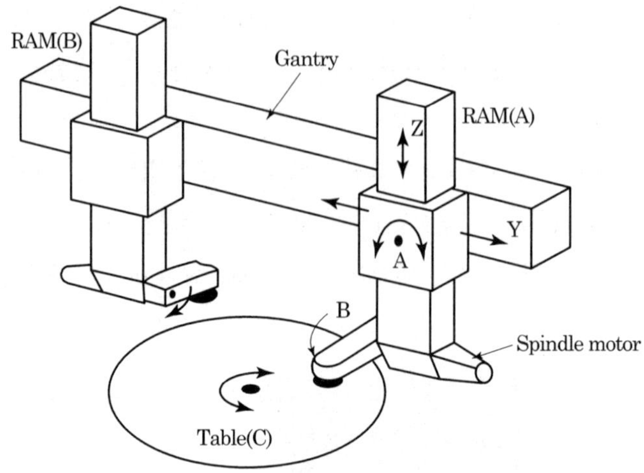

그림 10.37 선박용 프로펠러 전용 가공기 개념도

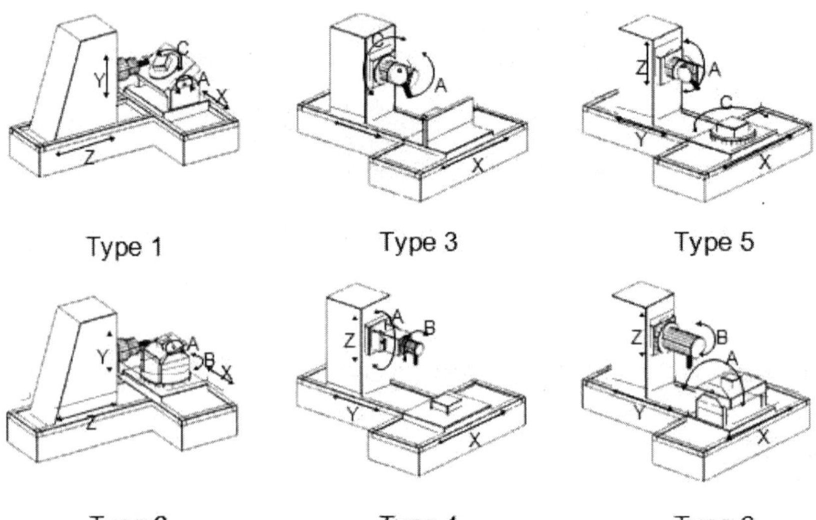

그림 10.38 범용 5축 기계형식

(2) 기구학 모델링

일반적으로 5~6개 축으로 구성되는 산업용 로봇(manipulator)에 대한 기구학 모델링(kinematics modeling)은 정기구학(forward kinematics)과 역기구학(inverse kinematics)으로 구성된다. 로봇의 축값(axis value)으로부터 말단장치(end effector)의 위치와 방향, 즉 CL 데이터를 계산하는 과정은 정기구학이다. 반대로, CL 데이터가 주어졌을 때 로봇의 축값을 계산하는 과정은 역기구학이다. 예를 들어 6축 로봇의 축값을 {Q_k, k=1~6}, 말단장치의 CL 데이터를 [n o a p]로 표현한다면 다음과 같이 정리할 수 있다.

{Q_k, k=1~6} → [n o a p] : *Forward kinematics*

[n o a p] → {Q_k, k=1~6} : *Inverse kinematics*

5축 NC 가공의 경우에도 이와 마찬가지로 기계 축값(예 : X, Y, Z, A, B)을 정해주었을 때 공구 CL 데이터를 계산하는 과정(정기구학)과, 목표 CL 데이터에 대한 기계 축값을 계산하는 과정(역기구학)이 필요하다. 축 좌표계 설정 및 계산은 로봇의 경우와 유사하므로 일반적인 로봇 공학 교재를 참조하면 된다(물론 CAM 시스템 사용자는 이러한 기구학 계산까지 할 필요가 없다).

연·습·문·제

1. 제품 수명주기에서 공정계획의 목적과 의의를 기술하시오.

2. 금형의 일반적인 절삭가공 공정을 설명하시오.

3. 펜슬 가공은 어떠한 경우에 사용하는 지 설명하시오.

4. 절삭 가공 중 발생하는 간섭(interference)의 종류를 나열하고 간단하게 설명하시오.

5. 다음과 같은 2차원 도형의 바깥쪽을 윤곽 가공하는 NC 프로그램을 작성하시오. 공구 직경은 10mm, 절삭가공을 위한 이송속도는 500mm/min이며, 공구 반경보정 기능은 사용하지 않는다.

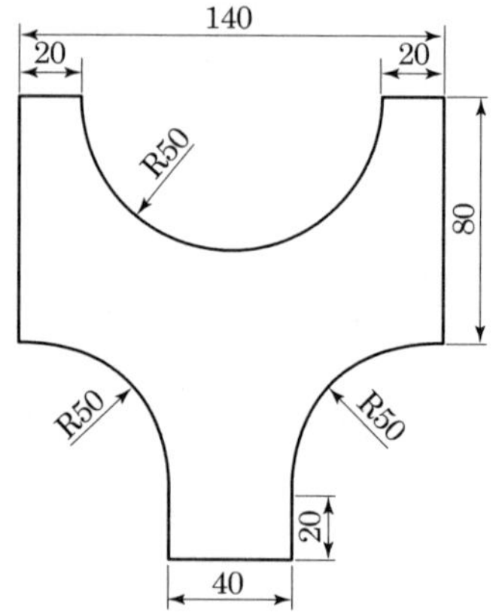

6. 상업용 CAD/CAM 시스템의 자동 NC 프로그래밍 기능을 이용하여, 볼, 라운드, 평엔드밀 공구로 상반구(upper hemisphere)를 절삭 가공하는 다양한 NC 프로그램을 만들어 보자.

7. 기하학적 모의가공 기능의 원리와 목적을 설명하시오.

8. 5축 가공과 3축 가공의 차이점, 5축 가공의 장점을 기술하시오.

참고문헌

1. Lee, K. W. : Principles of CAD/CAM/CAE systems, 1999.
2. 이철수 : CAD/CAM 형상모델링에서 가공까지, 터보테크출판부, 1997.
3. Choi, B. K., Jerard, R. B. : Sculptured surface machining, 1998.
4. 최병규 외 : CAD/CAM 시스템과 CNC 절삭가공, 희중당, 1996.
5. 박정환 : 금형의 5축 NC 가공을 위한 CAM 시스템 개발에 관한 연구, KAIST, 박사학위논문, 2005.

CHAPTER 11

신속 시작법

11.1 개 요

현대 제조의 핵심은 QCD, 즉 품질(Q : quality), 비용(C : cost), 그리고 납기(D : delivery)로 요약할 수 있다. 특히 다양한 제품 형상 및 제품 수명주기의 단축은 신속한 시제품(prototype)을 요구하게 되었다. 최근 들어 디지털 생산(digital manufacturing) 및 가상공학(virtual engineering)의 발전으로 디지털 시제품(소프트웨어적으로 정밀한 3차원 모델을 구축하고 현실감 있게 그래픽 처리한 모델)을 활용하는 경우도 있긴 하지만, 여전히 최종적인 설계 평가는 물리적인 시제품을 선호한다.

이러한 요구를 바탕으로 신속 시작(RP : rapid prototyping)에 관한 연구가 시작되었으며, 1980년대 말 3D Systems 사의 SLA(stereolithograpy apparatus) 장비로 상용화 되었다. 이후 다양한 신속 시작 방법의 개발이 뒤를 이었고, 현재는 시제품 제작을 넘어 금형 따위의 성형 도구(tool)를 신속하게 제작하는 소위 RT(rapid tooling) 기술이 열매를 맺고 있다. 이에 따라 신속 시작 및 제작(RP & M : rapid prototyping & manufacturing)이라는 용어를 포괄적으로 사용하기도 한다[1].

신속 시작의 핵심은 박막(thin layer) 적층 기법으로 요약할 수 있으며, 일반적으로 액화수지, 분말 등의 재료를 사용하여 얇은 층을 한 층씩 덧붙여 쌓아 올라간다. 즉 3차원 물체의 바닥부터 꼭대기까지 높이(z)를 변화시켜 가면서, 해당 높이에서의 수평 단면(section) 영역을 0.05~0.5mm 두께로 성형하여 쌓아가는 방식이다. 이는 3차원 실물 형상을 제작하는 전통적인 방법 중 로프팅(lofting) 기법과 유사하다.

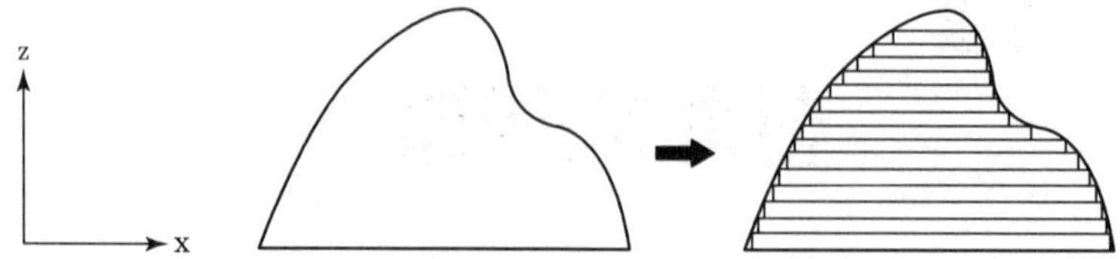

그림 11.1 신속 시작 개념

일반 절삭가공이 소재를 깎아내어 형상을 만드는 방식인 반면, RP는 소재를 붙여가며 3차원 형상을 제작하는 부가가공(additive process)이다. 따라서 피삭재 형상 정의가 필요 없으며, 특징형상 기반 설계 및 인식 등의 공정계획도 필요없다[1]. 또한 한 번의 셋업(setup)으로 제작이 가능하기 때문에 절삭가공과 같은 여러 단계의 복잡한 과정이 필요없다. 그 외에도, 복잡한 기하학적 형상을 용이하게 제작하거나, 제품 성형을 위한 금형이 필요 없다는 점, 그리고 작업 환경이 개선된다는 점 등의 장점을 가진다. 정리하면 RP의 특징은 다음과 같다.

- 부가 가공이다.
- 한 번의 셋업으로 제작이 가능하다.
- 공정 계획이 필요 없다.
- 복잡한 형상 제작이 용이하다.
- 작업 환경 개선 효과가 크다.

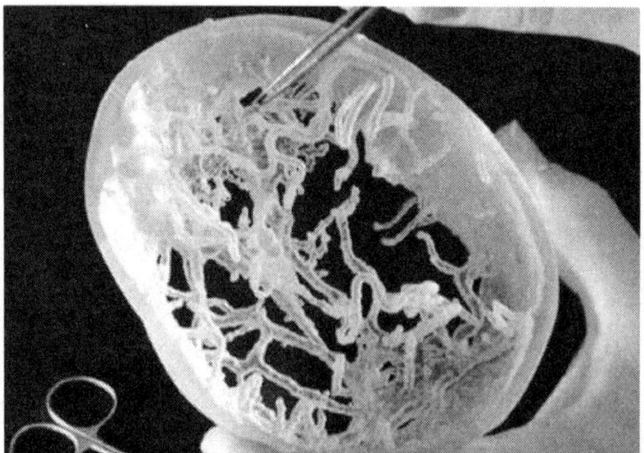

그림 11.2 RP 기술을 이용한 인체 두개골 모형 제작 예

현재 RP는 제조 산업, 의학 등의 다양한 분야에서 활발하게 적용되고 있는데, 예를 들자면

CT(computer tomogaphy) 촬영 데이터로부터 3차원 CAD 모델을 만든 후 입체 조형(stereolithography) 방식으로 정밀한 인체 두개골 모델을 제작하여 수술 전에 효율적인 의사소통 도구로 활용하는 경우도 좋은 적용 사례가 되겠다[2].

11.2 신속 시작 공정

현재 RP는 적층 제조(layered manufacturing), SFF(solid freeform fabrication) 등으로 불리기도 한다. 다양한 공정이 있지만, 기본적인 세부 성형 방식은 거의 동일하며 대체로 다음과 같다.

① 3차원 형상 모델러를 이용하여, 형상의 CAD 모델을 준비한다.

② CAD 모델을 STL(stereolithography) 형식의 파일로 변환한다.

③ 성형 방향(build orientation)을 결정한 후, 전처리기 프로그램으로 단면을 생성한다.

④ 각 단면 형상을 한 층 씩 적층하여 실물 형상을 제작한다.

⑤ 후처리 – 지지대(support) 제거, 추가 경화(curing), 세척, 표면 처리 등 – 작업을 한다.

또한 RP 공정은 재료와 성형 방식에 따라 크게 다음과 같은 종류가 있다.

- 입체 조형(SL: StereoLithography)
- 지표 경화(SGC: Solid Ground Curing)
- 선택적 레이저 소결(SLS: Selective Laser Sintering)
- 박판 적층(LOM: Laminated Object Manufacturing)
- 용착 적층 모델링(FDM: Fused Deposition Modeling)
- 3차원 프린팅(3D Inkjet Printing)
- 전자 빔 용해(Electron Beam Melting)
- 레이저 분말 성형(Laser Powder Forming)

11.2.1 입체 조형(SL)

입체 조형 방식은 RP 공정의 시초 격이라 할 수 있으며, 광경화성 액화 수지(liquid photosensitive polymers)를 자외선(UV light) 레이저로 경화시켜 3차원 형상을 제작하는 방식이다. 1988년 3D Systems사가 SLA(Stereolithography Apparatus) 기계를 제작하여 상용화 하였다. 대략의 성형 절차는 다음과 같다.

① 액화 에폭시(epoxy) 또는 아크릴 수지(acrylate resin)로 용기를 채운다.
② 엘리베이터와 연결된 받침대(platform)를 액체 수지 표면에서 원하는 층 두께(layer thickness) 만큼 내려간 곳에 위치시킨다.
③ UV 레이저로 원하는 영역을 경화 시킨다.
④ 받침대를 층 두께 만큼 내린 후, 스위퍼(**그림 11.3**)를 움직여서 표면을 액화 수지로 덮는다.
⑤ 제품 최상층까지 위의 ③, ④ 과정을 되풀이 한다.
⑥ 성형이 완료되면, 세척하고 지지대를 제거한 후 자외선 오븐에서 최종 경화 처리한다.

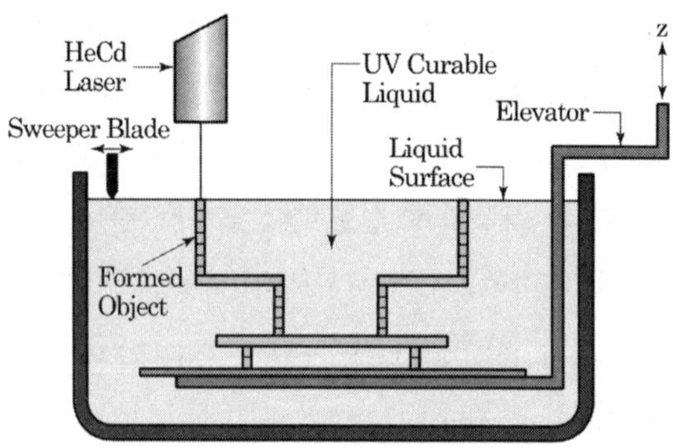

그림 11.3 SL 개념도[3]

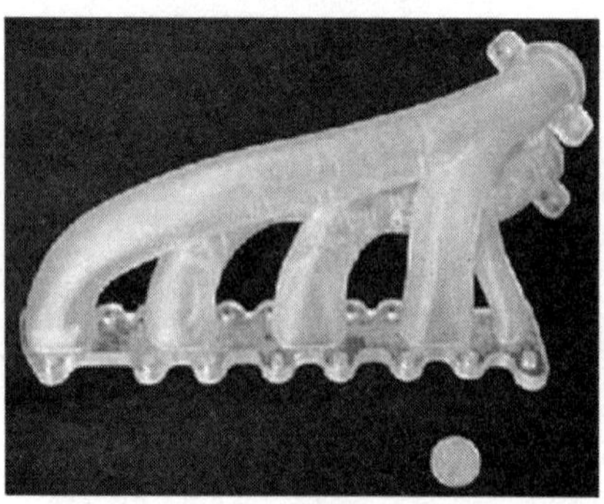

그림 11.4 SL 제품 사례[4]

11.2.2 지표 경화(SGC)

Cubital사에서 개발하였으며, 자외선으로 광경화성 액화 수지를 경화시킨다는 점에서 입체조형(SLA) 방식과 유사하다. 다만 한 층 전체를 한꺼번에 경화하며, 지지대가 필요 없고, 후 경화 단계가 필요 없다는 점에서는 차이가 있다. 주로 대형 기계를 사용하고, 대형 모델 제작이 가능하다. 지표 경화의 절차는 다음과 같다.

① 받침대 위에 광경화성 수지를 층의 두께에 맞게 편다.
② 해당 층 단면 영역에 맞게 광학 마스크(photo mask)를 현상(develope)하여 제작한다.
③ 받침대 위의 유리판에 광학 마스크를 프린트한 후, 자외선을 조사 한다(필름을 이용한 사진 인화 원리와 유사).
④ 해당 층이 경화된 후, 진공 펌프 원리를 이용하여 남아있는 액상 수지를 제거한다.
⑤ 액상 수지가 제거된 빈 공간은 지지를 위해 왁스로 채운다.
⑥ 평엔드밀로 표면을 평평하게 깎아 낸다.
⑦ 제품 최상층에 이를 때까지 위 ①~⑥ 과정을 되풀이 한다.
⑧ 성형 완성 후, 솔벤트 용기에 담가서 왁스를 제거한다.

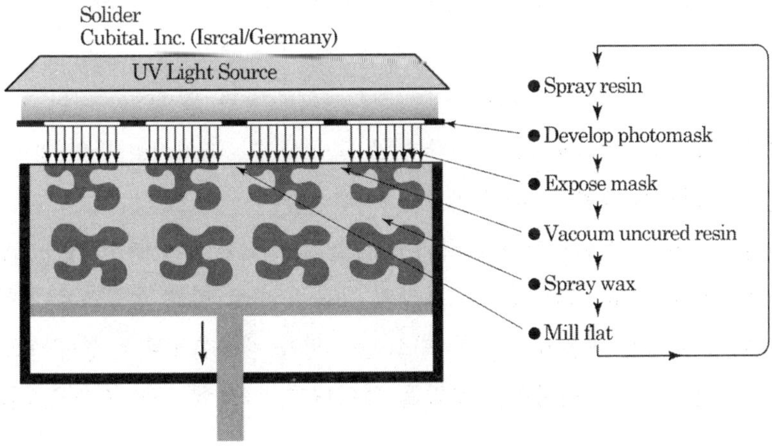

그림 11.5 SGC 개념도[5]

그림 11.6 SGC 제품 사례[6]

11.2.3 선택적 레이저 소결(SLS)

SLS 방식은 미국 텍사스 대학교(University of Texas)의 Carl Deckard가 석사학위논문 주제로 연구 개발 후 1989년 특허를 취득함으로써 시작되었고, 미국 DTM사에서 상용화 시스템을 개발하였다. 이 방식은 CO_2 레이저로 분말 층을 선택적으로 주사하여 가열 융착 시켜 부품을 성형한다. 일반적으로 사용하는 재료는 고무 따위의 탄성중합체(elstomer)나 금속(metal) 분말이다.

그림 11.7에서 보듯이 부품 피스톤(fabrication piston)을 층 두께만큼 내린 후 수평 롤러를 이용하여 성형 실린더(build cylinder)에 분말을 공급한 후, 레이저로 단면 영역을 주사하여 분말을 소결하는 과정을 되풀이 하여 제품을 성형한다.

이 방식에서 사용하는 CO_2 레이저는 적외선 가열 주사(infrared heating beam)를 제공하고, 성형 용기(fabrication chamber)는 분말의 용융점 바로 아래 온도를 유지하도록 한다. 이에 따라 레이저는 소결 작용에 필요한 최소한의 열을 제공함으로써 성형 속도를 높일 수 있다[7]. 최종 제품 성형 후 남아있는 분말을 털어내고, 재료에 따라 후경화 처리를 하기도 한다.

성형과정에서는 분말 덕분에 지지대가 필요 없고, 성형 속도가 매우 빠르다. 다만 장비 가격이 비싸고, 성형 방식 때문에 부품 표면이 다소 매끄럽지 못하다.

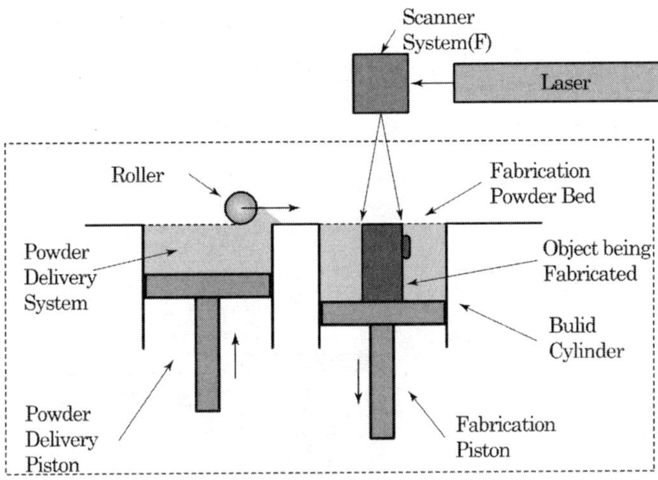

그림 11.7 SLS 개념도[7]

그림 11.8 SLS 제품 사례[8]

11.2.4 박판 적층(LOM)

LOM은 미국 Helisys사가 개발하였으며, 종이 따위의 박판을 적층하여 3차원 형상을 제작하는 방식이다. 각 층은 열 점착성 접착제로 코팅된 종이 재료를 적층 하고, 해당 층의 단면 윤곽은 CO_2 레이저로 잘라낸다. 종이 이외에도 Helysis사는 플라스틱, 발수(water repellent) 종이, 세라믹, 금속분말 테이프 등을 활용하고 있다. LOM 방식의 절차는 다음과 같이 정리할 수 있다.

① 받침대(platform)위의 판(base)에 종이를 공급한다.

② 열을 가한 롤러를 이용하여 종이를 접착한다.

③ 단면의 윤곽 곡선을 따라 레이저 빔을 주사하여 윤곽을 자르고, 제작 후 불필요한 부분을 쉽게 제거하기 위하여 윤곽 바깥 부위는 격자선 모양으로 레이저를 주사한다.

④ 위 ①~③ 단계를 반복하여 형상의 가장 높은 점까지 적층하여 성형을 완료한다.

⑤ 제품 형상 이외의 부분을 잘라낸 후, 필요에 따라 방수 처리를 한다.

이 방식은 지지대가 필요 없고, 표면 처리 및 정밀도는 다른 방식만큼 우수하지는 않다. 또한 속이 비어 있는 구조의 경우 재료를 제거할 수 없다.

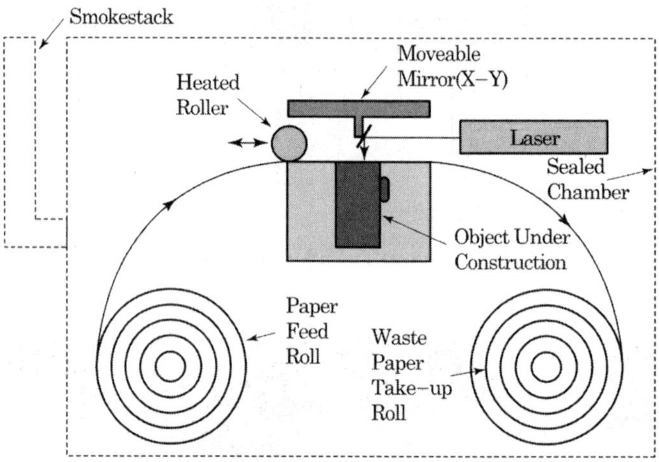

그림 11.9 LOM 개념도[9]

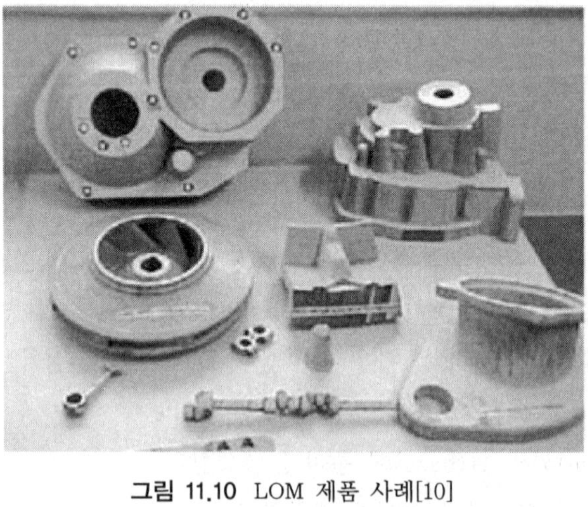

그림 11.10 LOM 제품 사례[10]

11.2.5 용착 적층 모델링(FDM)

FDM은 입체조형(SL) 다음으로 많이 사용하는 신속 시작 공정으로서[home.att.net/~castleisland/fdm.htm], 필라멘트 형태의 액상 열가소성 수지(thermoplastic)를 가열된 노즐로 압출하여 각 층을 성형하는 방식이다. 부품을 성형하는 받침대는 저온으로 유지함으로써 열가소성 수지가 신속하게 굳어지도록 한다.

Stratasys사가 상용화 하였으며, 재료는 ABS(standard & medical grade), 탄성중합체(elastomer), 폴리카보네이트(polycarbonate) 등을 사용한다. 이 방식은 역구배 형상(overhanging geometry) 등에 대한 지지대(support)를 별도로 모델링하여 성형한 후 제거하여야 한다. 또한 실내에서 사용하기 적합하지만, 성형 부품의 표면 처리(surface finish)는 그다지 우수한 편이 아니다.

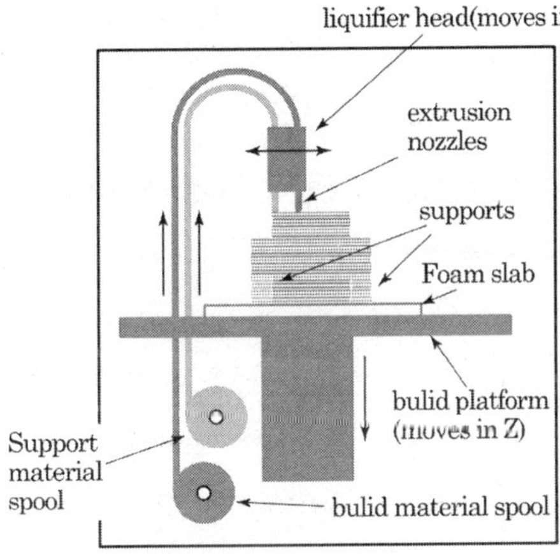

그림 11.11 FDM 개념도[11]

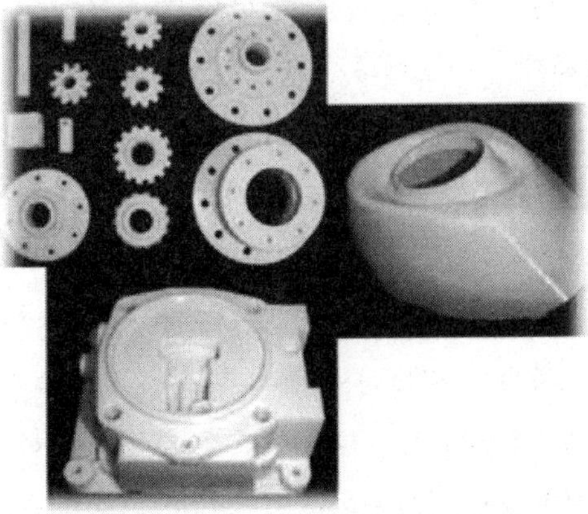

그림 11.12 FDM 제품 사례[12]

11.2.6 3차원 프린팅(3D Printing)

3차원 프린팅 또는 3DP라고 불리는 이 방식은 프린터 헤드가 잉크를 사출하는 잉크젯 프린팅에 비유할 수 있다. 즉 3DP 기계에 장착된 프린팅 헤드가 각 층의 단면 영역 내부를 성형하는 방식이다. 이 방식은 다른 방식에 비해 비교적 저렴하고 속도가 빠른 장점을 가진다. 통상 0.1mm의 층 두께로 표면 처리는 그다지 우수하지 않다. 일반적으로 개념설계 단계에서 신속하게 3차원 실물형상을 제작하고자 할 때 적당한 방식이다. 현재 3DP 공정은 크게 다음과 같은 세 가지 방식으로 구분할 수 있다.

① 3D Printer : 프린터 헤드에서 액상 접착물질을 사출하여 분말 입자를 융착 시킨다.

② Thermal phase change inkjet : 프린터 헤드에서 열 가소성 재료를 사출하여 경화시켜 성형한다.

③ Photopolymer phase change inkjet : 프린터 헤드에서 광 경화성 재료를 사출한 후 자외선으로 경화 시킨다.

첫 번째 방식은 전통적인 3차원 프린팅 기술로써, MIT에서 개발하였으며 유일하게 컬러 부품 성형이 가능하다. 분말재료 위에 프린터 헤드가 선택적으로 액상접착제를 분출하여 분말입자를 융착(fuse) 한다. 이때 남아있는 분말은 지지대 역할을 수행한다. 한 층의 성형이 끝나면 받침대를 내려서 분말을 적층한 후 융착 과정을 되풀이 한다. 부품 완성 후 분말을 제거하고, 완성품은 왁스 또는 접착제 등을 점착시켜 표면처리 및 내구성을 향상시킨다.

이 방식의 상용화 제품으로는 Z Corporation[13]사의 ZCorp 3D 프린터가 있으며, 전분(starch) 기반 분말(강도는 낮지만 태워 없앨 수 있으므로 정밀주조에 응용)이나 세라믹 분말을 활용한다.

두 번째 방식은 프린터 헤드로부터 액체 상태의 열 가소성(thermoplastic) 재료를 사출한 후, 온도를 떨어뜨려 경화시키는 구조이다. 실제 구현(implementation)은 SolidScape사[14]의 싱글 젯(single jet) 잉크젯 방식과 3D Systems사[15]의 멀티젯 모델링(multi-jet modeling) 방식 등이 있다. Two head 방식에서는 1개의 헤드로 저온 용융 열 가소성(low-melt thermoplastic) 재료를 사출하여 부품을 성형하고, 또 다른 헤드는 지지대 성형을 위한 왁스를 사출한다. 또한 각 층을 성형한 후 밀링 작업으로 처리함으로써 정밀도를 높일 수 있다. 3D Systems의 멀티젯 모델링 방식은 수백개의 노즐을 동시에 사용하는 방식을 적용하여 작업 속도를 높였다.

마지막 방식은 프린터 헤드로부터 광경화성 액상 수지를 사출한 후, 프린터 헤드에 장착된 자외선 램프를 사용하여 경화시키는 방법이다. PolyJet 기술이라고도 한다. 이때 제품 성형을 위한 재료와 지지대 성형을 위한 재료를 동시에 사출시키고, 성형 완료 후 지지대는 고압의 물로 씻어 내거나 녹여버린다. 대표적인 상용 시스템은 이스라엘 Object Geometries사, 3D Systems사에서 개발하였다.

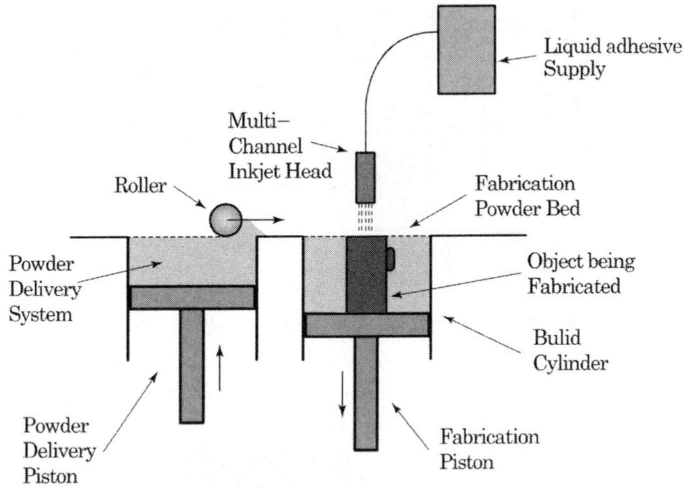

그림 11.13 분말재료 융착식 3DP 개념도[16]

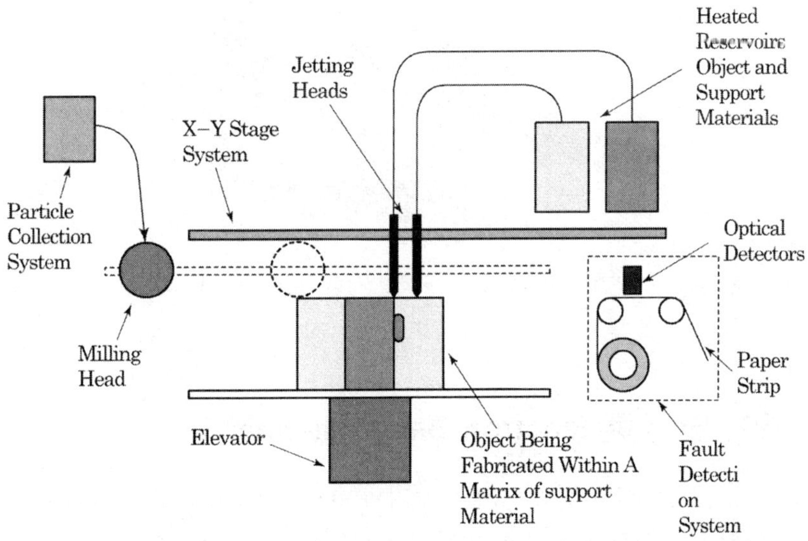

그림 11.14 열 경화성 재료 사출식 3DP 개념도[17]

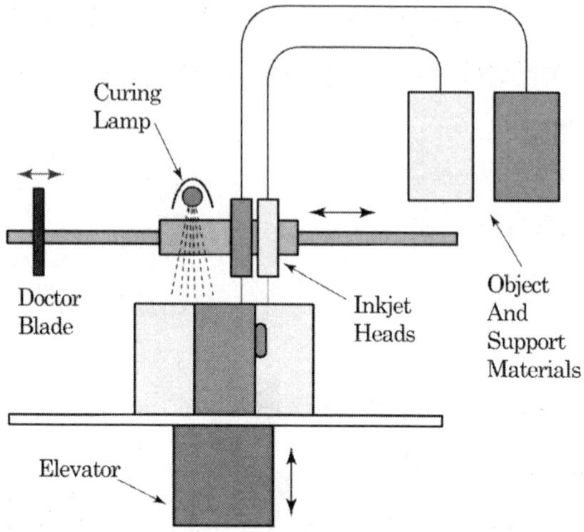

그림 11.15 광 경화성 재료 사출식 3DP 개념도[17]

그림 11.16 3DP 방식에 의한 제품 예[18]

11.2.7 전자 빔 용해(Electron Beam Melting)

전자 빔 용해법, 즉 EBM은 진공 중에서 전자빔(electron beam)을 주사하여 금속 분말을 녹여 각 층을 성형하는 방식이다. 전자빔은 광속의 0.5~0.8배 속도의 전자 알갱이로 구성되며, 재료 표면의 국소적 증발(local vaporization) 현상을 이용하여 분말을 경화시켜 최종 제품을 제작한다[en.wikipedia.org/wiki/Electron_Beam_Melting].

재료는 최종 제품 재질의 분말이며, 충진재(filler)를 사용하지 않아도 된다. 최소 층 두께는 0.05mm 가량으로서, SLS와 달리 최종 제품은 완전한 솔리드(즉 void-free)이면서 매우 단단하다. 공정 특성상 표면 처리(surface finish)는 다른 공정에 비해 우수한 편이고, 성형 후 열처리가 필요 없다. 다만 진공 중에서 성형이 가능하므로 제품 크기는 진공 용기 크기로 제한 된다.

EBM은 미세 정밀 가공에 적절한 방식(예 : 나노미터 단위 크기의 드릴링)이며, 결과물의 물성이 우수하여 신속 제작(rapid manufacturing)으로도 분류한다.

스웨덴의 Arcam AB사에서 EBM을 이용한 장비를 개발하였으며[19], 티타늄 합금 재료의 임플란트(implant) 시장 등에서 효과적으로 활용된다.

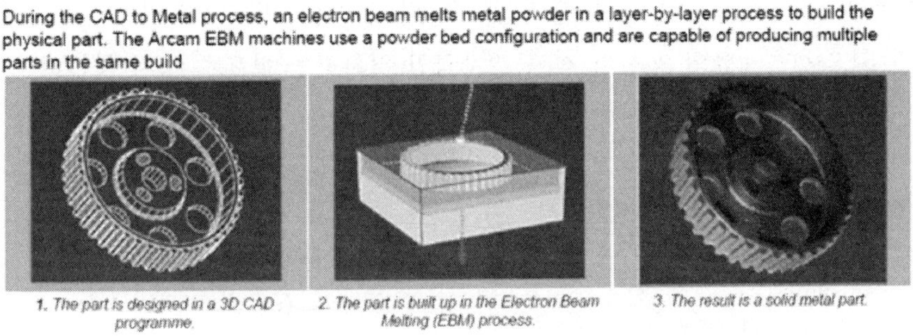

그림 11.17 EBM 공정 개념도[19]

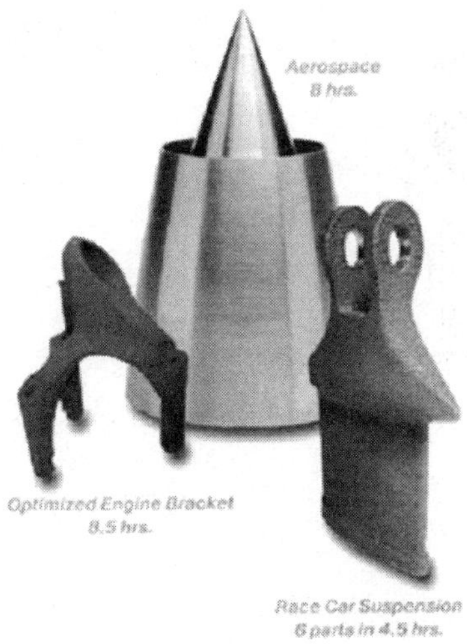

그림 11.18 EBM 성형 제품 예[20]

11.2.8 레이저 분말 성형(Laser Powder Forming)

이 방식은 laser fusing 또는 LENS(laser engineered net shaping)[Sandia National Labs & Sandia Corp.]라고도 하며, 금속 분말을 레이저로 융착 시켜 제품을 성형하는 기술이다[21]. **그림 11.19**는 Sandia National Labs와 Optomec사 등이 채택한 방식으로서, 금속 분말을 사출 헤드(deposition head)로 공급하면서, 고출력 레이저 빔의 초점 위치에서 분말을 용융하여 한 층씩 성형하는 개념도이다.

통상 레이저 출력은 수백~20kW 이상으로서, 레이저 빔은 거울 또는 광섬유로 공급한다. 재료 분말은 중력 또는 압축가스로 공급하는데, 분말 재료는 스테인리스 스틸, 구리, 알루미늄, 티타늄 등을 사용한다. 경우에 따라 분말 대신 와이어 형태로 재료를 공급하기도 한다.

성형 제품은 near net shape, 즉 후가공이 거의 필요없지만, 대개 마무리 가공을 필요로 한다. 다만 SLS보다 재료의 제한이 적고, 2차적인 열처리를 필요로 하지 않는다. 최종 제품은 매우 밀도가 높고 단단하다.

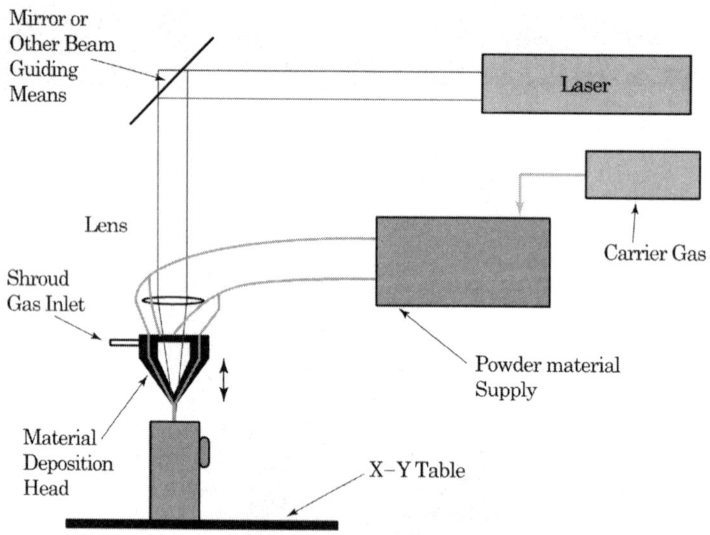

그림 11.19 LENS 개념도[21]

11.2.9 정리

이상의 RP 공정 중, 주요한 공정에 대해 각 공정의 특징을 정리한 표를 다음에 보이고 있다[22].

표 11.1 주요 RP 공정의 특징

기술 명	Stereo-lithography	Jetted Photopolymer	Selective Laser Sintering	Single Jet Inkjet	Laminated Object Manufacturing	Fused Deposition Modeling	3D Printing
약자	SLA	J-P	SLS	MM	LOM	FDM	3DP
대표 업체	3D Systems		EOS GmbH	Solidscape	Solido Ltd.	Stratasys	Z Corp.
일반적인 사항(General Qualitative Features)							
크기 (max. build chamber in inch)	20×20×24	11.75×7.3×8	27.5×15×23	12×6×9	6.29×8.26×5.31	24×20×24	20×24×16
속도	평균 (average)	좋음 (good)	평균~좋음 (average to good)	낮음 (poor)	좋음 (good)	낮음 (poor)	우수함 (excellent)
정밀도	꽤좋음 (very good)	좋음~꽤좋음 (good to very good)	좋음 (good)	우수 (excellent)	보통 (fair)	보통 (fair)	보통 (fair)
표면 처리	꽤좋음 (very good)	좋음~꽤좋음 (good to very good)	좋음~꽤좋음 (good to very good)	우수 (excellent)	보통 (fair)	보통 (fair)	보통 (fair)
장점	큰 부품 처리, 정밀도	정밀도, 표면처리, 사무실 사용 (office OK)	정밀도, 재료	정밀도, 표면처리, 사무실 사용	사무실 사용, 기계 가격, 크기	사무실 사용, 기계 가격, 재료	속도, 사무실 사용, 기계 가격, 컬러 가능
단점	후처리, 액체재료 처리	기계크기와 무게, 후처리	기계크기와 무게, 기계 가격, 표면처리	속도, 재료제한, 부품 크기	재료제한, 표면처리, 정밀도	속도	재료제한, 강도, 표면처리
응용 분야	• 검사용 정밀 부품 및 모델 제작 • 작은 정밀 부품의 신속 제작 • 정밀주조용 패턴 제작 • 우레탄 & RTV 몰딩용 패턴 제작	• 검사용 정밀 부품 및 모델 제작 • 정밀수소용 패턴 제작(보석류) • 우레탄 & RTV 몰딩용 패턴 제작	• 광경화 방식에 비해 다소 덜 정밀한 검사용 부품 및 모형 제작 • 다소 큰 부품의 신속 제작 • 내구성을 요하는 부품 제작 • 정밀주조용 패턴 제작	• 검사용 초정밀 부품 제작 • 정밀주조용 패턴 제작(보석류, 의료기기) • 우레탄 & RTV 몰딩용 패턴 제작	• 다른 방식에 비해 다소 덜 정밀한 검사용 부품 및 모형 제작 • 우레탄 & RTV 몰딩용 패턴 제작 • 사형주조용 패턴 제작	• 검사용 정밀 부품 및 모형 제작 • 고온용 플라스틱 부품 제작 • 소형 정밀 부품의 신속 제작 • 정밀주조용 패턴 제작 • 특수 공구 제작 • 우레탄 & RTV 몰딩용 패턴 제작	• 개념 모델 • 제한된 기능 검사용 부품 제작 • FEA 및 기타 응용 컬러 모형 • 건축 조경 모형 • 컬러 산업 디자인 모형 • 주물
가격대	$75K-800K	$40K-85K	$200K-1M+	$70K-80K	$15K-240K	$19K-300K	$20K-70K
성형 재료(Materials)							
재료 성질 및 특성	• 아크릴류(일반적) • 투명, 단단 • ABS 계열 • 폴리프로필렌 • 열 • 유연, 탄성 (Elastomeric) • 방수	• 아크릴 류(제한적) • 탄성	• 나일론 • 폴리스티렌 • 탄성 • 강철, 스테인리스스틸 합금 • 청동 합금 • 코발트-크롬 합금 • 티타늄	• 폴리에스터 기반 플라스틱 • 정밀주조용 왁스	• PVC 기반 플라스틱 필름 • 접착 종이	• ABS • 폴리카보네이트 • 폴리페닐설폰 (Polyphenylsulfone) • 탄성중합체	• 석고(plaster composite) • 탄성 • 정밀 및 직접 주조
약자	SLA	J-P	SLS	MM	LOM	FDM	3DP

11.3 신속 시작 응용

신속 시작을 활용할 수 있는 산업 분야는 특별하게 한정지을 필요가 없을 정도로 무한하다고 할 수 있다. 특히 자동차, 항공, 의료 등은 신속 시작 기술 도입으로 비용 절감 및 개발 기간 단축 효과를 많이 누리는 산업 분야이다. 일반적으로 신속 시작(RP) 공정으로 어떤 제품을 성형하는 경우 그 목적은 시작품 제작(prototyping), 신속 툴링(rapid tooling), 그리고 신속 제작(rapid manufacturing) 중의 하나가 될 것이다.

(1) 시작품 제작

시작품 제작은 의사소통 및 기능 검사를 목적으로 하며, RP를 가장 효과적으로 활용할 수 있는 분야이다. 엔지니어를 포함하여 다양한 사람들 간의 의사소통은 2차원 도면 보다는 3차원 실물이 월등히 우수하다. 특히 동시공학(concurrent engineering) 환경에서의 제조 활동은 원활한 의사소통이 필수적인 요소이다. 또한 설계 단계에서 시작품 제작~기능 검사~설계 변경 과정을 되풀이 할 경우에도 신속한 시작품 제작은 개발 기간을 단축함에 있어서 중요한 요인이 된다.

(2) 신속 툴링

최종 제품을 성형(fabrication)하기 위한 대표적인 도구(tool)는 금형(mold & die)이나 절삭 공구(cutting tool)를 꼽을 수 있으며, 이러한 생산 도구를 준비하는 과정을 툴링(tooling)이라고 한다. 따라서 신속 툴링은 RP 기술을 이용하여 실제 생산에 사용할 금형이나 공구를 제작하는 분야이다.

실제로 금형 등의 제품은 복잡한 형상을 가지며, 0.05mm 이내의 치수 정밀도를 요구한다. 또한 사출, 프레스, 절삭 등의 가공 작업을 위해 높은 경도 및 1mm 이내의 표면 거칠기를 요구한다. 이런 이유로 금형은 대부분 CNC 절삭 가공, 방전가공(EDM) 및 사상(grinding)으로 제작하며, 시간과 비용이 많이 드는 작업이다. 신속 툴링은 크게 간접 툴링(indirect tooling) 및 직접 툴링(direct tooling) 두 가지로 구분할 수 있다[23].

간접 툴링은 금형 제작을 위한 패턴(pattern)을 RP로 제작하는 경우로서, LOM 공정으로 진공 주조(vacuum casting), 사형 주조(sand casting), 정밀 주조(investment casting) 등

에 필요한 패턴을 제작하는 방식이다.

직접 툴링은 금형 자체를 RP로 제작하는 경우로서, LENS(laser engineered net shaping) 따위의 레이저 분말 성형을 이용하여 직접 금형을 제작하는 방식이다.

(3) 신속 제작

신속 제작(RM)은 최종 제품을 RP 기술로 성형하는 경우를 의미한다. 일반적으로 대량생산 체제에서는 금형 등의 기존 성형 도구를 활용하는 것이 가장 경제적인 선택이지만, 소량 생산이 필요한 경우에는 오히려 RP 기술로 직접 제품을 만들어 내는 것이 더 경제적인 대안일 수 있다. 그 외에 절삭가공 등의 전통적인 방식으로 제작하기 어려운 형상(예 : 매우 복잡한 형상, 내부가 비어 있는 형상 등)은 RM의 적용이 필요한 경우라고 할 수 있다.

11.4 STL 파일

RP 작업을 위한 형상 데이터는 일반적으로 STL 형식으로 준비한다. 대부분의 CAD 시스템은 3차원 솔리드 모델을 STL 형식으로 출력하는 기능을 갖추고 있다. 기본적으로 STL은 많은 삼각형 조각(triangular facet)으로 3차원 형상을 근사적으로 표현한다. 자유 곡면을 포함하는 3차원 형상의 기하학적 데이터는 대개 NURBS 곡면 모델 형식으로 저장하기 때문에, CAD 시스템은 내부적으로 3차원 형상의 NURBS 곡면을 삼각형 조각으로 근사하는 기능을 갖추고 있다.

STL 형식은 **그림 11.20**에서 보듯이 매우 단순하다. 개별 삼각형은 세 개 꼭짓점(vertex)의 좌표값과, 삼각형 평면의 법선벡터(facet normal) 정보로 표현한다. 솔리드 모델에서 살펴본 곡면 연결(topology) 정보와 같은 추가적인 정보는 없다. 따라서 STL 형식에서는 삼각형 간의 연결 관계는 저장하지 아니한다. **그림 11.21**은 3차원 형상의 STL 표현 사례를 보여준다.

```
solid TOOL
facet normal 0.602635 -0.798017 0.000000
outer loop
vertex 1.337215 -2.685490 100.000000
vertex 2.217027 -2.021087 3.000000
vertex 2.217027 -2.021087 100.000000
endloop
endfacet
facet normal 0.850217 -0.526432 0.000000
outer loop
vertex 2.217027 -2.021087 3.000000
vertex 2.797417 -1.083725 3.000000
vertex 2.217027 -2.021087 100.000000
endloop
endfacet
< 중간 생략 >
endsolid
```

그림 11.20 STL 파일 예

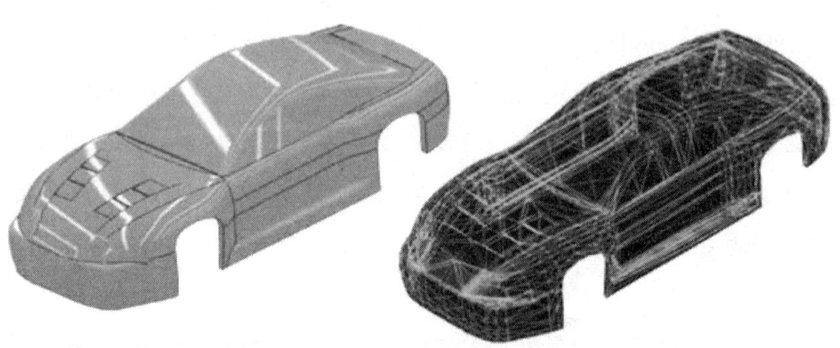

자유곡면 형상　　　　　STL 근사형상

그림 11.21 3차원 형상의 STL 근사 표현 예

STL 형식이 매우 단순하고 처리가 간편한 장점은 있으나, 다음과 같은 몇 가지 단점은 STL 파일을 다룰 때 추가로 고려할 사항이다.

• 삼각형 사이에 틈이 생길 수 있다 : 삼각형 간의 연결 관계를 고려하지 않으므로, 근사하

는 과정에서 삼각형이 없는 영역이 나타나는 경우이다.

- 법선 방향이 일치하지 않을 수 있다 : 개별 삼각형의 법선 방향이 솔리드 모델의 법선방향과 반대 방향이거나 차이가 생기는 경우이다.
- 근사 공차의 차이로 인한 불일치가 발생할 수 있다 : 두 개의 다른 STL 파일을 붙여서 한 파일을 만들 때, 각각의 STL 생성 공차가 다를 경우 접합 부분에서 경계 곡선이나 곡면이 서로 일치하지 않는 경우이다.

대체로 이러한 문제는 CAD 시스템에서 자유 곡면을 근사하는 과정에서 발생하는 오류로 인해 나타나므로, STL 파일을 사용하여 추가 작업을 할 때 이러한 오류의 검사 및 수정이 필요할 수 있다.

연·습·문·제

1. 절삭 가공과 비교하였을 때, 신속 시작법의 특징을 기술하시오.

2. 신속 시작법의 일반적인 성형 과정을 설명하시오.

3. 입체 조형(SL)과 지표 경화(SGC) 방법을 비교하여 설명하시오.

4. 3차원 프린팅 공정의 3가지 방식을 설명하시오.

5. STL 파일의 목적과 3차원 형상 표현 수단으로서의 장단점을 기술하시오.

참고문헌

1. Lee, K. W. : Principles of CAD/CAM/CAE systems, 1999.
2. http://www.interpro-rtc.com/gal_med_twins.html
3. http://www.triad-plastics.com/sla.html
4. http://computer.howstuffworks.com/stereolith.htm/printable
5. http://www.me.psu.edu/lamancusa/rapidpro/primer/chapter2.htm
6. http://www.alexdenouden.nl/08/rapprod3.htm
7. http://home.att.net/~castleisland/sls.htm
8. http://www.11th-hour-prototypes.co.uk/SLS.html
9. http://home.att.net/~castleisland/lom.htm
10. http://www.cmeri.res.in/svs/rp.html
11. http://www.xpress3d.com/FDM.aspx
12. http://www.hkpc.org/text/eng/centres_of_excellence/rpt_centre/services/orpds/rpt/3D_system/landing.jsp
13. www.zcorp.com
14. www.solid-scape.com
15. www.3dsystems.com
16. http://home.att.net/~castleisland/3dp.htm
17. http://home.att.net/~castleisland/bpm.htm
18. http://www.image-acquire.com/cool_products/thinglab_zprinter_450_3d_printer.html
19. www.arcam.com]
20. http://www.yenra.com/rapid-prototyping/metal.html
21. http://home.att.net/~castleisland/lens.htm
22. http://home.att.net/~castleisland/rp_int1.htm
23. www.me.psu.edu/lamancusa/rapidpro/primer

CHAPTER 12 금속절삭가공의 경제성

12.1 서 론

생산 기술자의 중요한 관심은 생산비와 생산율에 있다. 실제적으로 높은 생산율은 낮은 생산비를 의미할 수도 있으나, 이러한 두 요소들은 분리해서 고려해야 하며 최대 생산율을 주는 생산조건이 최저 생산비를 주는 생산조건과 일치하지 않는다는 것에 주목해야 한다.

생산비와 생산율의 해석은 복잡하며, 많은 경우에 있어서 그 해석은 단지 해당 특정 조건에만 적용된다. 그러나 오랜 경험에 의하여 주어진 가공에서 최적의 절삭조건을 선택하기 위한 경험법칙이나 지침이 만들어졌으며, 어떻게 이러한 원리들이 이용될 수 있는가를 예시하는 것이 이 장의 목적이다.

앞으로의 설명에서 생산시간은 1개의 부품을 생산하는 데 걸리는 평균시간이라 정의하고, 생산비는 한 대의 공작기계를 이용하여 1개의 부품을 생산하는 데 소요되는 총평균 비용이라 정의한다. 일반적으로 1개의 부품을 생산하는 데는 여러 공작기계를 이용하여 몇 번의 절삭가공을 하게 된다. 그러므로 재료비를 제외한 총생산 원가에는 많은 항이 내포된다.

예를 들어 소재를 첫 번째 공작기계로 운반하여 기계에 고정시킨다. 첫 번째 가공이 끝나면 부품들은 공작기계로부터 분리되어 쌓여 있거나 임시 저장되며, 결국 두 번째 공작기계로 이송되며, 이러한 작업이 반복된다. 이와 같이 공작기계들 사이에서 부품취급 비용은 총생산 비용에서 상당한 부분을 차지한다는 것은 실제적으로도 증명되지만, 여기에서는 소재의 취급은 논하지 않고 오직 절삭작업에 포함된 인자만을 해석하려 한다.

부품은 공작기계 옆에 쌓여 있어 작업자가 쉽게 잡을 수 있으며, 작업자는 가공된 부품을 공작기계 옆에 쉽게 쌓아둘 수 있다고 가정한다. 한 배치의 부품들을 절삭가공하기 위한 적절한 공구와 절삭유가 선정되었다고 가정한다면, 결정되어야 할 조건은 단지 절삭속도와 이송이다.

이송이라는 것은 공구 또는 공작물의 매 회전, 공구 또는 공작물의 매 행정에 대하여 이송방향으로 공작물에 대한 공구의 상대적 이동거리이다. 밀링과 같은 다인공구의 절삭에서는 혼동이 일어날 수 있다. 이러한 공작기계에서의 설정된 이송은 이송방향으로의 공구와 공작물 사이의 상대적 속도를 의미하기 때문이다. 그러므로 만약 밀링작업에서 이송속도는 v_f, 그리고 절삭공구의 회전수 n_t 라 할 때, 각각의 절삭공구의 매 회전당 공작물의 이송은 v_f/n_t 로 주어지고 밀링작업에서의 최대 절삭속도 v 는 $\pi d_t n_t$ 로 주어진다. 여기서 d_t 는 공구의 지름이다. 따라서 만약 밀링작업 중 일정한 이송에 두 배의 절삭속도가 요구된다면 절삭공구의 회전수 n_t 와 이송속도 v_f 를 모두 2배로 해야 한다.

이러한 사항들을 고려해 보았을 때 다른 요소들이 일정할 때 절삭속도나 이송이 증가되는 공정에서는 실제 가공시간은 줄어들 것이고, 공구의 마모율은 증가한다. 그러므로 매우 낮은 절삭속도와 이송의 조건에서는 긴 가공시간으로 인해 많은 생산시간이 필요하다.

한편 매우 높은 절삭속도와 이송은 자주 공구를 갈아야 하기 때문에 생산시간이 많이 걸린다. 분명히 최저 생산시간을 갖는 최적 조건은 존재할 것이다. 유사하게 최저 생산비를 나타내는 최적 조건이 존재할 것이다. 긴 시간의 기계와 공구를 사용하는데 드는 비용 때문에 낮은 절삭속도와 이송 상태의 생산비용은 높을 것이다. 잦은 공구의 교체로 인해 높은 절삭속도와 이송 상태의 생산비용은 높을 것이다. 작업자들의 문제는 어떻게든 생산시간과 생산비용을 줄이는 것이다. 일반적으로 이러한 목적들이 동시에 이루어질 수는 없으므로 절충안을 모색해야 한다.

이 장에서는 알맞은 이송의 선정이 제일 먼저 논의될 것이다. 절삭력과 동력면에 비추어 볼 때 황삭 시에는 공작기계가 견딜 수 있는 최대이송을 선택함이 바람직하다고 밝혀질 것이다. 다음은, 일정한 절삭속도를 가지는 가공(예, 원통선삭)에 대한 최적 절삭조건이 해석될 것이고, 가변 절삭속도를 가지는 가공(예, 면삭)에 대한 최적 주축회전속도 조건이 해석될 것이다. 끝으로, 이러한 해석들은 실제의 절삭작업에 적용될 것이고, 최근의 공구재료와 공구설계의 장점들이 예시될 것이다.

12.2 이송속도의 선정

마무리 절삭을 할 때, 적절한 이송은 만족스러운 표면 마무리를 제공하는 것이 될 것이다. 이러한 이송의 결정은 표면 마무리의 요구사항을 명시한 설계자의 손에 달려 있다.

황삭 시 알맞은 이송이 어떻게 선택되는지 설명하자면, 먼저 절삭속도와 이송이 공구의 수명에 미치는 영향의 관계를 고려하는 것이 제일 먼저 필요하다. 만약 절삭속도의 변화가 절삭가공의 형상과 비에너지 소비에 영향이 없다면 공구의 온도는 열숫자(thermal number)인 $\rho c v a_c / k$의 함수가 되는 것은 5장에서 설명되었다.

그러므로 이송과 절삭속도의 동등한 변화는 동등한 양만큼 공구온도에 영향을 미쳐야 한다. 그러나 이송의 증가는 공구의 마모면에서의 상대적 미끄럼 속도에 영향이 없는 반면에 절삭속도는 미끄럼 속도를 비례적으로 증가시킨다. 공구마모는 온도와 상대적 미끄럼 속도의 함수이므로 절삭속도의 증가는 이송의 증가에 비해 공구의 수명을 더 많이 단축시키는 것을 알 수 있다.

이러한 결론은 실제적인 경험과 일치하며, 만약 황삭 시 생산율을 올리는 것이 필요하다면, 절삭속도를 높이는 것보다 이송을 높이는 것이 항상 바람직하다는 것을 의미한다. 물론 이송을 증가시키면 공구에 미치는 힘이 증가되지만, 절삭속도의 증가는 그렇지 않기 때문에 이러한 순서는 항상 실제적이지는 못하다. 그러므로 이송의 증가에는 제한이 존재하고, 공작기계가 지탱할 수 있는 공구에 미치는 최대 힘에 좌우된다. 황삭 시 최적의 절삭조건 선정의 기본적인 원리는 항상 이송을 가능한 최대로 설정하는 것이다.

12.3 절삭속도의 선정

절삭가공에서 절삭속도를 선정하는 데에는 두 가지의 명확한 기준이 으며, 그것은 최저 생산비와 최소 생산시간이다. 원통선삭에서와 같이 일정한 절삭속도에서 최저 생산비를 얻는 최적 절삭속도를 먼저 고려하여야 한다. 작업자와 기계가 N_b개 부품 1배치를 생산하는데 걸리는 시간을 다음과 같이 세 가지로 생각할 수 있다.

① 총 비생산 시간은 $N_b t_l$으로 주어진다. 단, t_l은 부품을 적재하고 이재하거나 절삭 초기 영역으로 공구를 되돌리는데 걸리는 시간이다.

② 총가공 시간은 $N_b t_m$ 으로 주어진다. 단, t_m은 부품을 가공하기 위한 기공시간.

③ 마모된 공구를 교체하는 총시간은 $N_t t_{ct}$ 으로 주어진다. 단, t_{ct} 는 공구교체 시간이 N_t는 사용된 공구의 수이다.

만약 M을 기계와 작업자에 대한 시간당 비용(간접비 포함)이라면 기계와 작업자의 총비용은 다음과 같다.

$$M(N_b t_l + N_b t_m + N_t t_{ct}) \tag{12·1}$$

이 비용에 $N_t C_t$ 로 주어진 공구비를 더해야 한다. 단, C_t 는 공구 1개의 값이다. 부품 1개에 대한 평균 생산비 C_{pr} 는 다음과 같다.

$$C_{pr} = Mt_l + Mt_m + M\left(\frac{N_t}{N_b}\right)t_{ct} + \left(\frac{N_t}{N_b}\right)C_t \tag{12·2}$$

식 (12·2)에서 첫번째 항은 비생산비로서 어느 특정된 작업에서는 일정하다. 두 번째 항은 가공비이다. 이것은 이송을 일정하게 하고 절삭속도를 증가시키면 감소시킬 수 있다. 마지막 항목들은 공구비이며 절삭속도의 증가와 함께 증가한다.

1 배치의 부품을 생산하는데 소요된 공구의 수를 계산하는 데는 절삭속도와 공구수명과의 관계를 알아야 한다. Taylor는 이러한 변수들 사이에 실험적 관계가 있음을 보였다[1]. 즉,

$$\frac{v}{v_r} = \left(\frac{t_r}{t}\right)^n \tag{12·3}$$

단, v = 절삭속도
t = 공구수명
n = 상수
t_r = 알려진 절삭속도 v_r에 대응하는 기준 공구수명

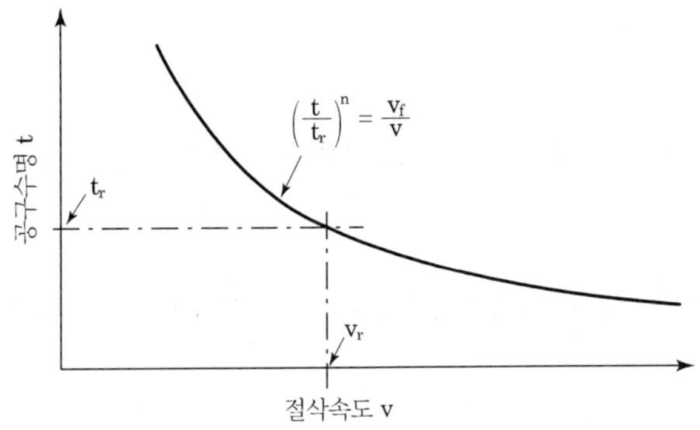

그림 12.1 n이 일정할 때 Taylor의 공구수명 관계

특정 공작물과 공구재료 및 특정이송에 대한 t_r의 값은 시험에 의해서나 발표된 실험 데이터에 의해 구해질 수 있다. 상수 n은 공구재료에 주로 의존하여 고속도강 $n \sim 0.125$, 초경 $0.25 < n < 0.3$ 그리고 세라믹 $0.5 < n < 0.7$. **그림 12.2**는 공구수명이 60초라 할 때, 다양한 공구와 공작물에 대한 v_r값의 근사적 범위를 제공한다.

어느 특정한 상황에서 공구수명 t는 다음과 같다.

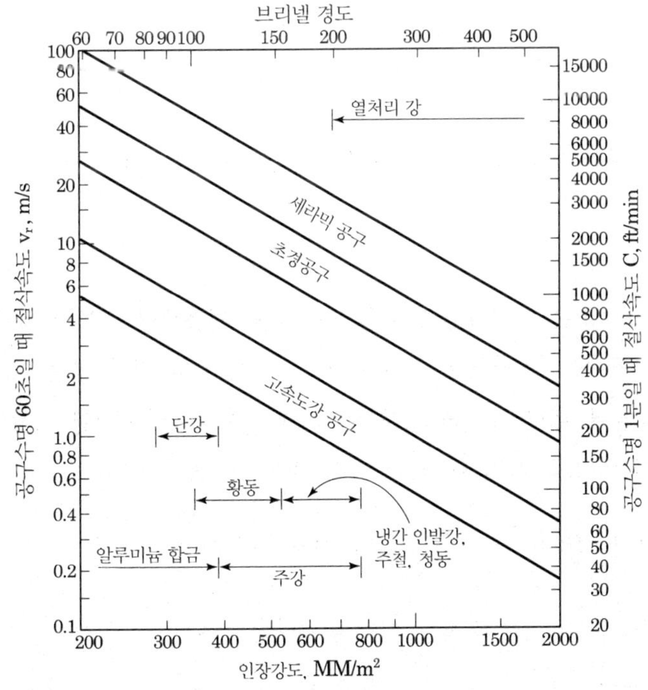

그림 12.2 공구수명 t_r가 60초일 때의 절삭속도 v_r의 근사값

$$t = t_r\left(\frac{v_r}{v}\right)^{1/n} \tag{12·4}$$

전통적으로 Taylor의 공구 수명식은 미국 단위에서 다음과 같은 형식으로 적용되어 왔다.

$$vt^n = C \tag{12·5}$$

단, v feet/분, t 는 분, C는 공구수명 1분에 대한 절삭속도로 측정된다. 그러므로 식 (12·3)으로부터

$$\frac{v_r}{C} = \left(\frac{1분}{t_r}\right)^n \tag{12·6}$$

그러므로 다음 식은 이미 발표된 데이터를 SI 단위로 바꾸는데 사용될 수 있다.

$$\frac{197v_r}{C} = \left(\frac{60}{t_r}\right)^n \tag{12·7}$$

1 배치의 부품가공에 사용된 공구수 N_t 는 공구가 전가공 시간 동안 공작물과 물려 있다고 하면 $N_b t_m/t$ 로 주어진다.

그러므로

$$\frac{N_t}{N_b} = \frac{t_m}{t} = \frac{t_m}{t_r}\left(\frac{v}{v_r}\right)^{1/n} \tag{12·8}$$

마지막으로, 한 개의 부품에 대한 가공시간 t_m 은 다음과 같다

$$t_m = \frac{K}{v} \tag{12·9}$$

단, v는 절삭속도, K는 특정가공에 대한 상수이다. 예를 들어 원통선삭에 있어서 K의 값은 $\pi d_w l_w/f$ 이다. 단, l_w 는 공작물의 길이, d_w 는 공작물의 지름, f는 이송, 일반적으로 K는 가공 중에 공작물에 대한 공구의 상대적 이동거리이다. 생산비와 절삭속도의 관계는 식 (12·8)과 (12·9)를 식 (12·2)에 대입함으로써 얻을 수 있다.

$$C_{pr} = Mt_l + MKv^{-1} + \frac{K}{v_r^{1/n} t_r}(Mt_{ct} + C_t)v^{(1-n)/n} \tag{12·10}$$

최저비용을 위한 절삭속도를 구하기 위하여 식 (12·10)는 v 에 대해 미분되어야 하고 0과 같게 해야 한다. 그러므로

$$v_c = v_r \left(\frac{n}{1-n} \frac{Mt_r}{Mt_{ct} + C_t} \right)^n \tag{12·11}$$

절삭속도가 생산비에 미치는 영향은 **그림 12.3**과 같은 그래프에서 더 확연히 보여진다. 식 (12·10)에서 비생산 비용, 가공비용, 공구비용이 각각 그려져 있고, 주어진 조건에서 최적 절삭속도가 어떻게 결정되는지 알 수 있다. 식 (12·11)에 의하면 최적 절삭속도는 배치크기나 비생산 시간과는 무관하다.

주어진 최고 생산율(또는 최저 생산시간)을 주는 절삭속도를 알아내기 위해서 위에 설명된 비슷한 과정을 따르는 것이 필요하다. 식 (12·2)을 살펴보면 부품 1개의 평균 생산시간이 다음과 같이 나타난다.

$$t_{pr} = t_l + t_m + \frac{N_t}{N_b} t_{ct} \tag{12·12}$$

식 (12·12)에 (12·8)와 (12·9)를 대입하고 미분을 하면, 최소 생산시간을 위한 절삭속도 v_p 가 다음과 같이 주어진다.

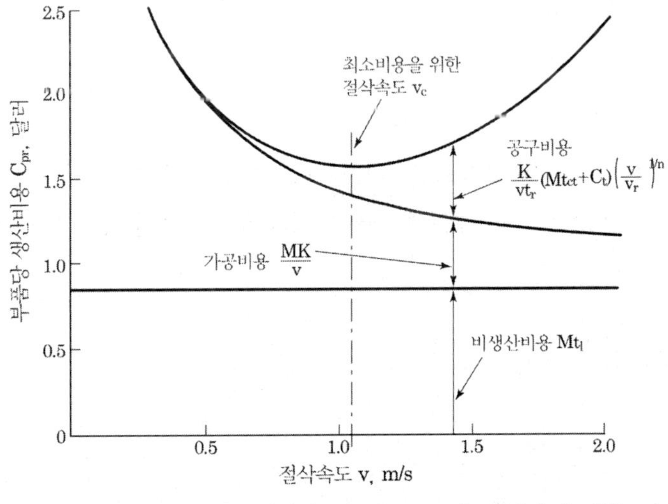

그림 12.3 절삭속도 v 로 절삭할 때 부품 C_{pr} 당 생산비의 변화, 단, $M = 0.0028$달러/s, $C_t = 2.1$달러, $t_{ct} = 240\,\text{s}$, $n = 0.25$, $t_l = 300\,\text{s}$, $K = 192\,\text{m}$, $t_r = 60\,\text{s}$, $v_r = 2.75\,\text{m/s}$

$$v_p = v_r \left(\frac{n}{1-n} \frac{t_r}{t_{ct}} \right)^n \tag{12·13}$$

식 (12·11)과 (12·13)을 비교해 볼 때 최소 생산비용에 대한 조건과 최소 생산시간에 대한 조건이 서로 다르다는 것을 알 수 있다. 그러므로 최종 절삭속도의 선택은 절충을 요구한다. 이 절충은 나중에 고려될 것이다.

12.4 최소의 생산비용과 생산시간을 위한 공구의 수명

실제적인 절삭가공을 해석함에 있어 최소 생산비에 대한 최적 공구수명 t_c, 그리고 최소 생산시간에 대한 최적 공구수명 t_p의 표현을 사용하는 것이 편리하다. 이들은 테일러의 공구수명식 (12·4)에 식 (12·11)와 (12·13)을 대입해서 다음과 같은 식을 얻을 수 있다.

$$t_c = \frac{1-n}{n}\left(t_{ct} + \frac{C_t}{M}\right) \tag{12·14}$$

$$t_p = \left(\frac{1-n}{n}\right)t_{ct} \tag{12·15}$$

실제에 있어서 $(1-n)/n$은 고속도강에 대하여는 7, 초경에 대하여는 3, 산화물이나 세라믹에 대하여는 1로 주어진다. 공구재료에 따른 최적의 공구수명에 대한 근사값은 다음과 같다.

① 고속도강

$$t_c = 7\left(t_{ct} + \frac{C_t}{M}\right) \tag{12·16}$$

$$t_p = 7t_{ct} \tag{12·17}$$

② 초경

$$t_c = 3\left(t_{ct} + \frac{C_t}{M}\right) \tag{12·18}$$

$$t_p = 3t_{ct} \tag{12·19}$$

③ 산화물이나 세라믹

$$t_c = t_{ct} + \frac{C_t}{M} \qquad (12 \cdot 20)$$

$$t_p = t_{ct} \qquad (12 \cdot 21)$$

끝으로, 이상에 대응하는 최적 절삭속도는 다음 식에서 구할 수 있다.

$$v_c = v_r \left(\frac{t_r}{t_c} \right)^n \qquad (12 \cdot 22)$$

$$v_p = v_r \left(\frac{t_r}{t_p} \right)^n \qquad (12 \cdot 23)$$

이러한 방정식들로부터 최적 조건을 결정하기 전에 공구교체 시간 t_{ct}, 예리한 공구를 준비하는 비용 C_t, 기계와 작업자의 시간당 비용 M, 공구수명 t_r에 대한 절삭속도 v_r를 알아야 한다. 다음의 논의에서는 어떻게 이러한 요소들이 평가될 수 있는지 보여줄 것이다.

12.5 최적조건 결정에 필요한 인자들의 평가

기계와 작업자의 비용에는 작업자의 임률에 작업자의 고용과 관련된 간접비와 공작기계 감가상각비, 그것들의 사용과 관련된 간접비를 포함한다. 각 공장마다 이러한 비용의 산출방법이 다르지만 대부분의 경우에 다음의 식을 적용시킬 수 있다.

$$M = W_o + \left(\frac{\text{작업자 간접비 [\%]}}{100} \right) \cdot W_o + M_t + \left(\frac{\text{기계 간접비 [\%]}}{100} \right) \cdot M_t \qquad (12 \cdot 24)$$

단, W_o는 작업자 임금, M_t는 기계 감가상각비. 작업자 간접비는 100%에서 300%까지 변할 수 있고, 회사에서 제공하는 복지혜택, 작업 시설비, 작업자를 고용하기 위한 행정요원 인건비 등이 포함된다. 기계 간접비는 기계에 의해 소모된 전력비와 기계손질 비용, 기계의 이동비용이 포함된다.

기계 감가상각비를 계산할 때 처음 구입비의 상환기간을 감가상각 기간으로 정하는 것이 보통이다. 이 기간은 기계의 종류와 국세청에 의해 부과되는 세금 감가상각비에 따라 2~10년으로 다양할 수 있다. 다음 식이 기계 감가상각비를 계산하는 데 일반적으로 이용된다.

$$M_t = \frac{\text{처음 구입비}}{\text{1년 간의 작업 시간수} \times \text{상환년수}} \tag{12·25}$$

공구비를 계산하는 데 사용되는 방법은 사용한 공구에 따라 다르다. 재연삭하여 사용할 수 있는 공구에 대해서는 예리한 공구공급 비용을 평가하는데, 다음의 식을 이용할 수 있다.

$$C_t = \text{연삭비용} + \frac{\text{공구 구입비}}{\text{재연삭 가능회수}} \tag{12·26}$$

특정한 공구는 이론적으로 20번을 재연삭할 수 있으나 실제적 가공 중에 점진적으로 마모되는 외에 공구가 손상을 입거나 치핑되기 때문에 보다 적은 회수의 재연삭을 하게 됨을 알아야 한다. 실제적으로 이론적 재연삭수의 1/2보다 작다.

사용 후 버릴 수 있는 인서트에 대한 예리한 공구공급 비용은 다음의 식으로부터 평가할 수 있다.

$$C_t = \frac{\text{인서트비용}}{\text{인서트당 사용 평균날수}} + \frac{\text{공구홀더 비용}}{\text{공구홀더 수명 동안 사용한 절삭날수}} \tag{12·27}$$

인서트당 사용한 평균 절삭날수는 사용 가능한 공구의 날수보다 적다는 것을 알아야 하고 실제값을 평가하도록 노력해야 한다.

공구교체 시간은 기계에서 공구를 제거하고, 새로운 공구를 정확한 위치에 고정시키고, 기계를 다시 작동하는 시간이다. 만약 사용 후 버릴 수 있는 인서트 공구가 사용된다면 다음 식을 적용한다.

$$t_{ct} = \frac{\begin{array}{c}\text{인서트 분할 회전시간} \times (\text{인서트당 사용한 평균 절삭날수} - 1) \\ + \text{인서트를 교체하는 시간}\end{array}}{\text{인서트당 사용한 평균 절삭날수}} \tag{12·28}$$

특정한 공구수명 t_r 에 대한 절삭속도 v_r는 공구재료, 공구형태, 공작물, 그리고 사용되는 절삭조건에 따라 다르다. v_r의 값은 가공 핸드북에 표로 만들어진 다양한 재료 조건에 대한 C값(1분의 공구수명에 대한 절삭속도)으로부터 얻을 수 있다. 이것에 대한 개략적인 값은 **그림 12.2**에 있다.

12.6 일정한 절삭속도 가공의 예

지금까지 개발된 식이 어떻게 응용되는지를 설명하기 위해 큰 배치(다량)의 강 축을 이송 0.25 mm, 지름 76 mm, 길이 300 mm로 황삭한다고 가정한다.

경납한 초경공구가 사용되며, 사용된 조건에 대한 Taylor 공구 수명식의 상수는 다음과 같다. $t_r = 60$초(C=800 ft/min)일 때 $n=0.25$, $v_r=4.064$ m/s, 공작기계 초기구입비는 10800달러이고 상환기간은 5년이다. 작업자의 임금은 0.0015달러/초(5.40달러/시간)이며, 작업자와 기계의 간접비는 100%이고, 공구교체와 재조정 시간은 300초, 공구 재연삭비는 2.00달러, 공구 구입비는 6.00달러, 평균 10회 재연삭하여 사용할 수 있다. 각 재료에 대한 비생산 시간은 120초이다.

이러한 계산들의 1단계는 관련된 인수들의 크기를 평가하는 것이다.

① 기계 및 작업자의 총률 M : 만약 기계를 매일 8시간, 주 5일, 연 50주 가동한다면 매년 7.2×106초의 작업시간을 의미한다. 기계 감가상각률은 식 (12·25)에 의해서

$$M_t - \frac{10800}{7.2\times10^6\times5} = 0.0003\text{ 달러/초}$$

그러므로 기계와 작업자의 총률은 식 (12·24)에 의하여

$$M = 0.0003 + 0.0003 + 0.0015 + 0.0015 = 0.0036\text{ 달러/초}$$

② 예리한 공구의 공급비용 C_t : 이 비용은 식 (12·26)으로부터 얻을 수 있다. 그러므로

$$C_t = 2.60\text{ 달러}$$

③ 공구교체 시간 : 이것은 주어졌다.

t_{ct} : 300초

식 (12·18)을 사용하여 최저 생산비를 위한 공구수명 t_c와 절삭속도 v_c, 최저 생산시간을 위한 공구수명 t_p와 절삭속도 v_p의 값을 구해보면,

$$t_c = 3\left(t_{ct} + \frac{C_t}{M}\right) = 3\left(300 + \frac{2.6\times10^3}{3.6}\right) = 3.07\text{ ks (51.2 min)}$$

t_c에 대한 절삭속도는 식 (12·22)에 의해

$$v_c = v_r\left(\frac{t_r}{t_c}\right)^n = 4.064\left(\frac{60}{3070}\right)^{0.25} = 1.52\,\mathrm{m/s}\,(299\ \mathrm{ft/min})$$

식 (12·19)에 의해 최저 생산시간을 위한 t_p는

$$t_p = 3t_{ct} = 900\,\mathrm{s}$$

그리고 t_p에 대한 절삭속도 v_p는 식 (12·23)에 의해

$$v_p = v_r\left(\frac{t_r}{t_p}\right)^n = 4.064\left(\frac{60}{900}\right)^{0.25} = 2.065\,\mathrm{m/s}\,(407\ \mathrm{ft/min})$$

작업이나 생산시간의 경제성 중에 어떤 하나에 우선을 두어 규정하지 않는다면 절삭속 v_c와 v_p 사이의 어떤 절삭속도라도 효과적인 가공을 하게 될 것이다. 그러나 대부분의 공작기계는 주축의 속도선정에 제한이 있기 때문에 이 범위 내에서 어떤 특정한 절삭속도를 선정하게 된다. 선정한 주축속도는 최저 생산비를 위한 절삭속도에 가장 근접한 값일 것이다. 현재의 예제를 풀면서 v_c와 v_p에 일치하는 절삭속도가 얻어진다고 가정한다. 부품당 비용과 최저비용과 최저 생산시간에 대응하는 생산시간을 계산하여 보는 것은 흥미 있는 일이다.

선삭의 경우 최저 생산비용을 위한 1개의 부품을 가공하는 데 걸리는 시간 t_m은 식 (12·9)에 의해 주어진다.

$$t_m = \frac{\pi d_w l_w}{vf} = \frac{\pi \times 76 \times 10^{-3} \times 300 \times 10^{-3}}{1.52 \times 0.25 \times 10^{-3}} = 189\text{초}\,(3.15\text{분})$$

공구수명은 3070초이므로, 각 공구는 16개의 부품을 가공할 것이며, 식 (12·2)의 N_t/N_b 비는 0.0625이다. 그러므로 각 부품에 대해

$$\text{비생산 비용} = Mt_l = 3.6\times10-3\times120 = 0.432\text{달러}$$

$$\text{가공비용} = Mt_m = 3.6\times10-3\times189 = 0.68\text{달러}$$

$$\text{공구비용} = \left(\frac{N_t}{N_b}\right)(Mt_{ct} + C_t) = 0.0625 \times [(3.6\times10^{-3}\times300) + 2.6] = 0.23\text{달러}$$

결국, 총비용 C_{pr}는 1.34달러이다.

생산시간은 식 (12·12)에 의해 구할 수 있으며, 각 부품에 대해

비생산 시간= t_l =120초

가공시간= t_m =189초

공구교체 시간= $\left(\frac{N_t}{N_b}\right)t_{ct} = 0.0625 \times 300 = 18.75$ 초

결국, 총생산 시간 t_{pr} 는 328초(5.5분)이다.

최저 생산시간의 조건은 이와 비슷한 방법으로 얻을 수 있다. 이러한 경우에 가공시간 t_m 은 139.1초(2.32분)이고, 이에 따라 생산비 C_{pr} 는 1.55달러, 생산시간은 309초(5.15분)이다.

이 예제를 통하여 다음 사실을 알 수가 있다. 최저 생산시간을 위한 절삭속도를 사용하는 것이 최소 생산비용을 위한 절삭속도를 사용하는 것보다 5.8%의 생산시간을 줄일 수 있었고, 15.7%의 생산비 증가를 가져왔다, 이와 같이 생산시간을 감소시키는 것이 경제적인가에 대하여는 운영의 조건에 따라 다르다. 만약 어떤 회사가 한 부품당 1.75달러 받는다면, 최저비용 조건으로 1년 후(7.2×106초) 수입은 이론적으로 9000달러가 될 것이다. 최저 생산시간 조건으로는 4660달러이다. 확실히 최저비용 조건이 바람직하고 비교라는 것이 위에서 고려한 인자들 이외의 다른 많은 인자들에 좌우되겠지만, 이 예제는 최저비용과 최저 생산시간의 절충을 이루기 위한 근거를 예시한다. 최대효율에서의 가공은 다음 장에서 설명된다.

12.7 최대효율에서의 가공

하나의 가공작업에서 최소 생산비용의 조건이 선정되었다면, 생산시간은 최소 생산시간보다 크다는 것을 이미 앞에서 나타내었다. 또한 최소 생산시간의 조건이 선정되었다면 생산비용은 최저 생산비용보다 클 것이다. 이 두 조건들을 절충하기 위하여 최대 이윤율을 고려해야 한다.

S를 가공된 각 부품에 대해 공장에서 받는 금액이라 하면, 부품 1개당 이익은 $S-C_{pr}$ 이며, 그리고 이윤율 P_r는 다음과 같다.

$$P_r = \frac{S - C_{pr}}{t_{pr}} \tag{12·29}$$

식 (12·10)과 (12·12)에서 C_{pr}와 t_{pr}를 대입하면

$$P_r = \frac{S - Mt_l - MKv^{-1} - Kv_r^{-1/n} t_r^{-1}(Mt_{ct} + C_t)v^{(1-n)/n}}{t_l + Kv^{-1} + Kv_r^{-1/n} t_r^{-1} t_{ct} v^{(1-n)/n}} \tag{12·30}$$

만약 식 (12·30)을 v에 대하여 미분을 해서 0으로 놓고, 식 (12·3)과 결합시키게 되면 최대효율(최대 이윤율)을 위한 공구수명 t_{ef}가 구해진다.

$$t_{ef} = \frac{1-n}{n}\left(t_{ct} + \frac{t_l C_t}{S}\right) + \frac{C_t K}{nSv_r}\left(\frac{t_{ef}}{t_r}\right)^n \tag{12·31}$$

불행히도 이 식은 수치 해석적인 방법에 의해서만 해가 가능하다. 그러나 간단한 방법으로 초경공구에 대하여는 t_{ef}^n의 값을 6.5 s^{n}으로 고속도강 공구에 대하여는 2.5 s^{n}과 같다고 가정하고 식 (12·31)의 우변에 이 값을 대입하면 t_{ef}의 새로운 값을 구할 수 있다. 이러한 반복과정은 계속되고 충분히 가까운 근사값으로 급속히 수렴을 할 것이다.

식 (12·31)의 가장 흥미 있는 특징 하나는 최대효율의 조건이 기계와 작업자의 총률 M과 무관하다는 것이다. M에 대한 지식 없이 최적절삭 조건을 정할 수 있다는 것은 아주 편리하다. 간접비나 상환기간 등이 불확실하여 M을 평가하기가 어렵기 때문이다.

그림 12.4는 특정한 경우에 대해 이윤율 P_r가 각 부품가공에 부과된 금액 S의 다양한 값에 대한 절삭속도 또는 공구수명의 변화에 따라 어떻게 바뀌는가를 보여 준다. 또한 최소비용을 위한 조건 식 (12·14), 최소 생산시간 식 (12·15)와, 최대효율 식 (12·31)의 조건들을 볼 수 있다.

이윤이 있다면 최대효율을 위한 조건은 최소비용 조건과 최대 생산율을 위한 조건 사이에 있고, 이익이 0일 때, 최대효율의 조건은 최저비용 조건에 일치한다는 것을 알 수 있다. 또한, 이윤이 매우 크지 않다면 최대이윤을 위한 최적 조건은 최소비용 조건에 근접해 있다는 것을 알 수 있다.

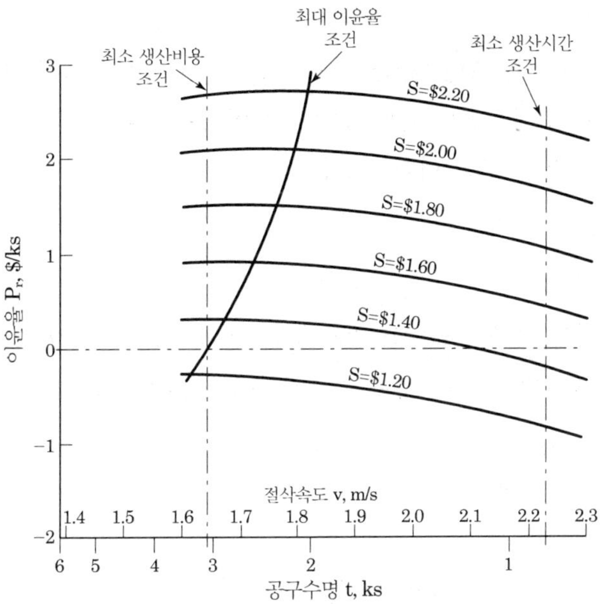

그림 12.4 일반적인 선삭작업시 절삭속도와 공구수명이 이윤율에 미치는 영향
단 M=0.00334달러/초, C_t =2.60달러, t_{ct} =300초, n =0.25, t_l = 60초, K=328 m, t_r =1초, v_r =12.2 m/초

다른 공구재료와 공구설계의 경제성을 비교하기 위해 이미 개발된 방정식들을 이용하기 전에 면삭과 단속절삭에 대한 최적 조건이 해석될 것이다.

12.8 면삭작업

대부분의 공작기계들은 일정한 주축속도에서 운전하도록 설계된다. 원통선삭에서 일정한 주축속도로 인해 절삭속도가 일정하게 되고, 최소비용, 최소 생산시간, 최대효율을 위한 절삭속도는 앞에서 소개한 식을 이용하여 계산할 수 있다. 그러나 면삭에서는 주축속도가 일정하여도 절삭속도는 변한다. 면삭은 **그림 12.5**에 나타나 있듯이 절삭속도는 절삭 반지름 r에 따라 선형적으로 변한다. 절삭속도는 공작물의 바깥둘레에서 최대이고 작업의 끝에서 최소이다. 그러므로 공구 마모율(플랭크 마모랜드 폭의 증가율)은 절삭의 처음에서 최대이고, 절삭이 진행됨에 따라 감소한다. **그림 12.6**은 1개의 공구를 이용하여 여러 개의 공작물을 면삭할 때, 시간에 대한 플랭크 마모랜드 폭의 관계를 보여 준다. 이 예에서 각 부품의 가공 동안 플랭크 마모랜드의 증가는 $(VB)_o$이다. 그러므로

$$\frac{(VB)_o}{(VB)_m} = \frac{t_m}{t} \tag{12·32}$$

단, $(VB)_m$은 재연삭될 공구의 플랭크 마모랜드폭이다. 공구가 주어진 속도에서 일정한 비율로 마모된다고 가정하면 Taylor 공구 수명식 (12·4)는 다음과 같다.

$$\frac{(VB)_m}{d(VB)/dt'} = t_r\left(\frac{v_r}{v}\right)^{1/n} \tag{12·33}$$

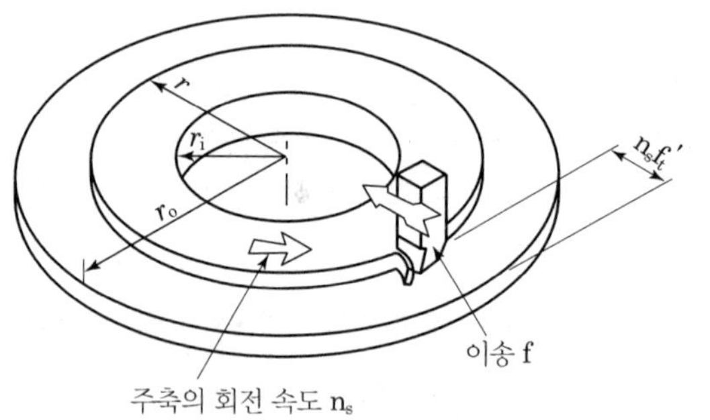

그림 12.5 면삭작업

단, $d(VB)/dt'$는 마모랜드 폭의 증가율이다. 순간 절삭속도 v는 다음과 같다.

$$v = 2\pi n_s r \tag{12·34}$$

단, n_s는 공작기계 주축의 회전 속도이고 절삭이 일어나는 순간절삭 반지름 r는 다음과 같다.

$$r = r_o - n_s f t' \tag{12·35}$$

단, f = 이송

r_o = 공작물의 바깥 반지름

t' = 시간

식 (12·33)과 (12·34)를 조합하고 적분하면

$$\int_0^{(VB)_o} d(VB) = \int_0^{t_m} \frac{(VB)_m}{t_r}\left(\frac{2\pi n_s r}{v_r}\right)^{1/n} dt' \tag{12·36}$$

식 (12·35)로부터 $dr = -n_s f\, dt'$를 대입하고 적분하고, 다시 정리하면

$$\frac{(VB)_o}{(VB)_m} = \frac{t_m}{t} = \frac{N_t}{N_b} = \left(\frac{2\pi n_s}{v_r}\right)^{1/n} \frac{n}{f\, n_s t_r (n+1)}\left(r_o^{(n+1)/n} - r_i^{(n+1)/n}\right) \tag{12·37}$$

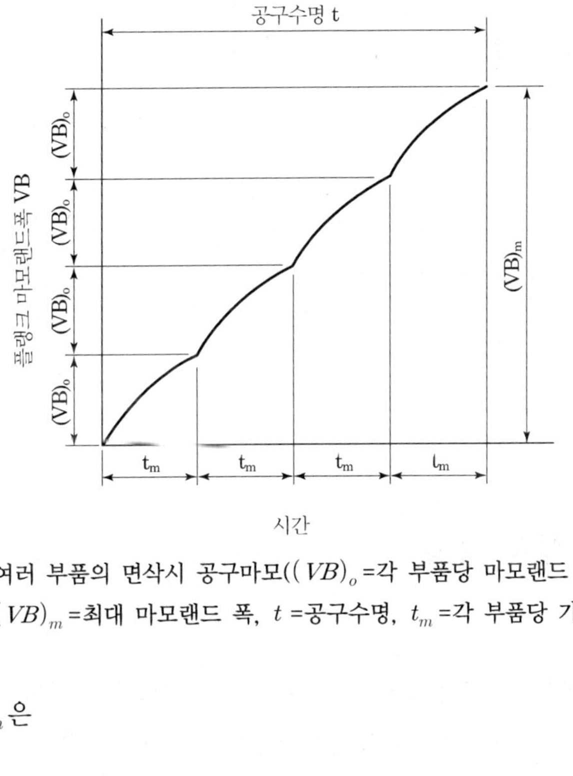

그림 12.6 여러 부품의 면삭시 공구마모($(VB)_o$ =각 부품당 마모랜드 폭의 증가, $(VB)_m$ =최대 마모랜드 폭, t =공구수명, t_m =각 부품당 가공시간)

결국, 가공시간 t_m은

$$t_m = \frac{r_o - r_i}{n_s f} \tag{12·38}$$

최소 생산비용에 대한 최적의 주축속도 n_{sc}를 찾기 위해서, 식 (12·37)과 (12·38)을 식 (12·2)에 대입하고 n_s에 대하여 미분하여 0으로 놓으면

$$n_{sc} = \frac{v_r}{2\pi r_o}\left(\frac{1+n}{1-n}\frac{Mt_r}{Mt_{ct}+C_t}\frac{1-a_r}{1-a_r^{(n+1)/n}}\right)^n \tag{12·39}$$

단, a_r는 r_i/r_o와 같다. 최소비용을 위한 공구수명 t_c는 식 (12·37)부터 식 (12·39)까지를 조합하여 얻을 수 있다.

$$t_c = \frac{1-n}{n}\left(t_{ct} + \frac{C_t}{M}\right) \quad (12\cdot40)$$

같은 방법으로 최소 생산시간을 위한 공구수명 t_p와 최대효율에 대한 공구수명 t_{ef}는 절삭속도가 일정한 작업에 대한 공구수명과 같다.

그러나 대응하는 주축의 속도는 다음의 식으로부터 얻어야 한다.

$$n_{s;c,p,ef} = \frac{v_{c,p,ef}}{2\pi r_o}\left[\left(1+\frac{1}{n}\right)\left(\frac{1-a_r}{1-a_r^{(n+1)/n}}\right)\right]^n \quad (12\cdot41)$$

단, $v_{c,p,ef}$는 공구수명 t_c, t_p 또는 t_{ef}에 대응하는 일정한 절삭속도 작업에 대한 절삭속도이다.

그림 12.7은 n값이 0.125, 0.25, 0.5일 때의 식 (12·41) 그림이다. a_r가 1에 접근할 때 $n_{s;c,p,ef}$는 $v_{c,p,ef}/2\pi r_o$에 접근함을 알 수 있다.

12.9 단속절삭 작업

밀링, 셰이핑, 플레이닝에서 절삭공구의 날은 가공시간의 일부 동안만 공작물과 접촉해 있다. 최소비용을 위한 공구수명 t_c, 최소 생산시간을 위한 공구수명 t_p, 최대효율을 위한 공구수명 t_{ef}를 공작기계의 운전중 공구의 수명이라 하면, 이미 유도된 이러한 양에 대한 수식들은 유효할 것이다. 그러나 이러한 공구 수명값에 귀착하는 절삭속도를 계산하려면 가공시간 t_m 중에 공구 절삭날이 공작물에 물리는 동안의 비율 Q에 대하여 보정하는 것이 필요하다. 그러므로 절삭속도를 계산하기 전에 식 (12·42)에 나타난 바와 같이 공구수명 t_c, t_p, t_{ef}에 Q를 곱해야 한다.

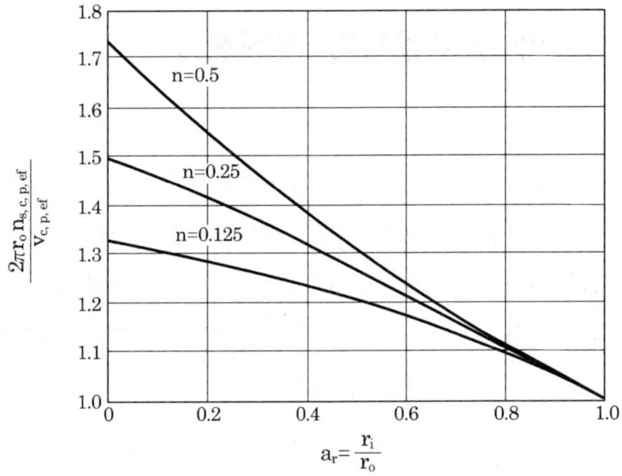

그림 12.7 일정한 주축속도시 최적의 회전 속도와 일정한 절삭속도 시 절삭속도 사이의 관계에 대한 반지름의 비율 a_r 의 효과(r_i =맞대어질 공작물 표면의 안지름, r_o =맞대어질 공작물 표면의 바깥지름)

$$v_{c,p,ef} = v_r \left(\frac{t_r}{Qt_{c,p,ef}} \right)^n \tag{12·42}$$

평면밀링, 정면밀링, 측면밀링의 Q값은 그림 12·8에 나타난 형상으로부터 구할 수 있다. 그러므로 평면밀링에 대해(**그림 12.8** (a))

$$Q = \frac{\theta}{2\pi} = \frac{1}{4} + \frac{1}{2\pi} \arcsin\left(\frac{2a_e}{d_t} - 1 \right) \tag{12·43}$$

단, a_e 는 가공물림이고, d_t 는 공구의 지름이다. 측면밀링에 대해(**그림 12.8** (b))

$$Q = \frac{\theta}{2\pi} = \frac{1}{4} + \frac{1}{2\pi} \arcsin\left(\frac{2a_e}{d_t} - 1 \right) \tag{12·44}$$

정면밀링에 대해(**그림 12.8** (c))

$$Q = \frac{\theta}{\pi} = \frac{1}{\pi} \arcsin\left(\frac{a_e}{d_t} \right) \tag{12·45}$$

Q가 0.5일 때, a_e 가 d_t 보다 작다.

12.10 공구재료와 공구설계의 경제성

관심 있는 주요한 공구재료는 고속도강, 소결초경 및 세라믹이며, 나열 순서대로 경도가 증가하거나 인성이 감소한다. 실제적으로 가장 흔히 사용되는 것은 고속도강이며 이는 리머, 드릴, 탭, 다이, 밀링커터 등과 같은 복잡한 형상의 공구를 제작할 수 있기 때문이다. 소결초경은 최종 형상으로 성형해야 하고 고가이기 때문에 강철 본체나 공구홀더에 경납땜되거나 클램프될 수 있는 개개의 인서트로 사용이 제한된다.

그러므로 소결초경은 원통선삭에서의 황삭이나 정삭과 정면밀링 작업에 제한적으로 사용된다. 세라믹 공구재료(산화알루미늄)는 인서트 형태로 제작하여 사용하고 무디어지면 버리게 된다. 이것은 또한 취성이 크기 때문에 선반에서의 황삭에서와 같이 큰 힘에 대하여 견딜 수 없으므로 보통 정삭에만 사용된다.

이들 공구재료의 경제성을 비교하기 위하여 최소 생산비의 조건만을 고려하여 보고자 한다. 여기서는 세 가지가 비교된다.

① 고속도강과 경납땜된 초경공구를 사용하는 선반상의 황삭.

② 경납땜되었거나 클램핑한 인서트 초경공구 및 산화알루미늄 인서트 공구를 사용하는 선반상의 정삭.

③ 밀링 및 셰이핑.

표 12.1에서 보여 주는 첫 번째 비교에서는 최소 생산비에 대한 최적 공구수명은 고속도강 공구와 경납땜된 초경공구의 것이 거의 비슷하며, 생산시간에서는 고속도강의 경우가 초경의 경우의 약 2배에 달한다. 예리한 초경공구의 공급비용이 고속도강의 7배이나, 생산시간이 짧기 때문에 총생산비가 44% 정도 감소하였다.

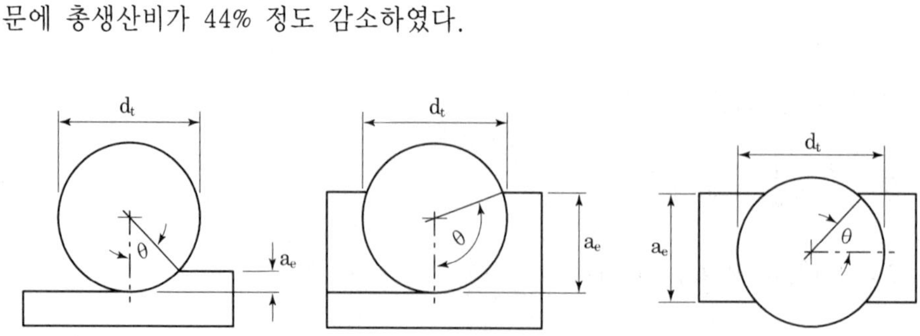

그림 12.8 밀링작업시 절삭날이 공작물에 물리는 가공시간의 비 Q의 결정(a_e =가공물림, d_t =공구의 지름)

표 12.1 고속도강과 경납된 초경을 이용한 황삭시 최소 생산비용과 이에 따른 생산시간

생산비용과 시간	공구형태	
	고속도강	경납된 초경
공구 절삭날이 공작물에 물리는 가공시간의 비율 Q	1.0	1.0
기계와 작업자의 총율 M, 달러/s	0.0028	0.0028
예리한 공구준비 비용 C_t, 달러	0.30	2.10
공구교체 시간 t_{ct}, s	240	240
공구 수명식 n	0.125	0.25
최소비용을 위한 공구수명 $t_c=[(1/n)-1][t_{ct}+(C_t/M)]$, ks	2.43	2.97
공구수명 1분일 때의 절삭속도 v_r, m/s	0.508	2.73
최소비용을 위한 절삭속도 $v_c=v_r(60/Qt_c)^n$, m/s	0.32	1.03
공작물에서 공구의 이동한 거리 K, m	200	200
가공시간 $t_m=K/v_c$, s	625	194
각 공구당 생산할 수 있는 부품 수=t_c/t_m	4	15
각 부품당 비생산 시간 t_l, s	300	300
각 부품당 공구교체 시간 $(t_m/t_c)t_{ct}$, s	60	16
각 부품당 비생산 비용 Mt_l, 달러	0.84	0.84
각 부품당 공구비용$(t_m/t_c)(C_t+Mt_{ct})$, 달러	0.243	0.185
각 부품당 가공비용 Mt_m, 달러	1.75	0.543
총생산 시간 t_{pr}, s	985	510
각 부품에 드는 총비용 C_{pr}, 달러	2.83	1.57

표 12.2는 선반상 정삭에서 세 가지 공구 사이의 경제적인 면에 대한 비교를 보여 준다. 첫번째 공구는 경납땜된 초경, 두 번째는 사용 후 버릴 수 있는 인서트 초경공구, 세 번째는 사용 후 버릴 수 있는 인서트 세라믹 공구이다. 사용 후 버릴 수 있는 인서트 공구는 공구비가 싸고 공구교체 시간이 상대적으로 짧다. 같은 공구재료의 초경이 사용된 처음 두 열의 비교를 통해서 사용 후 버릴 수 있는 인서트 공구를 사용하는 것이 경제적으로 상당히 유리함을 알 수 있다. 생산시간은 19%, 생산비는 20%만큼 감소하였다. 이러한 시간과 비용의 감소로부터 왜 사용 후 버릴 수 있는 형태의 공구의 도입이 절삭가공에서 가장 중요한 발전의 하나인가를 알 수 있다.

마지막 열에서는 사용 후 버릴 수 있는 인서트 세라믹 공구가 정삭에 장점이 있음을 예시한다. 이 공구재료를 이용하여 가능한 상대적으로 매우 빠른 절삭속도로 인해 가공시간과 가공비용을 상당히 줄일 수 있다. 그러나 대부분의 공작기계는 아주 고속에서 작동되도록 설계되지 않았기 때문에 어려움이 있다.

표 12.2 경납땜 된 초경, 클램핑된 초경, 클램핑된 세라믹 공구를 이용한 정삭시 최소 생산비용과 이에 따른 생산시간

생산비용과 시간	공구형태		
	경납된 초경	인서트 초경	인서트 세라믹
공구 절삭날이 공작물에 물리는 가공시간의 비율 Q	1.0	1.0	1.0
기계와 작업자의 총율 M, 달러/s	0.003	0.003	0.003
예리한 공구준비 비용 C_t, 달러	2.00	0.25	0.40
공구교체 시간 t_{ct}, s	240	60	60
공구 수명식 n	0.25	0.25	0.50
최소비용을 위한 공구수명 $t_c = [(1/n)-1][t_{ct}+(C_t/M)]$, ks	2.27	0.43	0.193
공구수명 1분일 때의 절삭속도 v_r, m/s	6.00	6.00	50.00
최소비용을 위한 절삭속도 $v_c = v_r(60/Qt_c)^n$, m/s	2.35	3.73	28.3
공작물에서 공구의 이동한 거리 K, m	1000	1000	1000
가공시간 $t_m = K/v_c$, s	432	273	35.9
각 공구당 생산할 수 있는 부품 수 $=t_c/t_m$	6	1	5
각 부품당 비생산 시간 t_l, s	240	240	240
각 부품당 공구교체 시간 $(t_m/t_c)t_{ct}$, s	40	60	12
각 부품당 비생산 비용 Mt_l, 달러	0.72	0.72	0.72
각 부품당 공구비용 $(t_m/t_c)(C_t+Mt_{ct})$, 달러	0.453	0.43	0.116
각 부품당 가공비용 Mt_m, 달러	1.296	0.819	0.108
총생산시간 t_{pr}, s	712	573	288
각 부품에 드는 총비용 C_{pr}, 달러	2.47	1.97	0.94

표 12.3은 평면밀링과 셰이핑을 비교한 것이다. 이들은 모두 불연속 절삭이고, 절삭속도가 계산되기 전에 공구수명은 수정되었다. 이 비교는 폭 80 mm(3.15 in), 길이 150 mm(5.9 in)인 직사각형 블록에서 깊이 18 mm(0.71 in)로 절삭할 때의 경우이다. 셰이핑에서 기계가 공급할 수 있는 최대 절삭력 때문에 이송은 0.13 mm(0.005 in)로 제한되었다.

밀링작업에서의 이송도 사용 가능한 동력의 한계 때문에 1.3 mm/s(3.07 in/min)까지로 제한되어 있다. 밀링커터의 바깥지름은 100 mm(3.94 in)였다. 공구비는 밀링커터가 훨씬 높으나 경제적인 공구수명을 갖고 있고 한 개의 커터로 많은 부품을 생산하기 때문에 부품 1개당의 공구비는 상당히 낮은 편이다.

이러한 비교에서 셰이핑의 경우가 밀링의 경우보다 생산비가 낮다. 이러한 결과는 이 예와 같은 간단한 경우에는 아마도 적절하다. 그러나 이 방법은 다음과 같은 경우 선택해선 안 된다. 아주 복잡한 형상의 밀링에서는 갱밀링 커터나 총형밀링 커터를 사용하여 1회 가공으로

완성할 수 있다. 특히, 배치크기가 크다면 이런 경우에는 셰이핑이 아주 비경제적이다. 사실상 셰이퍼는 상대적으로 낮은 셋업시간 때문에 배치의 크기가 작을 때 주로 사용하는 공작기계이다.

표 12.3 수평식 밀링과 셰이퍼를 이용한 길이 150 mm, 폭 80 mm인 평면가공 시 최소 생산비용과 이에 따른 생산시간

생산비용과 시간	기계가공 종류	
	밀링	셰이핑
공구 절삭날이 공작물에 물리는 가공시간의 비율 Q	0.14	0.75
기계와 작업자의 총율 M, 달러/s	0.004	0.0025
예리한 공구준비 비용 C_t, 달러	20.00	0.50
공구교체 시간 t_{ct}, s	600	120
공구 수명식 n	0.125	0.125
최소비용을 위한 공구수명 $t_c=[(1/n)-1][t_{ct}+(C_t/M)]$, ks	39.2	2.24
공구수명 1분일 때의 절삭속도 v_r, m/s	1.00	1.00
최소비용을 위한 절삭속도 $v_c=v_r(60/Qt_c)^n$, m/s	0.57	0.66
가공시간 $t_m=K/v_c$, s	140.4	186.4
각 공구당 생산할 수 있는 부품 수=t_c/t_m	279	12
각 부품당 비생산 시간 t_l, s	120	120
각 부품당 공구교체 시간 $(t_m/t_c)t_{ct}$, s	2	10
각 부품당 비생산 비용 Mt_l, 달러	0.48	0.300
각 부품당 공구비용$(t_m/t_c)(C_t+Mt_{ct})$, 달러	0.08	0.067
각 부품당 가공비용 Mt_m, 달러	0.562	0.466
총생산시간 t_{pr}, s	262.4	316.4
각 부품에 드는 총비용 C_{pr}, 달러	2.12	0.833

12.11 절삭성 데이터 시스템

이 장에서 기술한 최적 이송과 속도를 결정하기 위한 방법은 Taylor의 공구 수명식 (12·5)를 기초로 하고 있다. 이러한 관계식을 적용함에 있어서 각 공구재료-공작물의 조합과 사

용된 절삭유에 따라 상수 C와 n은 다른 값을 가진다. 특정한 조건에 맞는 공구 수명식을 만들기 위해서는 많은 절삭시험과 마모측정이 필요하다. 이는 모든 범위의 공구와 공작물에 대하여 시행되어야 한다. 이러한 일은 핸드북에 있는 데이터 [예 2]나 최근 컴퓨터를 이용한 절삭성 테이터 시스템을 사용함으로써 줄일 수 있다[3, 4].

절삭성 데이터 시스템에는 두 가지의 다른 형태가 있다. (1) 데이터베이스 시스템과 (2) 수학적 모델 시스템이다.

12.11.1 데이터베이스 시스템

데이터베이스 시스템은 연구실의 시험과 작업장에서의 경험에 의한 많은 양의 정보의 데이터베이스를 통합한다. 이 데이터베이스는 특정 공구-작업의 조합을 위해 필요한 항목을 결정하는 데 사용될 수 있다. 일반적으로 이러한 시스템은 비용정보와 절삭 매개변수 값(절삭조건)을 포함한다.

12.11.2 수학적 모델 시스템

수학적 모델 시스템은 데이터베이스 시스템보다 한 단계 나아간 것이며, 최적 이송, 절삭속도 등을 결정하기 위해 이 장에서 기술한 해석적 방법들을 통합한다. 저장된 절삭성 데이터를 기초로 하여, 적절한 공구 수명식의 상수들이 결정되고 특정한 작업에 대한 적절한 경제성이나 생산율 방정식을 이용하여 최적 이송과 속도가 결정된다.

연·습·문·제

1. 선삭의 단일교대 작업에서 절삭날을 교체하는데, 기계와 작업자의 비용을 0.20달러, 4개의 절삭날을 갖는 인서트 값이 0.08달러, 인서트 1개에 대한 인서트 홀더의 감가상각비는 0.08달러이다. 선반 구입비는 20000달러 상환기간은 5년이다. 감가상각비를 제외하고 인건비와 간접비를 포함한 기계 운전비는 6.00달러/hr이다. 초경 인서트에 대한 Taylor의 공구수명 지수가 0.25라 할 때 최소 생산가에 대한 공구수명(s), 절삭속도(m/s)를 구하여라. 기계는 다음과 같이 사용된다.
   (a) 단일교대, 40 hr/wk을 기본으로 한다.
   (b) 2교대, 80 hr/wk을 기본으로 한다.
   1년을 50주, 공구수명 60 s에 대한 절삭속도를 7.6 m/s이라 하고 공작물의 적재 및 이재에 의한 비가공 시간은 3분이라 가정한다.

2. 이송 0.25 mm/rev으로 1000개의 부품을 지름 80 mm, 길이 300 mm로 황삭하고자 한다. 시험에 의하여 초경공구-가공물의 Taylor의 공구 수명식은 다음과 같다.

   $$vt^{0.25} = 28$$

   단, v=절삭속도 [m/s], t=공구수명 [s], 인서트 공구의 절삭날 1개에 대한 값(감가상각비와 절삭날의 리세팅 비를 포함)을 0.5달러라 하고, 인건비를 포함한 기계비용을 8.00달러/시간이라 할 때 다음을 구하여라.
   (a) 최소 생산비에 대한 공구수명(s)
   (b) 위의 최적 공구수명에 대한 절삭속도(m/s)
   (c) 공작물의 적재 및 이재 시간이 1 min, 절삭날의 리셋에 30 sec, 1 배치에 대한 처음 셋업시간이 1 hr일 때, 총생산 시간(ks)
   (d) 총생산비(달러)

3. 선삭공구는 경납땜된 초경 팁으로 되어 있으며 그 값은 10.00달러이다. 평균 10회 재연삭하여 사용할 수 있다. 재연삭 비용은 1.00달러이다. 선반구입 가격은 20000달러, 하루에 8 hr, 주당 5일, 연당 50주 사용된다. 선반값은 10년에 걸쳐 상환하도록 한다. 기계의 간접비는 100%이다. 작업자의 임금은 5.00달러/시간, 그 간접비는 100%이다. 이 문제의 절삭조건에서의 절삭속도-공구수명의 관계는 $vt^{0.25}=7$이다. 단 v=절삭속도(m/s), t=공구수명(s), 공구의 교체시간은 4 min, 부품 1개를 취급하는 데 5 min이다. 부품당 절삭거리가 200 m일 때
   (a) 최저 생산비용(달러)
   (b) 최저 생산시간(s)

4. 문제 3의 조건에서 최대 이윤율에 대한 공구수명(s)과 절삭속도(m/s)를 구하고 그에 대한 생산비(달러)와 생산시간(s)도 구하여라. 기계공장에서 부품 1개당 4.00달러를 받는다고 가정한다.

5. 가처분 인서트 초경공구와 탄소강 공작물을 가지고 한 공구수명 시험으로부터 절삭속도가 1 m/s일 때는 공구의 수명은 11.6 ks이고 절삭속도가 2 m/s일 때는 363 s임을 알았다. 4개의 절삭날을 가진

인서트의 가격이 8달러이고 절삭날 교체시간은 10초, 인서트 교체시간은 30초 일 때

(a) 기계와 근로자의 비용은 30달러/시간이라 할 때, 최저비용을 위한 공구수명은 얼마인가? 단, 공구 고정대의 감가상각비는 무시한다.

(b) 이러한 공구수명을 주는 절삭속도는 얼마인가?

6. (a) 어떤 작업에서 고속도강 드릴공구 비용이 1달러이고 그 조건하에 공구의 수명은 100 s이며 공구교체 시간은 30 s이다. 만약 기계와 작업자 둘의 간접비가 10달러/시간이라 할 때 최대 생산율을 위한 주축의 속도는 몇 %를 증감해야 하는가?

(b) 초경공구를 가지고 최저비용을 위한 조건으로 선삭가공을 한다. 공구교체 시간은 100 s이고 새로운 공구날 하나의 비용은 0.5달러이다. 만약 임금이 높아감에 따라 기계비용, 운영자와 그 간접비는 12달러/시간에서 16달러/시간으로 증가한다면 절삭속도는 몇 %를 증감해야 하는가?

7. 특정 선삭작업에서 가공시간이 200 s이고 부품 5개에 공구 하나가 소요된다. 한 개의 부품당 비생산시간(적재 및 이재)은 300 s이고 공구교체 시간은 150 s이다. 절삭속도는 2.5 m/s이고 경납된 초경(n=0.25)공구는 재연삭하는 비용이 2.5달러(감가상각비 포함)이다.

(a) 최저비용으로 작업하기 위한 절삭속도는 얼마인가? 단, 기계의 감가상각비는 5달러/시간, 작업자의 임금은 6달러/시간, 작업자와 기계는 100%의 간접비이다.

(b) 최저 생산비용 조건으로 작업시 1부품당 얼마나 절약되는가?

8. 하나의 공작물은 선삭하는 데, 현재 30 s가 걸리고 80개의 공작물을 가공 후 공구를 재연삭해야만 한다. 공구와 공작물에 대한 Taylor의 공구 수명식은 다음과 같다.

$$vt^{0.25}=7$$

단 v ==절삭속도(m/s), t=공구수명(s)이다.

(a) 만약 공작물을 적재하고 이재하는데 걸리는 시간은 20 s이고(절삭 초기영역으로 공구를 되돌리는데 걸리는 시간포함), 마모된 공구의 교체시간은 200 s라면 1개의 부품당 걸리는 평균시간은 얼마인가?

(b) 만약 절삭속도가 3배로 되면 새로운 생산시간은 얼마인가?

(c) 만약 최대 생산율을 위한 절삭속도로 가공한다면 공구수명(s)은 얼마인가?

9. 평면밀링에서 길이 200 mm의 철 공작물에 총형표면 가공을 하기 위하여 4개의 공구날을 1조로 조립하였다. 제일 큰 커터의 바깥지름은 150 mm, 커터의 재료는 고속도강이다. 커터를 교체하는 데 5분이 걸리며, 공구수명-절삭속도 관계는 다음과 같다.

$$vt^{0.125}=2.65$$

단, v=절삭속도(m/s), t=공구수명(s)이다.

제일 큰 커터의 절삭깊이는 14 mm이다. 기계와 작업자의 비용은 24.00달러/시간이다. 2개의 밀링커터는 각각 80.00달러이며, 재연삭마다 10.00달러씩 든다. 나머지 2개의 밀링커터는 각각 100.00달러이고 재연삭시 12.00달러씩 든다. 모든 커터는 평균 20회까지 재연삭이 가능하다. 부품을 이재

및 적재시키고 커터를 절삭위치에 옮기는데 3분이 걸린다. 이송속도가 2 mm/s일 때 최소 생산비(달러)과 그에 대한 생산시간을 계산하여라.

또한 다른 부품이 가공되는 동안 회전 바이스에 의하여 새로운 부품을 기계 내에 위치시킬 수 있다고 한다면 최소 생산비와 그에 대한 생산시간을 계산하여라. 이 바이스를 사용함으로써 부품당 비생산 시간이 감소하여 30초가 된다고 가정한다.

10. 현재 단축 심공 드릴링 기계에서 재연삭 전에 1개의 드릴로 보일러의 엔드 플레이터에 6개의 구멍을 뚫을 수 있다. 드릴의 속도는 25 s^{-1}이며 Taylor의 공구수명 지수가 0.25인 초경공구이다. 구멍당 절삭시간은 6분이다. 기계 구입비는 100000달러이고 50000시간에 걸쳐 상환하도록 되어 있다. 기계의 간접비는 70%이고 작업자의 임금 4.00달러/시간, 작업자의 간접비는 10.00달러/시간이다. 드릴의 1개 구입가격은 50.00달러이고 10회 재연삭이 가능하다. 평균 재연삭률은 재연삭당 2.00달러이다. 드릴의 교체시간은 6분이고 드릴의 재위치 시간을 무시할 때 다음을 계산하여라.

(a) 현조건하에서 구멍당 비용(달러)을 구하여라.

(b) 구멍당 최소 생산율에 대한 드릴속도(s^{-1})

(c) 최소 생산비 조건하에서의 구멍당 비용(달러)

11. 회사는 새로운 3축 심공 드릴링 기계를 250000달러에 구입하려 한다. 동시에 3개의 드릴이 항상 이용되지는 않으므로 3축이 사용되었을 때의 효율은 90%이다. 드릴당 공구교체 시간은 2분이고 다른 비용은 문제 6의 옛날 기계의 경우와 같다. 새로운 기계에 대하여 다음을 계산하여라.

(a) 드릴의 속도가 25 s-1일 때 구멍 1개당의 총생산율

(b) 구멍 1개당의 최소 생산비에 대한 드릴의 속도(s^{-1})

(c) 최적 조건하에서 구멍 1개당의 총비용(달러)

참고문헌

1. Taylor, F. W. : On the art of cutting metals, Trans, ASME, vol.28, p.31, 1906.
2. Partons, N. R., ed. : N.C. Machinability Data Systems, SME, Dearborn, MI, 1971.
3. Pressman, R. S., and J. E. Williams : Numerical Control and Computer Aided Manufacturing, Wiley, New York, 1977.
4. Groover, M. P., and E. W. Zimmers : CAD/CAM, Prentice-Hall, Englewood Cliffs, NJ, 1984.

색인(Index)

ㄱ

ㄴ

ㄷ

ㄹ

ㅁ

ㅊ

ㅋ

ㅌ

ㅍ

ㅎ

C

T

2